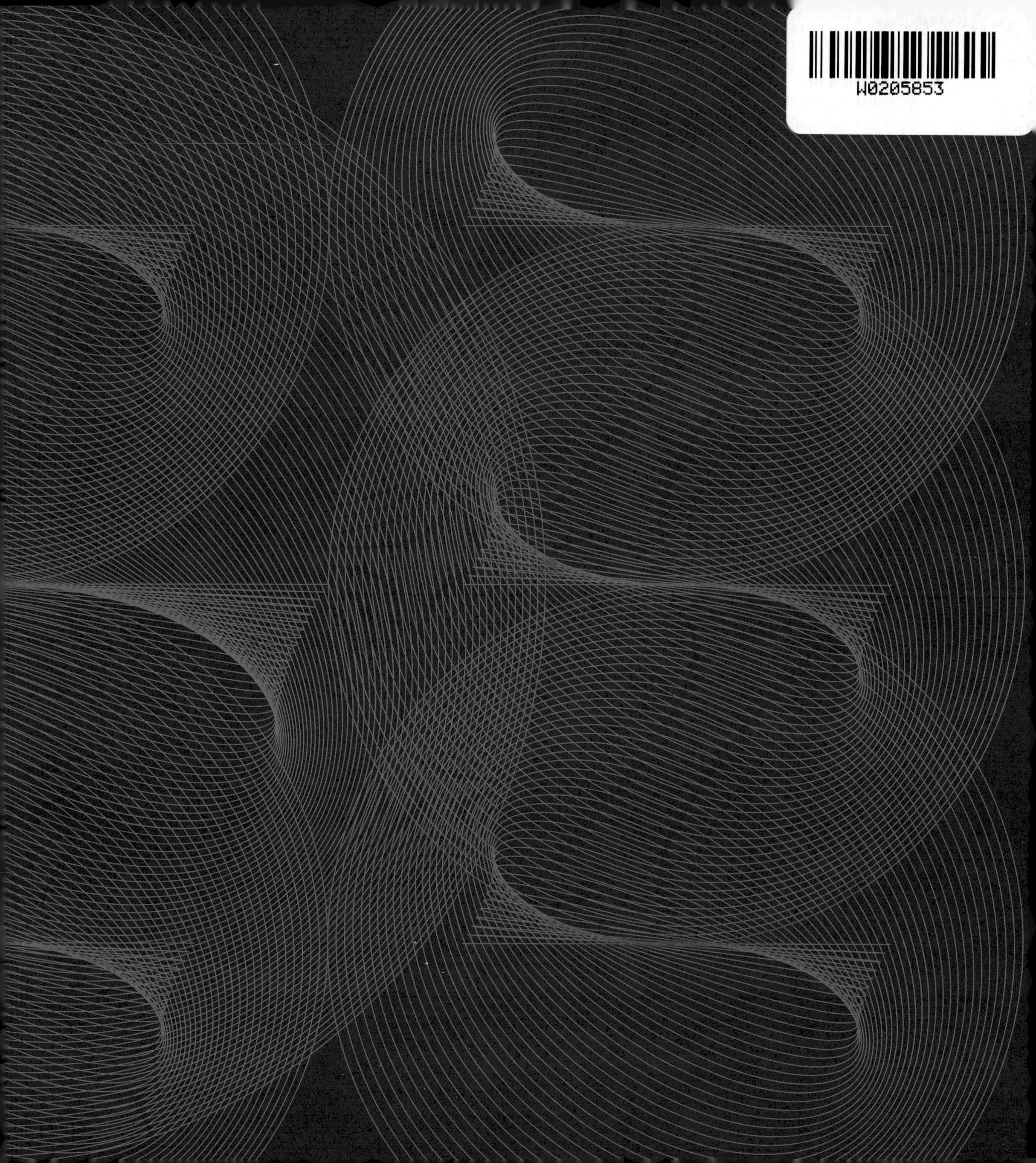

astronomie

GUIDE VISUEL

Mark A. Garlick

astronomie

GUIDE VISUEL

Sélection du Reader's Digest

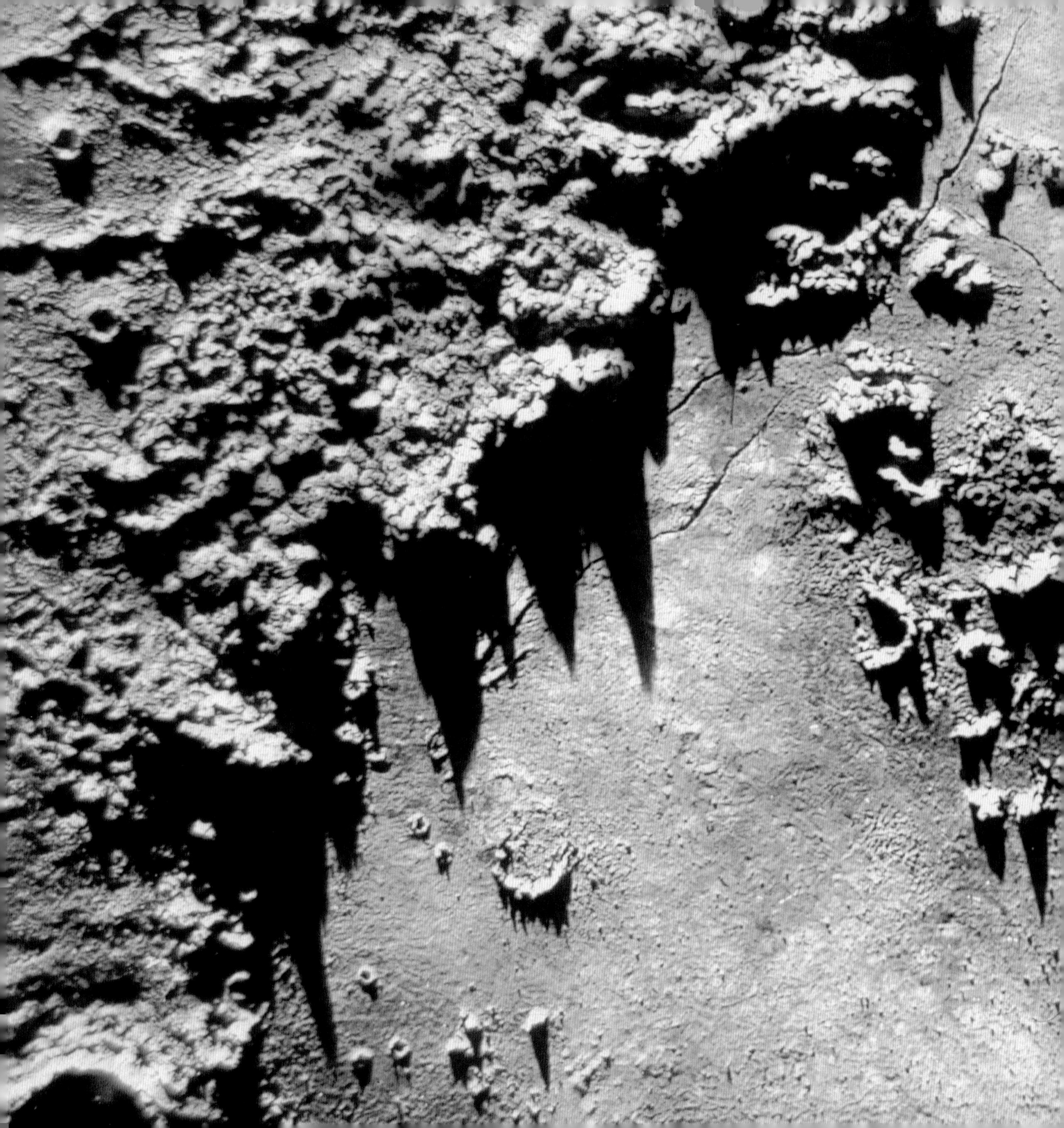

Sommaire

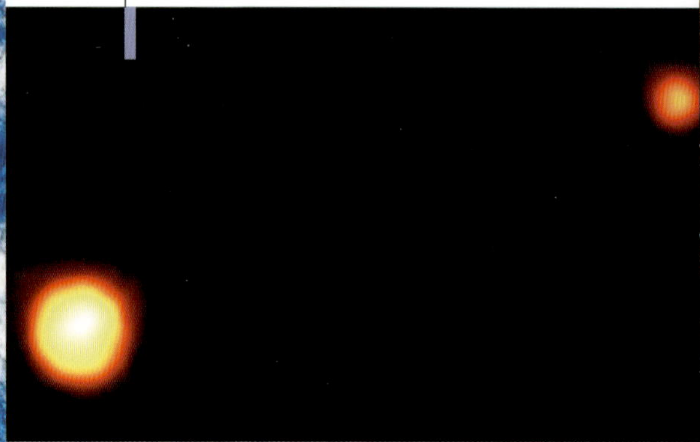

Introduction

Le ciel a exercé sur l'homme une fascination qui remonte aux premiers jours de l'humanité. La perception du ciel fut d'abord influencée par les croyances religieuses : les planètes, par exemple, furent assimilées à des divinités. Puis, alors que la civilisation découvrait l'agriculture et l'élevage, le ciel servit de calendrier pour rythmer les saisons et déterminer les dates des semailles et des récoltes.

Aujourd'hui, notre intérêt pour le ciel n'a pas faibli : il ne cesse de grandir au fil des découvertes. Peut-être découle-t-il de ce désir profond d'explorer, et de comprendre les mystères qui nous entourent. Désormais, l'astronomie est enseignée dans les universités du monde entier. Et les astronomes, à mesure qu'ils scrutent le ciel, découvrent de nouvelles sources d'émerveillement. Des explosions d'étoiles – les supernovae – surgissent dans notre ciel avec l'éclat de milliards de soleils. Elles accouchent d'étoiles à neutrons, pas plus grandes qu'une ville, qui renferment une masse comparable au Soleil et tournent sur elles-mêmes plusieurs centaines de fois par seconde. De mystérieux trous noirs déforment l'espace-temps. Aux confins de l'Univers, des quasars éjectent des flots de particules sur des distances de plusieurs millions d'années-lumière. L'Univers regorge même d'une matière invisible dont l'existence est prouvée mais la nature inconnue – la mystérieuse matière sombre – à laquelle vient s'ajouter une forme d'énergie sombre, encore plus extraordinaire, qui habite le vide !

Partir à la découverte du ciel est un voyage passionnant auquel ce livre vous invite, à travers des images spectaculaires et des textes particulièrement bien documentés.

À la découverte du ciel

Page précédente La station russe Mir, en orbite terrestre, survole une mer de nuages.

Depuis la préhistoire, les hommes ont eu besoin du ciel pour les guider. Nos ancêtres ont scruté les cieux pour y chercher des signes divins et des indications pour savoir quand semer et récolter. Aujourd'hui, des milliers d'années plus tard, nos motivations ont changé, mais notre fascination demeure intacte.

L'astronomie à travers les âges

v. 32000 av. J.-C. Les hommes de l'âge de pierre entaillent des os d'animaux avec des symboles représentant les phases de la Lune.

v. 4000 av. J.-C. Les Sumériens fondent la cité d'Our et nomment les premières constellations.

v. 3000 av. J.-C. Les Égyptiens construisent les pyramides de Gizeh. En Angleterre, première étape de la construction mégalithique de Stonehenge.

v. 2000 av. J.-C. Des pierres dressées, disposées en cercle, sont ajoutées à Stonehenge. Naissance de la civilisation babylonienne.

v. 1300 av. J.-C. Les Chinois inventent le premier calendrier.

v. 600 av. J.-C. Essor de la science dans la Grèce antique. L'astronome et mathématicien Thalès de Milet conçoit la Terre comme un disque qui flotte sur l'eau.

520 av. J.-C. Anaximandre de Milet suppose que la Terre est un disque de grande épaisseur et que le Soleil est un astre massif et lointain.

500 av. J.-C. Première affirmation de la sphéricité de la Terre.

350 av. J.-C. Aristote place la Terre au centre de l'Univers selon une théorie qui régnera plus de 1 800 ans.

300 av. J.-C. Aristarque de Samos est le premier à supposer que le Soleil est au centre de l'Univers, mais sa théorie est vite oubliée.

240 av. J.-C. Première observation de la comète de Halley, signalée dans les écrits chinois.

235 av. J.-C. Première mesure de la circonférence de la Terre par Ératosthène de Cyrène.

165 av. J.-C. Première observation des taches solaires par les Chinois.

v. 150 av. J.-C. Hipparque mesure la durée de l'année à quelques minutes près, accomplit les premières mesures précises de l'éloignement de la Lune et du Soleil, découvre la précession des équinoxes, réalise le premier catalogue d'étoiles et invente l'échelle des magnitudes qui définit leur éclat apparent.

v. 150 Ptolémée reprend la thèse d'Aristote, qui place la Terre au centre de l'Univers, et invente le concept des épicycles pour expliquer le mouvement des planètes.

1054 Les astronomes chinois observent une supernova dans la constellation du Taureau, une explosion d'étoile qui crée la nébuleuse du Crabe.

1066 Nouvelle observation de la comète de Halley.

1543 À la mort de Nicolas Copernic, sa thèse d'un univers centré autour du Soleil est publiée. L'Église juge son idée hérétique et tente de la censurer, mais elle se répand rapidement.

1576-1597 Tycho Brahe accomplit des mesures très précises du mouvement des planètes.

1609 Johannes Kepler détermine que l'orbite de Mars est une ellipse. En 1609 et 1619, il propose les trois lois du mouvement des planètes.

1610 Galilée utilise pour la première fois une lunette grossissante pour observer le ciel. Il découvre, entre autres, les quatre lunes principales de Jupiter et les cratères de la Lune.

1655 Christiaan Huygens découvre Titan, principale lune de Saturne, et émet l'hypothèse que les anneaux de Saturne sont composés d'une multitude de particules.

1675 Jean Dominique Cassini découvre la division principale des anneaux de Saturne, qui porte son nom.

1676 La vitesse de la lumière est considérée comme finie.

1687 Isaac Newton publie la loi de la gravitation.

1705 Edmond Halley calcule la trajectoire d'une comète et prédit son retour en 1758. Elle porte désormais son nom.

1755 Emmanuel Kant suppose que les étoiles et les planètes se forment à partir de nuages interstellaires.

1771 Charles Messier publie le catalogue d'objets célestes qui porte son nom (catalogue qu'il complète en 1781).

1781 William Herschel découvre la planète Uranus. Il invente le terme de nébuleuse planétaire, découvre plusieurs lunes de Saturne et publie une liste qui servira de base au *New General Catalog*, ou NGC.

1801 Découverte du premier astéroïde : Cérès.

1814 Joseph von Fraunhofer invente le spectroscope et met en évidence les raies du spectre solaire.

1838 Première mesure de l'éloignement d'une étoile, en l'occurrence l'étoile 61 Cygni.

V. 3000 av. J.-C. Les Égyptiens orientaient leurs pyramides par rapport aux étoiles et aux points cardinaux.

1066 La comète de Halley (ainsi nommée à partir de 1758) est observée en Europe.

1655 Christiaan Huygens suppose que les anneaux de Saturne sont composés d'une multitude de particules.

1842 Christian Doppler découvre le changement de fréquence dû au mouvement, qui permet de déduire la vitesse et l'éloignement d'objets célestes.

1845 Lord Rosse découvre la première galaxie spirale, encore appelée nébuleuse à l'époque.

1846 Neptune est, après Uranus, la seconde planète découverte depuis l'Antiquité. La même année, sa principale lune, Triton, est découverte.

1849 La vitesse de la lumière est mesurée avec moins de 5 % d'erreur par rapport à sa valeur exacte.

1859 James Maxwell prouve mathématiquement que les anneaux de Saturne sont composés de particules, confirmant l'hypothèse de Christiaan Huygens.

1873 Les cratères de la Lune sont attribués à des impacts de météorites.

1877 Découverte des deux lunes de Mars.

1887 L'expérience de Morley et Michelson prouve que l'éther – milieu supposé de la propagation de la lumière – n'est que pure fiction.

1888 Johan Dreyer publie le premier catalogue NGC (*New General Catalog*) des nébuleuses et amas d'étoiles, qui comprend 7 840 objets célestes.

1905 Albert Einstein publie sa théorie de la relativité restreinte.

1906 L'hypothèse est avancée que notre galaxie (la Voie lactée) a une structure en spirale.

1908 Second supplément du catalogue NGC (*Index Catalog II*) qui compte 3 587 nouveaux objets.

1908-1912 Henrietta Leavitt découvre le rapport entre période et luminosité des étoiles variables (céphéides), ce qui permet de calculer leur distance à la Terre.

1912 Découverte des rayons cosmiques lors de vols en ballon.

1915 Albert Einstein publie la théorie de la relativité générale. Découverte de la première naine blanche : Sirius B.

1924 Edwin Hubble découvre que les nébuleuses spirales sont en réalité des galaxies. En 1929, il démontre que les galaxies s'éloignent les unes des autres, preuve de l'expansion de l'Univers.

1930 Clyde Tombaugh découvre la planète Pluton.

1931 Première détection d'ondes radio en provenance du cosmos, notamment de la Voie lactée.

1938 L'énergie des étoiles est expliquée par la fusion nucléaire.

1946 Première détection d'une galaxie radio : Cygnus A.

1948 Théorie de la nucléosynthèse pour expliquer la création d'atomes plus lourds que l'hélium.

1950 Fred Hoyle invente l'expression big bang. Fred Whipple avance que les comètes sont des boules de glace et de poussière.

1963 Découverte de la première source de rayons X autre que le Soleil : Taurus X-1. Découverte du premier quasar.

1965 Découverte du bruit de fond cosmique qui confirme la théorie du big bang.

1967 Jocelyn Bell découvre les pulsars.

1967 Des satellites américains détectent les premiers sursauts gamma.

1971 Découverte du premier trou noir : Cygnus X-1.

1977 Les anneaux d'Uranus sont détectés depuis la Terre.

1978 Découverte de Charon, lune de Pluton.

1979 La théorie de l'inflation est élaborée pour expliquer les premiers moments de l'Univers, une fraction de seconde après le big bang.

1981 Découverte de régions vides de l'espace, qui s'étendent entre les superamas de galaxies.

1984 André Brahic et William Hubbard découvrent les anneaux de Neptune.

1987 Détection de la supernova 1987A, la première supernova visible à l'œil nu en près de 400 ans.

1993 L'observation de mirages gravitationnels apporte les premières preuves de l'existence de la matière noire de l'Univers.

1994 La comète Shoemaker-Levy 9 s'écrase sur Jupiter.

1995 Découverte de la première planète extrasolaire par les astronomes suisses Michel Mayor et Didier Queloz.

1996 Hypothèse d'une forme de vie fossile dans une météorite en provenance de Mars.

1998 Les astronomes découvrent que l'expansion de l'Univers va en accélérant.

2002 Le nombre de planètes extrasolaires découvertes dépasse la centaine.

1873 Des astronomes attribuent à des impacts de météorites les cratères de la Lune.

1915 Albert Einstein publie la théorie de la relativité générale (nombreuses applications en astronomie).

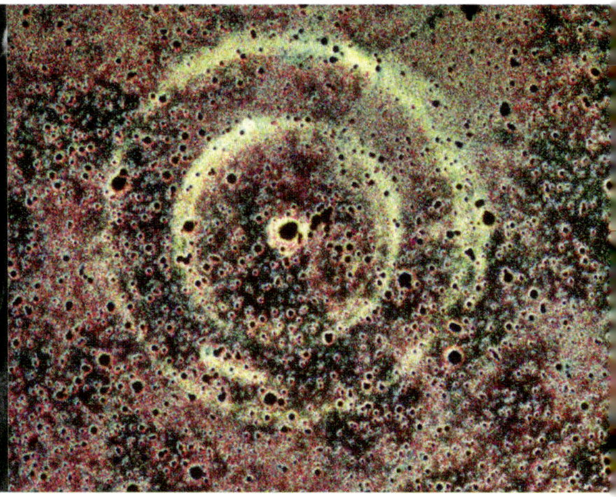

1987 La supernova 1987A (Grand Nuage de Magellan) : la plus récente explosion d'étoile dans notre voisinage.

Les dieux du ciel

Les premiers témoignages de la fascination des hommes pour le ciel datent de la fin de la dernière période glaciaire : l'homme des cavernes grave sur des os d'animaux les phases de la Lune. Peut-être suit-on déjà à cette époque le mouvement du Soleil parmi les étoiles pour prévoir les saisons. Cette pratique s'installe avec le développement de l'agriculture et la domestication des animaux, environ 10 000 ans avant J.-C., en Mésopotamie. Le ciel est alors utilisé comme un calendrier géant qui renseigne les agriculteurs sur les périodes les plus propices aux semailles et aux récoltes. Ce sont ces premières civilisations, notamment les Sumériens 4 000 ans avant J.-C., qui ont identifié les premières constellations. Ils ont remarqué des groupements d'étoiles visibles aux époques importantes de l'année, par rapport à leurs pratiques agraires, et leur ont donné des noms. Et puisque les cieux semblaient contrôler leur vie, ils en ont fait la demeure de leurs dieux. De nouvelles constellations furent ajoutées pour les représenter. Les 12 constellations où séjournaient les dieux du Soleil, de la Lune et des planètes (le zodiaque) étaient les plus importantes. Ainsi, le ciel étoilé devenait un livre d'images qui relatait l'histoire des dieux et des personnages mythiques à un peuple qui ne connaissait pas encore la langue écrite. Partout dans le monde et sans qu'il n'y ait eu de relation entre elles, toutes les civilisations développaient leur connaissance du ciel et y inscrivaient leurs croyances religieuses.

↑ **Tablette babylonienne** du Ve siècle avant J.-C., détaillant le mouvement des planètes et des étoiles.

L'ASTRONOMIE EN AMÉRIQUE CENTRALE

Les civilisations du Nouveau Monde étaient toutes fascinées par le ciel. Les Mayas (IIIe s. av. J.-C.-IXe s. apr. J.-C.). considéraient Vénus comme leur dieu de la pluie. Les Aztèques (XIVe-XVIe s.) vénéraient également cette planète, symbolisée par le dieu Quetzalcóatl – le serpent à plumes –, qui exigeait des sacrifices humains.

La pierre du soleil des Aztèques
Mesurant 4 m de diamètre et pesant 25 t, c'est un calendrier primitif. Au centre trône le dieu solaire des Aztèques : Tonatiuh.

L'ASTRONOMIE À BABYLONE

En reprenant le savoir des premiers astronomes mésopotamiens, les civilisations qui se sont succédé dans la région ont acquis une connaissance plus poussée des astres et de leurs mouvements à travers le ciel. Les Babyloniens et les Assyriens inventèrent des calendriers complexes pour planifier leur agriculture, similaires à ceux qui virent le jour en Égypte. Les Babyloniens apprirent à prévoir, avec une haute précision, les éclipses de Soleil et de Lune, ainsi que le mouvement des cinq planètes observables à l'œil nu. Pour déterminer les positions sur la voûte céleste, ils inventèrent l'unité de mesure angulaire toujours en usage de nos jours : le degré. Dernière des grandes civilisations de la Mésopotamie, rayonnant jusqu'au Ier siècle avant J.-C., les Babyloniens tentèrent de transformer l'astronomie en une véritable science. Toutefois, il leur manquait les outils mathématiques – la géométrie et la trigonométrie – pour y parvenir. Ce furent les Grecs, héritant de leurs savoirs et de leurs observations, qui libérèrent l'astronomie de son carcan mystico-religieux.

L'ASTRONOMIE ÉGYPTIENNE

En Égypte, l'astronomie était plutôt considérée comme une religion que comme une science. Les prêtres astronomes étaient les gardiens des légendes des dieux égyptiens et se servaient des calendriers primitifs, basés sur le mouvement des étoiles, pour prévoir les grands événements agricoles. La première apparition de Sirius – l'étoile la plus brillante du ciel – après des mois d'absence était connue sous le nom de lever héliaque. Les prêtres astronomes savaient qu'elle coïncidait avec la crue annuelle du Nil, qui irriguait les cultures. Chaque constellation était utilisée dans la cosmogonie égyptienne. Ainsi, Orion représentait Osiris, le dieu des morts. Quant à la traînée lumineuse de la Voie lactée, les Égyptiens y voyaient la déesse du ciel, Nut, donnant naissance à Râ, dieu du Soleil.

← **Ce superbe masque de cérémonie** représente le dieu Soleil de La Tolita, une civilisation précolombienne de l'Équateur en Amérique du Sud (v. 500 av. J.-C.).

↓ **Cette gravure égyptienne** orne un sarcophage. Au centre, le dieu de l'atmosphère Shu soulève sa fille Nut, déesse du ciel, afin de la protéger des périls terrestres.

L'astronomie antique

Les premières civilisations n'avaient pas une approche scientifique de l'astronomie. Toutefois, leur savoir dans ce domaine a influencé leur architecture. Vers 3000 avant J.-C. commence ainsi la construction d'un alignement de pierres levées en Angleterre, sur le site de Stonehenge, considéré comme l'un des premiers observatoires astronomiques de l'Antiquité. À la même époque, les Égyptiens ont érigé les célèbres pyramides de Gizeh, dont l'orientation et l'alignement reprennent avec précision les motifs célestes. Deux mille ans plus tard, les Mayas d'Amérique centrale suivent la même logique, lorsqu'ils bâtissent leurs temples. Ainsi, des civilisations indépendantes, séparées par des océans et des milliers d'années, ont chacune développé leur architecture en fonction de la position et du mouvement des astres.

LES PYRAMIDES D'ÉGYPTE

Les Égyptiens accordaient au ciel une grande importance. Les pyramides du plateau de Gizeh (*ci-dessous*) étaient orientées de façon que leurs côtés s'alignent avec les quatre points cardinaux – nord, sud, est, ouest – à quelques dixièmes de degré près. En outre, à l'époque où les pyramides furent construites (v. 3000 av. J.-C.), l'étoile polaire n'était pas celle que nous connaissons aujourd'hui, mais Thuba dans la constellation du Dragon (en raison de la précession de l'axe de rotation de la Terre). Les galeries qui perçaient la face nord des pyramides pointaient vers cette étoile. Une autre théorie veut que l'alignement des trois pyramides représente celui des trois étoiles du baudrier d'Orion (à droite), constellation qui figurait pour eux Osiris, dieu des morts. Le sphinx symboliserait alors la constellation du Lion, et le Nil la Voie lactée.

L'ALIGNEMENT DE STONEHENGE

Stonehenge (*à gauche*), situé dans la campagne anglaise, est l'un des alignements mégalithiques les plus connus d'Europe. Les chercheurs ne parviennent pas à s'accorder ni sur les méthodes de construction ni sur l'identité des bâtisseurs. D'après l'hypothèse la plus répandue, ce serait des druides qui auraient édifié Stonehenge en plusieurs étapes. Les premiers travaux auraient débuté il y a 5 000 ans avec un agencement initial de talus et de fossés. Le premier cercle de pierres levées aurait été ajouté près de 1 000 ans plus tard (v. 2000 av. J.-C.), et la structure achevée vers 1500 avant J.-C. Certains chercheurs avancent que Stonehenge était un site de sacrifices humains, ou bien un lieu de sépulture pour les personnages importants de l'époque. D'autres penchent plutôt pour un observatoire astronomique destiné à mesurer les mouvements du Soleil et de la Lune et à prévoir les éclipses. Cette théorie s'appuie sur le fait que le Soleil se lève dans l'axe du principal alignement le jour du solstice d'été.

LES PYRAMIDES MAYAS

La civilisation maya s'est épanouie de 1 500 avant J.-C. à 900 après J.-C., sur les territoires actuels du Mexique, du Belize, du Guatemala, du Honduras et du Salvador. Tout comme les anciens Grecs, les Mayas ont développé une approche scientifique dans leur rapport au ciel, mais surtout à des fins religieuses. L'influence du ciel est manifeste dans l'agencement de leurs cités. Celles-ci étaient alignées par rapport aux points cardinaux, aux astres lors des équinoxes de printemps et d'automne, ou bien aux directions du lever et du coucher de Vénus. Cette influence est claire dans le cas de la pyramide de Palenque (*en bas*). Les fenêtres du temple sommital sont disposées de telle sorte que le fond des salles est éclairé par les rayons du soleil, le matin précédant la première apparition de Vénus dans le ciel. Dans le cas de la pyramide de Chichén Itzá, l'éclairage du soleil sur les marches et le sommet de la pyramide crée l'illusion d'un serpent : le dieu-serpent Quetzalcóatl, associé à la planète Vénus.

L'essor de la science

La science a pris son essor en Grèce vers 600 avant J.-C. Les savants grecs se sont attachés à comprendre l'Univers au moyen d'observations, de théories et d'expériences – principaux outils de la méthode scientifique. Aristote (384-322 av. J.-C.) fut l'un des premiers philosophes à tenter d'édifier un modèle rationnel de l'Univers. Il le représenta sous la forme d'une série de sphères emboîtées, avec la Terre au centre. Quelques siècles plus tard, ce système fut repris et amélioré par Ptolémée (v. 100-170), astronome, mathématicien et géographe grec. Son modèle géocentrique, qui prévoyait le mouvement des planètes avec une grande précision, devait s'imposer pendant plus de treize siècles, alors qu'il était erroné. L'astronomie connut une véritable révolution en 1543, grâce au chanoine polonais Nicolas Copernic (1473-1543, *à gauche*). Dans l'ouvrage publié à sa mort, il plaça le Soleil, et non la Terre, au centre de l'Univers. Malgré l'opposition de l'Église, sa thèse se répandit progressivement. Quelques décennies plus tard, lorsque Galilée (1564-1642) braqua pour la première fois une lunette astronomique vers le ciel, il découvrit quatre lunes en orbite autour de Jupiter : un système solaire en miniature. C'était la preuve que tous les astres ne tournaient pas autour de la Terre, malgré les dires de l'Église.

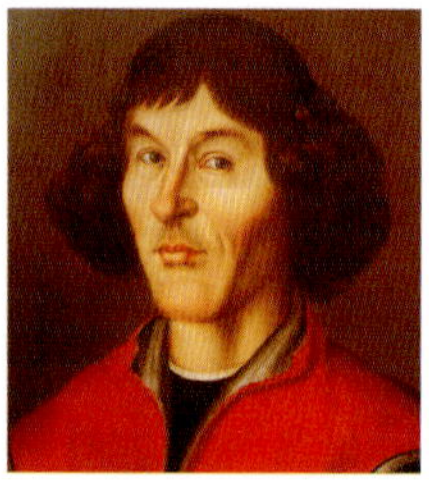

L'UNIVERS DE PTOLÉMÉE

Selon Ptolémée, la Terre immobile trônait au centre de l'Univers. Le Soleil, la Lune et les cinq planètes (Mercure, Vénus, Mars, Jupiter et Saturne) tournaient autour d'elle. Le Soleil et la Lune décrivaient de simples cercles, figures géométriques parfaites. Les planètes suivaient des « épicycles » – petits cercles (non représentés ici) à cheval sur un grand cercle.

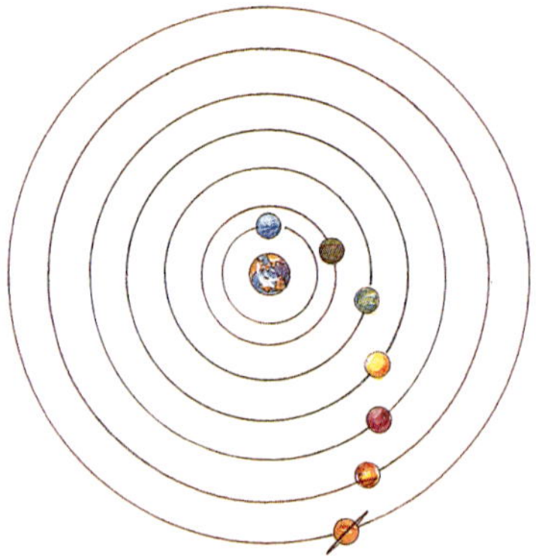

L'UNIVERS DE TYCHO BRAHE

L'astronome danois Tycho Brahe (1546-1601) effectua des relevés précis du mouvement des planètes. Ses données ne concordant pas exactement avec les modèles de Ptolémée et de Copernic, il proposa son propre modèle. Alors que les planètes tournaient autour du Soleil, celui-ci et les planètes tournaient autour de la Terre. Ainsi réconciliait-il ses observations avec le dogme d'une Terre au centre de l'Univers.

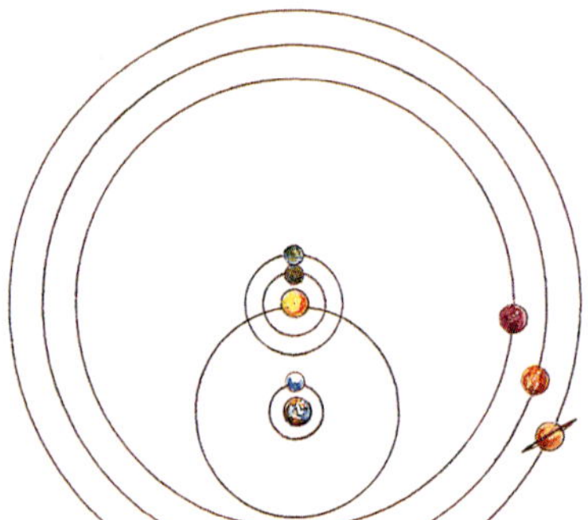

← **En Italie, Galilée** fut le premier à utiliser une lunette grossissante pour observer les astres, en 1609.

L'UNIVERS DE COPERNIC
Copernic a renversé le dogme d'une Terre située au centre de l'Univers – soutenu par l'Église – pour lui préférer un modèle héliocentrique (*à gauche*). La Terre et les autres planètes tournent autour du Soleil. Copernic place les étoiles bien au-delà des planètes et attribue avec justesse leur mouvement apparent à la rotation de la Terre. Le modèle de Copernic était encore imparfait, car l'astronome prônait toujours l'idée d'orbites parfaitement circulaires, ainsi que la notion d'épicycles. Il a toutefois été à l'origine d'une révolution dont l'astronomie avait grand besoin. Comme il se doutait bien que l'Église jugerait hérétique son modèle héliocentrique, Copernic n'autorisa sa publication qu'à sa mort, en 1543.

↓ **Galilée fabriqua** plusieurs lunettes (*dont le modèle ci-dessous*), grâce auxquelles il découvrit de nouveaux corps célestes et révolutionna l'ensemble de l'astronomie.

Instruments et télescopes

v. 3000 av. J.-C. Alignement mégalithique de Stonehenge.

v. 2000 av. J.-C. Les Babyloniens inventent le degré d'arc.

v. 1300 av. J.-C. Les Chinois mettent au point un calendrier.

v. 210 av. J.-C. Invention de la boussole (Chine).

1582 Le pape Grégoire XIII invente le calendrier grégorien, encore utilisé de nos jours.

1608 Le Hollandais Hans Lippershey invente et construit la lunette (instrument « réfracteur ») qui utilise une lentille.

1610 Galilée pointe une lunette vers le ciel pour la première fois.

1667 Création de l'observatoire de Paris

1668 Isaac Newton construit un télescope à miroir (instrument réflecteur) pour observer le ciel. Le miroir a un diamètre de 25 mm et l'oculaire grossit 35 fois.

1731 John Hadley invente l'octant, ancêtre du sextant. L'instrument mesure la distance angulaire des astres au-dessus de l'horizon.

1757 John Campbell invente le sextant.

1786 William Herschel construit un télescope réflecteur d'une ouverture de 1,20 m, ce qui en fait l'instrument le plus performant de son époque.

1814 Première utilisation de la spectroscopie en astronomie.

1826 Nicéphore Niépce invente l'appareil photo.

1840 Première utilisation de la photographie en astronomie.

1887 Albert Michelson et Edward Morley utilisent pour la première fois l'interférométrie, une technique qui permet de combiner les signaux de plusieurs détecteurs afin de simuler un instrument de plus grand diamètre.

1917 Inauguration du télescope de 2,54 m d'ouverture au mont Wilson.

1930 Débuts de la radioastronomie.

1948 Inauguration de l'observatoire du Mont-Palomar, près de San Diego (États-Unis) ; le plus grand télescope du monde jusqu'en 1975 (miroir de 5 m d'ouverture) .

1949 Un détecteur monté sur une fusée-sonde détecte la première source céleste de rayons X : le Soleil.

1953 Création de l'observatoire de radioastronomie de Nançay (France).

1961 Inauguration d'un radiotélescope avec une antenne de 64 m de diamètre, à l'observatoire Parkes en Australie. Lors de la mission Apollo 11, il reçoit les transmissions audio et vidéo en provenance de la Lune.

1962 Création de l'Observatoire austral européen (ESO). Premières observations astronomiques en ultraviolet par le satellite OSO.

1963 Inauguration de l'observatoire d'Arecibo (Porto Rico). Le radiotélescope, construit dans une cuvette naturelle, mesure 305 m de diamètre. Son antenne unique reste à ce jour la plus grande du monde.

1964 Inauguration de l'observatoire de La Silla au Chili.

1970 Débuts de l'astronomie X avec le lancement du satellite SAS-1, dit aussi Uhuru (liberté en swahili), depuis une base située au Kenya.

1972 Création de l'Observatoire astronomique d'Afrique du Sud (SAAO), près de la ville de Sutherland. C'est le principal observatoire du continent africain.
Au mois de novembre, la NASA lance son second satellite SAS (*Small Astronomy Satellite*), ouvrant la voie à l'astronomie gamma.

1974 Inauguration du Télescope anglo-australien (AAT) en Australie. Le Royaume-Uni lance le satellite Ariel 5, consacré à l'astronomie X.

1975 En Union soviétique, le télescope Bolchoï de 6 m d'ouverture dépasse celui du mont Palomar et devient le plus grand télescope du monde.
En mai, lancement du satellite américain SAS-3. En août, lancement par l'ESA du satellite européen COS-B, destiné à l'astronomie gamma.

1977 La NASA lance le premier de ses satellites lourds conçus pour l'astrophysique des hautes énergies : HEAO-1, sensible aux rayons X.

1978 En janvier, lancement du satellite *International Ultraviolet Explorer* (IUE), fonctionnant dans l'ultraviolet. Fruit d'une collaboration entre la NASA, l'ESA et le Royaume-Uni, le satellite reste opérationnel durant 18 ans. En novembre, la NASA lance son second satellite d'observation en rayons X : HEAO-2,

1786 Le télescope de William Herschel, d'une ouverture de 1,20 m, est le plus grand de son époque.

1948 Achèvement du télescope Hale (mont Palomar). Le resurfaçage du miroir a lieu tous les deux ans.

1975 Le télescope Bolchoï, construit par l'Union soviétique, devient le plus grand du monde.

dit aussi Einstein. Il s'agit du premier télescope X utilisant une optique à incidence rasante, permettant les premières images des sources X du ciel.

1979 La NASA lance le satellite HEAO-3. Inauguration du télescope anglais UKIRT, d'une ouverture de 3,8 m et fonctionnant dans l'infrarouge, à l'observatoire du Mauna Kea (Hawaii). Inauguration de l'observatoire Roque de los Muchachos à Las Palmas (Canaries). Rassemblant plusieurs télescopes, c'est le principal observatoire européen de l'hémisphère Nord.

1980 Achèvement du VLA (*Very Large Array*) au Nouveau-Mexique. Le réseau de radiotélescopes comporte 27 paraboles indépendantes, chacune d'un diamètre de 25 m. Elles peuvent être déplacées sur des rails et agencées en quatre configurations différentes.

1983 En janvier, le satellite infrarouge IRAS achève sa première étude du ciel, qui est couvert à 95 %. En mai, l'ESA lance le satellite Exosat qui observe le ciel en rayons X. Il est opérationnel jusqu'en 1986.

1987 Le Japon lance le satellite Ginga, consacré à l'astronomie X, qui reste opérationnel jusqu'en 1990.

1988 Inauguration de l'Observatoire national d'Australie, qui rassemble 8 radiotélescopes.

1989 Inauguration du télescope NTT (*New Technology Telescope*) à l'observatoire de La Silla au Chili. Lancement du satellite COBE de la NASA, qui mesure avec une très haute précision la température du bruit de fond cosmique, preuve du big bang.

1990 En avril, lancement du télescope spatial Hubble (HST), doté d'un miroir de 2,4 m. Malheureusement, une fois en orbite, le miroir se révèle défectueux. En juin, lancement du satellite ROSAT, réalisation conjointe des États-Unis, du Royaume-Uni et de l'Allemagne. Sa mission consiste à dresser la première carte du ciel en rayons X.

1991 Lancement par la NASA de Compton-GRO, satellite d'astronomie gamma.

1992 Lancement par la NASA du satellite EUVE (*Extreme Ultraviolet Explorer*), destiné à détecter les sources d'ultraviolet à haute énergie. Achèvement du télescope Keck 1 à l'observatoire du Mauna Kea (Hawaii).

1993 Les astronautes de la navette spatiale réparent le miroir du télescope Hubble. Mise en opération du réseau VLBA (*Very Long Baseline Array*), qui combine par interférométrie 10 radiotélescopes aux États-Unis, aux îles Vierges et à Hawaii. Ensemble, ils ont la même résolution qu'une antenne de 8 000 km de diamètre.

1994 Construction en Californie de l'Observatoire d'interférométrie laser LIGO. Il aura pour mission de détecter les ondes gravitationnelles dégagées par les phénomènes astronomiques violents.

1995 Lancement par l'ESA du satellite ISO (*Infrared Space Observatory*), second plus grand observatoire spatial dans le domaine infrarouge. Il est muni d'un télescope de 0,6 m d'ouverture, de deux spectromètres, et d'un photopolarimètre qui mesure le degré de polarisation des sources lumineuses.

1996 Lancement par l'Italie du satellite BeppoSAX, cofinancé par les Pays-Bas et l'ESA, qui observe le ciel en rayons X. Achèvement du télescope Keck II à l'observatoire du Mauna Kea (Hawaii). Keck I et Keck II ont chacun un miroir de 10 m de diamètre, composé de 36 éléments. Il s'agit des plus grands télescopes optiques actuellement en service dans le monde.

1999 Lancement en juillet par la NASA du satellite AXAF, ou Chandra, successeur du satellite Einstein pour l'étude du ciel en rayons X. En décembre, l'ESA lance son propre satellite destiné à l'observation en fréquence X : XMM-Newton. Les deux télescopes orbitaux sont toujours en service.

2000 Inauguration du VLT (*Very Large Telescope*) à l'observatoire de Paranal au Chili. Le système comporte 4 télescopes d'un diamètre de 8,20 m chacun, qui peuvent être associés par interférométrie pour simuler un instrument de 16 m d'ouverture – virtuellement le plus grand télescope optique au monde. Inauguration la même année du radiotélescope de Green Bank en Virginie (États-Unis), dont l'antenne légèrement elliptique mesure 100 m d'envergure.

2002 Lancement par l'ESA du Satellite international d'astrophysique gamma (INTEGRAL).

2003 Lancement du télescope spatial infrarouge Spitzer (dit aussi SIRTF) par la NASA.

1980 Les 27 antennes radio du VLT (*Very Large Array*) entrent en service au Nouveau-Mexique.

1990 Les astronautes réparent le miroir défectueux du télescope spatial Hubble, lancé en 1987.

1996 Les télescopes Keck sont situés en haut du Mauna Kea (Hawaii), l'observatoire le plus haut du monde.

Les observatoires

Les observatoires astronomiques ont bien évolué depuis les premières lunettes des XVIIe et XVIIIe siècles. Aujourd'hui, les observatoires au sol sont dotés de télescopes munis de miroirs atteignant 10 m de diamètre. La plupart utilisent des cellules CCD – comparables à celles de nos caméras numériques – pour enregistrer la lumière des astres. Le temps où les astronomes restaient rivés à leur lunette, dans l'atmosphère glaciale de la coupole, est bel et bien révolu ! Aujourd'hui, ils travaillent dans une salle climatisée, depuis laquelle ils contrôlent l'instrument par ordinateur. Tout comme les télescopes optiques, les radiotélescopes ont également progressé, notamment avec la technique de l'interférométrie qui combine plusieurs antennes afin d'offrir une plus grande surface de collecte.

↑ **L'observatoire du Mauna Kea,** dans l'île d'Hawaii, détient le record d'altitude. À 4 200 m au-dessus du niveau de la mer, il regroupe plusieurs instruments, dont le télescope Canada-France-Hawaï d'une ouverture de 3,6 m.

← **Le VLA,** (*Very Large Array*), situé au Nouveau-Mexique, est un immense observatoire radioastronomique regroupant 27 antennes de 25 m de diamètre chacune. Les antennes peuvent se déplacer sur des rails et être orientées selon quatre configurations différentes. Grâce à la technique de l'interférométrie, leurs signaux sont combinés pour simuler une antenne virtuelle de plusieurs kilomètres de diamètre.

← **Les deux télescopes de l'observatoire W. M. Keck,** au sommet du Mauna Kea à Hawaii, sont aujourd'hui les plus grands télescopes optiques de la planète. Leurs miroirs mesurent 10 m de diamètre chacun et sont composés d'une multitude de facettes indépendantes. La technique de l'optique adaptative permet de modifier en continu l'orientation de chaque facette afin d'obtenir une géométrie du miroir qui annule les effets déformants de la turbulence atmosphérique.

↓ **L'Observatoire astronomique de Crimée (CrAO)** est situé en Ukraine, à 600 m au-dessus du niveau de la mer. Il comporte un télescope solaire de 1 m d'ouverture (*ci-dessous*). L'instrument est équipé d'un coronographe qui lui permet de photographier l'atmosphère du Soleil, sa couronne. L'observatoire comprend également un télescope de 2,6 m et deux télescopes de 1,25 m d'ouverture, et il contrôle d'autres instruments sur une montagne voisine.

Les principaux centres spatiaux

Des centaines d'observatoires astronomiques sont disséminés sur le globe, principalement dans les régions montagneuses où ils échappent aux turbulences de la basse atmosphère. L'Amérique du Nord accueille le plus grand nombre d'observatoires, qui sont souvent dirigés par des universités. D'autres instituts participent à la recherche astronomique, en particulier certains centres de la NASA – comme le Goddard Space Flight Center –, ainsi que les centres spatiaux qui mettent en orbite les satellites astronomiques, tels le Kennedy Space Center de cap Canaveral et le Centre spatial guyanais de Kourou.

AMÉRIQUE DU NORD

Observatoire astrophysique de Dominion (Canada)
Goddard Space Flight Center (Maryland)
Jet Propulsion Laboratory (Californie)
Johnson Space Center (Texas)
Observatoire W. M. Keck (Hawaii)
Kennedy Space Center (Floride)
Observatoire de Kitt Peak (Arizona)
Observatoire Lowell (Arizona)
Observatoire du Mont-Hopkins (Arizona)
Observatoire du Mont-Wilson (Californie)
Observatoire du Mont-Palomar (Californie)
VLA – Very Large Array (Nouveau-Mexique)
Observatoire Yerkes (Wisconsin)

AMÉRIQUE CENTRALE/AMÉRIQUE DU SUD

Radiotélescope d'Arecibo (Porto Rico)
Observatoire interaméricain de Cerro Tololo (Chili)
Observatoire de Paranal (Chili)
Observatoire de La Silla (Chili)
Centre spatial de Kourou (Guyane)

EUROPE

Observatoire de Zelentchouk (Russie)
Observatoire radio d'Effelsberg (Allemagne)
ESA – Agence spatiale européenne (France)
Centre ESOC de Darmstadt (ESA) (Allemagne)
Radio-observatoire de Jodrell Bank (Royaume-Uni)
Observatoire du Roque de los Muchachos (îles Canaries)
Observatoire du Pic-du-Midi (France)
Cité des Étoiles (entraînement des cosmonautes, Russie)

ASIE/AUSTRALIE

Observatoire anglo-australien (Australie)
Observatoire national d'Australie (Australie)
Cosmodrome de Baïkonour (Kazakhstan)
Centre spatial Kagoshima (Japon)
Observatoire de Parkes (Australie)

AFRIQUE

Observatoire astronomique d'Afrique du Sud (Afrique du Sud)

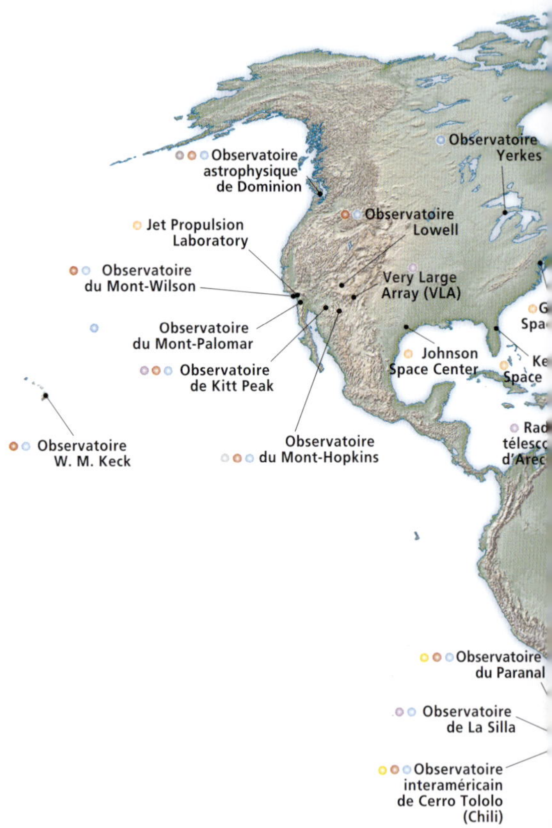

Le sommet du volcan Mauna Kea à Hawaii accueille les télescopes Keck, ainsi que d'autres observatoires.

Le radiotélescope de Jodrell Bank au Royaume-Uni, construit en 1957, est toujours en service aujourd'hui.

L'observatoire de Paranal au Chili abrite les quatre télescopes VLT de l'ESO, reliés par interférométrie.

L'Observatoire astronomique d'Afrique du Sud, près de la ville du Cap, est le plus important d'Afrique.

L'observatoire de Parkes en Australie comporte un radiotélescope de 64 m de diamètre.

L'observatoire du Roque de los Muchachos pointe au-dessus des nuages dans l'île de Palma (Canaries).

Les télescopes spatiaux

Le télescope spatial Hubble est le plus célèbre observatoire en orbite, mais il est loin d'être le seul. Depuis le début de l'ère spatiale, de nombreux satellites astronomiques ont été lancés, pour la plupart russes et américains. Ils ont l'avantage de pouvoir observer l'univers sur toutes les longueurs d'onde du spectre électromagnétique. Sur terre, notre atmosphère nous protège certes des effets néfastes des rayons ultraviolets, X et gamma, mais nous empêche par la même occasion d'étudier le ciel dans cette diversité de fréquences. La mise en orbite de télescopes nous ouvre de nouvelles fenêtres sur le cosmos, et élimine de surcroît les turbulences atmosphériques pour les images en lumière visible qui ont fait la célébrité du télescope spatial Hubble. Mais celui-ci opère également en infrarouge et en ultraviolet. Satellisé en 1990, il arrive désormais en fin de carrière et sera remplacé par le télescope spatial James Webb, dont le lancement est prévu en 2011.

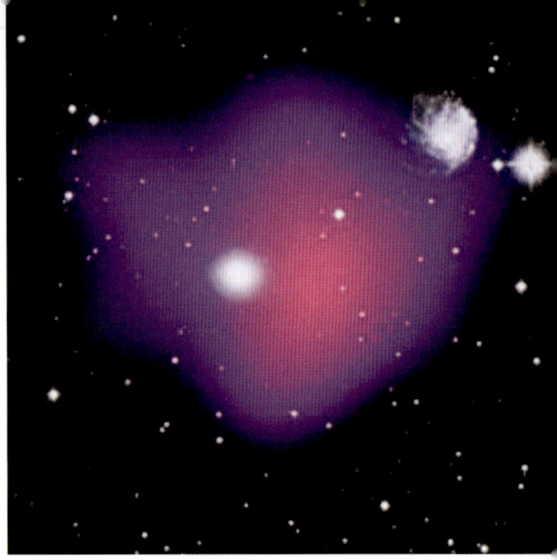

↑ **Combinaison d'une photographie** en lumière visible et d'une image recueillie en rayons X par le satellite ROSAT. La couleur magenta représente la brillance de l'émission X et trahit un nuage de gaz à haute température qui enveloppe les trois galaxies visibles.

LE TÉLESCOPE SPATIAL JAMES WEBB

Le successeur du télescope spatial Hubble (HST) a déjà un nom : le télescope spatial James Webb (JWST, *à gauche*), en l'honneur du directeur de la NASA qui fut à la tête de l'agence spatiale américaine de 1961 à 1968. Télescope de nouvelle génération, il bénéficie des techniques d'avant-garde pour la construction de son miroir principal. Alors que le miroir de Hubble était d'une seule pièce – d'une masse de près de 1 t et d'un diamètre de 2,4 m –, le miroir du JWST sera composé de segments minces et légers qui, une fois assemblés, formeront une surface de 6 m de diamètre. Un miroir d'un tel diamètre et d'un seul tenant ne pourrait pas tenir dans la soute de son lanceur, d'où l'idée de le plier lors du transport et de le déployer une fois en orbite. La finesse des segments est telle que le JWST, trois fois plus large que Hubble, ne pèsera que la moitié de son prédécesseur.

Le JWST opérera dans la région du spectre s'étendant de la lumière verte à l'infrarouge moyen, ce qui lui permettra d'étudier la formation des planètes, des étoiles et des galaxies. Si tout se déroule comme prévu, le JWST verra sa première lumière en 2011. Sa sensibilité sera de 10 à 100 fois supérieure à celle du HST. Il sera le plus grand télescope en orbite terrestre.

↑ **Système de miroirs du satellite ROSAT,** destiné à focaliser les rayons X. Les cylindres emboîtés, légèrement fuyants, canalisent les rayons X qui les frappent avec une incidence rasante.

→ ↓ **Une équipe de techniciens** vérifie les différents éléments du satellite ISO (*Infrared Space Telescope)* de l'Agence spatiale européenne, lors de son intégration au Centre spatial guyanais de Kourou. Lancé en 1995, ISO est équipé d'un télescope infrarouge de 0,6 m de diamètre.

Le télescope spatial Hubble

C'est en avril 1990, après des années d'attente, que fut lancé Hubble, télescope spatial baptisé en l'honneur de l'astronome américain Edwin Hubble (1889-1953) qui mit en évidence l'expansion de l'Univers. Aujourd'hui, le HST (*Hubble Space Telescope*) est devenu l'observatoire le plus célèbre du monde grâce aux images spectaculaires qu'il transmet à la Terre. Hubble n'est pourtant pas d'une taille exceptionnelle. Son miroir principal ne mesure que 2,4 m de diamètre, le quart du diamètre des plus grands miroirs au sol. C'est l'emplacement du télescope spatial à 600 km d'altitude, au-dessus du voile gênant formé par l'atmosphère terrestre, qui lui confère ses performances remarquables.

↑ **Cette vue prise par Hubble** montre un détail de la nébuleuse du Cygne (M17) dans le Sagittaire : une pouponnière d'étoiles en formation.

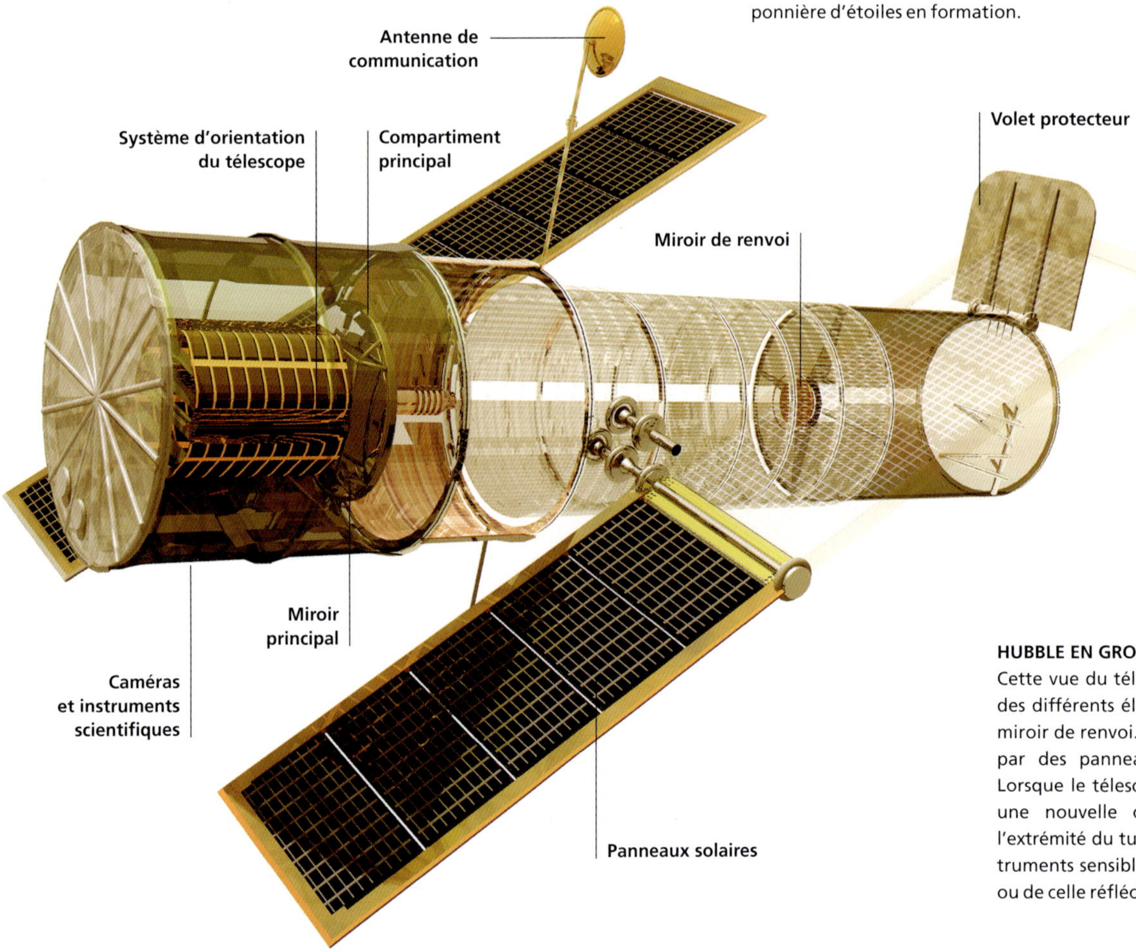

HUBBLE EN GROS PLAN
Cette vue du télescope Hubble montre l'agencement des différents éléments, avec le miroir principal et le miroir de renvoi. L'alimentation électrique est fournie par des panneaux solaires reliés à des batteries. Lorsque le télescope change d'orientation pour viser une nouvelle cible, le volet protecteur situé à l'extrémité du tube est fermé afin de protéger les instruments sensibles de la lumière aveuglante du Soleil ou de celle réfléchie par la Terre.

↑ **Après la mise en orbite du télescope Hubble,** les astronomes se sont aperçus que son miroir principal avait été poli avec un rayon de courbure inexact. Cette géométrie erronée donnait des images floues. Afin de remédier au problème, la navette spatiale Endeavour accosta le satellite en décembre 1993, et une équipe d'astronautes entreprit les réparations nécessaires lors de plusieurs sorties dans l'espace. Trois autres missions de maintenance ont eu lieu depuis, en 1997, 1999 et 2002. La NASA et l'ESA en ont profité pour remplacer certains instruments scientifiques par des modèles plus performants.

→ **Le télescope spatial Hubble** survole l'océan sur une orbite circulaire à 600 km d'altitude. Depuis son poste d'observation, le télescope a une vue imprenable sur l'espace, 24 heures par jour. Il échappe à la turbulence atmosphérique qui gâche les images des télescopes au sol.

La radioastronomie

Les ondes radio occupent une large tranche du spectre électromagnétique, depuis des longueurs d'onde se mesurant en dizaines de mètres jusqu'aux micro-ondes de l'ordre du millimètre – là où commence le domaine de l'infrarouge. Les débuts de la radioastronomie remontent aux années 1931-1932, lorsque Karl Jansky découvrit que le ciel lui-même émettait des ondes radio, apparemment en provenance du cœur de la Voie lactée. Aujourd'hui, la radioastronomie est un important secteur de recherches. Non seulement de nombreux astres – galaxies radio, pulsars, fond diffus du cosmos – émettent des ondes radio mais la quasi-totalité du spectre radio est observable depuis le sol, de jour comme de nuit, car l'atmosphère est transparente aux ondes radio.

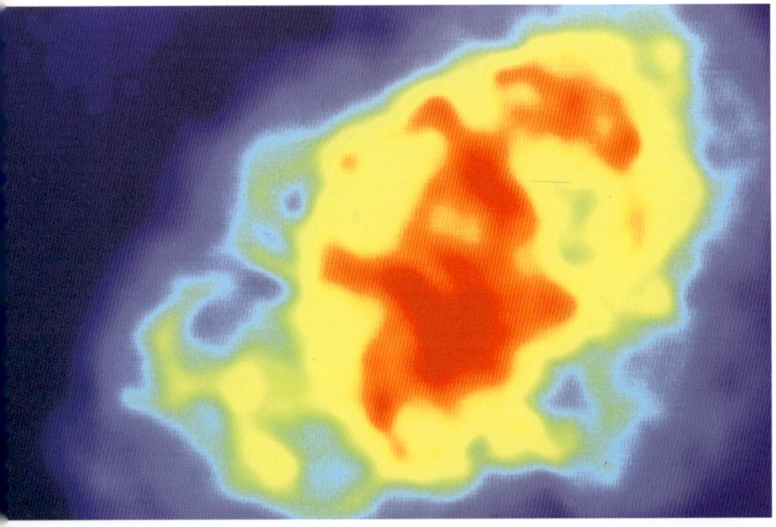

← **La nébuleuse du Crabe (M1),** telle qu'elle apparaît dans une longueur d'onde radio de 3,6 cm (image obtenue par l'observatoire VLA au Nouveau-Mexique).

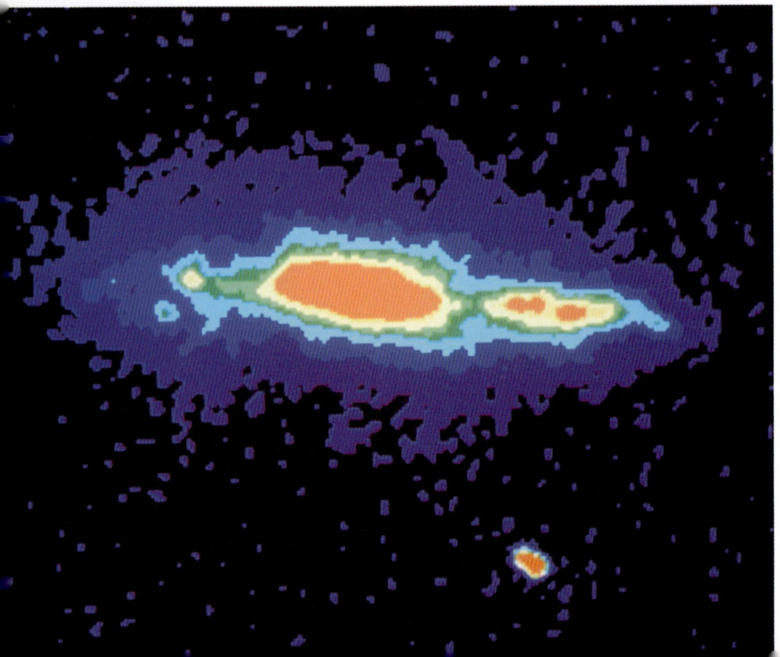

← **L'antenne d'un radiotélescope** est généralement de forme parabolique. Elle réfléchit et focalise les ondes radio vers un récepteur fixé sur un support au-dessus de la parabole.

←← **Obtenue avec le réseau d'antennes VLA,** cette image en fausses couleurs représente la galaxie spirale NGC 4631, vue de profil depuis la Terre.

LE RADIOTÉLESCOPE D'ARECIBO

Inauguré en 1963, le radiotélescope d'Arecibo (Porto Rico) est la plus grande antenne radio du monde. Elle mesure 305 m de diamètre, 51 m de profondeur, et couvre une superficie de 8 ha. La surface de collecte, composée de 40 000 panneaux d'aluminium, est soutenue par un réseau de câbles tendus à travers la cuvette naturelle où le télescope a été construit. Sa courbure globale est sphérique, plutôt que parabolique, comme dans le cas des antennes courantes. En raison de sa grande taille et du fait qu'elle est rivée au sol, l'antenne n'est pas mobile, ce qui limite le champ d'observation. Le radiotélescope balaie la tranche de ciel que lui présente la rotation de la Terre. L'observatoire d'Arecibo est utilisé non seulement pour l'astronomie, mais aussi pour l'étude de l'atmosphère. En 1973, un message radio y fut envoyé à l'amas globulaire d'étoiles M13, à l'intention de toute civilisation extraterrestre susceptible d'être à l'écoute. Rétrospectivement, le choix de cette cible semble mal fondé, car les amas globulaires sont aujourd'hui considérés comme d'improbables repaires de planètes. Quoi qu'il en soit, comme M13 est distant de 23 000 années-lumière, toute réponse en provenance de l'amas n'est pas attendue avant 46 000 ans !

↑ **Suspendu 138 m au-dessus de la grande antenne d'Arecibo,** le récepteur installé sur une plate-forme de 900 t reçoit les ondes radio réfléchies et focalisées vers elle. Sur cette pose de nuit, les lumières de la plate-forme en rotation dessinent des cercles concentriques.

↓ **Le spectre électromagnétique** embrasse tous les rayonnements émis par des électrons en état d'excitation. Les ondes radio sont les plus longues (basse fréquence), alors que les rayons gamma ont les longueurs d'onde les plus courtes.

SPECTRE ÉLECTROMAGNÉTIQUE

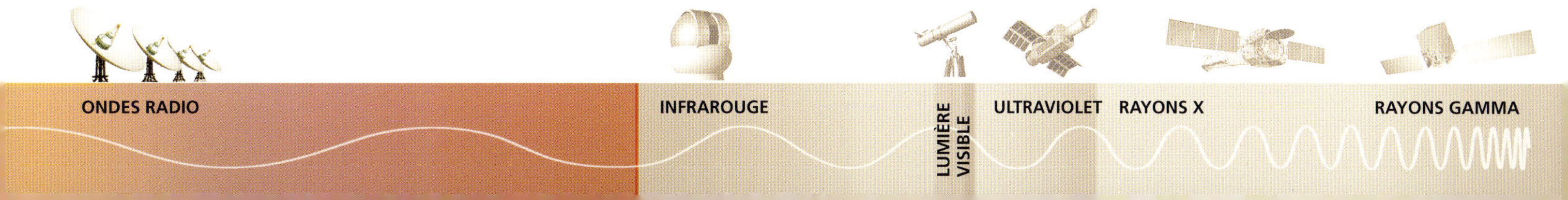

L'astronomie infrarouge

Au-delà de la lumière visible s'étend le domaine infrarouge du spectre électromagnétique (infrarouge signifie « sous le rouge »). Ses longueurs d'onde sont comprises entre 1 et 300 micromètres. L'œil ne le perçoit pas, mais nous le ressentons sous forme de chaleur. Les objets célestes qui émettent dans l'infrarouge ont une température comprise entre – 200 °C et + 500 °C : nuages de gaz où se forment les étoiles, disques de poussière où se forment les planètes, noyaux de certaines galaxies. L'astronomie infrarouge est d'un grand intérêt, mais la plupart des rayonnements de ce type sont stoppés par l'atmosphère terrestre. Il faut donc avoir recours à des satellites, en orbite au-dessus de l'atmosphère, munis de télescopes infrarouges.

← **Les techniciens s'affairent** autour du satellite IRAS (*Infrared Astronomical Satellite*) avant son lancement depuis la base de Vandenberg en Californie. Coréalisation des États-Unis, des Pays-Bas et du Royaume-Uni, IRAS fut l'un des pionniers de l'astronomie infrarouge. Lancé en 1983, il réalisa durant dix mois un balayage optimal du ciel dans cette gamme de longueurs d'onde, en échappant au voile perturbateur formé par l'atmosphère terrestre.

L'INFRAROUGE DEPUIS LE SOL : UKIRT
Les observatoires au sol recueillent les rayons infrarouges de courte longueur d'onde (infrarouge proche) que laisse passer l'atmosphère. C'est le cas du télescope anglais UKIRT (*United Kingdom Infrared Telescope*), installé à 4 200 m d'altitude à l'observatoire du Mauna Kea, dans l'île d'Hawaii. Entré en service en 1979, il s'agit du plus grand télescope au monde consacré exclusivement à l'observation infrarouge. Son miroir mesure 3,8 m de diamètre et se distingue par sa légèreté et sa disposition compacte. Les images obtenues par UKIRT sont d'une finesse comparable à celles recueillies par les télescopes optiques au sol de taille similaire, de l'ordre de 0,5 seconde d'arc.
L'observatoire du Mauna Kea, au sommet d'un volcan éteint, détient le record d'altitude. Peu affecté par la turbulence atmosphérique, il est considéré comme le meilleur site sur terre pour les observations astronomiques en infrarouge et en lumière visible.

← **La coupole de gauche** abrite le télescope infrarouge UKIRT du Royaume-Uni, doté d'un miroir de 3,8 m. À droite se dresse la coupole d'un télescope solaire, utilisé par l'université de Hawaii.

↓ **La nébuleuse du Crabe (M1),** telle qu'elle apparaît en infrarouge sur une longueur d'onde de 1 micromètre. Au centre du nuage se trouve un pulsar. L'ensemble est à une distance de la Terre de 6 000 années-lumière.

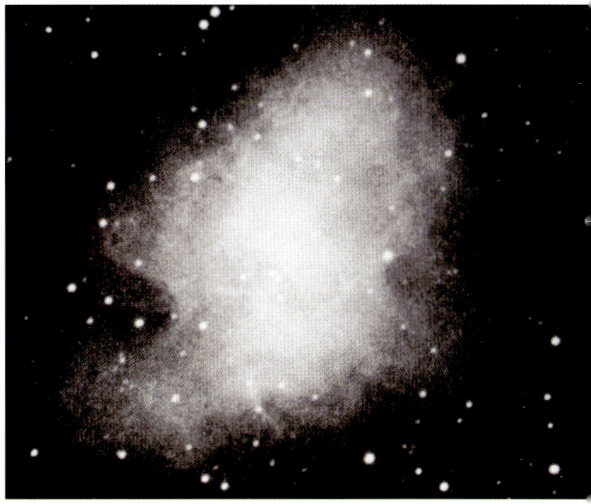

LES SATELLITES INFRAROUGES : IRAS

Jusqu'en 1983, l'astronomie infrarouge n'était possible que depuis le sol et restait donc extrêmement limitée. L'atmosphère n'est transparente au rayonnement infrarouge du ciel que dans d'étroites « fenêtres » de longueurs d'onde, les autres fréquences étant interceptées par la vapeur d'eau et le gaz carbonique. C'est d'ailleurs le mécanisme de l'effet de serre : le Soleil chauffe la Terre, mais seule une fraction de cette chaleur peut repartir dans l'espace, car elle est rediffusée sous forme de rayons infrarouges, absorbés par les gaz atmosphériques. En janvier 1983, l'astronomie infrarouge fit un bond en avant avec le lancement du satellite IRAS (*Infrared Astronomical Satellite*), projet commun des États-Unis, des Pays-Bas et du Royaume-Uni. Le satellite était équipé d'un télescope de 0,6 m d'ouverture. Le télescope était refroidi à quelques degrés seulement au-dessus du zéro absolu, de façon qu'il ne soit pas perturbé par sa propre chaleur. Le satellite IRAS réalisa des balayages panoramiques de la quasi-totalité du ciel (95 % de couverture) sur quatre longueurs d'onde différentes. Durant ses dix mois d'activité, il détecta 250 000 sources célestes émettant en infrarouge, avant de tomber à court de liquide réfrigérant. Ses observations firent progresser de nombreuses branches de l'astronomie. Parmi les découvertes d'IRAS figurent plusieurs comètes, des émissions infrarouges autour de certaines étoiles, notamment Bêta Pictoris, attribuées à des disques de poussière en voie de devenir des planètes, des galaxies actives en infrarouge et un premier aperçu du noyau de la Voie lactée. De fait, les astronomes appellent « galaxies IRAS » celles qui émettent en infrarouge, puisque c'est le satellite qui a découvert les premiers objets de ce type. Il s'agit vraisemblablement de galaxies qui rentrent en collision entre elles et sont sujettes, de ce fait, à un brassage de leurs gaz qui engendrent de nombreuses nouvelles étoiles.

SPECTRE ÉLECTROMAGNÉTIQUE

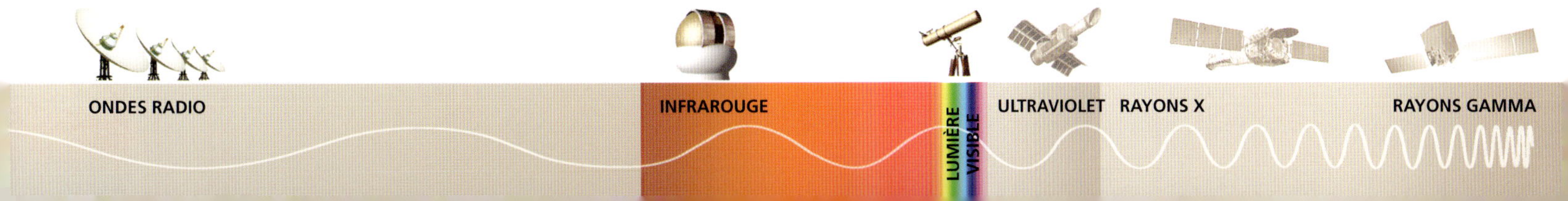

L'astronomie ultraviolet

L'ultraviolet, comme son nom l'indique, est la gamme de rayonnements électromagnétiques qui s'étend au-delà du violet, et à laquelle l'œil n'est pas sensible. De nombreux objets célestes – en particulier les galaxies actives, les novae, les supernovae et même les étoiles comme le Soleil – émettent ce rayonnement énergétique, dangereux pour les organismes vivants. L'atmosphère terrestre, et notamment l'ozone, intercepte la majeure partie de ce rayonnement. La fraction qui parvient au sol peut entraîner chez l'homme des cancers de la peau. En revanche, ce qui est une protection pour le monde vivant est une gêne pour les astronomes qui ont dû attendre la mise en orbite de satellites pour explorer le ciel dans l'ultraviolet. Les premières observations de ce type furent conduites à la fin des années 1960, mais c'est le satellite IUE (*International Ultraviolet Explorer*), à partir de 1978, qui entreprit le grand recensement des sources célestes d'ultraviolet.

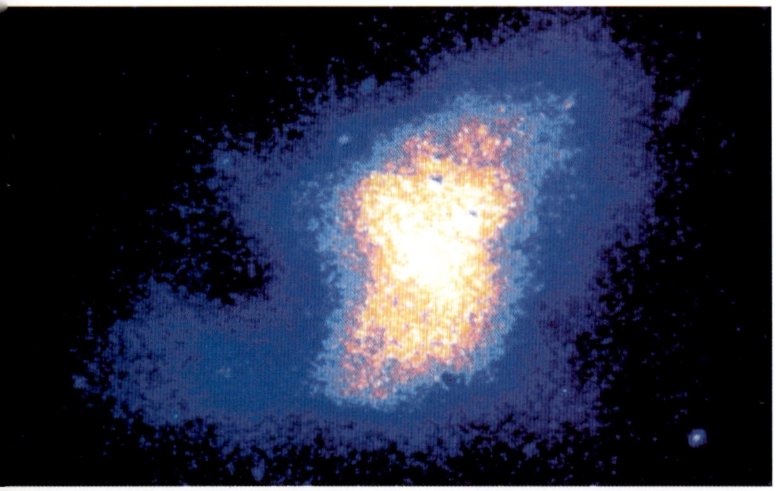

← **La nébuleuse du Crabe (M1) en ultraviolet.** L'intensité de l'émission, qui décroît du centre vers l'extérieur est représentée par de fausses couleurs.

← **Dans l'ultraviolet,** la surface du Soleil paraît sombre, parce que sa température est plus basse que celle de son atmosphère, agitée par des fontaines de gaz ionisés.

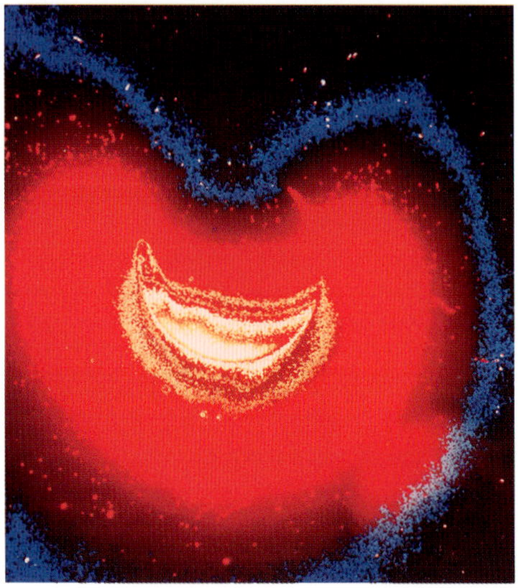

→ **La Terre et son environnement** sont photographiés par Apollo 16 au moyen d'une caméra sensible à l'ultraviolet. La forte émission (en rouge) est due à un halo d'hydrogène ionisé qui entoure la planète.

UN OBSERVATOIRE EN ORBITE : IUE

Le satellite astronomique IUE (*International Ultraviolet Explorer*) fut une mission conjointe de la NASA, de l'ESA et du Royaume-Uni. Lancé le 26 juillet 1978, IUE, le premier satellite entièrement consacré à l'astronomie ultraviolet, révolutionna nos connaissances dans ce domaine. Il emportait un télescope principal de 45 cm d'ouverture, ainsi que deux spectromètres. Ces derniers sont des instruments qui décomposent le rayonnement, en l'occurrence l'ultraviolet, en un éventail de longueurs d'onde différentes. L'étude de ce spectre permet de déduire la température, la composition et la vitesse des objets célestes qui émettent le rayonnement. Le satellite IUE fut placé sur une orbite géostationnaire à 35 900 km d'altitude, qu'il parcourt en exactement 24 heures. Tournant à la même vitesse que la Terre sur elle-même, le satellite paraît stationnaire par rapport au sol. Depuis cette orbite, IUE a observé des dizaines de milliers d'objets célestes qui émettent des rayons ultraviolets. Conçu pour une durée de vie de trois à cinq ans, IUE a battu absolument tous les records en restant opérationnel jusqu'en septembre 1996, engrangeant 18 années d'observations.

↑ **Vue d'artiste du satellite IUE** (*International Ultraviolet Explorer*). Placé sur une orbite géostationnaire à 35 900 km d'altitude, il a longtemps détenu le record de l'observatoire astronomique le plus éloigné de la Terre.

SPECTRE ÉLECTROMAGNÉTIQUE

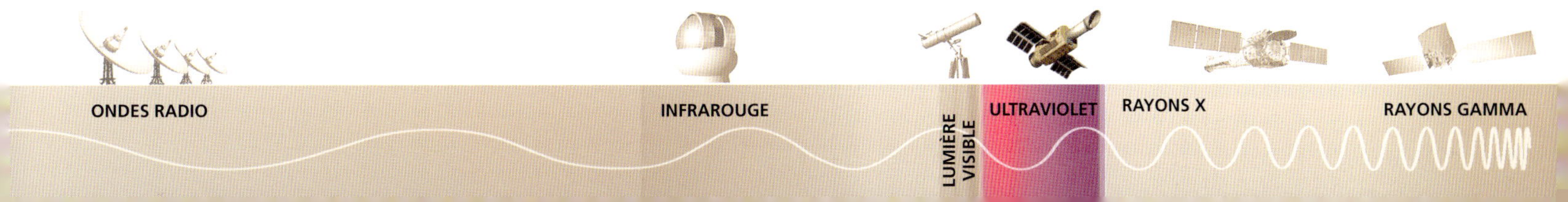

L'astronomie X et gamma

Au-delà des rayons ultraviolets commence le domaine des rayons X dont les longueurs d'onde se mesurent en millionièmes de millimètre. Aux fréquences encore plus élevées, on entre dans le domaine des rayons gamma (moins de 0,01 nanomètre). Rayons X et rayons gamma sont les rayonnements les plus énergétiques de l'Univers et sont émis par des processus extrêmement violents, par exemple par les disques d'accrétion autour des trous noirs. Ainsi, la première source de rayons X détectée dans le cosmos (en 1962) fut l'étoile binaire Scorpius X-1, dont l'une des composantes est un trou noir. Les astronomes ne peuvent explorer cette région du spectre qu'au moyen de satellites qui échappent à l'écran formé par l'atmosphère terrestre.

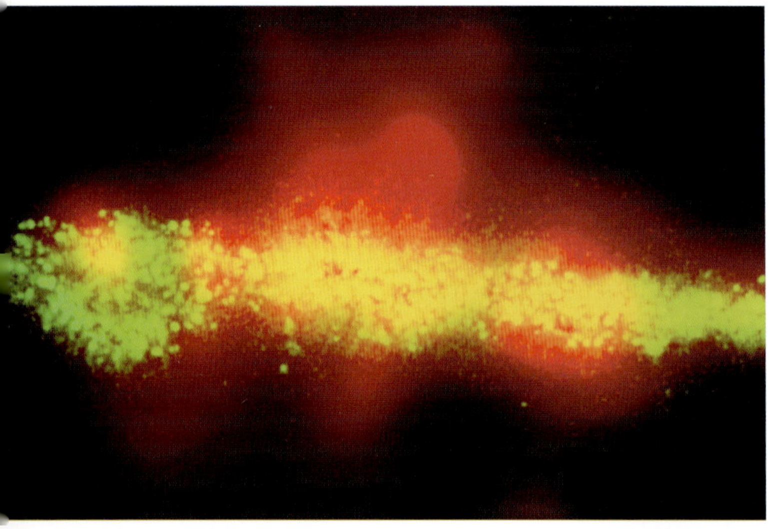

← **Ce panorama insolite** associe une photographie en lumière visible et une image en rayons X, montrant la galaxie spirale NGC 4631 vue de profil. Les zones en rouge révèlent les régions d'intense émission de rayons X, celles en vert, les régions où se forment des étoiles qui émettent de la lumière visible.

← **Dans un laboratoire d'Eastman Kodak,** des techniciens redressent en position verticale le télescope du satellite Chandra, avant son assemblage final. Lancé en 1999, Chandra est le plus performant de tous les observatoires spatiaux de rayons X.

L'OBSERVATOIRE GAMMA COMPTON-GRO

Bien que certains rayons gamma parviennent à traverser l'atmosphère, le principal moyen d'étudier le ciel dans le domaine gamma est de satelliser des observatoires en orbite terrestre. En 1991, la NASA a lancé le lourd satellite Compton-GRO, nommé en l'honneur du physicien américain Arthur Compton, l'un des pionniers de la physique des hautes énergies. Le satellite Compton-GRO pèse plus de 16 t et emporte quatre instruments. Le premier, dénommé BATSE, sert à détecter les sursauts gamma qui sont de brèves mais phénoménales émissions de rayonnement, aujourd'hui attribuées à des collisions d'étoiles massives. Les trois autres instruments recensent les sources de rayons gamma à travers le ciel dans trois bandes de fréquence différentes. Compton-GRO a ainsi identifié 400 sources gamma et détecté 2 500 sursauts, avant d'achever sa mission en juin 2000.

← **En 1991,** dans la soute de la navette spatiale Atlantis, un astronaute s'affaire en vue du largage du satellite Compton-GRO, observatoire orbital de rayons gamma. En haut à droite, on aperçoit l'un des panneaux solaires qui alimentent le puissant satellite.

↓ **La nébuleuse du Crabe (M1)** vue en rayons gamma. Dans cette image recueillie par le satellite Compton-GRO, les fausses couleurs représentent l'intensité de l'émission, avec les valeurs maximales en rouge et jaune. Un pulsar se trouve au centre de la nébuleuse.

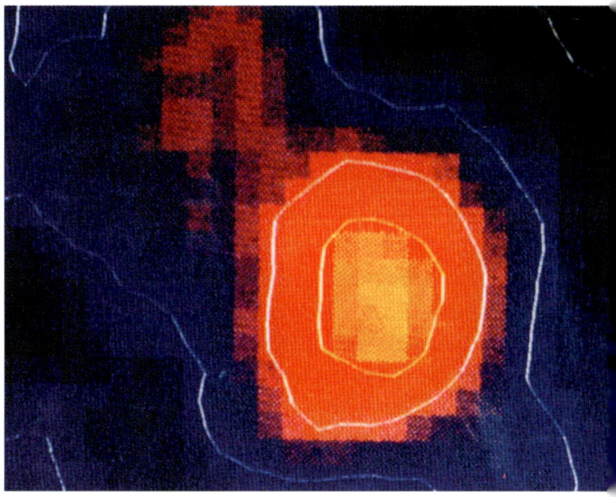

L'OBSERVATOIRE DE RAYONS X CHANDRA

L'astronomie dans le domaine des rayons X a connu une véritable révolution avec le lancement par la NASA du satellite Chandra en 1999 — la plus lourde charge utile jamais lancée par la navette spatiale. Le satellite de 8 t était en effet associé à un étage de fusée de près de 15 t pour le propulser sur une orbite haute, jusqu'à 140 000 km de la Terre. Le télescope de Chandra a une résolution 50 fois plus fine que celle de son prédécesseur, le satellite ROSAT. Ses hautes performances découlent de son système de miroirs qui sont d'une perfection géométrique inégalée. Si la surface de la Terre était aussi plate et lisse que les miroirs de Chandra, ses plus hautes montagnes ne dépasseraient pas quelques centimètres d'altitude. Comme tous les autres télescopes X, Chandra utilise des miroirs à incidence rasante. En effet, les rayons X ont tendance à traverser les objets, plutôt qu'à être réfléchis par eux. Les miroirs ordinaires ne peuvent donc pas les focaliser. Une réflexion n'est possible que si les rayons X arrivent à un angle rasant, presque parallèlement à la surface du miroir. Les miroirs de Chandra se présentent donc sous la forme de tubes coaxiaux. Les rayons X se dirigent par ricochet successif le long des tubes vers les détecteurs situés à leur extrémité. L'observatoire Chandra fait progresser nos connaissances sur les objets célestes de très haute énergie, tels les pulsars, trous noirs et supernovae. Le satellite a été nommé en l'honneur du chercheur indien Subrahmanyan Chandrasekhar, Prix Nobel de physique et grand pionnier de l'astrophysique. Il a notamment établi que les étoiles effondrées, d'une masse supérieure à 1,44 fois la masse du Soleil, sont instables et deviennent des étoiles à neutrons ou des trous noirs – un seuil appelé « limite de Chandrasekhar ».

SPECTRE ÉLECTROMAGNÉTIQUE

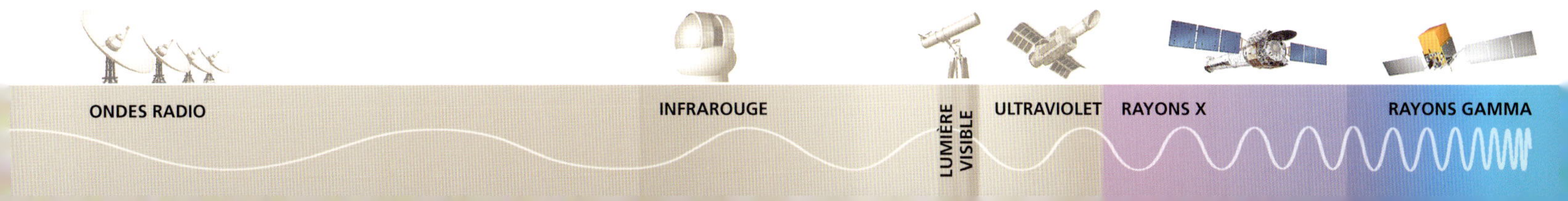

La conquête spatiale

1946 À l'issue de la Seconde Guerre mondiale, l'ingénieur allemand Wernher von Braun se rend aux Américains. Il était en charge du programme de missiles V2 de l'armée nazie. Avec son aide, les Américains construisent leurs premiers missiles, copies du V2.

1948 Premier tir du missile américain Atlas. La guerre froide éclate entre les États-Unis et l'Union soviétique, une période marquée par une course à l'armement. La rivalité porte principalement sur la technologie des missiles et le nombre de bombes atomiques.

1956 Les ingénieurs soviétiques Sergueï Korolev et Konstantin Feoktistov travaillent sur un concept de vaisseau spatial capable d'emporter un homme en orbite terrestre et de revenir sur Terre. C'est le projet Vostok, articulé autour d'une cabine sphérique et d'un compartiment moteur.

1957 Au mois d'août, les Soviétiques lancent le premier missile intercontinental balistique (ICBM). Deux mois plus tard, le 4 octobre, ils lancent le premier satellite artificiel Spoutnik 1, propulsé par un missile modifié : le R-7. En novembre, à bord du satellite Spoutnik 2 d'une masse bien plus importante, ils placent le premier animal en orbite : la chienne Laïka. Le satellite n'est pas conçu pour revenir sur Terre, et Laïka meurt au bout d'une semaine.

1958 La construction du premier vaisseau Vostok débute en Union soviétique. Création aux États-Unis d'une agence aéronautique et spatiale : la NASA.

1960 Craignant une attaque nucléaire de la part des Soviétiques, les Américains lancent un satellite espion, baptisé Corona, en le faisant passer pour un satellite scientifique. Ce dernier photographie le territoire soviétique et se pose aux États-Unis au terme de sa mission.

1961 Le 21 avril, l'Union soviétique place le premier homme en orbite autour de la Terre, Iouri Gagarine, à bord de Vostok 1. Piqué au vif, le président américain John F. Kennedy prononce le fameux discours où il promet qu'un Américain posera le pied sur la Lune avant la fin de la décennie. Au mois de mai, l'Américain Alan Shepard est lancé à bord d'une capsule Mercury, mais sa mission n'est pas orbitale et le vol ne dure que 14 minutes.

1962 L'Américain John Glenn accomplit trois révolutions autour de la Terre à bord de sa capsule Mercury.

1963 Le Russe Valeri Bikovski accomplit un vol orbital de longue durée (5 jours) à bord de Vostok 5. Durant son vol, Valentina Terechkova décolle à son tour pour devenir la première femme en orbite, à bord de Vostok 6. Sa mission dure 3 jours. Les deux vaisseaux se rapprochent à quelques kilomètres l'un de l'autre.

1964 Vols d'essai de la nouvelle capsule américaine Gemini, sans personne à bord. Le vaisseau biplace est dérivé de la capsule monoplace Mercury. L'Union soviétique devance les États-Unis en lançant un équipage de trois cosmonautes à bord du vaisseau Voskhod 1, dérivé du Vostok.

1965 Premier vol piloté de la capsule Gemini, avec à son bord John Young et Virgil Grissom (Gemini 3). En mars, le cosmonaute russe Alekseï Leonov accomplit la première marche dans l'espace, en sortant de son vaisseau Voskhod 2 au bout d'un cordon ombilical. En juin, l'Américain Edward White accomplit à son tour une sortie dans l'espace (Gemini 4).

1965 Lancement du premier satellite français Astérix par une fusée Diamant.

1967 En janvier, première tragédie de la conquête spatiale : les astronautes américains Grissom, White et Chaffee périssent dans l'incendie au sol de la nouvelle capsule Apollo. Au mois d'avril, l'Union soviétique est frappée à son tour : lors du retour sur Terre de Soyouz 1, le parachute se met en torche et la capsule s'écrase au sol, tuant son pilote Vladimir Komarov. En fin d'année, premier test de la puissante fusée américaine Saturne V, destinée aux vols lunaires.

1968 Le vaisseau Apollo 8, lancé par une fusée Saturne V, atteint la Lune et reste 2 jours en orbite lunaire avant de revenir sur Terre, avec à son bord les astronautes Borman, Lovell et Anders.

1969 Au mois de mars, le module lunaire est testé en orbite terrestre lors de la mission Apollo 9. Au mois de mai, le module est testé en orbite lunaire (Apollo 10), mais sans se poser.

1957 Le lancement des satellites Spoutnik déclenche une course à l'espace entre les États-Unis et l'URSS.

1963 La cosmonaute Valentina Terechkova devient la première femme à voler dans l'espace.

1965 Edward White devient le premier Américain à marcher dans l'espace.

1969 En juillet, Neil Armstrong et Buzz Aldrin deviennent les premiers hommes à marcher sur la Lune lors de la mission Apollo 11. En novembre, Charles Conrad et Alan Bean réitèrent l'exploit à bord d'Apollo 12.

1970 L'explosion d'un réservoir d'oxygène met en péril l'équipage d'Apollo 13. Grâce à d'ingénieuses solutions élaborées par le centre de Houston, les astronautes reviennent sains et saufs sur Terre. La Chine lance son premier satellite.

1971 En février, Alan Shepard et Edgar Mitchell sont le troisième équipage à se poser sur la Lune (Apollo 14). En avril, l'URSS lance sa première station orbitale : Saliout 1. En juin, l'équipage qui vient de la visiter périt lors du retour (Soyouz 11). En juillet, David Scott et Jim Irwin se posent sur la Lune à bord d'Apollo 15.

1972 Le programme Apollo se conclut avec deux dernières missions d'alunissage : Apollo 16 en avril avec John Young et Charles Duke, et Apollo 17 en décembre avec Eugene Cernan et Harrison Schmitt. Schmitt est le dernier homme à avoir marché sur la Lune.

1973 La NASA lance sa première station orbitale, Skylab, conçue à partir d'un troisième étage de fusée Saturne V. Trois équipages de trois astronautes se succèdent à bord.

1975 Collaboration historique entre les États-Unis et l'Union soviétique : dans le cadre de la mission ASTP (*Apollo-Soyouz Test Project*), un vaisseau Apollo s'arrime à un vaisseau Soyouz en orbite terrestre.

1979 La station Skylab, inhabitée depuis 1973, se consume dans l'atmosphère terrestre. Des fragments retombent en Australie.

1981 Premier vol orbital de la navette spatiale américaine Columbia.

1982 Jean-Loup Chrétien devient le premier spationaute français : il vole à bord d'un Soyouz russe.

1983 Sally Ride devient la première Américaine à voler dans l'espace, à bord de la navette Challenger.

1984 En juillet, la cosmonaute Svetlana Savitskaya devient la troisième femme en orbite terrestre et la première à effectuer une sortie dans l'espace, 19 ans après Alekseï Leonov. En octobre, l'Américaine Kathryn Sullivan est la première Américaine à accomplir le même exploit, depuis la navette spatiale Challenger.

1986 La navette spatiale Challenger explose en vol, tuant les sept astronautes qui se trouvaient à bord. Les autres navettes sont interdites de vol. L'Union soviétique lance sa nouvelle station orbitale Mir.

1988 L'Union soviétique teste en vol, sans astronaute à bord, sa propre navette Bourane. Le programme est abandonné peu après. Le cosmonaute russe Valeri Poliakov bat le record d'endurance dans l'espace en passant 438 jours à bord de Mir.

1990 L'effondrement de l'Union soviétique marque la fin de la guerre froide. Une nouvelle ère de collaboration débute entre les États-Unis et la Russie.

1995 Premier arrimage d'une navette américaine, Atlantis, avec la station Mir pour y délivrer un équipage russo-américain.

1996 L'astronaute américaine Shanon Lucid séjourne 188 jours à bord de Mir, établissant le record féminin d'endurance dans l'espace.

1997 En février, début d'incendie – vite maîtrisé – à bord de la station Mir. En juin, un vaisseau automatique Progress heurte la station, causant des dégâts supplémentaires. La station vieillissante continue toutefois d'être exploitée.

1998 Les Russes mettent en orbite le tout premier module de la Station spatiale internationale, dont la construction doit être achevée en 2005. Les partenaires comprennent la Russie, les États-Unis, l'Europe, le Canada et le Japon.

1999 Le cosmonaute russe Sergueï Avdeïev totalise le plus grand nombre de jours passés dans l'espace (681), en plusieurs missions à bord de Mir.

2000 Arrivée en fin de carrière, après 15 ans de service, la station Mir est abandonnée et rentre dans l'atmosphère terrestre, où elle se consume. La Station spatiale internationale accueille, quant à elle, un premier équipage de trois astronautes.

2003 Deuxième explosion tragique d'une navette spatiale (Columbia) durant sa rentrée dans l'atmosphère. Les sept astronautes périssent. La Chine envoie son premier cosmonaute dans l'espace, Yang Liwei.

1969 Premiers hommes sur la Lune : Edwin Buzz Aldrin salue le drapeau américain lors de la mission Apollo 11.

1981 Vol inaugural de la navette spatiale Columbia qui laisse derrière elle une traînée de fumée.

1998 Construction de la Station spatiale internationale, photographiée ici depuis la navette Endeavour.

Les grandes missions spatiales

Des centaines de millions de téléspectateurs ont vu et entendu l'astronaute américain Neil Armstrong proclamer : « C'est un petit pas pour l'homme, un bond de géant pour l'humanité. » C'était le 21 juillet 1969, en direct de la Lune. Pour les Américains, cette mission Apollo 11 fut un triomphe, pour l'Union soviétique une désillusion dans cette course que se livraient les deux superpuissances. Il y eut six autres missions Apollo : seule Apollo 13 fut un échec. Alors qu'Apollo 11 reste à ce jour le plus grand exploit en matière de vol spatial, il fut précédé de grandes premières : la chienne Laïka fut le premier animal à voler dans l'espace (1957) ; le premier homme en orbite fut Iouri Gagarine (en 1961, à droite) et la première femme, Valentina Terechkova (1963) ; Alekseï Leonov fut le premier astronaute à marcher dans l'espace (1965). La course à l'espace est désormais terminée. Aujourd'hui, au lieu d'une concurrence acharnée, s'ouvre l'ère de la collaboration. Elle est symbolisée par l'assemblage en orbite terrestre de la Station spatiale internationale.

TERRE-LUNE…
Lancés par une fusée Saturne V (1), les modules de commande et de service (CSM) s'arriment au module lunaire (LM) et prennent la route de la Lune (2 et 3). Une fois en orbite lunaire (4), le LM se sépare du CSM (5) avec deux astronautes à bord et alunit (6), tandis que le CSM attend en orbite, piloté par le troisième astronaute.

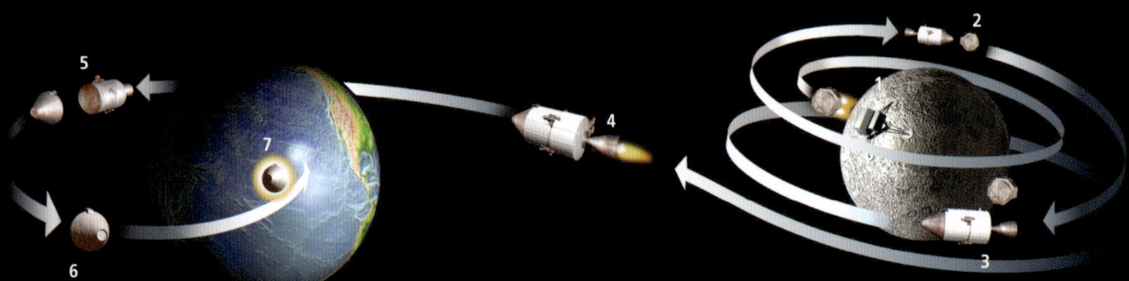

… ET VOL RETOUR
L'étage de remontée du LM décolle de la Lune (1) et s'arrime au CSM (2) que regagnent les deux piétons lunaires. Ils larguent leur véhicule, qui s'écrase sur la Lune (3). Le CSM quitte l'orbite lunaire pour regagner la Terre (4). Puis la capsule Apollo (CM) se sépare de son module de service (5), rentre dans l'atmosphère (6) et amerrit (7).

← **Les empreintes des pas des astronautes d'Apollo 12** resteront intactes pendant des millions d'années, car il n'y a ni vent ni pluie sur la Lune. L'érosion se limite aux micrométéorites.

← **En décembre 1968** Apollo 8 est le tout premier vaisseau habité à quitter l'orbite terrestre. Les astronautes Borman, Lovell et Anders se déplacent autour de la Lune pendant 2 jours avant de revenir vers la Terre, qui leur apparaît comme une fragile planète bleue.

DERNIÈRE MISSION
Aucun homme n'a marché sur la Lune depuis décembre 1972. Lors de cette dernière mission historique (Apollo 17), les astronautes américains Eugene Cernan et Harrison Schmitt ont aluni dans la vallée de Taurus-Littrow, en bordure de la mer de la Sérénité. Douze hommes (mais aucune femme) ont au total marché sur la Lune. Trois autres missions Apollo étaient prévues, mais elles furent annulées, suite aux restrictions budgétaires de la NASA.

← **Le module de commande America** et son module de service gravitent autour de la Lune lors de la dernière mission (Apollo 17) en 1972. La photographie est prise depuis le module lunaire alors que les astronautes rentrent de leur mission sur la Lune.

Drames dans l'espace

Les vols spatiaux sont spectaculaires mais dangereux. Depuis le début des missions pilotées, dans les années 1960, plusieurs tragédies sont à déplorer. Le premier homme à périr en vol fut le cosmonaute russe Vladimir Komarov, en avril 1967 – le parachute de sa cabine Soyouz 1 ne fonctionna pas durant l'atterrissage. En janvier de la même année, les Américains avaient déjà perdu trois astronautes au sol lors d'un entraînement à bord de la nouvelle capsule Apollo. Un court-circuit avait déclenché un incendie à bord, qui se propagea rapidement dans l'atmosphère d'oxygène pur. La manœuvre d'ouverture de l'écoutille était trop lente pour évacuer les astronautes, qui périrent carbonisés. En 1971, trois cosmonautes russes périrent à bord de Soyouz 11, à cause d'une fuite d'air dans l'espace. Plus récemment, deux tragédies ont frappé les navettes américaines Challenger, en 1986, et Columbia, en 2003.

← **Le 27 janvier 1967,** un incendie dévasta la toute première capsule Apollo, alors qu'elle était testée sur le pas de tir avec trois astronautes à bord (Virgil Grissom, Edward White et Roger Chaffee, *ici de gauche à droite*). Les trois hommes périrent. Cette photographie de l'équipage fut prise quelques mois avant l'accident.

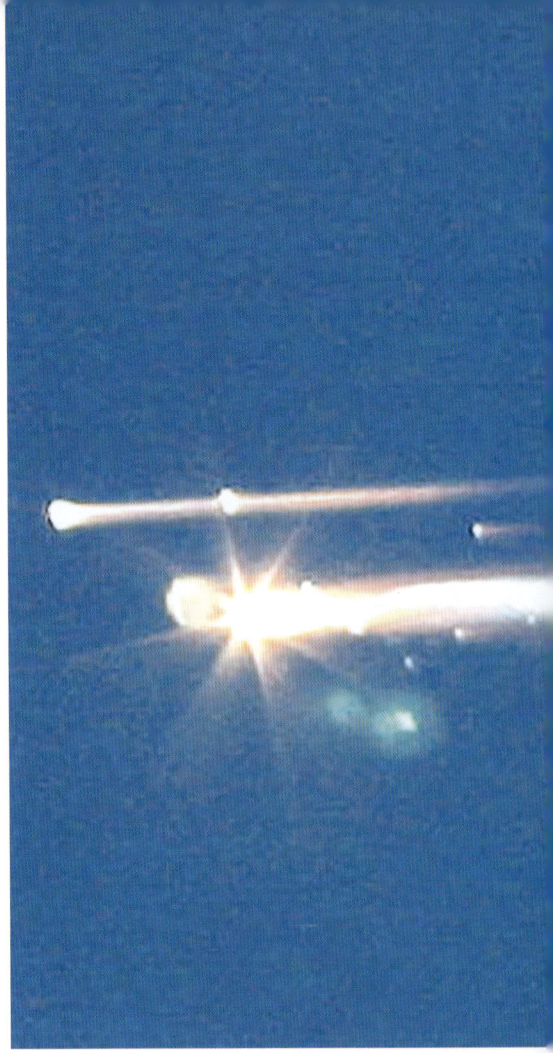

LA NAVETTE CHALLENGER

En direct à la télévision, le 28 janvier 1986, la navette spatiale Columbia explosa après 73 secondes de vol, à 17 km d'altitude (*à gauche*). Les sept astronautes à bord périrent, et parmi eux l'institutrice Christa McAuliffe qui participait à cette mission hautement médiatisée. La cause de l'accident fut identifiée : un joint de caoutchouc synthétique, situé sur l'un des gros boosters à poudre, s'était rigidifié et fendu à cause du temps anormalement froid qui régnait alors sur la Floride. Une flamme sortit par la fente et fit exploser le réservoir d'hydrogène liquide. Challenger en était à sa dixième mission. Malgré les précautions prises ultérieurement, un drame similaire aurait pu se reproduire en 1995 sur la navette Atlantis, car l'un des boosters récupérés après le tir montra les mêmes signes de faiblesse au niveau d'un joint. Mais cette fois, l'avarie ne fut pas responsable d'un drame.

L'AVENIR DES VOLS PILOTÉS

À la suite du drame de Columbia, le programme américain de vols pilotés a été stoppé. La construction de la Station spatiale internationale a été également suspendue, car les éléments en orbite étaient acheminés par des navettes. Le rapport de la commission d'enquête accusant la NASA de ne pas avoir amélioré la sécurité des navettes depuis le premier accident de Challenger, aussi s'est-elle engagée à effectuer des « changements majeurs ». Toutefois, des critiques remettent en cause les vols pilotés. Pourquoi envoyer des hommes dans l'espace, si des robots peuvent s'acquitter des mêmes missions pour un coût moindre, sans mettre en péril des vies humaines ? L'homme sur Mars demeure néanmoins un projet séduisant, quoique à peine ébauché. Il est dans la nature humaine d'explorer, et un équipage se lancera probablement un jour à la conquête de la planète rouge.

↓ **« Houston, nous avons un problème ! »** furent les mots désormais célèbres du commandant de bord Jim Lovell, lors du vol vers la Lune d'Apollo 13. Un réservoir d'oxygène venait d'exploser. L'équipage dut construire un filtre à CO_2 (*ci-dessous*, dans les mains de John Swigert) pour que l'air à bord reste respirable. Le vaisseau endommagé contourna la Lune et remit le cap sur la Terre. Grâce à leur sang-froid et aux conseils du centre de Houston, les trois astronautes revinrent sains et saufs.

LA NAVETTE COLUMBIA

Le dernier drame dans l'espace s'est déroulé le 1er février 2003, entraînant la mort des sept astronautes (*à gauche*). Les États-Unis ont perdu une seconde navette en vol, Columbia, qui était la première à avoir volé en 1981. Après le décollage, le 16 janvier 2003, les ingénieurs remarquèrent qu'un fragment de matière isolante s'était détaché du réservoir et avait heurté l'aile de la navette. Mais l'incident fut considéré comme anodin par les responsables de la NASA, et aucune suite ne lui fut donnée. Au terme d'une mission de 16 jours qui s'était bien déroulée, l'accident survint 15 minutes avant l'atterrissage. Durant la phase de rentrée dans l'atmosphère, à Mach 18 et vers 62 km d'altitude, l'air chaud s'engouffra dans l'aile endommagée, et la navette se désintégra en vol, répandant une traînée de débris sur le Texas et la Louisiane.

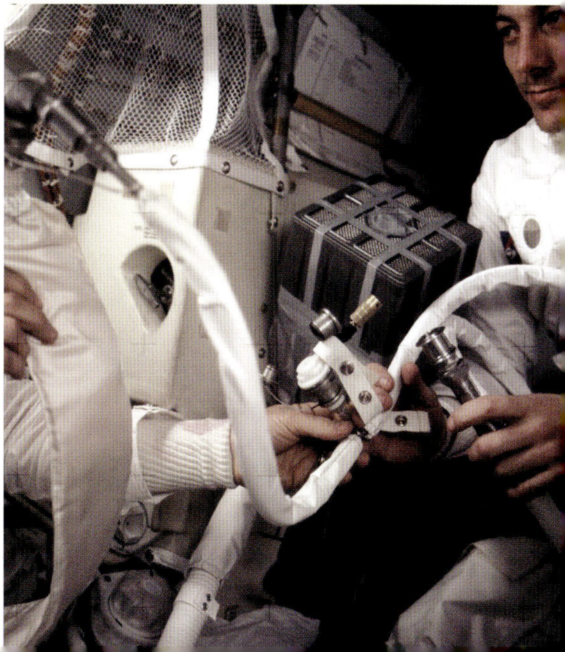

Les vaisseaux spatiaux

Les vaisseaux spatiaux comprennent les satellites et leurs lanceurs. Les satellites inhabités qui tournent autour de la Terre sont destinés aux télécommunications, à la météorologie et à la recherche scientifique. Il y a aussi des vaisseaux pilotés et des stations orbitales. Pour placer ces charges utiles en orbite, on se sert des lanceurs propulsés par des moteurs-fusées. Les premiers modèles étaient des missiles, légèrement modifiés. Avec le temps, les fusées sont devenues plus complexes et plus fiables. La plus grande fusée jamais construite reste Saturne V – un monstre de 3 000 t à trois étages, utilisé pour les missions Apollo vers la Lune. Aujourd'hui, les deux principaux lanceurs de vaisseaux pilotés sont la navette spatiale américaine (*en bas*) et la fusée russe Soyouz à trois étages (*page de droite, en haut*).

LANCEMENT DE LA NAVETTE

Durant le lancement, l'orbiteur de la navette est attaché au réservoir externe (orange) et à deux boosters à poudre. Une fois la poudre brûlée, les boosters sont éjectés, récupérés et remis en état pour le prochain vol. Le réservoir est également largué avant la mise en orbite.

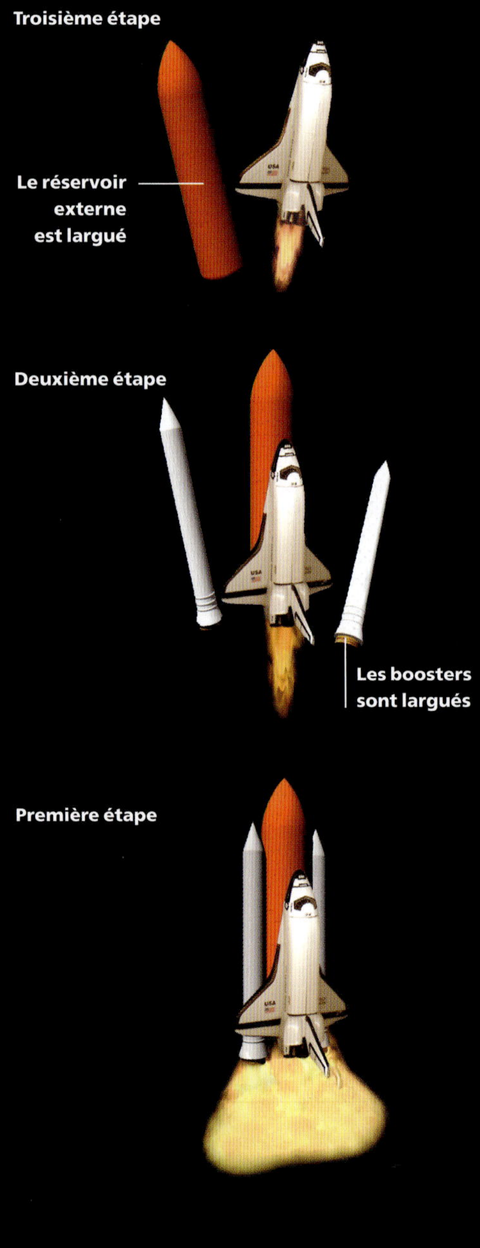

Le vaisseau Soyouz
Le vaisseau spatial qui a la plus longue carrière est le Soyouz développé par l'Union soviétique durant les années 1960. Ce vaisseau est triplace et sa dernière version – le Soyouz-TMA – sert à convoyer des cosmonautes vers la Station spatiale internationale. À la différence de la navette américaine, le vaisseau Soyouz et son lanceur ne sont pas réutilisables. Un nouveau vaisseau doit être construit pour chaque vol, ce qui augmente le coût des missions. À gauche, le vaisseau Soyouz et son lanceur sont acheminés sur des rails vers le pas de tir.

LA NAVETTE SPATIALE
La navette spatiale américaine est le seul lanceur au monde qui soit réutilisable. Six modèles ont été construits : Enterprise, Columbia, Challenger, Discovery, Atlantis et Endeavour. Le premier n'a servi que pour les premiers tests dans l'atmosphère, largué depuis un avion. Columbia a enchaîné les cinq premiers vols en orbite à partir de 1981. Après les pertes dramatiques de Challenger en 1986 et de Columbia en 2003, il ne reste que trois navettes opérationnelles. Elles ont pour mission d'acheminer des satellites en orbite basse, entre 350 km et 560 km d'altitude, où la vitesse de croisière avoisine 28 000 km/h. Les navettes participent à la construction de la Station spatiale internationale en acheminant équipages et matériel.

→ **Cette pose de nuit** montre le lancement de la navette spatiale Discovery depuis le pas de tir 39-B de cap Canaveral, le 19 décembre 1999. Elle a rejoint le télescope spatial Hubble pour réparer le satellite et y ajouter d'autres instruments.

↓ **La Chine a tardé** à développer un programme de vols pilotés. Elle a finalement satellisé un cosmonaute à bord du vaisseau Shenzhou 5, le 15 octobre 2003. Cette photographie représente la capsule Shenzhou à l'issue d'un vol d'essai non piloté.

Les stations orbitales

Depuis le début des années 1970, plus de 100 hommes et femmes ont travaillé à bord de stations orbitales autour de la Terre. Une station orbitale est un gros satellite équipé de façon à accueillir un équipage d'astronautes. La première station fut Saliout 1, lancée par l'Union soviétique le 19 avril 1971. Les États-Unis lancèrent la station Skylab en 1973. Puis vint l'ère des grandes réalisations : la station soviétique Mir (*en bas*) et la Station spatiale internationale (*à droite*).

LA STATION SPATIALE INTERNATIONALE
Cet ambitieux projet de collaboration spatiale implique de nombreux pays : les États-Unis, la Russie, le Canada, le Japon, le Brésil, ainsi que les nations européennes à travers l'ESA. En orbite à 400 km d'altitude, la station est en cours de construction depuis 1999 et est occupée en permanence. Une fois achevée, elle mesurera 89 m de long et 109 m d'envergure.

← **La station Mir** en orbite terrestre survole un gigantesque cyclone.

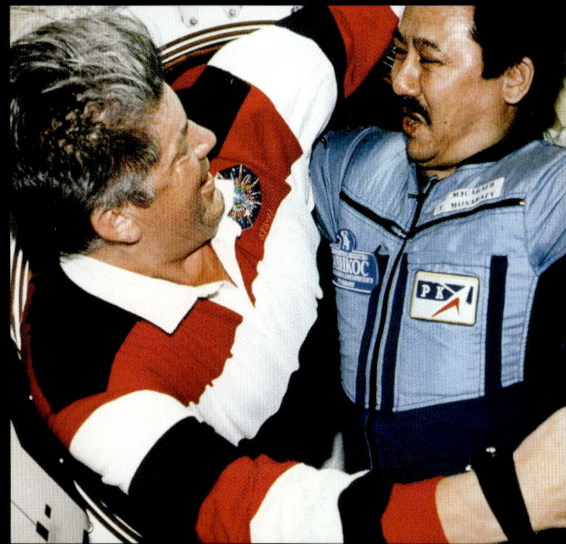

LA STATION ORBITALE MIR

La plus célèbre des stations orbitales, qui est restée le plus longtemps dans l'espace, est la station Mir – qui en russe signifie à la fois « paix », « monde » et « village ». Le premier module fut lancé en 1986. Après quinze ans de carrière (au lieu des cinq prévus), ayant même survécu à l'effondrement de l'Union soviétique, Mir fut abandonnée et se désintégra dans l'atmosphère terrestre. Au cours de ses dernières années d'exploitation, la station essuya un incendie et une collision avec un vaisseau de livraison, mais elle devint aussi un symbole de coopération entre deux anciens adversaires : les États-Unis et la Russie. Le cosmonaute Valeri Ryumin (*à gauche*) est ici acheminé par la navette américaine Discovery et accueilli par le commandant de Mir, Talgat Musabaïev.

LA STATION ORBITALE SKYLAB

La station Skylab fut lancée par une fusée Saturne V en mai 1973. Elle était constituée du troisième étage, réaménagé, de la fusée. Trois équipages se succédèrent à son bord. La station abandonnée rentra dans l'atmosphère terrestre en juillet 1979 (des fragments tombèrent en Australie). De nombreuses expériences furent conduites à son bord, y compris l'observation du Soleil en rayons X. Cette photographie de Skylab (*à gauche*) a été prise par le dernier équipage.

Chronologie des sondes spatiales

1957 Spoutnik 1 et 2 (URSS) deviennent les premiers satellites artificiels de la Terre.

1958 Les États-Unis lancent leur premier satellite, Explorer 1. Ils tentent de lancer une sonde au-delà de l'orbite terrestre. La première tentative échoue avec l'explosion du premier étage de la fusée. Échec également de Pionnier 1 et 2. Pionnier 3 reste bloquée en orbite terrestre, mais découvre une seconde ceinture de radiations autour de la Terre.

1959 L'Union soviétique lance la première sonde à destination de la Lune, Luna 1, qui passe au large de notre satellite. Luna 2 s'écrase sur la Lune (objectif réussi) et devient la première sonde à toucher un autre corps céleste. Luna 3 contourne la Lune et photographie pour la première fois sa face cachée. Les États-Unis lancent Pionnier 4, qui passe au large de la Lune.

1961 L'Union soviétique lance sa première sonde vers Vénus, Venera 1, mais le contact radio est perdu.

1962 Les États-Unis tentent également de lancer une sonde vers Vénus, Mariner 1, mais ils doivent la détruire lorsqu'elle quitte sa trajectoire. Mariner 2 est un succès et devient la première sonde à survoler Vénus.

1964 Premier succès de la série Ranger (États-Unis) : Ranger 7 photographie la Lune en gros plan.

1965 Mariner 4 devient la première sonde à survoler Mars. Elle photographie une surface criblée de cratères. Les sondes Ranger 8 et 9 photographient la Lune en gros plan.

1966 Luna 9 (Union soviétique) réussit le premier atterrissage en douceur sur la Lune et transmet des images du sol. Les Américains rééditent l'exploit avec leur sonde Surveyor 1.

1967 La sonde Venera 4 (Union soviétique) largue une capsule dans l'atmosphère de Vénus qui survit jusqu'à 25 km du sol. Mariner 5 (États-Unis) survole aussi Vénus. Les sondes américaines Surveyor 3, 5 et 6 se posent sur la Lune et retransmettent images et analyses du sol, en préparation des vols Apollo.

1968 Surveyor 7, dernière de la série, se pose sur la Lune.

1969 Venera 5 et 6 pénètrent l'atmosphère de Vénus, jusqu'à 10 km du sol. Mariner 6 et 7 survolent Mars et prennent les premières images de sa calotte polaire.

1970 Venera 7 réussit le premier atterrissage sur une autre planète : elle survit 2 minutes sur Vénus.

1971 Mariner 9 devient la première sonde à se mettre en orbite autour de Mars. Elle transmet près de 8 000 images, y compris de ses lunes Phobos et Deimos.

1972 Venera 8 devient la seconde sonde à se poser sur Vénus. Elle transmet une analyse du sol.

1973 Pioneer 10 (États-Unis) est la première sonde à approcher Jupiter, qu'elle survole à 130 000 km de distance.

1974 Dernière de la série, Mariner 10 est la première sonde à survoler deux planètes : Vénus et Mercure. Second survol de Jupiter : Pioneer 11 passe à moins de 100 000 km de la planète géante et prend les premières photographies en gros plan de ses quatre lunes principales.

1975 Venera 9 et 10 se posent sur Vénus et sont les premières sondes à transmettre des images de la surface d'une autre planète.

1976 Les sondes américaines Viking 1 et 2 se posent sur Mars et réussissent les premières images du sol, ainsi que des analyses chimiques. Les instruments biologiques ne détectent pas de vie.

1978 Venera 11 et 12 se posent sur Vénus.

1979 Pioneer 11 est la première sonde à atteindre Saturne et à photographier ses lunes et ses anneaux. La même année, les sondes Voyager 1 et 2 atteignent Jupiter et transmettent des centaines d'images de son atmosphère nuageuse et de ses nombreuses lunes.

1980 Voyager 1 survole Saturne, dont elle découvre six nouvelles lunes, puis quitte l'écliptique.

1981 Voyager 2 atteint à son tour Saturne, traverse le plan des anneaux et réussit des survols rapprochés de ses lunes. Venera 13 et 14 se posent sur Vénus et recueillent des images en couleurs.

1983 Venera (15 et 16) se mettent en orbite autour de Vénus et cartographient une partie de sa surface au radar. Pioneer 10 dépasse l'orbite de Pluton.

1957 Le premier satellite de la Terre, Spoutnik 1 (URSS), n'était pas plus grand qu'un ballon de basket.

1965 Un chercheur reconstitue une mosaïque de Mars avec les images recueillies par la sonde Mariner 4.

1976 La sonde Viking 1 retransmet les premières images de la surface de Mars.

1986 Voyager 2 est la première sonde à survoler Uranus. La sonde Giotto de l'Agence spatiale croise la comète de Halley, en compagnie des sondes russes Vega 1 et 2, et de deux sondes japonaises.

1989 Voyager 2 atteint Neptune, la dernière des planètes géantes. Elle photographie la planète, sa lune principale, Triton, ainsi que de fins anneaux et de nouvelles petites lunes. Les sondes américaines Magellan et Galileo sont lancées respectivement vers Vénus et Jupiter.

1990 La sonde Magellan se met en orbite autour de Vénus pour cartographier sa surface au radar (résolution de 300 m). La sonde Ulysse (NASA/ESA) est lancée pour étudier le vent solaire. Elle se dirige d'abord vers Jupiter, afin de profiter d'une assistance gravitationnelle et infléchir sa trajectoire.

1991 Sur le chemin de Jupiter, Galileo (NASA) est la première sonde à croiser un astéroïde (Gaspra) qu'elle photographie en gros plan. Lancement par le Japon de la sonde Yohkoh, qui étudie le Soleil en rayons X et ultraviolets.

1992 Les États-Unis lancent la sonde SAMPEX pour étudier la magnétosphère et l'environnement terrestre, les éruptions solaires et les rayons cosmiques.

1993 La sonde Galileo croise un second astéroïde, Ida, sur le chemin de Jupiter. La sonde Mars Observer (NASA), qui doit se satelliser autour de Mars, interrompt ses transmissions à trois jours du but. Autour de Vénus, la sonde Magellan est transférée sur une orbite plus basse, réalisant la première manœuvre d'aérofreinage dans l'atmosphère d'une planète. Elle entreprend des mesures gravimétriques.

1994 La sonde solaire Ulysse survole le pôle sud du Soleil. La sonde américaine Clementine se met en orbite autour de la Lune pour la cartographier. La sonde Magellan, une fois sa mission achevée autour de Vénus, se consume dans son atmosphère.

1995 La sonde Galileo atteint Jupiter et largue une capsule qui plonge dans son atmosphère. La capsule transmet des données pendant 58 minutes. La sonde principale se met en orbite et étudie les lunes de Jupiter. Ulysse survole le pôle nord du Soleil.

1996 Lancement de la sonde solaire SOHO (NASA/ESA), destinée à étudier le Soleil en lumière visible et dans l'ultraviolet. Échec du lancement de la sonde russe mars 1996.

1997 Mars Pathfinder se pose sur Mars et débarque le robot automobile Sojourner. Lancement de la sonde Cassini-Huygens (NASA/ESA) vers Saturne.

1998 La sonde Mars Global Surveyor (NASA) en orbite autour de Mars, l'étudie avec une précision inégalée.

1999 Mars Climate Observer et Mars Polar Lander (NASA) s'écrasent sur Mars à la suite d'une erreur de trajectoire pour l'une et d'une panne mécanique pour l'autre.

2000 NEAR-Shoemaker (NASA) est la première sonde à se mettre en orbite autour d'un astéroïde, en l'occurrence Eros. Un an plus tard, guidée par le centre de contrôle, elle termine sa mission en se posant sur son sol, alors qu'elle n'avait pas été conçue pour un atterrissage.

2001 Mars Odyssey (NASA) se satellise autour de Mars.

2003 Dernier signal reçu de la sonde Pioneer 10 par les observatoires radio, 31 ans après son décollage de la Terre. L'engin est alors à plus de 12 milliards de kilomètres. Au mois de mai, le Japon lance sa sonde Muses-C, *alias* Hayabusa, qui a pour mission d'atterrir sur un astéroïde et de prélever un échantillon. En juin, l'ESA lance sa première sonde martienne, Mars Express, qui se met en orbite autour de la planète rouge le 25 décembre.

2004 Atterrissage sur Mars des sondes américaines Spirit et Opportunity, seconde génération de robots automobiles. La sonde Stardust de la NASA traverse la queue de la comète Wild-2 et recueille des échantillons de poussière, avant son retour sur Terre en 2006. Arrivée prévue en décembre autour de Saturne de la sonde Cassini-Huygens. Le module orbital Cassini étudiera la planète, ses lunes et ses anneaux, alors que le module Huygens tentera un atterrissage à la surface de sa lune Titan.

2005 Survol prévu de la comète Tempel par la sonde Deep Impact (NASA). Celle-ci tirera un projectile pour soulever et étudier la poussière de la comète.

1989 Un technicien inspecte la sonde Galileo avant son lancement vers Jupiter.

1997 Lancement de la mission Cassini-Huygens vers Saturne. Arrivée prévue en décembre 2004.

2000 La sonde NEAR-Shoemaker se met en orbite autour de l'astéroïde Éros, dont elle photographie la surface.

Les sondes lunaires et solaires

Notre plus proche voisin, la Lune, fut la cible de nombreuses sondes. L'Union soviétique débuta son exploration avec les sondes Luna. En 1959, Luna 2 fut le premier engin à s'écraser sur la Lune, et Luna 3, la première sonde à la contourner et à photographier sa face cachée. De leur côté, les Américains enregistrèrent leur premier succès avec Pioneer 4 qui survola la Lune la même année. Depuis, plusieurs générations de sondes ont fait grandement progresser notre connaissance du satellite naturel de la Terre, en complément du programme Apollo. Le Soleil a également été étudié par plusieurs sondes, notamment au cours des années 1990, lorsque furent lancés d'importants observatoires solaires par la NASA, l'ESA et le Japon.

↓ **Vue d'artiste de la sonde solaire Ulysse** (NASA/ESA) qui fut le premier engin à photographier le Soleil directement au-dessus des pôles. Depuis la Terre, notre perspective est limitée à l'équateur et aux basses latitudes du Soleil.

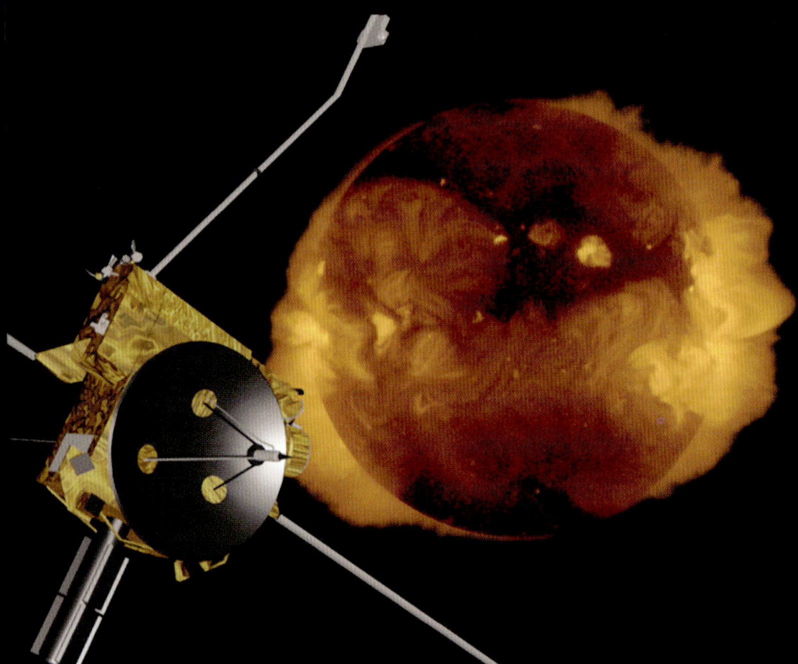

LA SONDE LUNAIRE CLEMENTINE

Lancée en janvier 1994, la sonde Clementine avait à l'origine une mission militaire et technologique. Elle a néanmoins rapporté des observations de la Lune. Construite par le laboratoire de recherches de la marine américaine, elle devait tester des détecteurs pour la détection et le suivi de missiles balistiques. L'engin fut placé en orbite lunaire et cartographia la surface de la Lune sur plusieurs tranches de longueur d'onde, avec quatre caméras différentes. L'une de ses découvertes les plus surprenantes sur un corps aussi sec, exposé au vide, fut la détection probable de glace d'eau près du pôle sud, au fond d'un cratère, là où la Lune reste dans l'ombre en permanence. Cette glace, pense-t-on, proviendrait d'une comète tombée à cet endroit, où elle aurait pu se conserver. À l'issue de son périple lunaire, Clementine fut dirigée sur une orbite solaire, avec pour objectif de croiser un astéroïde. Mais la sonde tomba en panne de carburant, et le dernier volet de la mission fut annulé.

LA SONDE SOLAIRE ULYSSE

En 1990, la NASA et l'ESA ont joint leurs efforts pour lancer un observatoire solaire, baptisé Ulysse. Sa mission consistait à étudier le vent solaire – le flot de particules ionisées qui émane en permanence de l'atmosphère du Soleil, au niveau de la couronne. Ulysse fut dirigée sur une trajectoire lui permettant d'observer le vent solaire en survolant les pôles du Soleil, qui jusqu'alors étaient inexplorés. De façon à rejoindre cette trajectoire, Ulysse fit d'abord un détour par Jupiter en 1992, la gravité de la planète géante infléchissant sa trajectoire pour qu'il quitte le plan du système solaire. En quinze ans d'opération, Ulysse a fait progresser de façon considérable notre connaissance du Soleil et de son environnement.

↑ **Les astronautes de la navette Discovery** ont pris cette photographie de la sonde solaire Ulysse en 1990, alors qu'ils viennent de la larguer sur son orbite.

→ **En 1994, la sonde lunaire Clementine** réalise cette image en fausses couleurs de l'hémisphère occidental de la Lune. Les terrains en bleu (*à droite*) font partie de la face visible, alors que les terrains clairs (*à gauche*) appartiennent à la face cachée.

Sonder les comètes et les astéroïdes

Petits corps du système solaire, les comètes et les astéroïdes n'ont que tardivement reçu la visite des sondes spatiales. Une première mission historique fut accomplie par la sonde européenne Giotto qui croisa la comète de Halley en décembre 1985. Elle fut accompagnée de sondes japonaises et soviétiques. Plus récemment, la sonde américaine Stardust a collecté des poussières de comète qu'elle rapportera sur Terre en 2006. Des astéroïdes sont également survolés. La sonde Galileo, sur le chemin de Jupiter, a croisé et photographié les astéroïdes Gaspra (1991) et Ida (1993). Quant à l'astéroïde Éros, il fut survolé en l'an 2000 par la sonde NEAR-Shoemaker, qui se posa sur sa surface en février 2001.

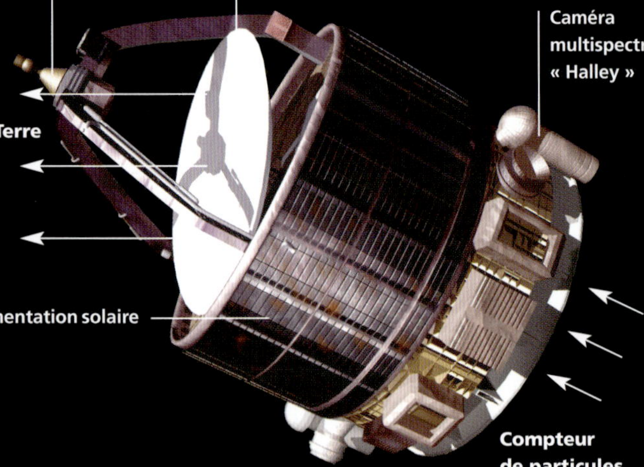

LA SONDE GIOTTO

Au début des années 1980, l'attention des astronomes se focalisa sur le retour dans nos cieux de la comète de Halley – une spectaculaire comète qui fait le tour du Soleil en 76 ans.

Mais lors de son passage de 1985, les astronomes n'étaient pas les seuls à attendre son retour. Une flottille de cinq sondes spatiales – deux soviétiques, deux japonaises et une européenne – s'élança à sa rencontre pour tenter de percer les mystères de ce bloc de roc et de glace, entouré d'un cocon gazeux. Les observations les plus spectaculaires furent l'œuvre de Giotto (*représentée ci-dessus*), la première sonde interplanétaire lancée par l'Agence spatiale européenne (ESA). Giotto passa à 600 km du noyau de la comète qu'elle photographia, pendant que d'autres instruments analysaient les poussières et les gaz contenus dans la queue de la comète. Malgré la détérioration de plusieurs instruments, la sonde survécut à la traversée du nuage de poussières de la comète et fut mise en mode d'hibernation. En 1992, elle fut réanimée et à nouveau chargée d'intercepter une autre comète : Grigg-Skjellerup. Cette rencontre, quoique moins médiatisée, fut plus précise encore : la sonde Giotto passa à moins de 200 km du noyau.

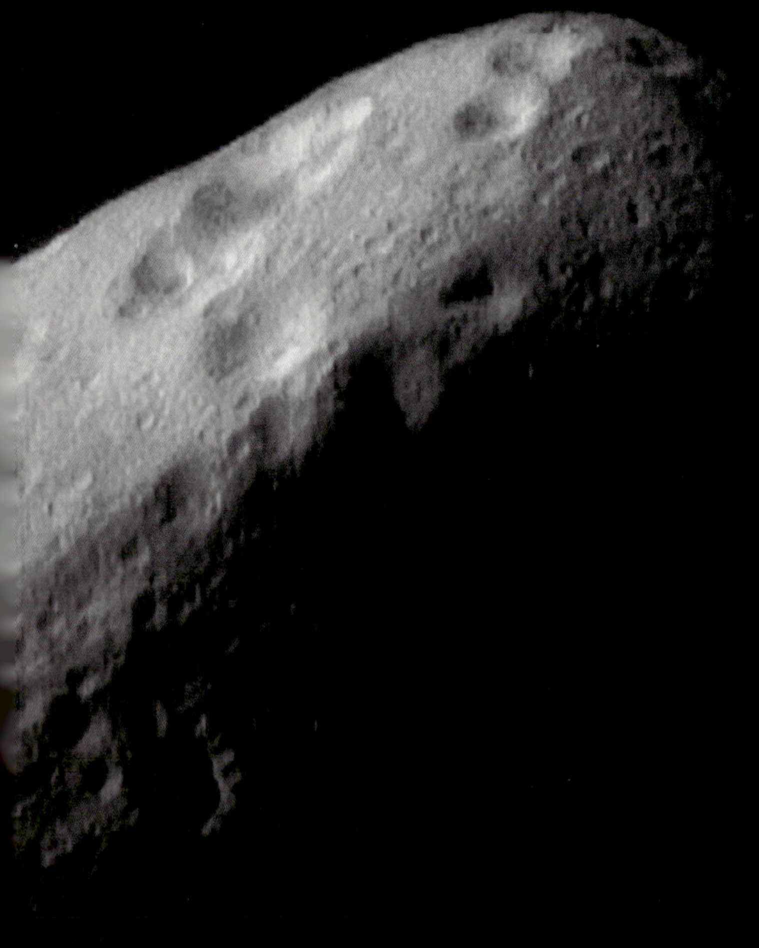

← **NEAR-Shoemaker** fut la première sonde à se placer en orbite autour d'un astéroïde, en l'occurrence Éros, en février 2000. À l'issue de sa mission orbitale, la sonde se laissa chuter à la surface de l'astéroïde pour retransmettre des images de plus en plus précises du sol criblé de cratères.

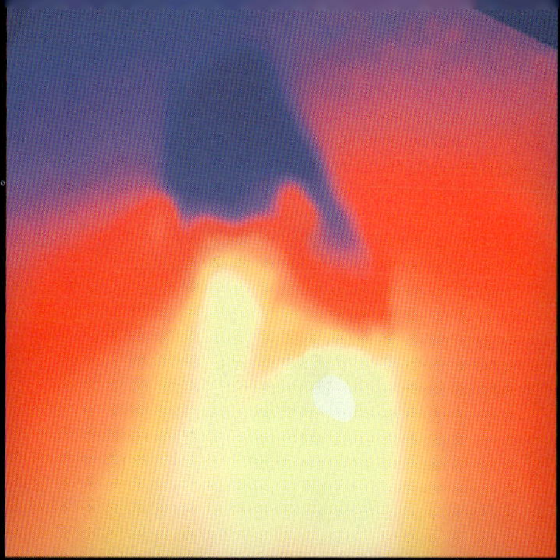

← **En mars 1986,** les sondes russes Vega 1 et 2 transmirent 1 millier d'images de la comète de Halley, similaires à celle-ci, tout en fournissant des données de navigation à la sonde Giotto qui les suivait.

↓ **La véritable vedette de la rencontre** avec la comète de Halley fut la sonde européenne Giotto de l'Agence spatiale européenne (ESA). En mars 1986, Giotto se rapprocha à quelques centaines de kilomètres du noyau et prit de nombreuses images semblables à celle-ci. La caméra fut endommagée lors de la rencontre.

Les sondes des planètes telluriques

Les planètes telluriques proches de la Terre (Mercure, Vénus et Mars) furent parmi les premières cibles des sondes spatiales. Dès 1961, Vénus fut l'objectif de la sonde russe Venera 1 qui échoua (panne de radio). L'année suivante, l'honneur de ce premier survol d'une planète revint à la sonde américaine Mariner 2, qui passa à 34 000 km de Vénus. Le premier survol réussi de Mars revint à Mariner 4 en 1965. Quant à Mercure, elle fut survolée par Mariner 10 en 1974. Les deux planètes Mars et Vénus ont également reçu la visite de modules d'atterrissage. Les sondes Venera se sont posées sur Vénus dès 1970, et les sondes Viking ont préparé l'exploration du sol de Mars en 1976. Deux robots automobiles, Spirit et Opportunity, se sont posés sur Mars en 2004.

LES MISSIONS VIKING

En 1975, la NASA a lancé deux sondes jumelles vers Mars : Viking 1 et 2. Une fois à destination, les sondes se mirent en orbite. Leurs modules orbitaux inaugurèrent un programme exhaustif d'étude et de photographie de la planète rouge et de ses deux lunes Phobos et Deimos. Leur premier objectif était de sélectionner les sites des deux modules d'atterrissage. Ceux-ci étaient destinés à étudier l'atmosphère, le climat et le sol de Mars, et à y rechercher des traces de vie. Viking 1 (*représenté ci-dessus*) se satellisa autour de Mars le 19 juin 1976, et son module d'atterrissage se posa sur la planète rouge le 20 juillet. Viking 2 se satellisa le 7 août 1976, et posa son module sur Mars le 3 septembre. Ce furent les premiers atterrissages réussis en douceur sur Mars, après plusieurs échecs soviétiques. La recherche de la vie par les modules d'atterrissage donna des résultats controversés. D'après la NASA, ils furent négatifs, mais plusieurs chercheurs n'en sont pas convaincus : une expérience en particulier a suscité des interrogations et mis en évidence des réactions chimiques inexpliquées. Quant aux modules orbitaux, ils ont photographié en détail volcans et canyons, ainsi que des chenaux creusés dans le paysage qui pourraient être d'anciens cours d'eau.

← **La sonde Magellan,** attachée à son étage propulseur, est dressée dans la soute de la navette spatiale Atlantis. Satellisée autour de Vénus, la sonde a entrepris sa cartographie au radar. Seules les ondes radar sont capables de percer les nuages de Vénus et de synthétiser une image du relief.

← **Le 4 juillet 1997,** la sonde Mars Pathfinder s'est posée sur la planète rouge et a libéré le premier robot automobile à circuler sur Mars : Sojourner. L'engin à six roues, télécommandé depuis la Terre, a analysé la composition chimique de plusieurs rochers.

↑ **Mars Global Surveyor** a photographié depuis son orbite ce paysage de Mars. Certains géologues y voient la preuve de la présence d'une eau liquide sur Mars à une époque très reculée. Sur Terre, de telles strates de sédiments se forment principalement au fond des lacs et des océans.

← **Mariner 10,** représentée dans cette vue d'artiste, fut lancée en novembre 1973, avec pour mission d'étudier en deux ans Vénus et surtout Mercure. Mariner 10 survola Vénus en février 1974, puis enchaîna trois survols de Mercure, durant lesquels elle cartographia plus de la moitié de la planète. Mariner 10 fut également la première sonde à effectuer un changement de trajectoire en exploitant la gravité d'une autre planète, en l'occurrence Vénus.

Les sondes des planètes gazeuses

La sonde Pioneer 10 de la NASA fut le premier objet lancé par l'homme à atteindre une planète, en l'occurrence Jupiter en 1973. L'exploit est de taille, puisque Jupiter est cinq fois plus éloigné du Soleil que ne l'est la Terre. Mais le grand tour des planètes ne faisait que commencer. Pioneer 11 réitéra l'exploit l'année suivante, en passant plus près encore de la planète géante et de ses nombreuses lunes. Cinq ans plus tard, en 1979, Pioneer 11 réussit le premier survol de Saturne. Les deux dernières planètes gazeuses, Uranus et Neptune, furent survolées pour la première fois par la sonde Voyager 2, respectivement en 1986 et 1989. Plus récemment, la sonde Cassini-Huygens (NASA/ESA), lancée en 1997, est censée se mettre en orbite autour de Saturne en 2004.

↓ **Cassini en route pour Saturne :** (1) lancement, octobre 1997 ; (2) survol de Vénus, avril 1998 ; (3) second survol de Vénus, juin 1999 ; (4) survol de la Terre, août 1999 ; (5) survol de Jupiter, décembre 2000 ; (6) arrivée sur Saturne, juillet 2004.

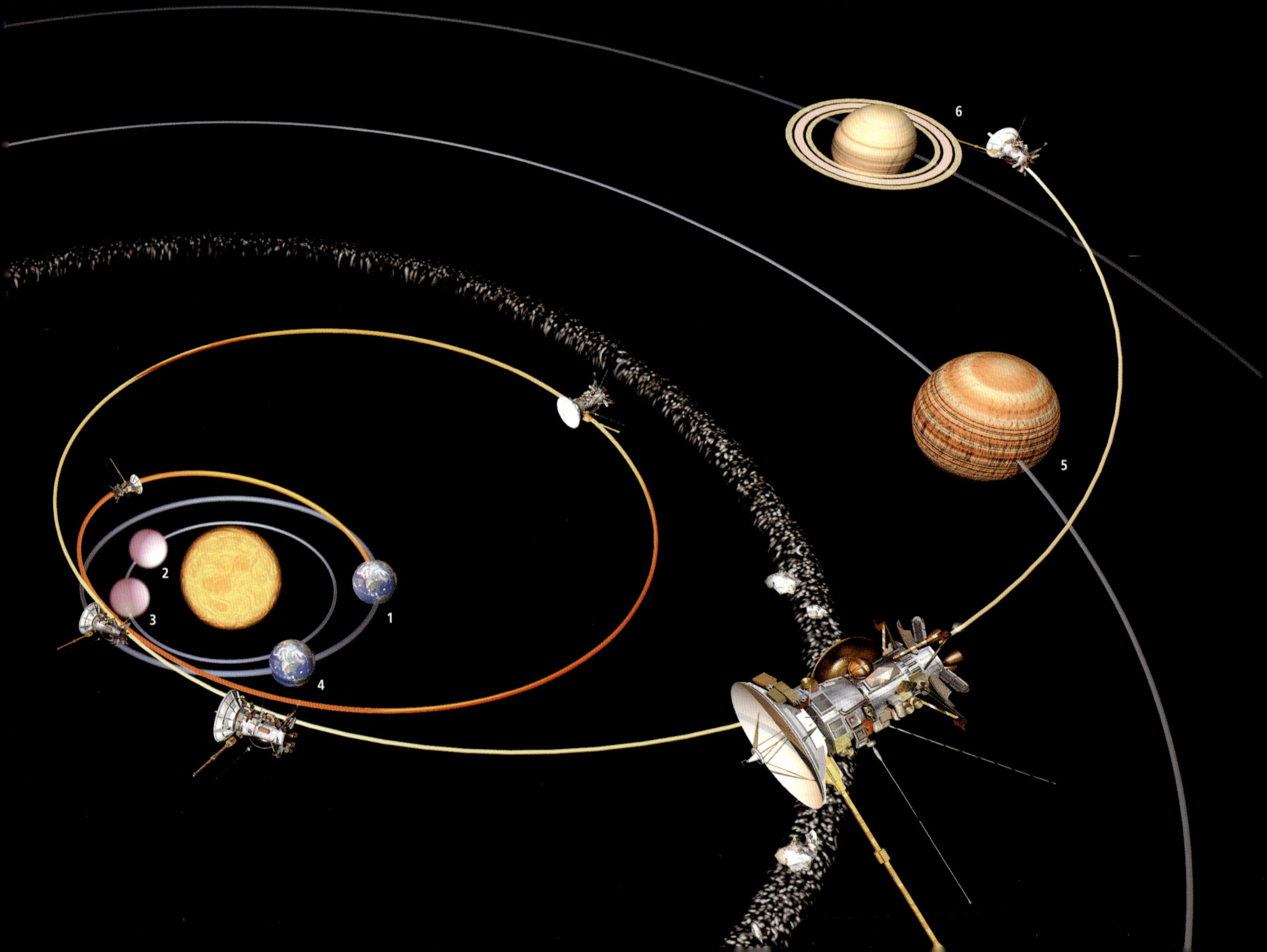

CASSINI-HUYGENS

Cassini-Huygens, lancée en 1997, est la première sonde à prendre la route de Saturne depuis les missions Pioneer et Voyager des années 1970-1980. Le vaisseau comporte deux modules : Cassini et Huygens. Cassini est le module orbital. Son nom est celui de l'astronome Jean Dominique Cassini (1625-1712), découvreur de la division entre les anneaux qui porte son nom. Une fois satellisée autour de Saturne, en décembre 2004, Cassini étudiera l'atmosphère de la planète gazeuse, ses lunes et ses anneaux. La sonde Huygens se séparera de cette plateforme pour plonger dans l'atmosphère de la grosse lune Titan, découverte par le célèbre astronome Christiaan Huygens (1629-1695) dont elle porte le nom. L'atmosphère de Titan est principalement composée d'azote, comme celle de la Terre, mais à une température beaucoup plus froide. De nombreux chercheurs supposent que des lacs de méthane liquide existent à la surface. En conséquence, le module a été conçu de façon à supporter un atterrissage sur une surface aussi bien solide que liquide. Dans cette vue d'artiste, on voit le module orbital Cassini au premier plan et, à gauche, la sonde Huygens qui rentre dans l'atmosphère de Titan, largue sa capsule protectrice et déploie son parachute.

Le système solaire

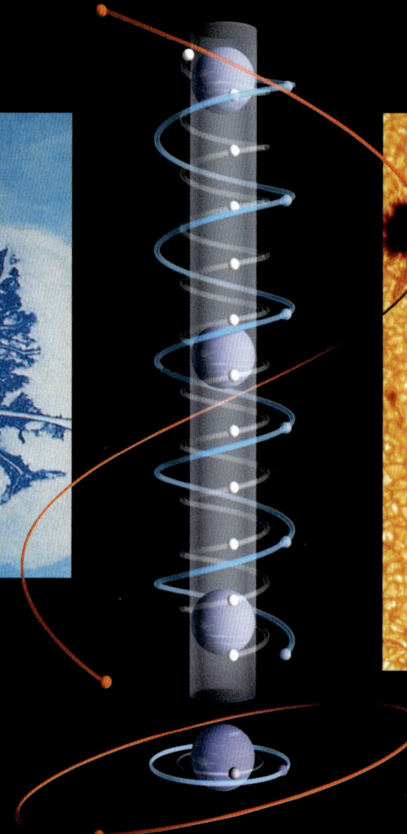

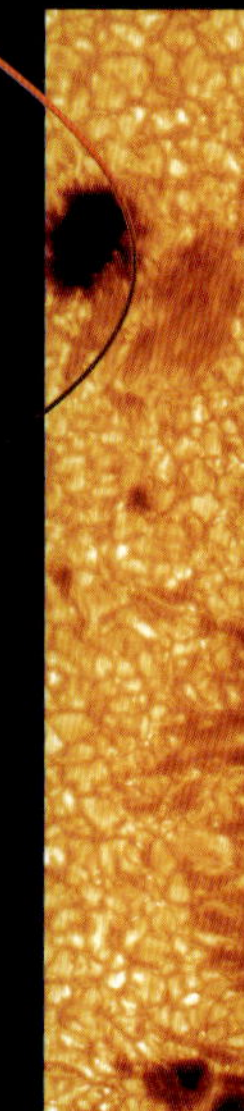

Page précédente La meilleure image que nous ayons aujourd'hui de la lointaine planète Pluton et de sa lune Charon.

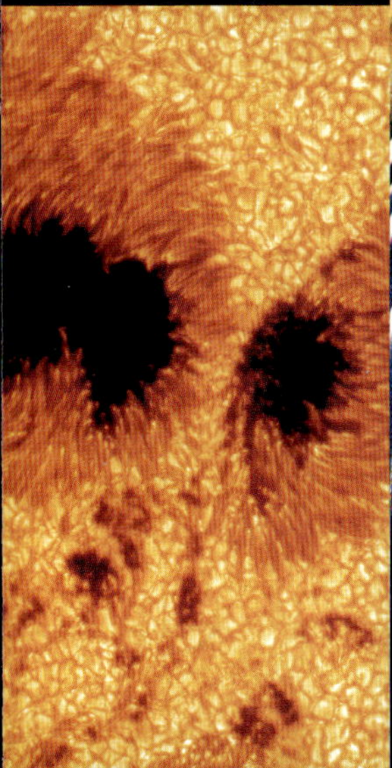

Le système solaire abrite notre Terre : c'est un territoire précieux, vieux de 4 600 millions d'années. Il comprend le Soleil et les neuf planètes connues, Terre incluse, ainsi qu'une multitude de petits corps de roc et de glace : les astéroïdes et les comètes.

La formation du système solaire

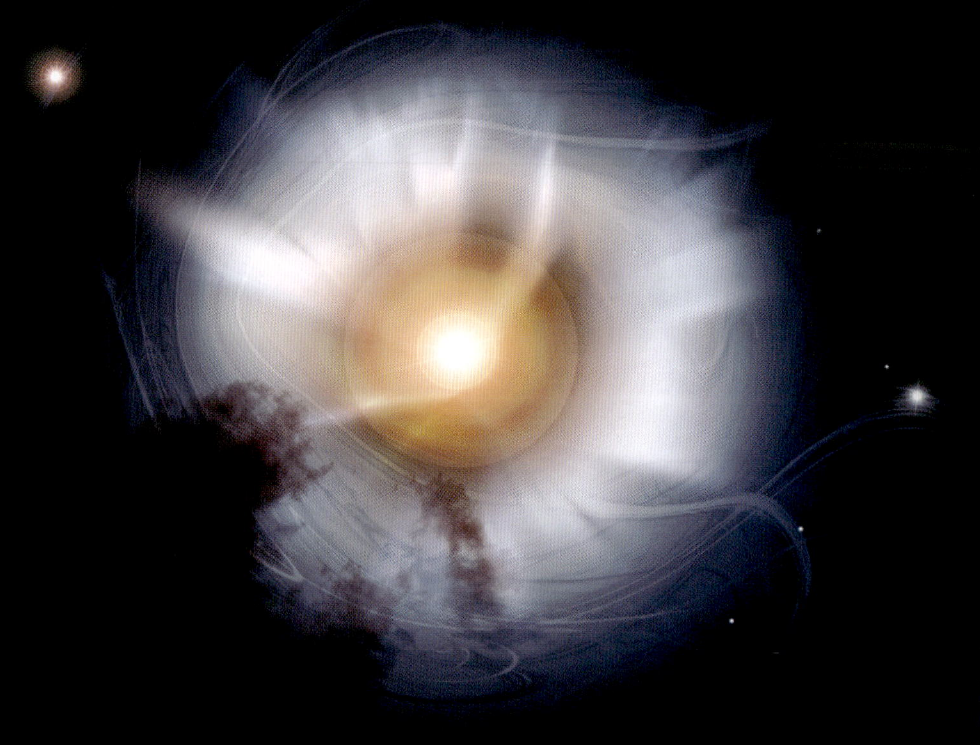

Les astronomes ont établi des modèles pour expliquer la formation du système solaire. Le Soleil et les planètes se seraient condensés à partir d'un nuage de gaz et de poussières en rotation : la nébuleuse primitive. La première mention d'un tel scénario est attribuée au philosophe allemand Emmanuel Kant, mais c'est l'astronome français Pierre Simon de Laplace qui l'a développé, un demi-siècle plus tard.

D'après les modèles actuels, la première étape de cette naissance fut la mort d'une étoile. Les ondes de choc causées par l'explosion d'une supernova ont perturbé un nuage voisin de gaz interstellaire et l'ont amené à s'effondrer sur lui-même, sous l'effet de sa propre gravité (1). Au bout de 1 million d'années, cette nébuleuse primitive s'est aplatie sous l'effet de sa rotation, tandis qu'un protosoleil se formait en son centre (2). Durant les quelques millions d'années qui ont suivi, des poussières riches en carbone et en glace, en métaux et en minéraux se sont agglutinées en blocs – processus connu sous le nom d'accrétion. La rencontre de ces blocs a construit des protoplanètes (3), donnant aux planètes leur taille actuelle en moins de 100 millions d'années (4).

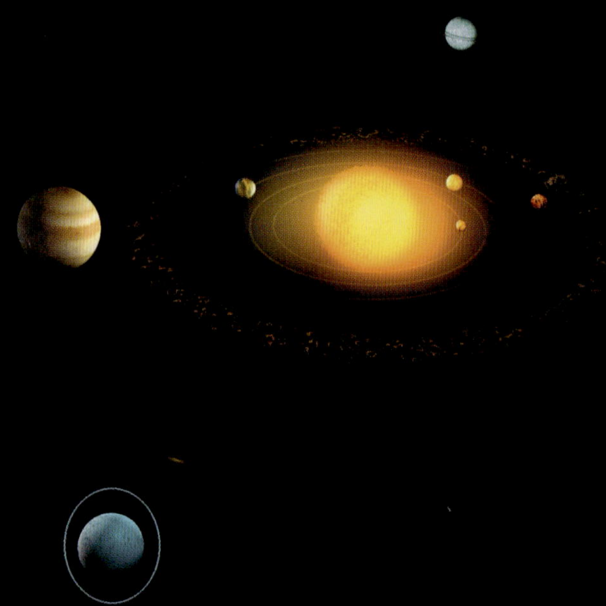

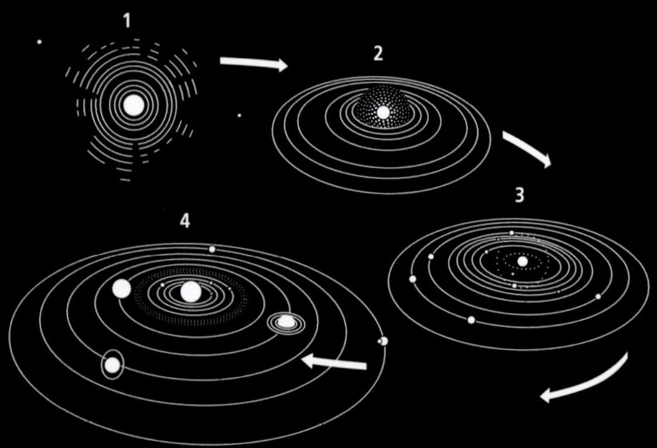

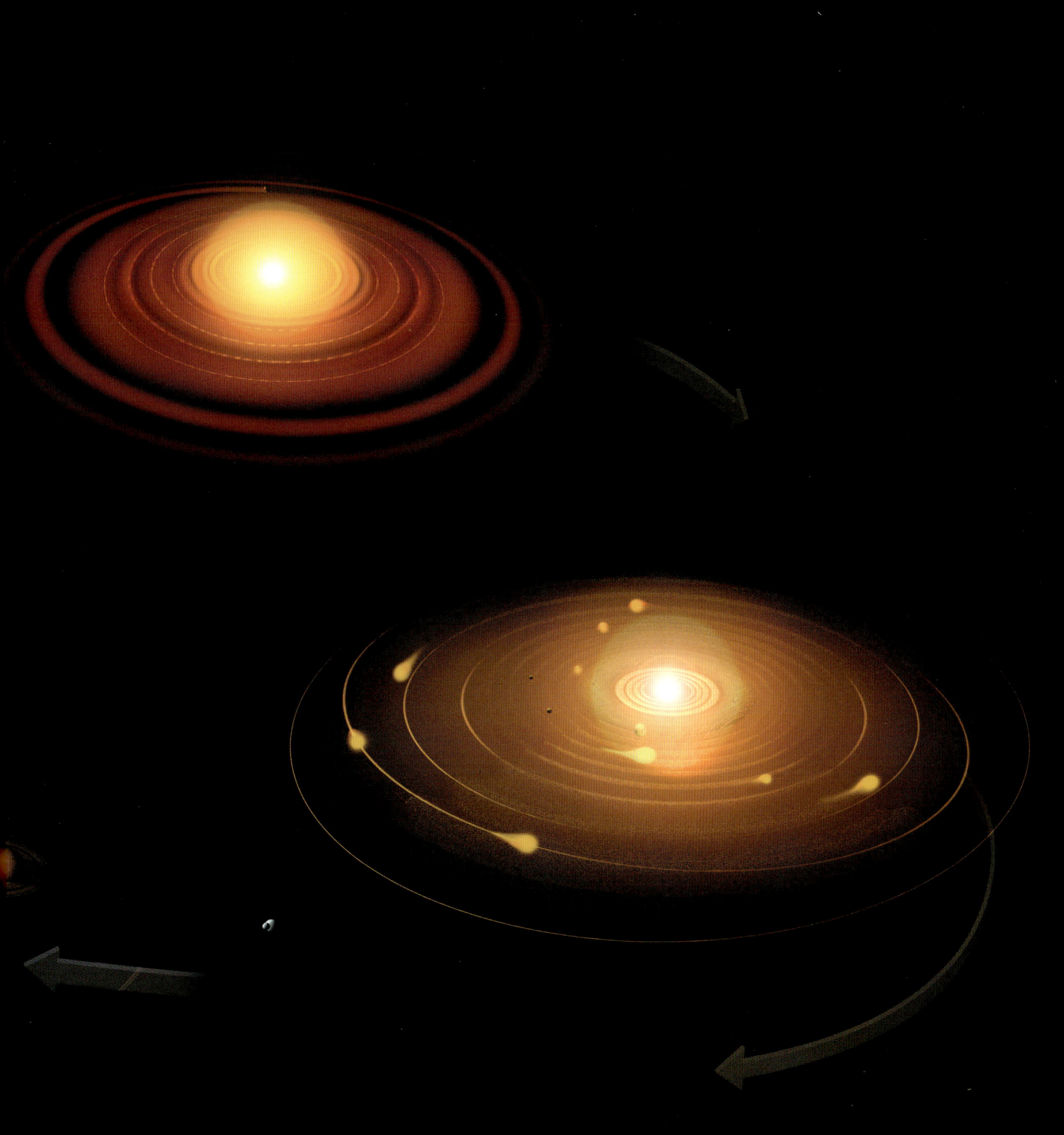

Le système solaire aujourd'hui

Le système solaire est aujourd'hui divisé en plusieurs zones qui nous rappellent sa genèse. La zone intérieure est celle des planètes telluriques. Mercure, Vénus, la Terre et Mars. Il s'agit de planètes relativement petites, rocheuses et métalliques. Lorsque les planètes se formèrent, la chaleur du Soleil chassa les gaz de cette zone et y concentra les éléments denses et réfractaires. Plus loin, entre les orbites de Mars et Jupiter, s'étend la ceinture des astéroïdes – des millions de blocs de roche et de métal qui sont les résidus de la formation des planètes. Au-delà commence le domaine des planètes géantes : Jupiter, Saturne, Uranus et Neptune. Elles sont principalement composées d'éléments légers, comme l'hydrogène et l'hélium. Ces géantes gazeuses se sont formées dans la région externe du système solaire, là où une température plus basse a permis l'existence d'éléments volatils. À la périphérie du système se trouvent les comètes-résidus glacés qui font parfois des incursions plus près du Soleil : on a alors le loisir de les admirer dans notre ciel. La grande majorité des comètes reste dans leur lointaine banlieue au sein de deux réservoirs : la ceinture de Kuiper et le nuage d'Oort.

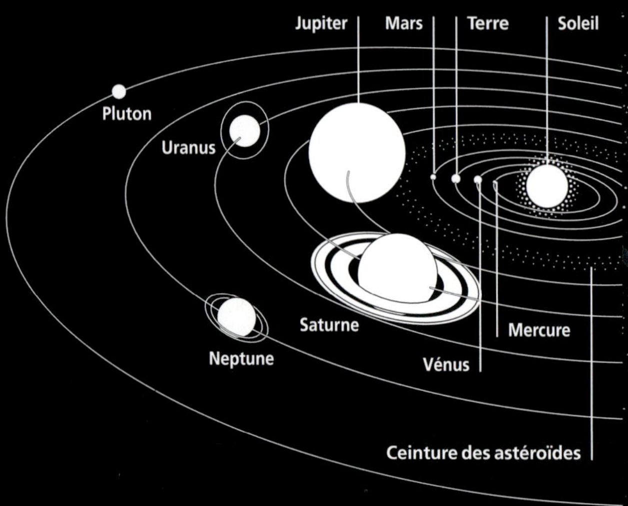

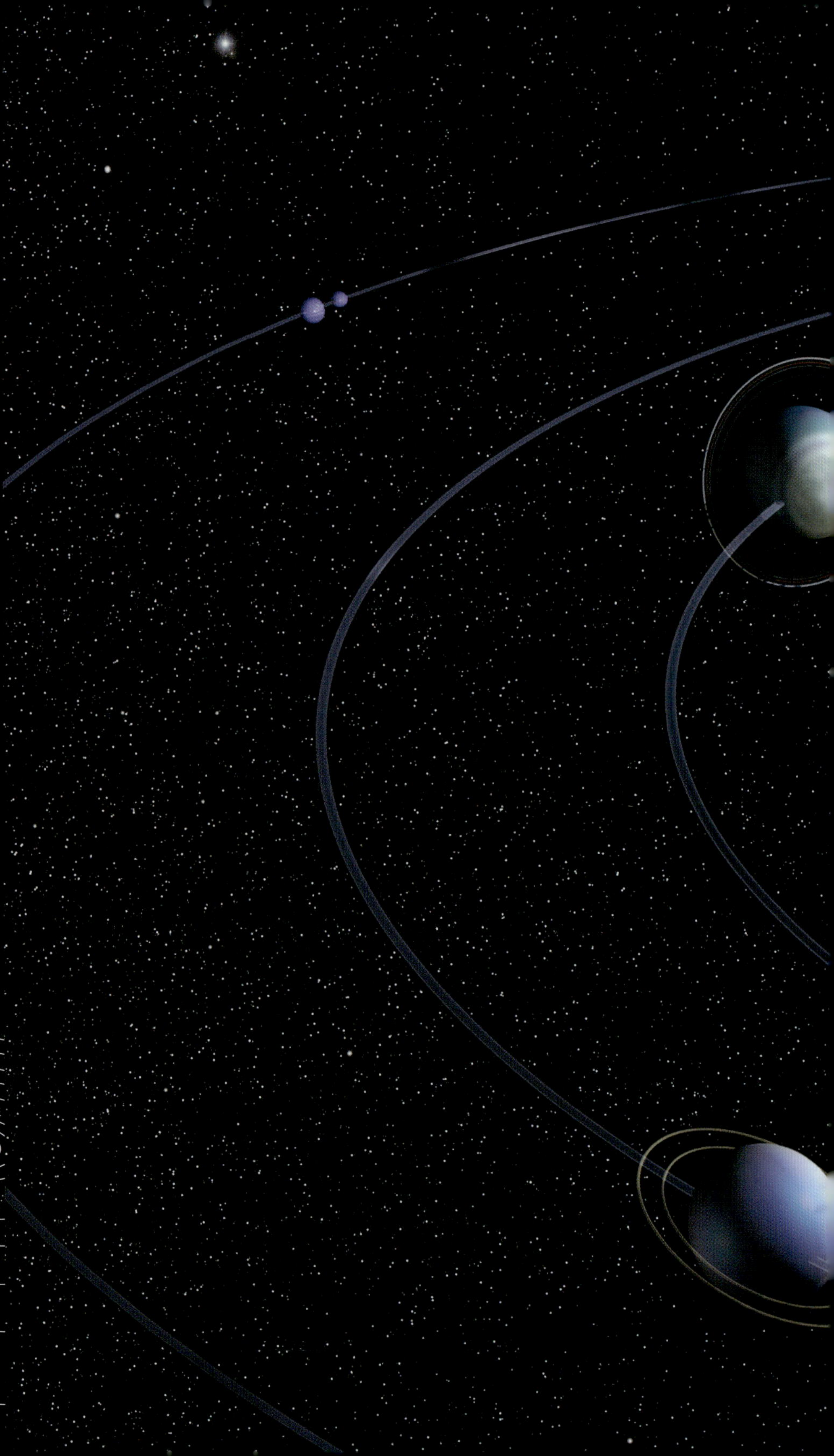

L'avenir du système solaire

Le Soleil et les planètes sont nés ensemble,il y a 4 600 millions d'années – une durée démesurée à l'échelle humaine, mais qui n'est pas infinie pour autant. Un jour, le Soleil agonisera, et avec lui le système solaire tout entier.

Actuellement, le Soleil est sur la séquence principale de la vie d'une étoile, une étape où elle transforme son hydrogène en hélium. Les astronomes estiment que le Soleil a consommé de 35 à 45 % de ses réserves d'hydrogène, de sorte qu'il lui en reste assez pour durer encore 5 000 à 8 500 millions d'années. Lorsque l'hydrogène sera épuisé, le Soleil deviendra une géante rouge, une étoile monstrueuse mesurant plus de 100 fois son diamètre actuel et des milliers de fois plus brillante (1). Son enveloppe en expansion engloutira les orbites de Mercure, de Vénus et peut-être même de la Terre, absorbant et digérant les planètes au passage. Durant plusieurs centaines de millions d'années, la géante rouge se mettra à pulser – contraction, puis dilatation –, en éjectant à chaque cycle une partie de sa masse. L'enveloppe éjectée constituera une nébuleuse planétaire (3), alors que, au centre, le noyau restant du Soleil se sera effondré sur lui-même en une naine blanche qui luira encore pendant des milliards d'années (4).

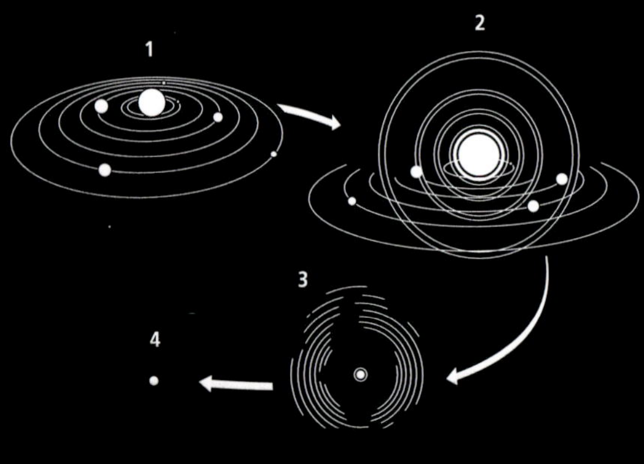

Les planètes

Hormis le Soleil, les principaux objets du système solaire sont les planètes, neuf en tout. Des spéculations ont été faites sur l'existence d'une hypothétique dixième planète, sans preuve pour l'instant. La masse de toutes les planètes réunies s'élève à 447 fois celle de la Terre, ce qui ne représente encore que 0,13 % de la masse du Soleil. Jupiter est la plus massive, « pesant » plus que toutes les autres planètes réunies.

Toutes les planètes, à l'exception de Mercure et de Vénus, possèdent des lunes. Mis à part Pluton, elles se rangent dans deux catégories. Quatre d'entre elles sont rocheuses : Mercure, Vénus, la Terre et Mars ; ce sont les planètes telluriques. Les quatre planètes les plus massives – Jupiter, Saturne, Uranus et Neptune – sont appelées géantes gazeuses et sont principalement composées d'hydrogène et d'hélium, à l'image du Soleil. Elles possèdent des anneaux, ceux de Saturne étant les plus célèbres. Toutes les planètes circulent autour du Soleil sur des orbites elliptiques, pratiquement circulaires dans la plupart des cas, mais beaucoup plus allongées dans le cas de Mercure, Mars et Pluton.

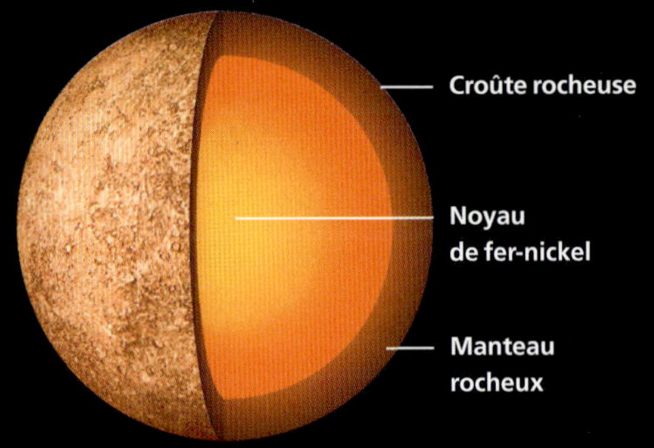

Mercure a un visage quasi lunaire, criblé de cratères et de bassins. Son large noyau de fer et de nickel résulte peut-être d'une collision phénoménale, survenue tôt dans son histoire, qui a dispersé une partie du manteau rocheux.

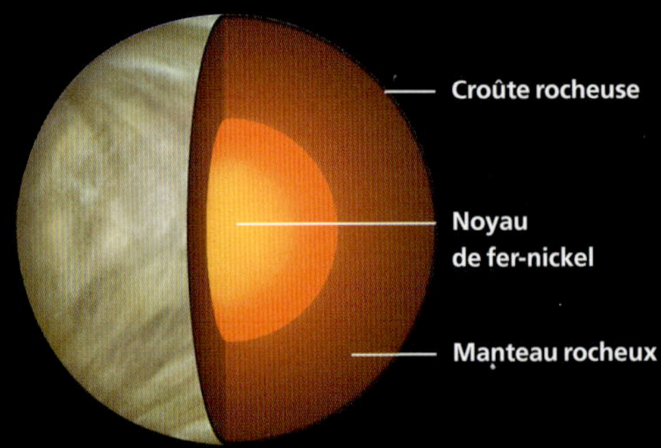

Vénus est enveloppée d'une couche nuageuse d'acide sulfurique. Les sondes orbitales munies de radars ont cartographié sa surface, révélant des montagnes, des volcans et des champs de lave. Les plaines représentent près de 60 % du sol vénusien.

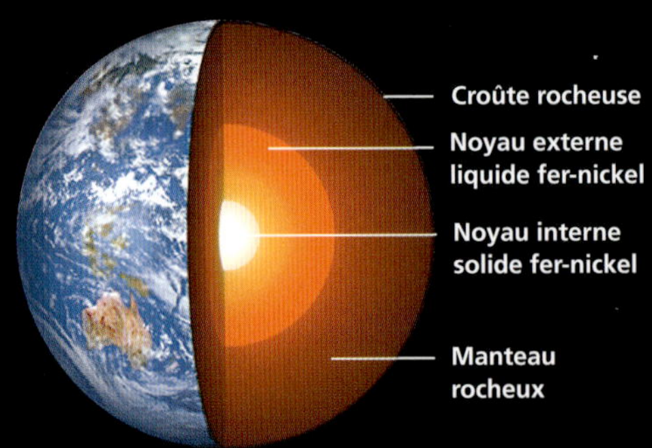

La Terre était tellement chaude lors de sa formation que les éléments les plus denses, comme le fer et le nickel, ont sombré au centre pour former le noyau, alors que les éléments plus légers ont surnagé pour former le manteau et la croûte.

LES DISTANCES AU SOLEIL

Les distances indiquées ci-dessous sont des moyennes. Parce que les orbites des planètes sont elliptiques, plutôt que circulaires, la distance varie au cours de l'année. La distance de Mars au Soleil, par exemple, oscille entre 207 et 249 millions de kilomètres. L'orbite de Pluton est tellement excentrique que la planète est parfois plus proche du Soleil que Neptune.

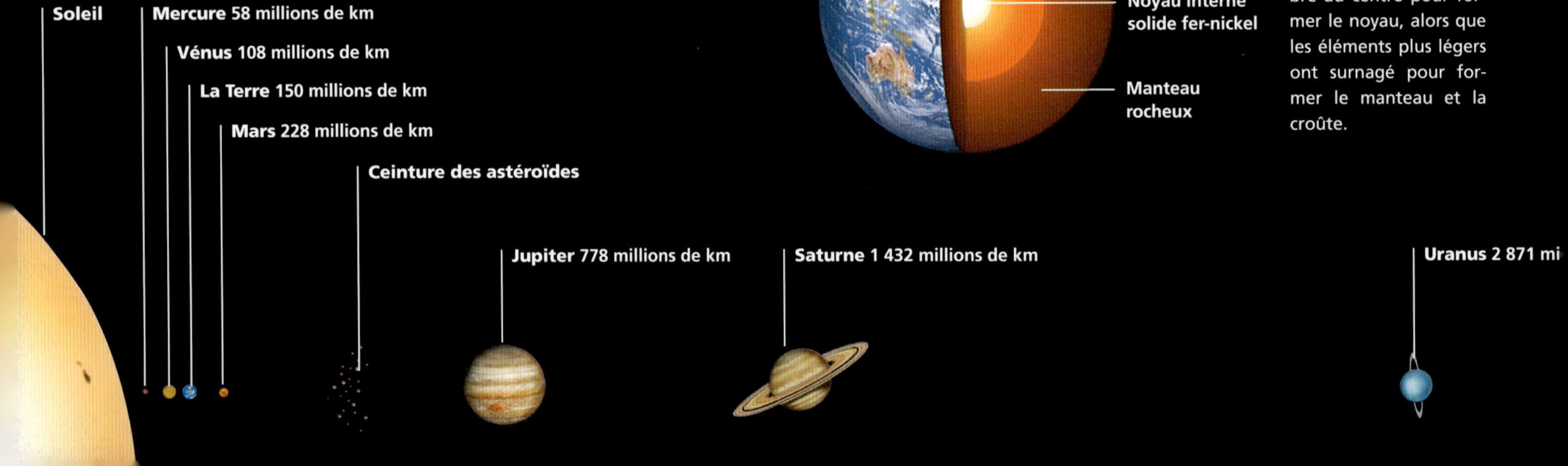

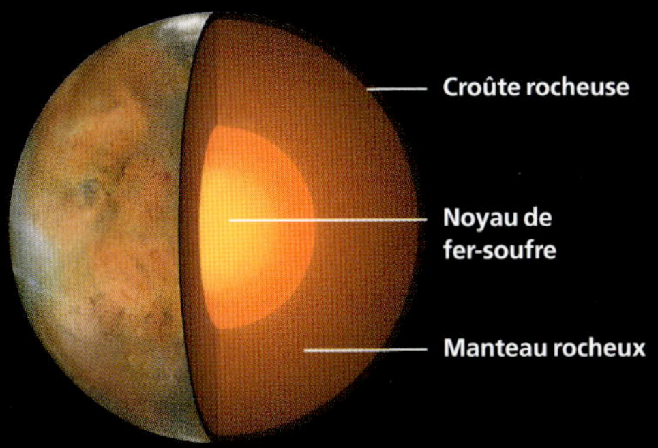

Mars est un monde glacé divisé en deux hémisphères contrastés. Au sud dominent les très vieux plateaux couverts de cratères d'impact, tandis qu'au nord s'étendent des bassins, volcans et champs de lave beaucoup plus jeunes.

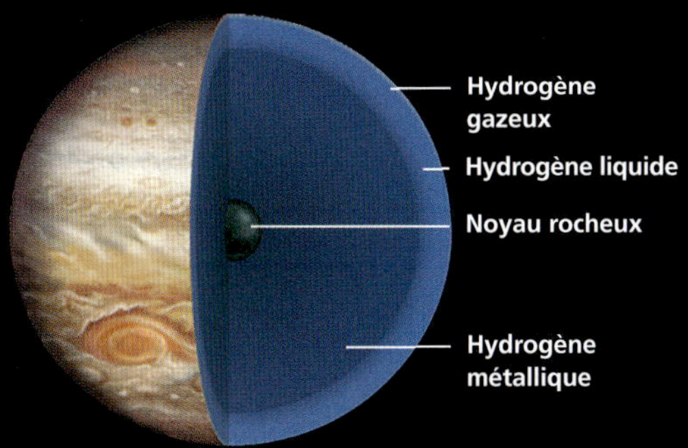

Jupiter est une boule géante de gaz, sans surface solide. Hydrogène et hélium sont gazeux dans les couches externes, mais leur état est liquide, voire solide en profondeur. Un noyau rocheux se trouverait au centre.

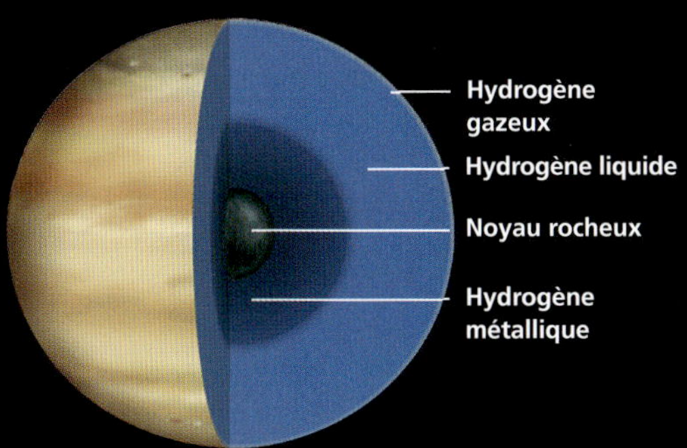

Saturne n'a pas de surface solide. Comme Jupiter, cette planète est essentiellement composée d'hydrogène et d'hélium, autour d'un noyau rocheux. Trois fois moins massive que Jupiter, elle a une densité inférieure à celle de l'eau.

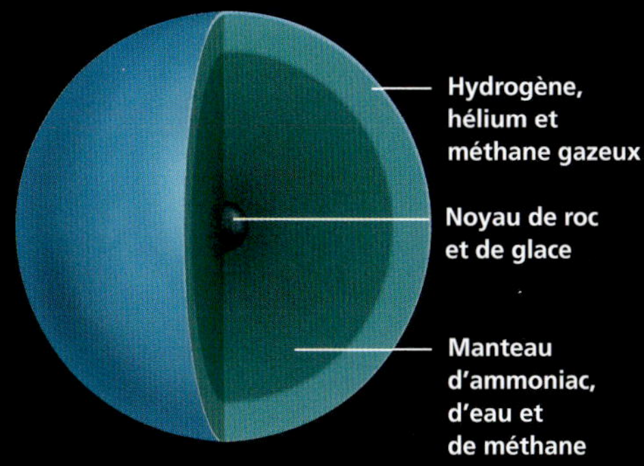

Uranus a une épaisse atmosphère composée d'hydrogène, d'hélium et de méthane. Sous cette couche se trouve un dense mélange d'eau, d'ammoniac et de méthane, situé autour d'un noyau solide. Elle émet moins d'énergie que les autres géantes.

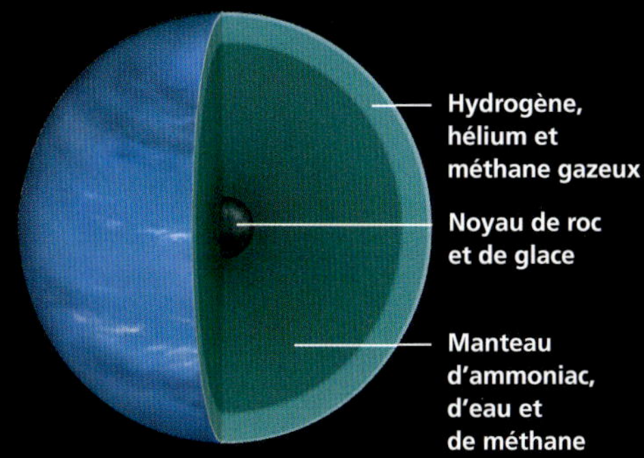

Neptune a une couleur bleue due au méthane. Son manteau est composé d'eau, d'ammoniac et de méthane, autour d'un noyau rocheux. Neptune dégage deux fois plus d'énergie qu'elle n'en reçoit du Soleil.

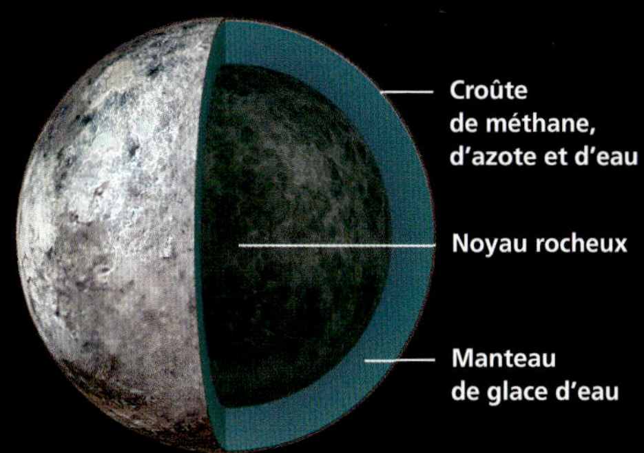

Pluton possède une froide et fine atmosphère de méthane et d'azote, et une croûte glacée de méthane, d'azote et d'eau. Un épais manteau de glace devrait enrober un large noyau rocheux, c'est une hypothèse, mais aucune sonde n'a encore survolé la planète.

Neptune 4 498 millions de km

Pluton 5 914 millions de km

Mercure

Mercure ressemble à la Lune : sa surface est couverte de cratères d'impact, dont un impact géant : le bassin Caloris. De taille modeste, c'est la planète la plus proche du Soleil. Elle ressemble à une boule de fer, enrobée d'un mince manteau rocheux, et est dépourvue d'atmosphère. La proportion inhabituelle de fer suggère que le manteau de Mercure était plus volumineux à l'origine, et que la collision avec une autre protoplanète lui en fit perdre une large partie. Mercure n'a pas de lune.

ATMOSPHÈRE

MERCURE EN BREF

Origine du nom *Mercurius*, dieu romain des messagers
Découverte Connue depuis l'Antiquité
Diamètre 4 878 km (38,2 % du diamètre terrestre)
Masse 0,055 masse terrestre
Volume 0,06 volume terrestre
Distance maximale du Soleil 69,8 millions de km
Distance minimale du Soleil 46 millions de km
Température moyenne au sol 430 °C
Insolation 4,5 à 10,4 fois l'insolation terrestre
Pesanteur 0,38 G (38 % de la pesanteur terrestre)
Magnitude apparente −2,0 à +3,0
Champ magnétique 0,003 gauss (1 % du champ terrestre)
Nombre de lunes 0

↓ **La sonde Mariner 10** a pris cette image de Mercure près du bassin Caloris, une structure d'impact de 1 300 km de diamètre. La collision a provoqué de puissantes ondes de choc à travers le noyau métallique de la planète.

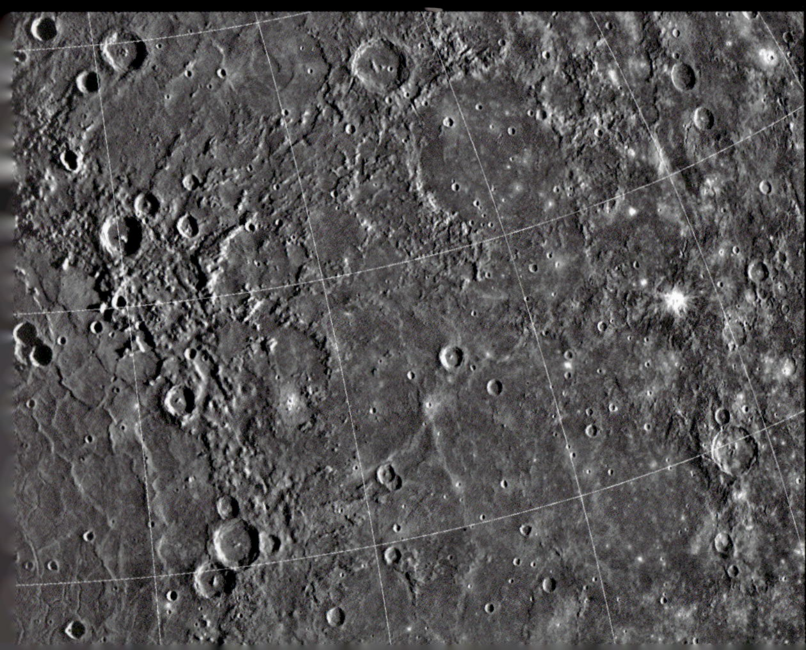

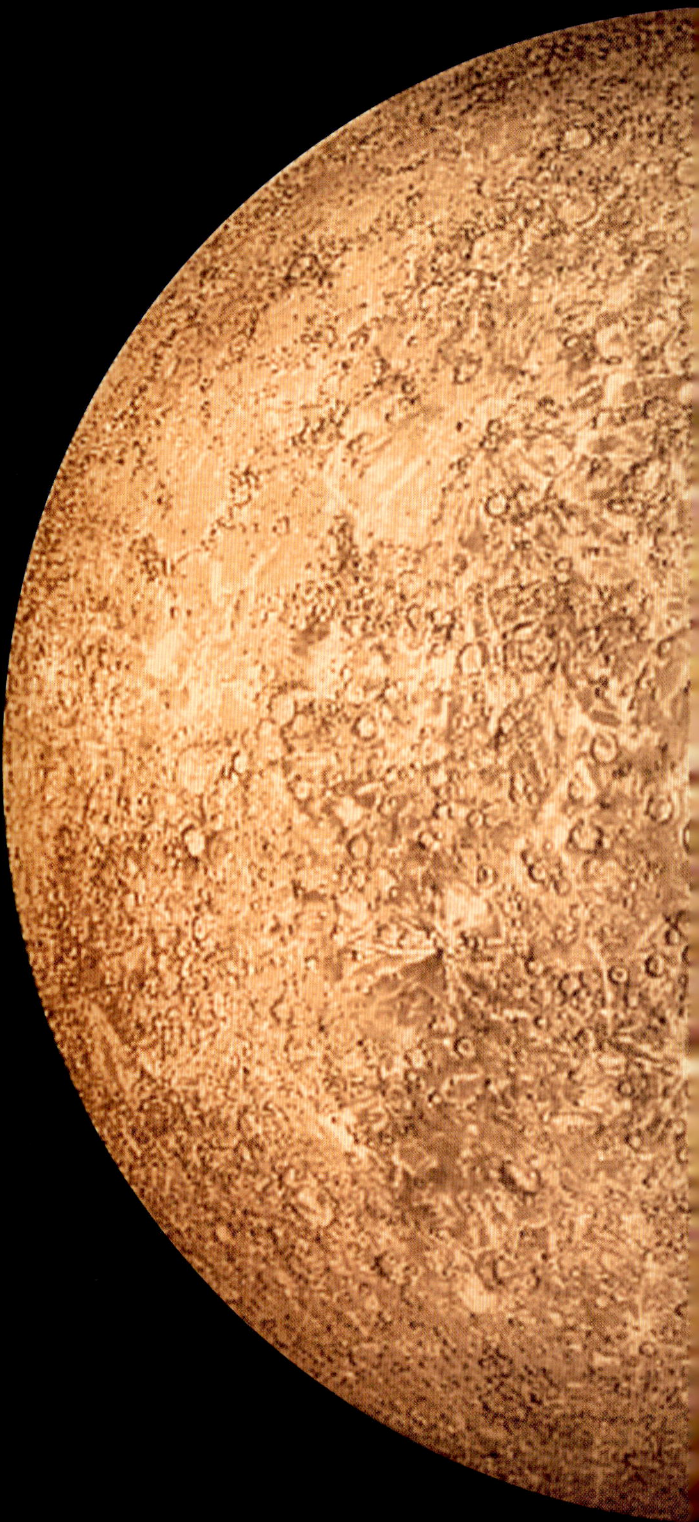

LA STRUCTURE INTERNE DE MERCURE

Mercure est si dense pour sa taille qu'elle possède sans doute un important noyau de fer. Selon les astronomes, la planète était plus volumineuse à l'origine, avec un manteau supérieur plus fourni, avant qu'une collision avec une protoplanète, il y a des milliards d'années, n'éjecte cette partie.

La croûte Couche externe qui inclut la surface, la croûte de Mercure est criblée de cratères d'impact, ce qui trahit son grand âge. Des failles de compression montrent que Mercure a dû se contracter en se refroidissant.

Le manteau Sous la croûte se trouve un manteau rocheux (à base de silicates) d'une épaisseur de 550 km. Il constitue 25 % du volume de la planète.

Le noyau Mercure possède un faible champ magnétique, d'où l'hypothèse que son noyau de fer est partiellement liquide. Il serait parcouru de courants électriques sous l'action de la rotation de la planète. Le noyau représente 75 % du volume de Mercure. Aucune autre planète n'a une proportion de fer aussi importante.

TAILLES COMPARÉES

PARAMÈTRES ORBITAUX

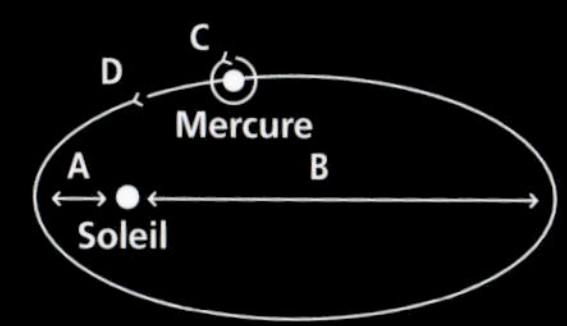

A 46 millions de km
B 69,8 millions de km
C rotation en 58,65 jours terrestres
D révolution en 87,98 jours terrestres

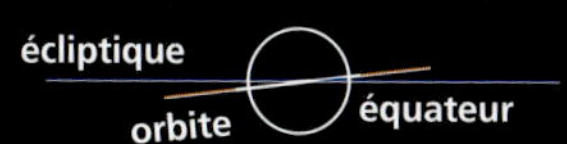

Inclinaison de l'axe de rotation 0°
Inclinaison de l'orbite sur l'écliptique 7°

La physionomie de Mercure

On sait relativement peu de chose sur la planète Mercure. Une seule sonde – Mariner 10, en 1974 et 1975 – a survolé la planète et photographié près de la moitié de sa surface. Celle-ci est criblée d'impacts, fortement fracturée et d'un âge avancé. Nous ignorons tout de l'autre moitié. Seule la lointaine Pluton est encore plus mystérieuse.

Hormis celle de Pluton, l'orbite de Mercure est la plus excentrique des orbites planétaires. À son aphélie, Mercure est à une distance du Soleil une fois et demie plus grande qu'à son périhélie. Depuis la surface de Mercure, le diamètre apparent du Soleil varie donc périodiquement, passant du double au triple de celui auquel nous sommes accoutumés dans notre ciel terrestre. Mercure connaît également les plus grands contrastes de températures. Au zénith, le soleil chauffe le sol de Mercure jusqu'à un maximum de 430 °C – à peine moins chaud que Vénus –, alors que, dans l'hémisphère plongé dans la nuit, le minimum avoisine – 200 °C, ce qui constitue un contraste de plus de 600 °C.

HÉMISPHÈRE CARTOGRAPHIÉ

LA SURFACE DE MERCURE

Mercure a une surface très ancienne. La planète n'a pas d'atmosphère et n'a jamais connu d'eau liquide. La seule érosion provient de l'impact des météorites, astéroïdes et comètes. Parce que le taux d'impact a considérablement chuté depuis 3 800 millions d'années, le visage de Mercure est resté quasi inchangé, ce qui en fait un témoin de l'origine du système solaire. Mercure est criblé de cratères de toutes tailles (*en haut*). Au sommet de l'échelle, l'exceptionnel bassin Caloris est si vaste qu'il pourrait contenir la France tout entière. Certaines régions sont toutefois relativement planes, notamment près du bassin Caloris et près du pôle nord. Ces plaines sont probablement d'origine volcanique, les champs de lave ayant recouvert des reliefs plus anciens. Les autres structures qui dominent la surface de Mercure sont les rides. Ces failles de compression constituent des falaises qui peuvent atteindre 4 km de hauteur par rapport aux plaines.

→ **L'orbite de Mercure autour du Soleil** est particulièrement allongée, bien que son excentricité soit exagérée dans ce schéma à des fins d'illustration. L'orbite connaît une précession, de sorte que l'orientation de l'orbite change progressivement au cours du temps, faisant varier la durée et le contraste des saisons.

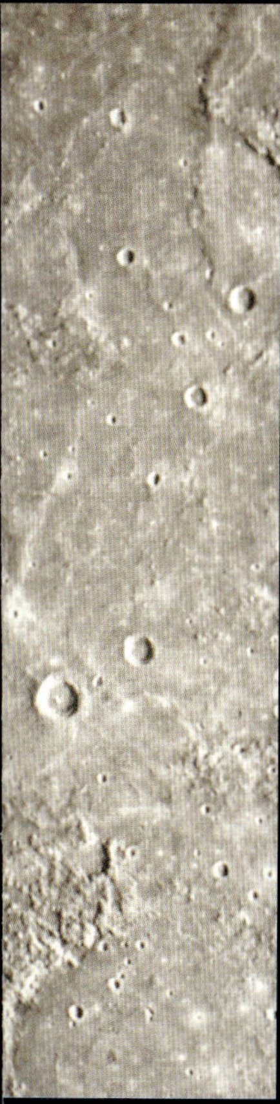

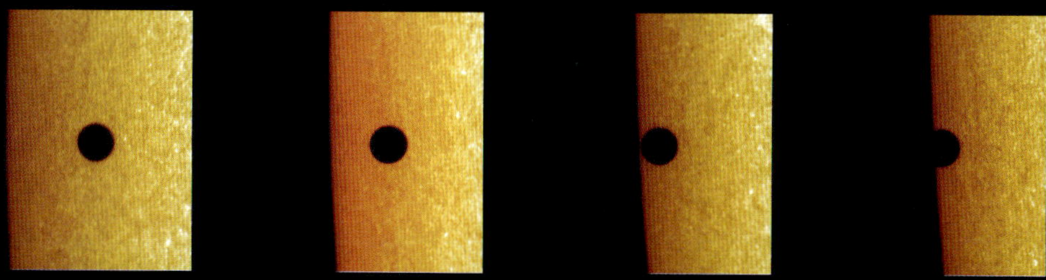

← **Depuis la Terre,** on peut observer, dans de rares occasions, le passage du disque de Mercure devant le Soleil, qu'on appelle un transit. Cette séquence de photographies montre (*de gauche à droite*) la planète qui se déplace devant le Soleil le 7 mai 2003.

ORBITE DE MERCURE

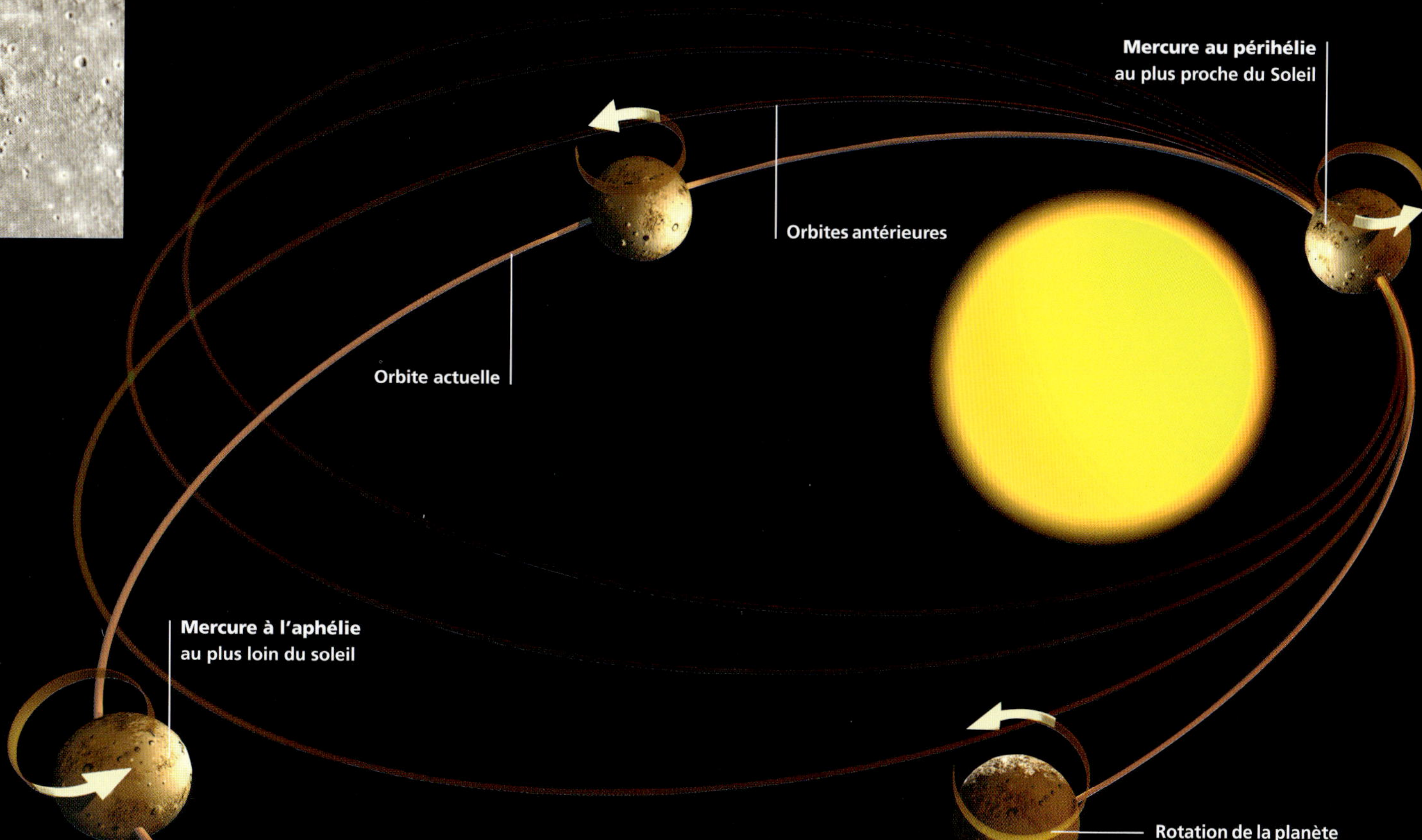

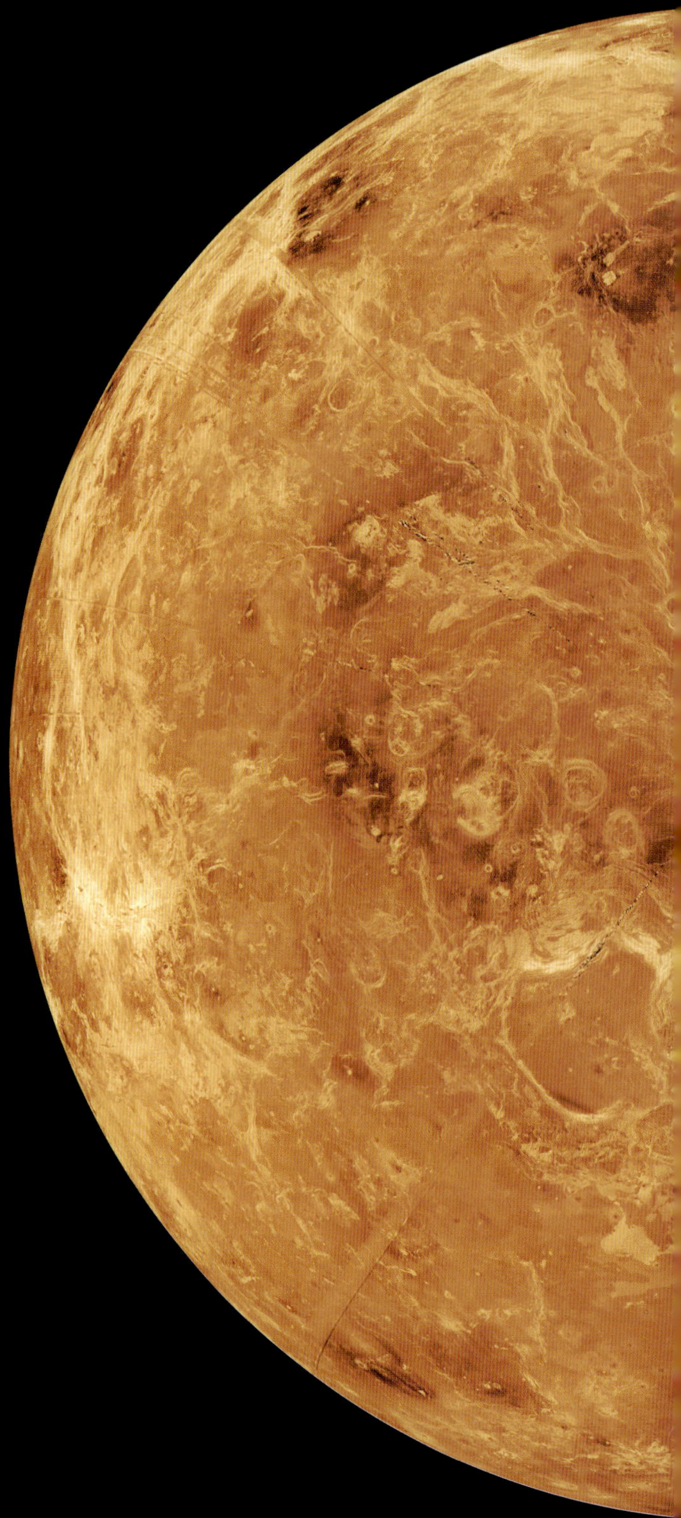

Vénus

Vénus est la planète la plus proche de la Terre. Sensiblement de la même taille, elle est loin d'être sa jumelle. Sa surface est voilée en permanence par une épaisse atmosphère de gaz carbonique, recouverte de nuages d'acide sulfurique. Cette atmosphère toxique exerce au sol une pression équivalente à celle d'une mer profonde de 900 m. Elle est aussi responsable d'un effet de serre. Bien qu'elle soit plus éloignée du Soleil que Mercure, Vénus est plus chaude : le plomb et l'étain fondraient à sa surface.

ATMOSPHÈRE

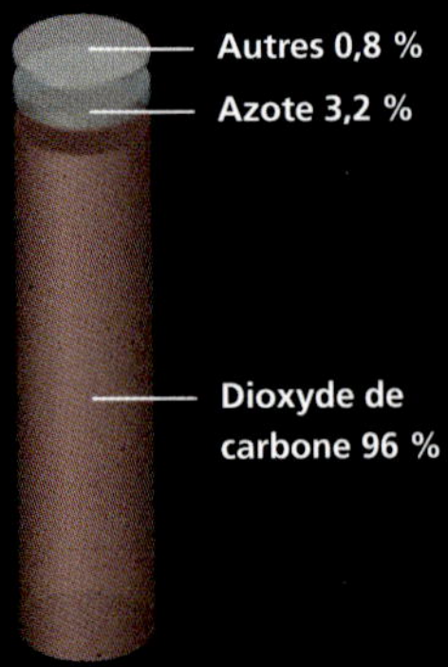

VÉNUS EN BREF

Origine du nom *Vénus*, déesse romaine de l'amour
Découverte Connue depuis l'Antiquité
Diamètre 12 104 km (94,8 % du diamètre terrestre)
Masse 0,95 masse terrestre
Volume 0,86 volume terrestre
Distance maximale du Soleil 108,9 millions de km
Distance minimale du Soleil 107,5 millions de km
Température moyenne au sol 480 °C
Insolation 1,9 fois l'insolation terrestre
Magnitude apparente – 4,0 à – 4,6
Pesanteur 0,9 G (90 % de la pesanteur terrestre)
Champ magnétique 0,00002 gauss (< 0,007 % du champ terrestre)
Nombre de lunes 0

↓ **Cette image radar de Vénus** en fausses couleurs montre une région volcanique. Certains volcans sont peut-être encore actifs.

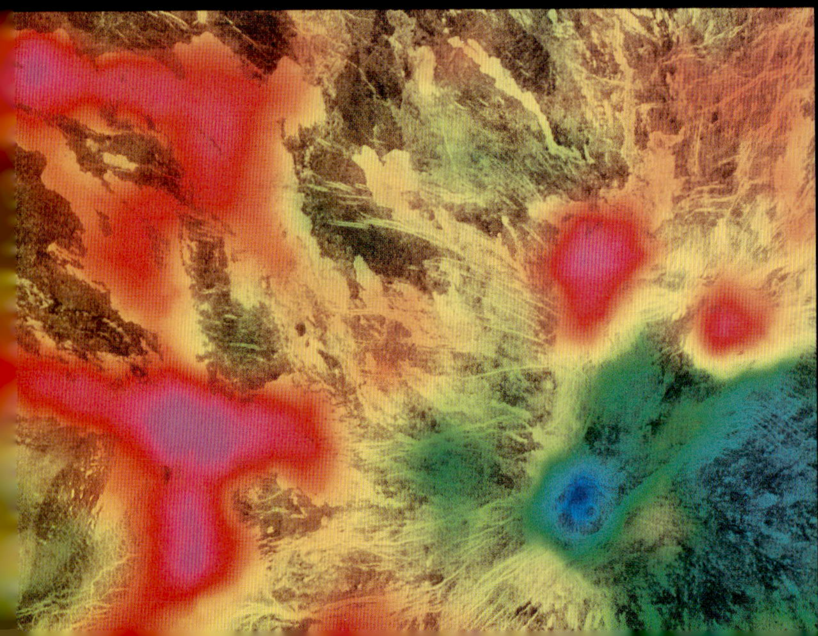

LA STRUCTURE INTERNE DE VÉNUS

De dimensions semblables à celles de la Terre, Vénus lui ressemble aussi sur le plan de sa structure interne. Ses principales couches ont sans doute des proportions similaires, à l'exception du noyau qui ne comporte pas de partie liquide.

La croûte Relativement fine, la croûte de Vénus s'étend jusqu'à une profondeur de 50 km. La surface est surtout constituée de plaines, avec 10 % seulement du relief dépassant 10 km d'altitude. La minceur de la croûte explique l'importance de l'activité volcanique récente de la planète.

Le manteau Sous la croûte s'étend un manteau rocheux, essentiellement solide, qui descend jusqu'à une profondeur d'environ 3 000 km.

Le noyau Vénus possède un noyau métallique relativement massif, vraisemblablement composé de fer et de nickel, d'un rayon égal à la moitié du rayon planétaire. Ce noyau semble entièrement solide, car Vénus ne dégage aucun champ magnétique conséquent.

TAILLES COMPARÉES

PARAMÈTRES ORBITAUX

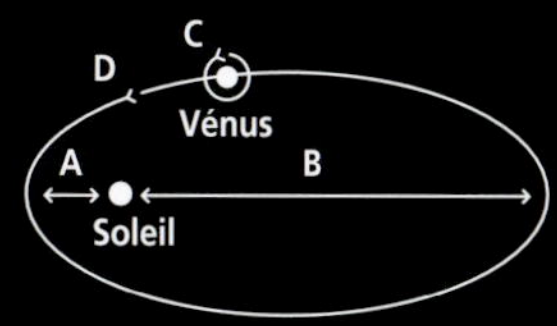

A 107,5 millions de km
B 108,9 millions de km
C rotation en 243,01 jours terrestres
D révolution en 224,7 jours terrestres

Inclinaison de l'axe de rotation 177,4°
Inclinaison de l'orbite sur l'écliptique 3,4°

La surface de Vénus

Les astronomes n'ont pu percer les nuages de Vénus et observer son sol qu'à partir de 1990, lorsque la sonde orbitale Magellan cartographia la surface au moyen d'un radar. Le paysage est relativement plat, principalement constitué de plaines, et seuls 20 % de la planète dépassent 2000 m de relief. Vénus est une planète jeune, ce qui a étonné les scientifiques, l'âge moyen de la surface avoisinant les 500 millions d'années. De toute évidence, Vénus a connu un volcanisme prolongé et recèle peut-être encore des régions actives à l'heure actuelle. Les images radar montrent de nombreux édifices volcaniques. L'une des familles de volcans les plus originales regroupe les *pancake domes*, reliefs circulaires et aplatis que l'on explique par une lave riche en gaz, qui s'épand comme une pâte à crêpe, puis se rigidifie et se fracture.

HÉMISPHÈRE D'APHRODITE TERRA

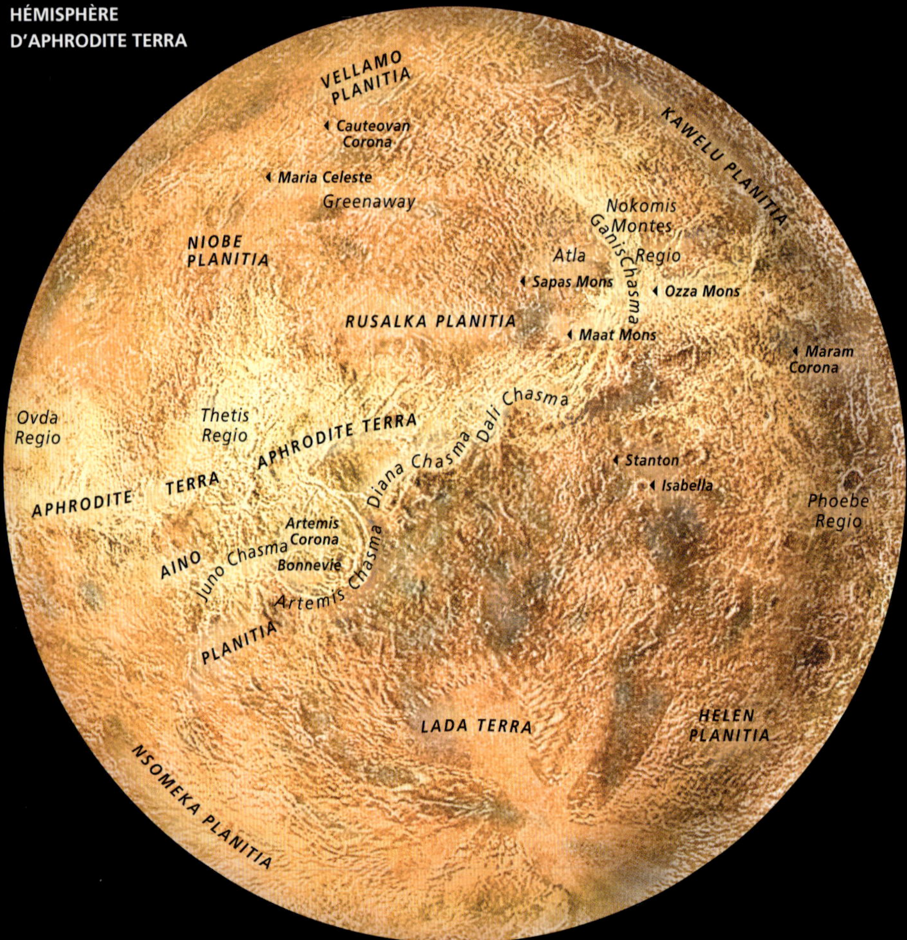

HÉMISPHÈRE D'ALPHA REGIO

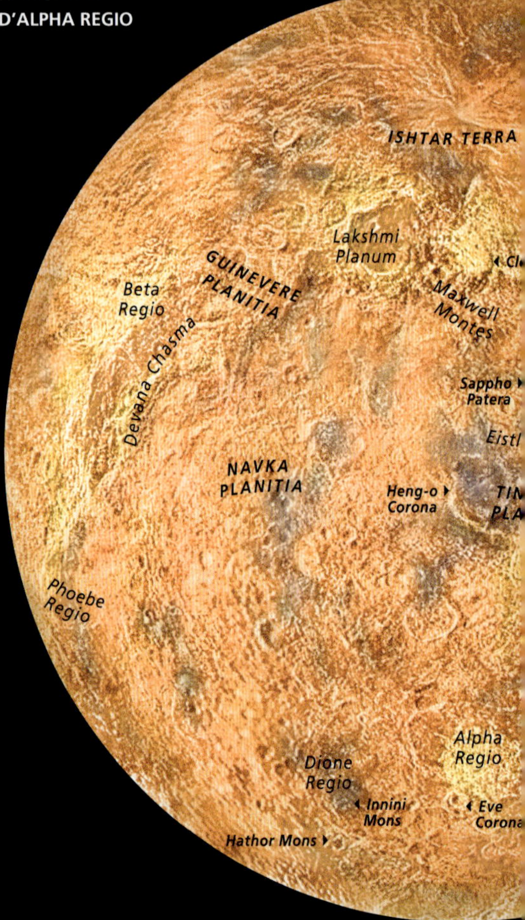

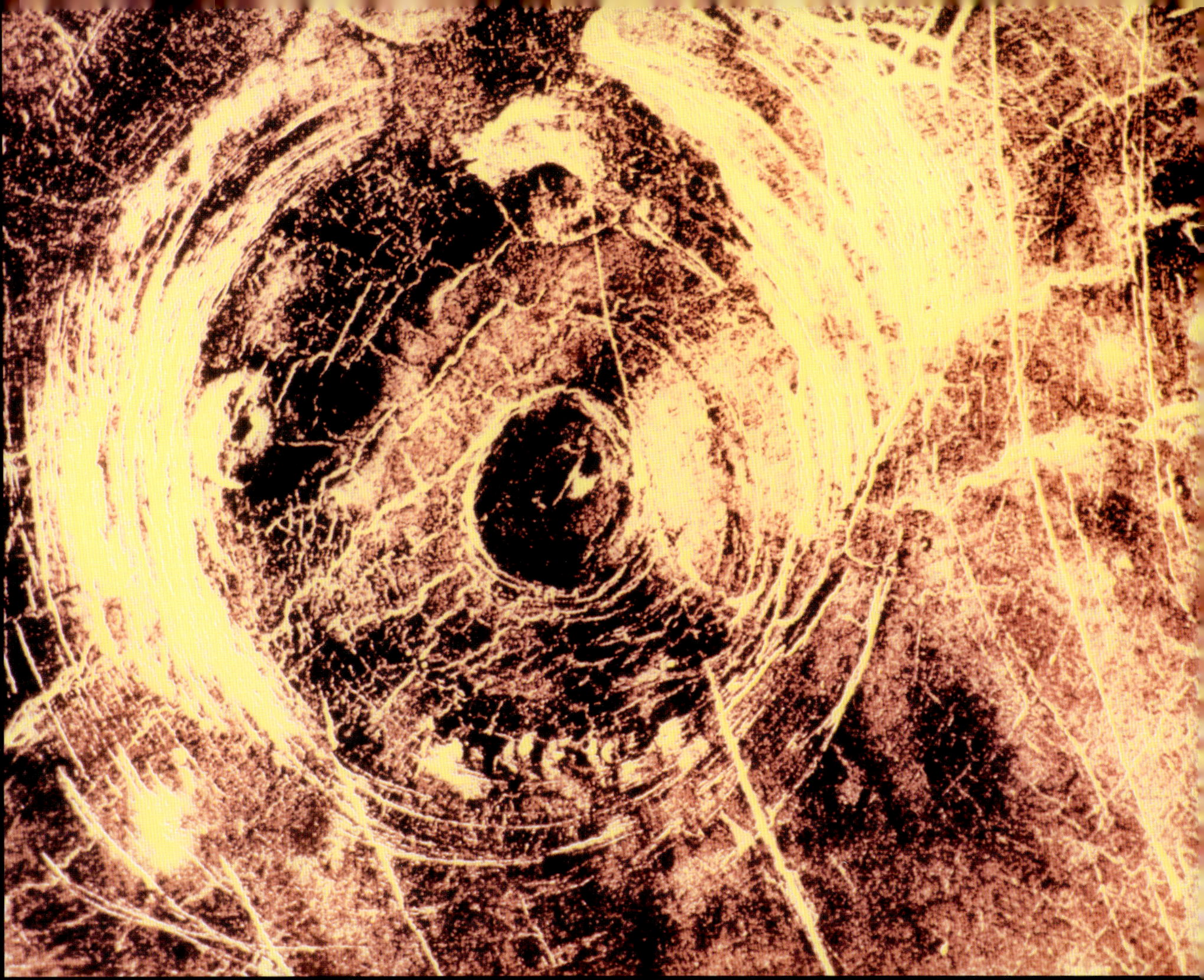

← **Le sommet de Maat Mons** apparaît dans cette image radar en relief, obtenue par la sonde Magellan. Culminant à 8 000 m d'altitude, Maat Mons est le plus haut volcan de Vénus. Des immenses coulées de lave, qui peuvent atteindre des centaines de kilomètres de long, sont visibles au premier plan.

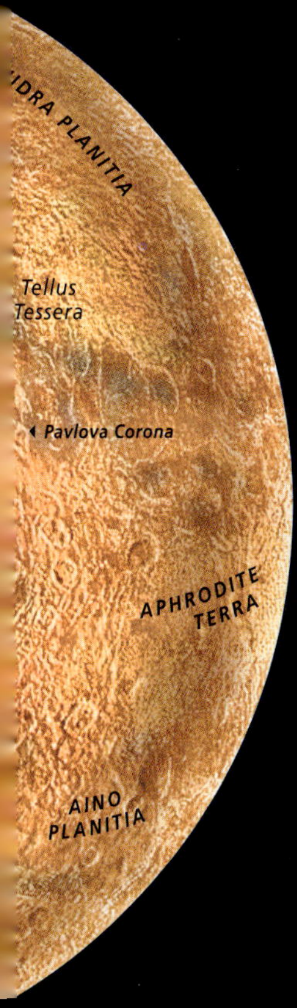

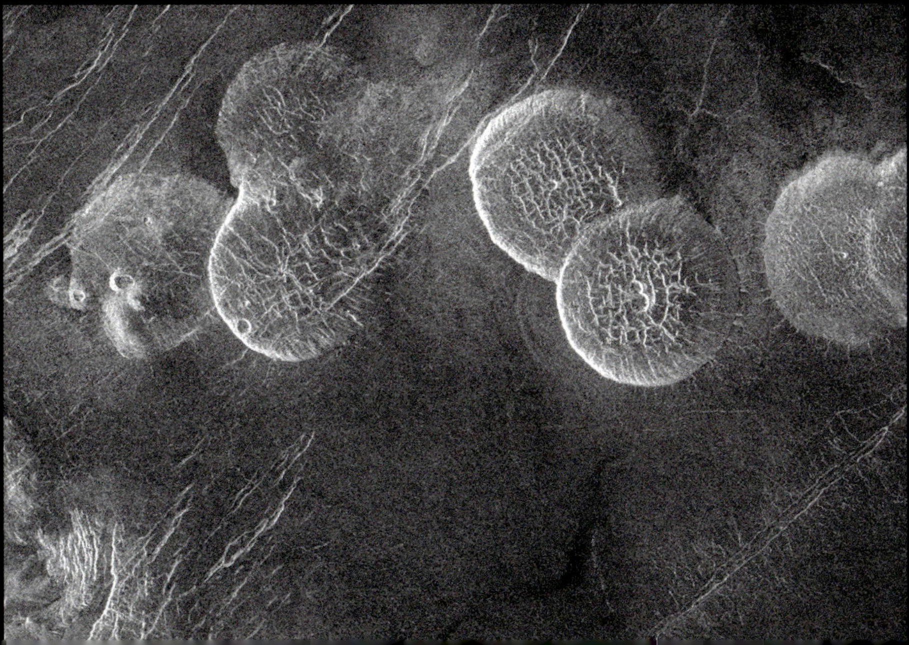

↑ **Magellan a réalisé cette superbe image radar** d'Aine Corona. La structure circulaire de 200 km de diamètre est due à la mise en place de magma sous la surface.

← **Cet alignement de *pancake domes*** est situé dans Alpha Regio. Chaque lentille de laves mesure 25 km de diamètre et a été créée par l'éruption et le refroidissement d'une nappe de lave.

La Terre

Troisième planète à partir du Soleil, la Terre est le plus gros des mondes telluriques. C'est aussi la seule planète du système solaire qui possède de l'eau liquide à sa surface. Des océans de plusieurs kilomètres de profondeur recouvrent 70 % du globe. L'atmosphère est composée principalement d'azote et d'oxygène. C'est aussi la seule planète connue où la vie s'est développée, donnant lieu à une évolution complexe. La Terre connaît aujourd'hui encore une vigoureuse activité volcanique.

ATMOSPHÈRE

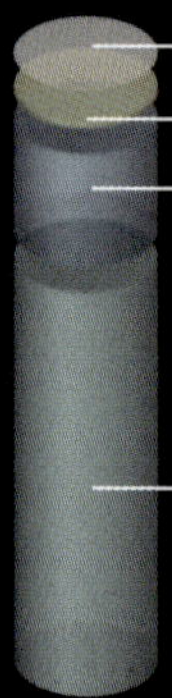

LA TERRE EN BREF

Origine du nom *terra*, la terre en latin.
Diamètre 12 756 km
Masse $5,973 \times 10^{24}$ kg
Volume $1,1 \times 10^{12}$ km^3
Distance maximale du Soleil 152,1 millions de km
Distance minimale du Soleil 147,1 millions de km
Température moyenne au sol 15 °C
Sommet le plus élevé 8 850 m (mont Everest)
Fosse sous-marine la plus profonde – 11 033 m (fosse des Mariannes)
Surface liquide 71 %
Pesanteur 1 G
Champ magnétique 0,31 gauss
Nombre de lunes 1

↓ **Les îles Canaries,** situées au large de l'Afrique, apparaissent, dans cette image prise par satellite en juillet 2002, sous un épais tapis de nuages. Le vent souffle du nord au sud (*vers le bas de l'image*) et produit des structures tourbillonnaires.

LA STRUCTURE DE LA TERRE

La Terre est la seule planète tellurique qui compte quatre couches distinctes, puisque son noyau est en deux parties. L'analyse des ondes sismiques nous permet de connaître la structure interne de la Terre plus précisément que pour les autres planètes.

La croûte La croûte terrestre a une épaisseur qui varie de 8 km sous les océans à 70 km sous les continents. Elle est principalement composée de roches ignées, dérivées du volcanisme.

Le manteau Le manteau est solide, quoique chaud et plastique, et s'étend jusqu'à 2 900 km de profondeur. Ses minéraux sont principalement composés d'oxygène, de silicium, de fer et de magnésium – telle l'olivine.

Le noyau externe liquide Sous le manteau commence le noyau fer-nickel. Le noyau externe, composé d'éléments métalliques, est liquide. Il est parcouru de courants électriques qui créent le champ magnétique.

Le noyau interne solide (graine) Sous sa gaine liquide, le noyau interne de fer et de nickel est solide – un état imposé par la pression phénoménale qui règne au centre de la Terre. La température y atteint 6 000 °C.

TAILLES COMPARÉES

PARAMÈTRES ORBITAUX

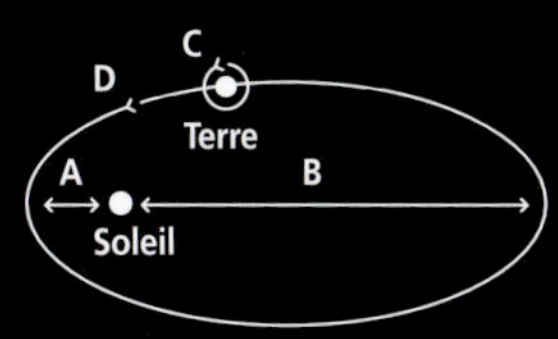

A 147,1 millions de km
B 152,1 millions de km
C rotation en 23 h 56 min 4,1 s
D révolution en 365,36 jours terrestres

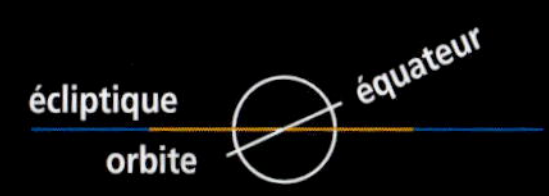

Inclinaison de l'axe de rotation 23,5°
Inclinaison de l'orbite sur l'écliptique 0°

L'atmosphère de la Terre

L'atmosphère de la Terre échappe aux extrêmes : elle est 100 fois plus dense que celle de Mars, mais 100 fois moins que celle de Vénus. Alors que ses deux voisines ont une atmosphère riche en dioxyde de carbone, celle de la Terre en contient très peu : il est dissous dans les océans. À sa place, l'azote domine notre atmosphère (78 % en volume), devant l'oxygène (21 %), l'argon (0,9 %), quelques gaz mineurs et une proportion variable de vapeur d'eau. Les gaz atmosphériques sont transparents, mais la vapeur d'eau devient visible lorsqu'elle se condense en nuages. Ceux-ci peuvent recouvrir près du quart de la planète. Dans le système solaire, l'atmosphère qui ressemble le plus à celle de la Terre se trouve sur Titan, lune de Saturne : elle est principalement composée d'azote, à une pression similaire, mais à très basse température.

← **L'atmosphère de la Terre,** comme celles de toutes les planètes, est divisée en couches distinctes, en fonction de la pression et de la température. La couche la plus basse, dans laquelle nous vivons, est la troposphère.

← **Les aurores boréales et australes** sont causées par les particules du vent solaire qui interagissent avec le champ magnétique et les gaz de la haute atmosphère – la thermosphère – à plus de 80 km d'altitude.

↓ **Vu depuis un satellite en orbite,** le Soleil levant darde ses premiers rayons à travers l'atmosphère terrestre.

← **Observée depuis la navette spatiale Columbia en 2002,** la Lune brille à travers le beau dégradé de couleurs de nos couches atmosphériques. La Lune apparaît sous la forme d'un fin croissant, directement éclairé par le Soleil (*en bas*), mais le reste de son disque est illuminé par le clair de Terre – la lumière solaire réfléchie par notre globe.

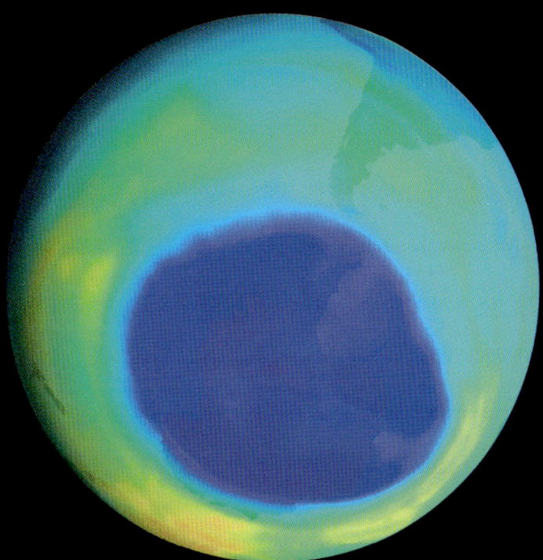

LA COUCHE D'OZONE

L'ozone est l'un des gaz rares de notre atmosphère. Cette molécule renferme trois atomes d'oxygène. L'ozone nous est précieux, car il absorbe les rayons ultraviolets nocifs qui émanent du Soleil et nous protège ainsi des cancers de la peau. Cependant, l'ozone atmosphérique est menacé. Des produits industriels comme les CFC (chlorofluorocarbones), utilisés notamment comme gaz propulseurs des bombes aérosols, s'échappent dans notre atmosphère et participent à une réaction chimique en chaîne qui détruit l'ozone et nous soumet à une dose plus élevée de rayons ultraviolets. Cette image en fausses couleurs de la Terre (*à gauche*) montre le trou dans la couche d'ozone au-dessus de l'Antarctique. Les concentrations les plus faibles du gaz sont représentées en indigo. Le trou dans la couche d'ozone est plus prononcé à la fin de l'hiver et au début du printemps austral. Certains indices font état d'une réduction de ce trou d'ozone au cours des dernières années.

La géographie de la Terre

La Terre est une planète unique, notamment parce qu'elle est la seule à abriter la vie. Aucun autre monde du système solaire n'a une géologie, ni un climat aussi complexe. La Terre se distingue aussi par sa croûte qui s'est divisée en plaques tectoniques qui sont mobiles les unes par rapport aux autres, donnant naissance à des mouvements telluriques. Les autres planètes telluriques ont une croûte en un seul tenant : elles sont monoplaques. Les deux tiers de la surface de la Terre sont également recouverts d'océans. Astéroïdes et comètes s'écrasent aussi sur Terre, mais leurs cratères sont rapidement effacés par l'érosion, à l'échelle des temps géologiques bien sûr. Par contraste, la surface de la Lune n'a pas changé au cours des derniers milliards d'années.

RELIEFS COMPARÉS

La surface de la Terre a un relief modéré. Du fond de la plus profonde fosse marine au sommet de la plus haute montagne, la fourchette est de 20 km. Sur Vénus, légèrement plus petite que la Terre, cette fourchette est de 14 km. Mars, en revanche, qui ne mesure que la moitié du diamètre terrestre, a de profonds fossés et surtout des volcans plus élevés : Olympus Mons s'élève à 22 km au-dessus du niveau zéro des plaines de Mars. Ces reliefs sont comparés dans le schéma ci-dessous où l'échelle horizontale a été réduite pour plus de clarté.

← **Cette image colorée,** recueillie par le satellite Landsat, représente le lac Carnegie en Australie de l'Ouest. Il s'agit d'un lac éphémère qui ne se remplit qu'à la saison des pluies. Le reste de l'année, il se réduit à un fond de boue craquelée.

→ **Le Mississippi, le plus long fleuve d'Amérique du Nord,** court sur 3 780 km depuis sa source du lac Itasca dans l'État du Minnesota, jusqu'à son embouchure dans le golfe du Mexique (*à droite*). Il déverse ses alluvions dans la mer, ce qui constitue un delta.

→ **La côte de la Guinée-Bissau,** située en Afrique occidentale, affiche des teintes complexes dans cette image aérienne. Les motifs en bleu clair révèlent le parcours de fins sédiments, des particules argileuses déversées par des fleuves, comme ici le Geba, sur les côtes de l'océan Atlantique.

Mars

Mars est la quatrième planète à partir du Soleil. Deux fois plus petite que la Terre en diamètre, elle possède une fine atmosphère de dioxyde de carbone, des calottes de glace et un climat instable. Bien que son activité géologique soit désormais réduite, la planète rouge héberge de nombreux volcans éteints, dont le plus grand du système solaire, Olympus Mons. Certains indices tendent à prouver que de l'eau liquide, voire de véritables océans ont baigné sa surface dans un lointain passé.

ATMOSPHÈRE

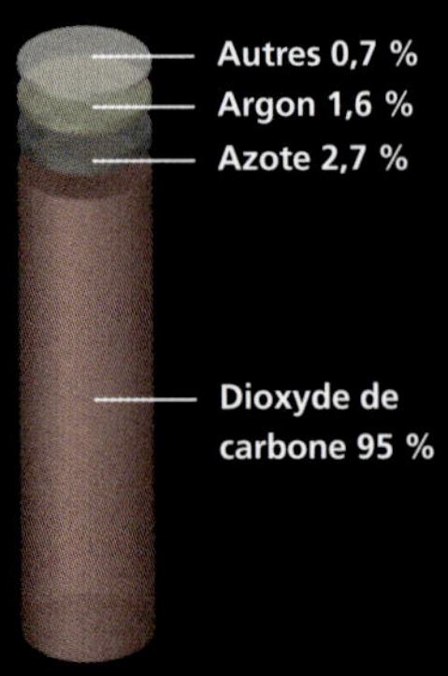

MARS EN BREF

Origine du nom *Mars*, dieu romain de la guerre
Découverte Connue depuis l'Antiquité
Diamètre 6 794 km (53,2 % du diamètre terrestre)
Masse 0,11 masse terrestre
Volume 0,15 volume terrestre
Distance maximale du Soleil 249,1 millions de km
Distance minimale du Soleil 206,7 millions de km
Température moyenne au sol – 23 °C
Insolation 36-52 % de l'insolation terrestre
Magnitude apparente – 2,6 à + 1,8
Pesanteur 0,38 G (38 % de la pesanteur terrestre)
Champ magnétique 0,0005 gauss (< 0,1 % du champ terrestre)
Nombre de lunes 2 (Phobos et Deimos)

↓ **Lever de Soleil sur Mars,** immortalisé par la sonde Mars Pathfinder en juillet 1997. La planète rouge fascine les chercheurs depuis le début de la conquête spatiale.

LA STRUCTURE INTERNE DE MARS

Vu en coupe, l'intérieur de Mars ressemble à celui de Vénus, avec croûte, manteau et noyau. Mais la planète rouge a une densité inférieure à celle de Vénus et de la Terre, en partie parce que sa masse plus faible comprime moins ses couches profondes.

La croûte Rigide, elle atteint certainement une épaisseur de plusieurs dizaines de kilomètres; sinon, elle ne pourrait pas supporter ses importants reliefs sans ployer dans le manteau sous-jacent. Une épaisseur maximale de 120 km est avancée.

Le manteau L'épais manteau de Mars est similaire à ceux de Vénus et de la Terre. Il doit renfermer des minéraux comme l'olivine et le pyroxène (des silicates de fer et de magnésium), des oxydes métalliques et peut-être même de l'eau, dissous dans certains minéraux.

Le noyau Le noyau de Mars occupe, selon les modèles, 30 à 50 % du rayon de la planète. Il se peut qu'il soit partiellement fondu. Sa densité est probablement inférieure à celle du noyau terrestre, différence qui découlerait d'un mélange de fer et de soufre dans le noyau martien, moins dense que le mélange fer-nickel du noyau terrestre.

TAILLES COMPARÉES

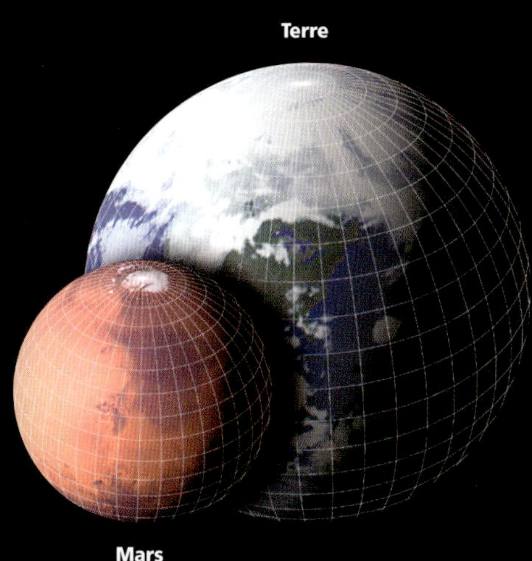

PARAMÈTRES ORBITAUX

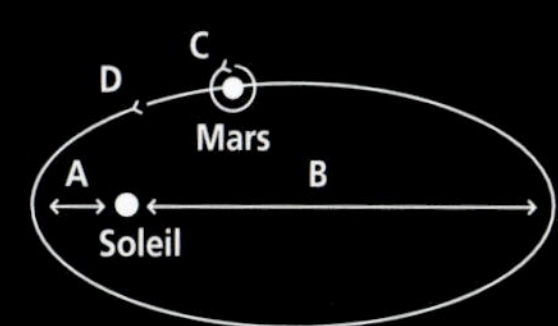

A 206,7 millions de km
B 249,1 millions de km
C rotation en 24 h 37 min 23 s
D révolution en 686,98 jours terrestres

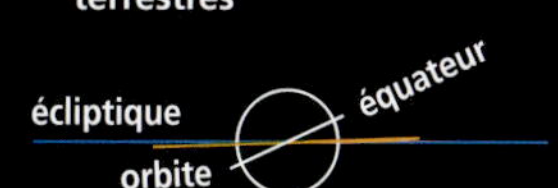

Inclinaison de l'axe de rotation 23,98°
Inclinaison de l'orbite sur l'écliptique 1,85°

La surface de Mars

Mars est connue depuis l'Antiquité sous le nom de planète rouge, à juste titre puisque sa surface est couverte d'une fine poussière rouge, composée d'oxyde de fer. Elle se divise en deux régions distinctes. La plus ancienne est celle qui couvre la majorité de l'hémisphère sud : des hauts plateaux criblés de cratères d'impact. Au nord, les bassins et les grands volcans dominent. Ces régions sont plus jeunes, car leurs champs de lave couvrent les anciennes cicatrices d'impact. D'autres structures intriguent les géologues, à commencer par de larges chenaux qui suggèrent l'existence de déversements d'eau liquide dans un lointain passé. De petites ravines découvertes à flanc de falaise ont été creusées beaucoup plus récemment. On pense là aussi à de l'eau, mais une autre théorie évoque du dioxyde de carbone liquide.

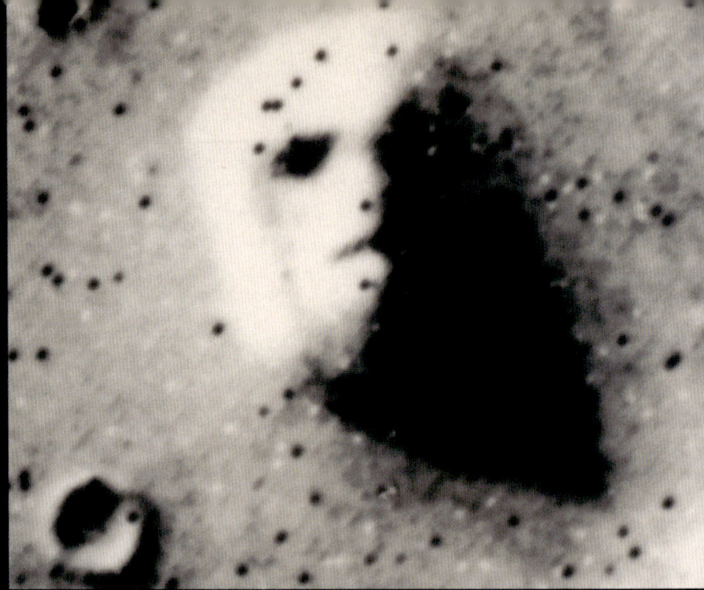

HÉMISPHÈRE OUEST

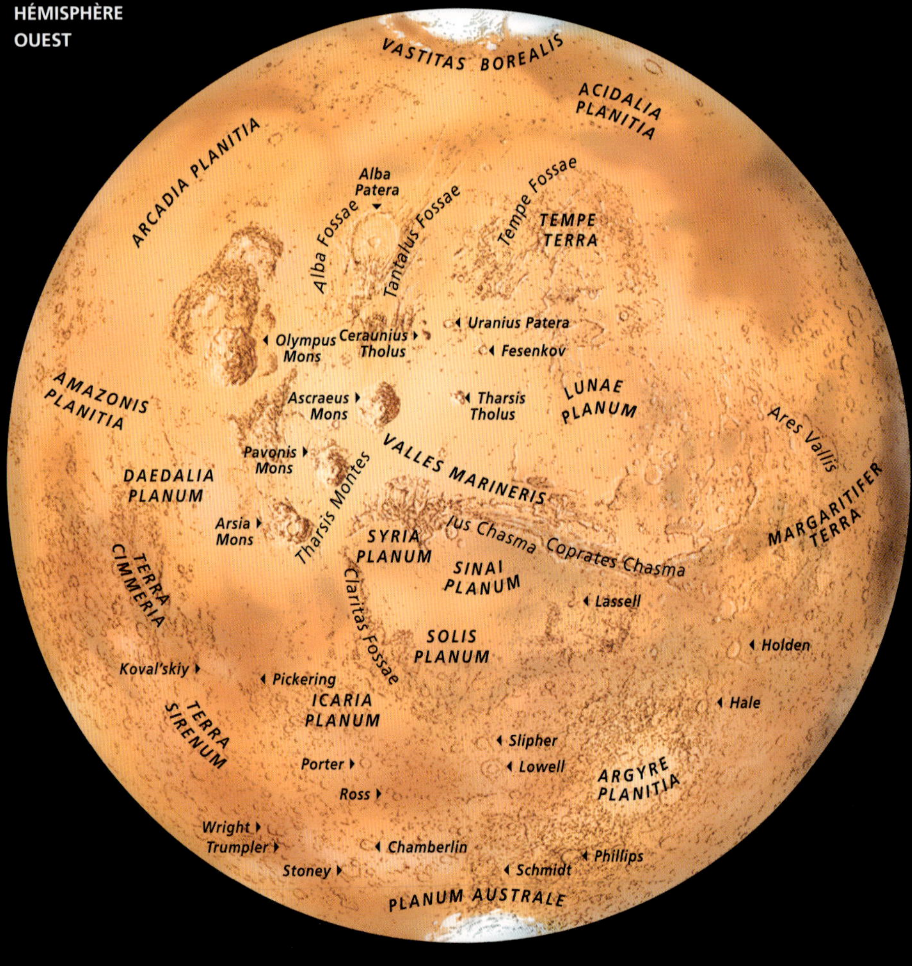

HÉMISPHÈRE EST

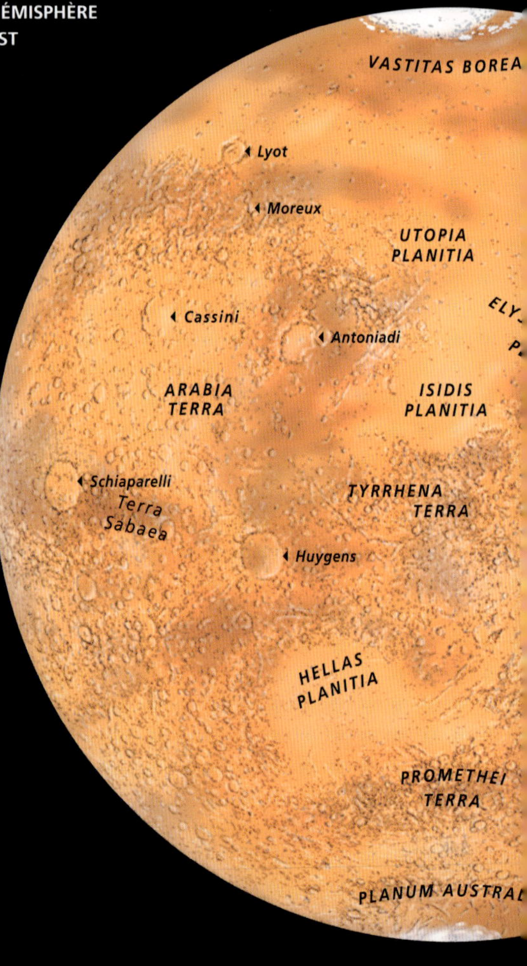

← **En 1976, le module orbital de Viking** a photographié cette colline de Mars, qui ressemble à un visage humain. Des images plus récentes et plus détaillées prises par la sonde Mars Global Surveyor montrent que, sous un éclairage différent, la ressemblance avec un visage disparaît.

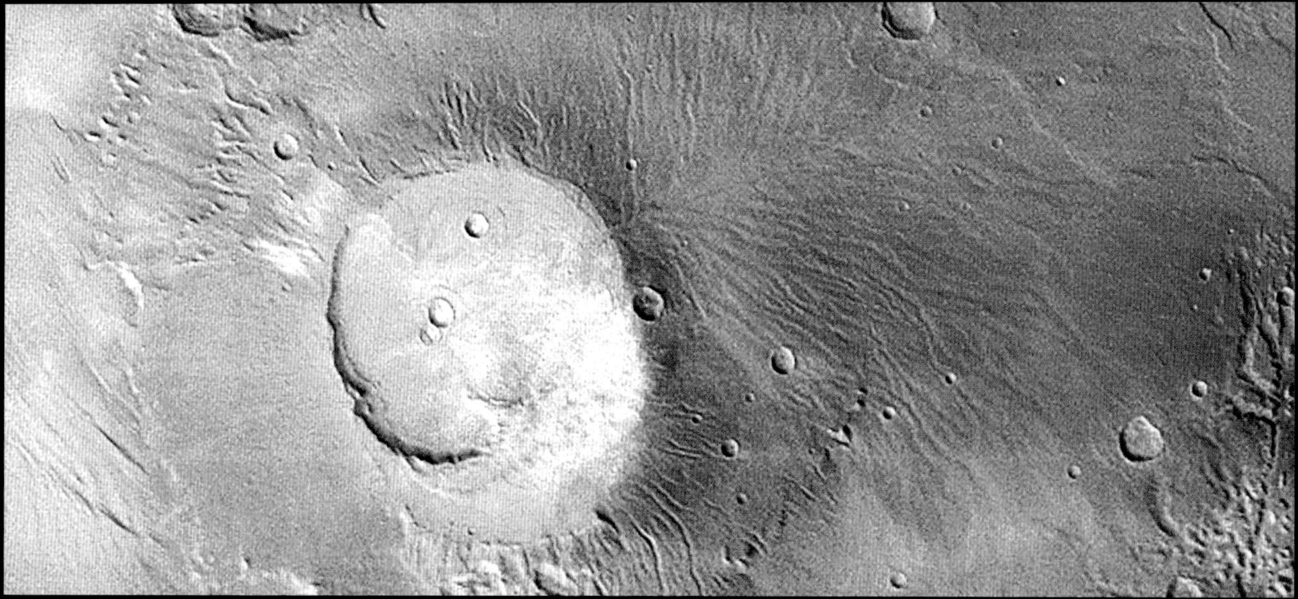

↑ **Apollinaris Patera** est l'un des nombreux volcans de la planète Mars. Sa caldeira sommitale est soulignée par un fin voile de nuages blancs. La caldeira, qui mesure 80 km de diamètre, est située au sommet d'un vaste bouclier de lave qui culmine à 5 000 m au-dessus des plaines.

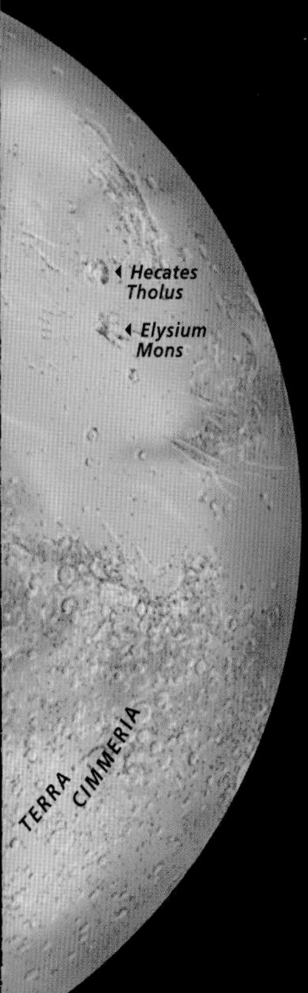

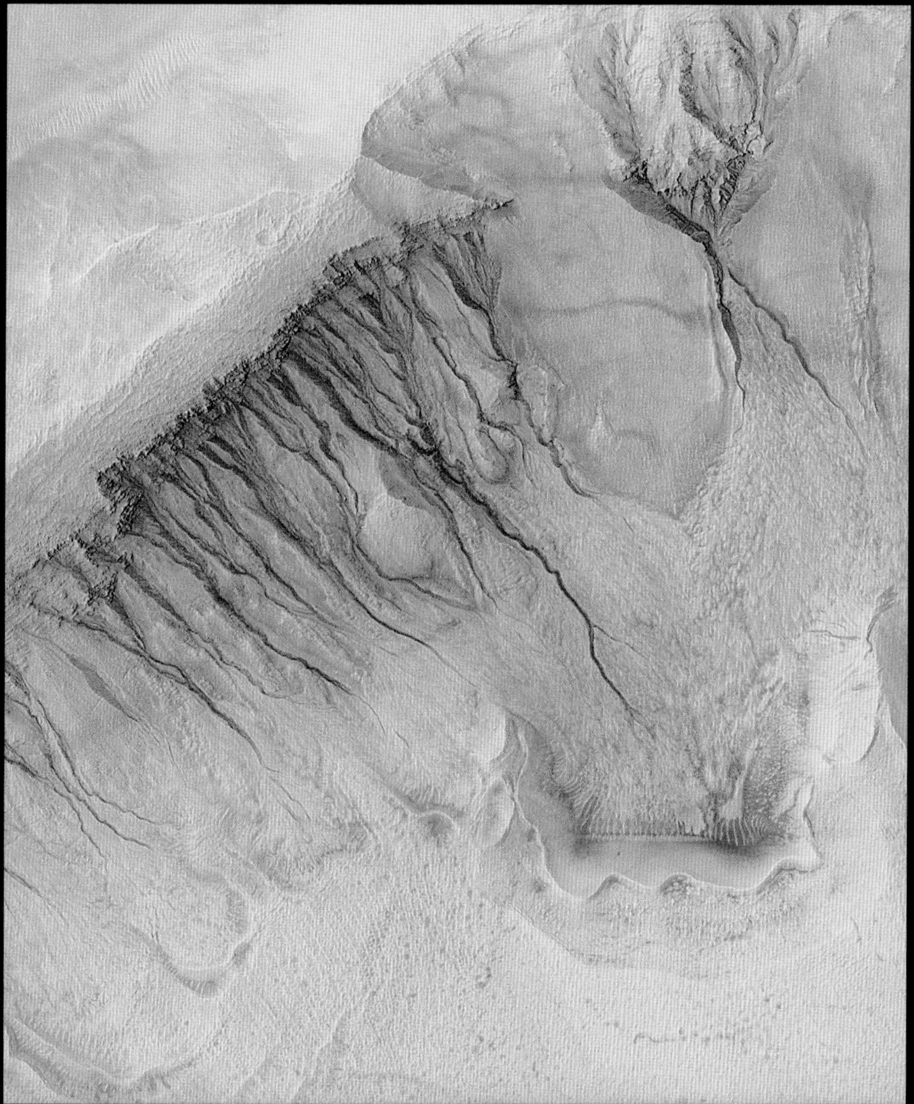

← **Parmi les nombreuses traces d'eau liquide** présentes à la surface de Mars, les ravines attestent d'écoulements très récents. Le dioxyde de carbone liquide a également été proposé comme éventuel agent d'érosion, mais il s'agit plus probablement d'eau. Ici, des ravines prennent naissance au sommet d'une falaise – le versant d'un cratère d'impact dans le bassin Newton (région de Terra Sirenum). L'âge de ces ravines est estimé à quelques millions d'années seulement.

Les lunes de Mars

Les lunes de Mars, Phobos et Deimos, figurent parmi les plus petites lunes du système solaire. Elles ne sont pas nées de la même façon que Mars mais sont des astéroïdes capturés par son champ de gravité. Comme la plupart des astéroïdes, Phobos et Deimos sont de forme irrégulière et criblés de cratères. Leur surface est très sombre : elle ne réfléchit que 2 % de la lumière incidente. Phobos, la plus grosse des deux lunes, a un grand axe de 28 km. Elle fait trois fois le tour de la planète en une journée martienne. Deimos, deux fois plus petite que Phobos en diamètre, est trois fois plus éloignée. Depuis la surface de Mars, Phobos aurait un diamètre apparent moitié moindre que la Lune dans le ciel de la Terre. Quant à Deimos, cinq fois plus petite encore, elle aurait l'aspect d'une étoile brillante.

LES ORBITES DES LUNES DE MARS

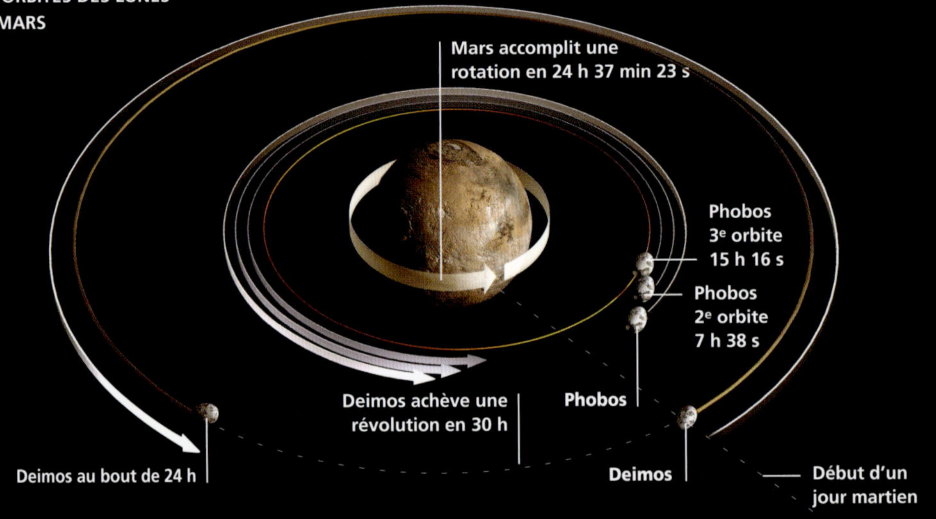

LA RONDE DES SATELLITES
Les lunes Phobos et Deimos orbitent à 6 000 km et 20 000 km respectivement au-dessus de la planète rouge. Phobos est si proche qu'elle fait trois fois le tour de Mars en une journée martienne. Vue depuis la surface de Mars, Phobos se lève à l'ouest et se couche à l'est, prenant de vitesse la rotation de la planète. Trop proche de la haute atmosphère martienne, Phobos est condamnée à se rapprocher puis à s'écraser sur la planète rouge dans quelques dizaines de millions d'années. Beaucoup plus éloignée, Deimos échappera à un tel sort dans un avenir prévisible.

LES LUNES EN CHIFFRES

Lune	Période orbitale	Distance de Mars
Phobos	0,319 jour	9 380 km
Deimos	1,791 jour	23 460 km

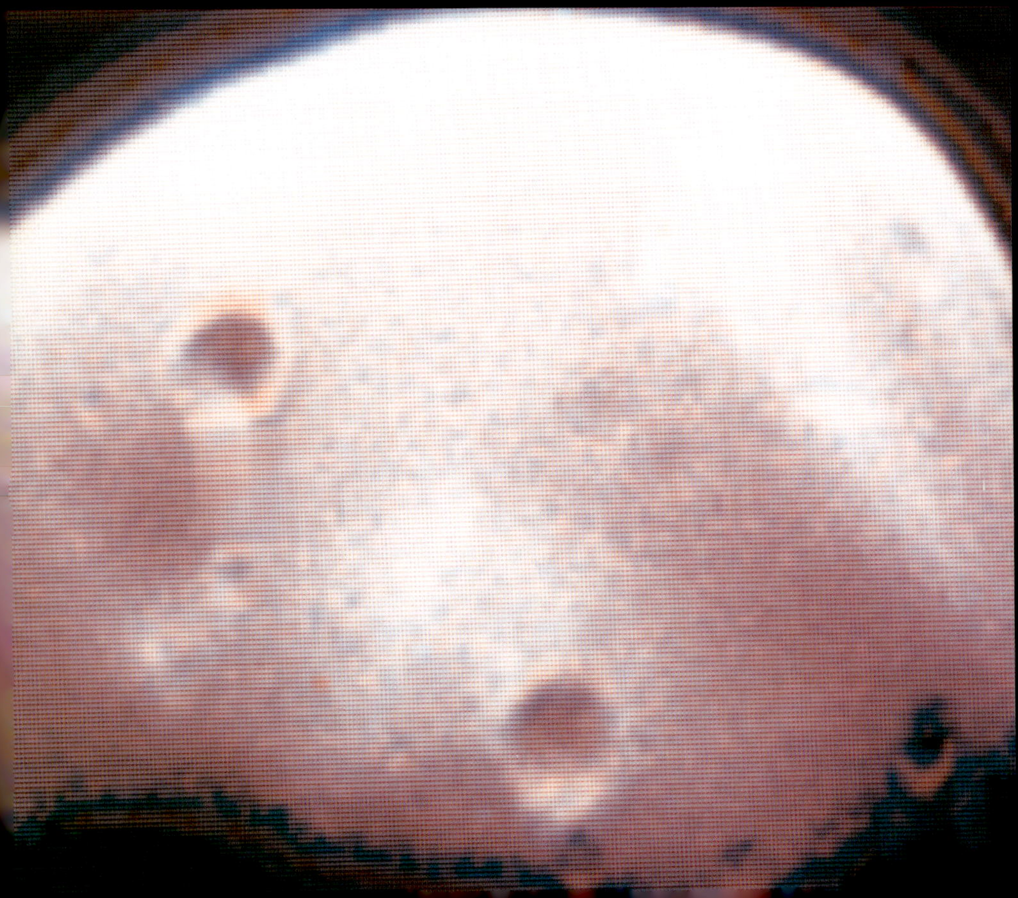

← **Deimos, la plus petite des deux lunes,** a été photographiée en 1977 par le module orbital de Viking 1. Elle a une forme irrégulière et présente de nombreux cratères d'impact.

La plus grosse lune de Mars, Phobos, est photographiée ci-contre par le module orbital de la sonde Viking. Elle est criblée de cratères d'impact – le record de taille revenant au cratère Stickney qui mesure près de 8 km de diamètre, le tiers du diamètre de la lune elle-même. Les fossés qui sillonnent le paysage sont particuliers à Phobos. Ils mesurent 100 m de large et jusqu'à 20 m de profondeur. On attribue leur formation à l'impact dévastateur qui a creusé le cratère Stickney.

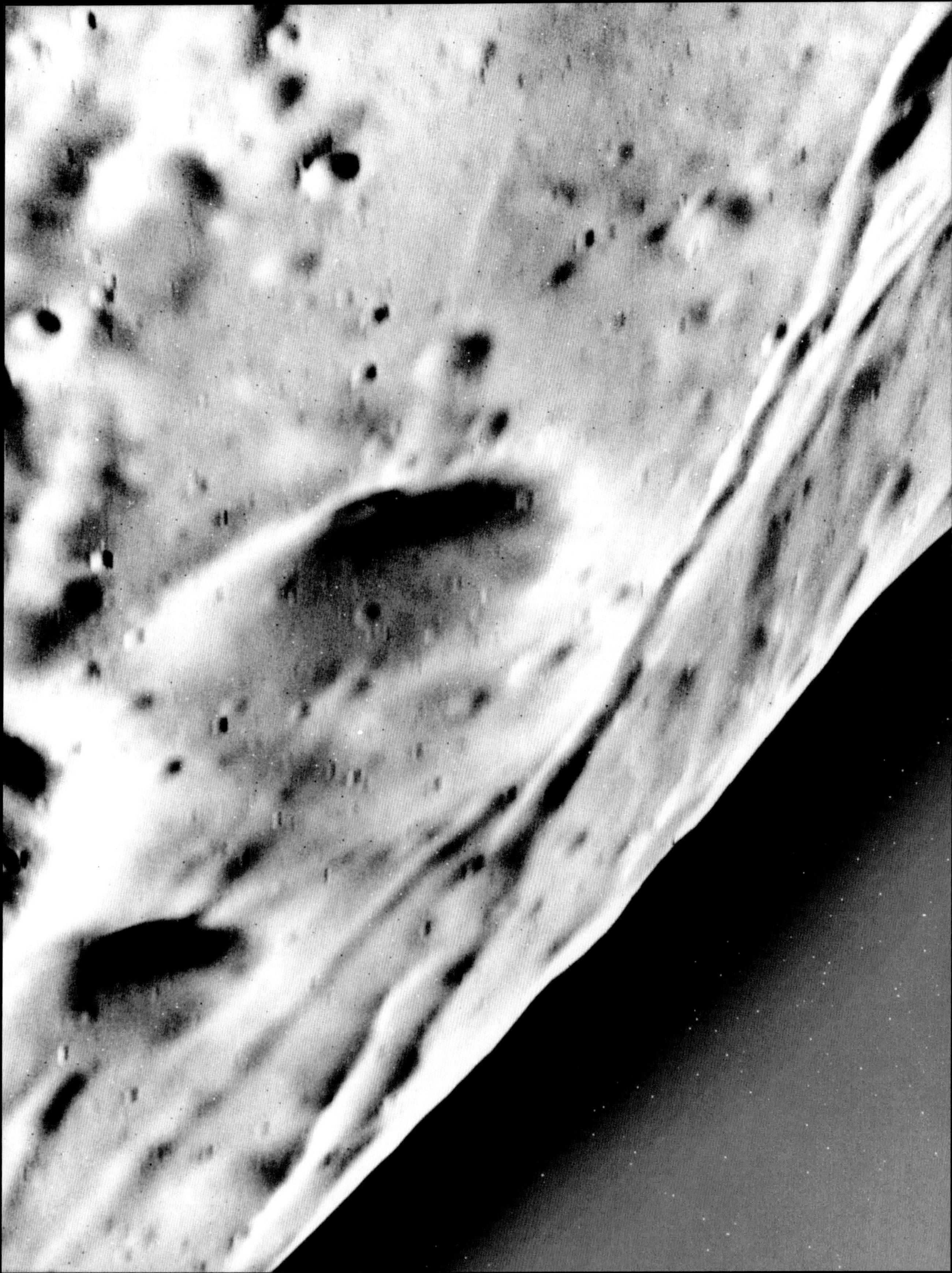

Jupiter

Jupiter est la plus grosse planète du système solaire : elle pourrait contenir toutes les autres planètes en son sein. C'est la première des géantes gazeuses, principalement composées d'éléments volatils, enveloppant des noyaux de roche ou de glace. Jupiter se caractérise par les bandes colorées de son atmosphère et la grande tache rouge – une formation cyclonique d'un diamètre supérieur à celui de la Terre. La planète compte plusieurs dizaines de lunes – 61 ont été recensées à ce jour. Quatre de ces lunes figurent parmi les plus grosses du système solaire.

ATMOSPHÈRE

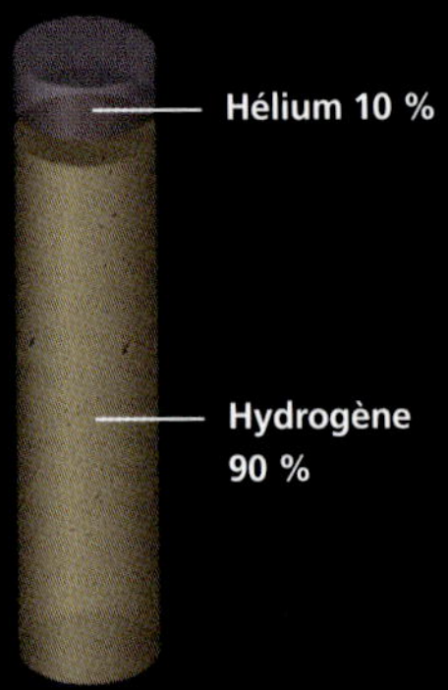

JUPITER EN BREF

Origine du nom *Jupiter*, souverain des dieux romains
Découverte Connue depuis l'Antiquité
Diamètre 143 884 km (1 127,9 % du diamètre terrestre)
Masse 317,7 masses terrestres
Volume 1 323 volumes terrestres
Distance maximale du Soleil 815,7 millions de km
Distance minimale du Soleil 740,9 millions de km
Température moyenne de l'atmosphère – 150 °C
Insolation 30 à 40 % de l'insolation terrestre
Magnitude apparente – 1,2 à – 2,5
Pesanteur 2,3 G (2,3 fois la pesanteur terrestre)
Champ magnétique 4,28 gauss (13,8 fois le champ terrestre)
Nombre de lunes connues 61

↓ **Cette image du télescope Hubble** montre l'impact d'une comète sur Jupiter en 1994. Les deux taches brunes marquent les points d'impact de deux fragments.

LA STRUCTURE INTERNE DE JUPITER

Géante gazeuse, Jupiter n'a pas la même composition interne que les planètes telluriques ; elle renferme surtout des fluides. Son puissant champ magnétique révèle l'existence d'un fluide inhabituel, l'hydrogène métallique liquide.

L'atmosphère Jupiter n'a pas de surface solide. Son atmosphère d'hydrogène moléculaire, mêlé à un peu d'hélium, s'étend en profondeur jusqu'au niveau où elle change d'état pour devenir le manteau supérieur.

Le manteau supérieur Cette région est également composée en majeure partie d'hydrogène, mais la pression est tellement élevée qu'elle impose à cet élément un état dense et liquide.

Le manteau inférieur C'est la couche la plus volumineuse de Jupiter. Elle est soumise à des pressions élevées. L'hydrogène liquide y est comprimé en un fluide aux électrons mobiles, connu sous le nom d'hydrogène métallique. C'est un excellent conducteur d'électricité.

Le noyau Le noyau de Jupiter est 10 à 15 fois plus massif que la Terre tout entière. Il est composé de roche et de glace, lesquelles sont peut-être différenciées : la roche au centre et la glace à l'extérieur.

TAILLES COMPARÉES

PARAMÈTRES ORBITAUX

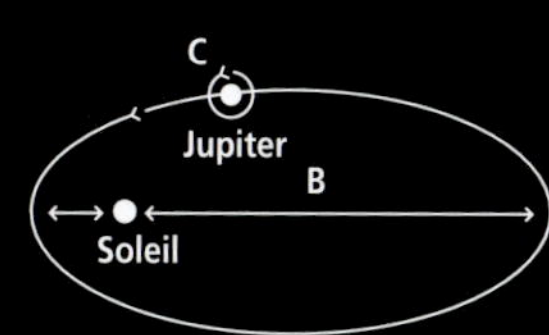

A 740,9 millions de km
B 815,7 millions de km
C rotation en 9 h 50 min 30 s
D évolution en 11,86 années terrestres

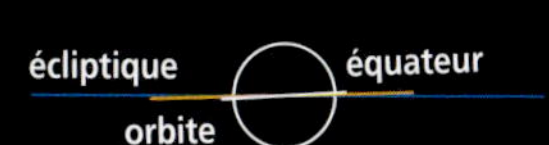

Inclinaison de l'axe de rotation 3,1°
Inclinaison de l'orbite sur l'écliptique 1,3°

La physionomie de Jupiter

Jupiter n'est pas seulement la plus grosse planète du système solaire, c'est aussi l'une des plus spectaculaires. Elle n'a pas de surface solide, mais les images nous montrent les couches supérieures d'une atmosphère dynamique, principalement composée d'hydrogène et d'hélium. Une alternance de ceintures sombres et de zones claires est visible depuis la Terre avec la plus modeste des lunettes. Les zones claires sont situées à une altitude plus élevée que les ceintures sombres et sont donc mieux éclairées par le Soleil. Cette disposition bandée est due à la rapide rotation de Jupiter qui étire les perturbations autour du globe. La grande tache rouge (*à droite, en gros plan*) est une formation spectaculaire. Cette perturbation cyclonique est trois fois plus large que la Terre et perdure depuis des siècles. Ses couleurs vives proviennent de molécules carbonées, notamment la phosphine. À l'instar de Saturne, Jupiter possède un système d'anneaux, mais ils sont très sombres et ne sont visibles que lorsqu'ils se trouvent dans l'ombre de la planète, en dehors de la lumière directe du Soleil. Les particules qui constituent les anneaux sont de taille microscopique.

CARTE DE JUPITER

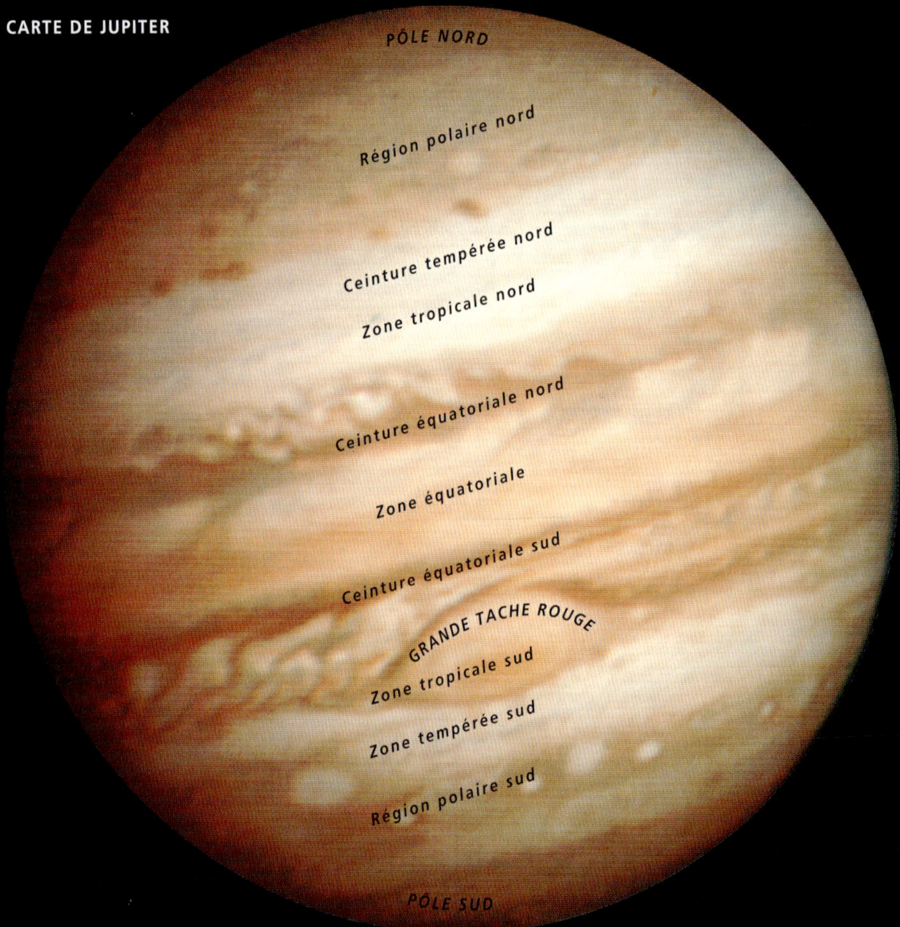

LES ANNEAUX DE JUPITER

Les anneaux de Jupiter sont extrêmement ténus, surtout si on les compare à ceux de Saturne. Ils ne sont pas visibles depuis la Terre, et même au sein du système jovien, on ne pourrait les discerner que dans l'ombre de la planète géante. Les anneaux de Jupiter sont divisés en trois régions : le halo, l'anneau principal et l'anneau de Gossamer. À la différence des anneaux des autres planètes, ceux de Jupiter contiennent exclusivement des poussières microscopiques – de la taille des particules d'une fumée de cigarette. La pression de radiation de la lumière solaire, ainsi que les forces exercées par le champ magnétique de Jupiter éjectent continuellement des particules du système, en raison de leur faible masse. Toutefois, les anneaux sont alimentés par de nouvelles particules éjectées des lunes de Jupiter par les impacts de météorites. La poussière de ces impacts circule en orbite jovienne et nourrit les anneaux.

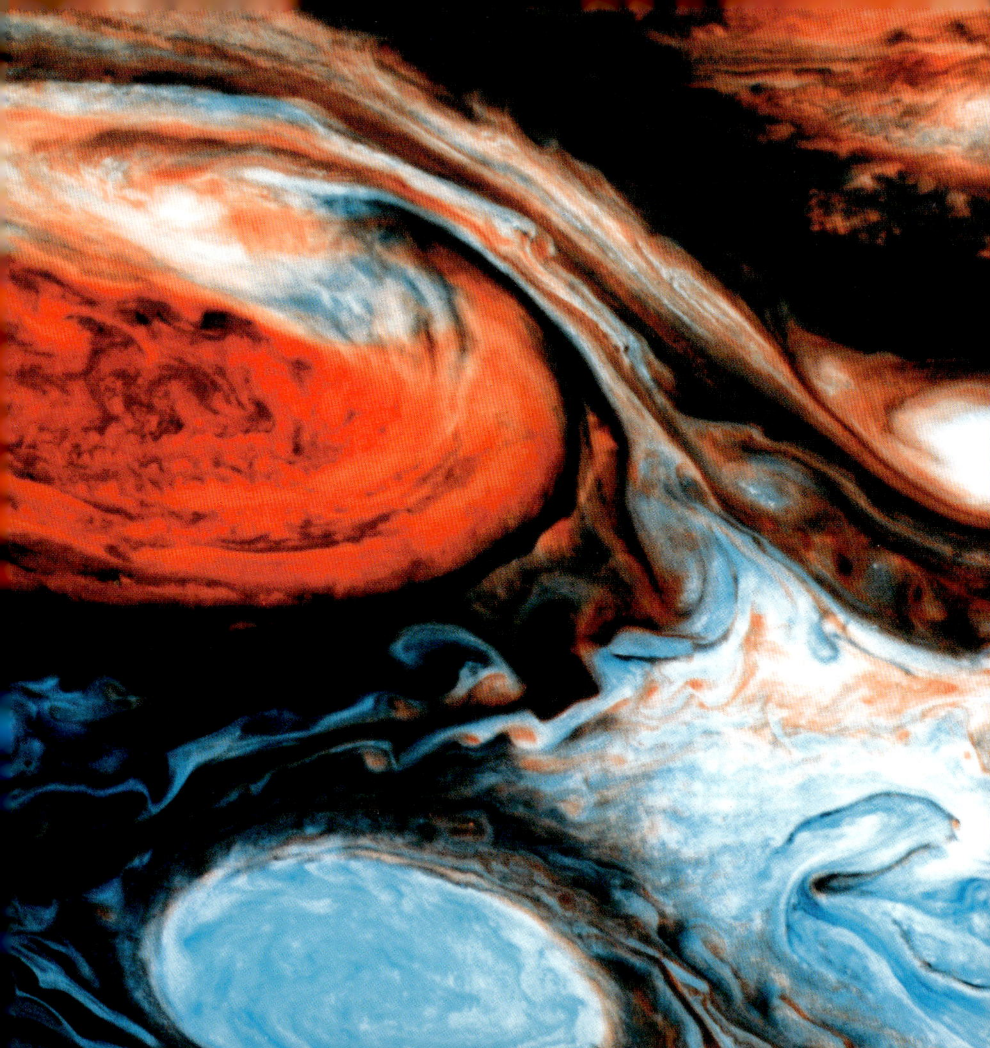

↑ **Sur cette image prise par Voyager 2,** les fins anneaux de Jupiter ont la forme de deux traits orange. L'interruption de l'anneau supérieur est due à l'ombre que projette sur lui la planète géante.

← **La grande tache rouge** est une perturbation géante, observée depuis le XVIIe siècle. Elle se déplace autour de la planète, entraînée par la rotation rapide de l'atmosphère. Elle pourrait contenir trois globes terrestres dans son giron.

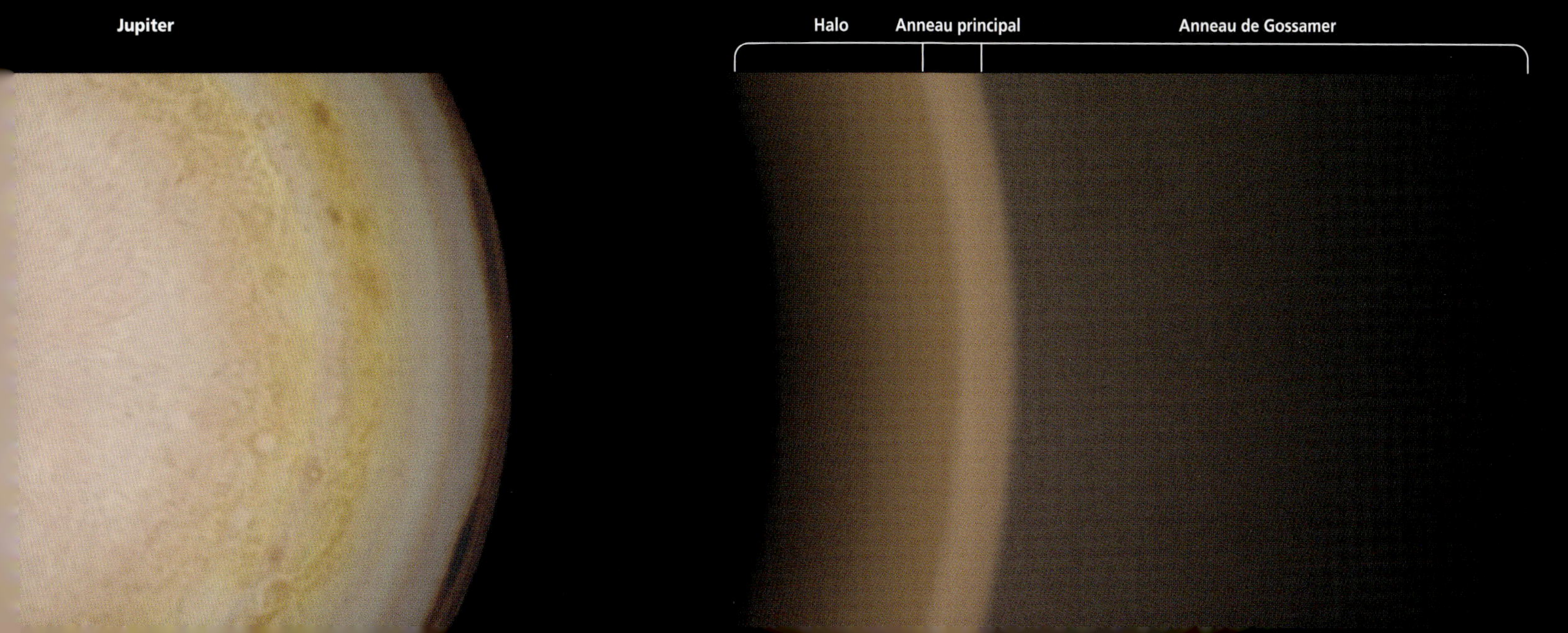

Les satellites de Jupiter

Jupiter ne se distingue pas seulement par sa taille, elle compte aussi le plus grand nombre de lunes. À ce jour, 61 ont été recensées ! Ce chiffre comprend les 4 satellites galiléens – les quatre grosses lunes découvertes en 1609 par Galilée – et 57 corps plus petits, repérés plus récemment, dont 34 seulement ont reçu un nom. Les dernières lunes mises en évidence sont essentiellement des astéroïdes capturés, comme les lunes de Mars, Phobos et Deimos. Les quatre satellites galiléens sont d'une autre envergure : ils font partie des sept plus grosses lunes du système solaire. Le plus imposant, Ganymède, est plus gros que la planète Mercure. Ces lunes se sont formées en même temps que la planète géante, et chacune a un aspect différent. Io, la plus proche de Jupiter, est une lune rocheuse et volcanique. Europe est rocheuse avec une surface craquelée de glace d'eau. Ganymède est semblable à Europe, mais sa surface est beaucoup plus ancienne. Enfin, Callisto compte le plus grand nombre de cratères d'impact.

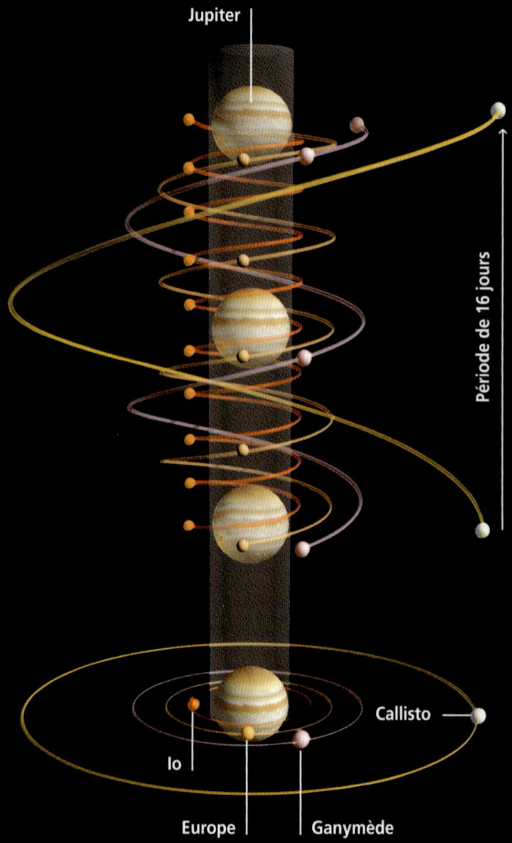

↓ **La surface d'Europe,** ici en fausses couleurs, ressemble à une patinoire géante. Sous la couche de glace fracturée se cache peut-être un océan d'eau liquide.

LA RONDE DES SATELLITES
Jupiter a 61 lunes connues, mais peut-être en compte-t-elle des centaines. Ce schéma montre les orbites des quatre lunes les plus grosses : Io, Europe, Ganymède et Callisto. Io est si proche de la planète géante que les forces d'attraction créent des effets de marée déclenchant un volcanisme de surface. Io est en résonance avec Europe : elle boucle deux tours de Jupiter, alors que, dans le même temps, Europe n'en parcourt qu'un.

LES LUNES EN CHIFFRES

Lune	Période orbitale	Distance de Jupiter
Io	1,77 jour	422 000 km
Europe	3,55 jours	671 000 km
Ganymède	7,15 jours	1,07 million de km
Callisto	16,69 jours	1,88 million de km

→ **Sur cette image prise par la sonde Galileo** en décembre 2000, la lune Io projette son ombre sur les nuages de Jupiter.

↓ **Chacune des grosses lunes de Jupiter a sa propre personnalité.** Io est le corps volcanique le plus actif du système solaire. Europe a une surface craquelée de glace, autour d'un manteau rocheux. Ganymède et Callisto ont des surfaces glacées beaucoup plus anciennes. Callisto compte plus de cratères d'impact par unité de surface que n'importe quel autre corps du système solaire.

IO

EUROPE

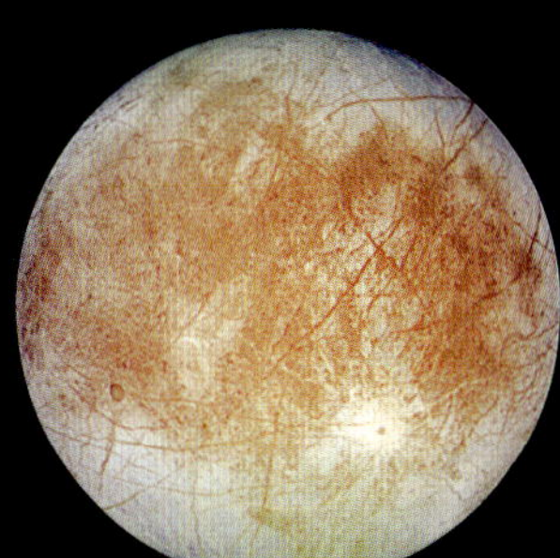

CALLISTO

GANYMÈDE

Saturne

Deuxième planète du système solaire par la taille, Saturne a, comme toutes les géantes gazeuses, un système d'anneaux, mais les siens sont les plus spectaculaires. Ils sont visibles depuis la Terre avec un petit télescope d'amateur. Les anneaux sont composés de myriades de particules de glace, chacune agissant à la manière d'un satellite indépendant et certaines atteignant la taille d'une maison. Une autre caractéristique de Saturne est sa forme aplatie aux pôles, due à sa rotation rapide sur elle-même : 10 heures 13 minutes et 59 secondes pour un tour complet.

ATMOSPHÈRE

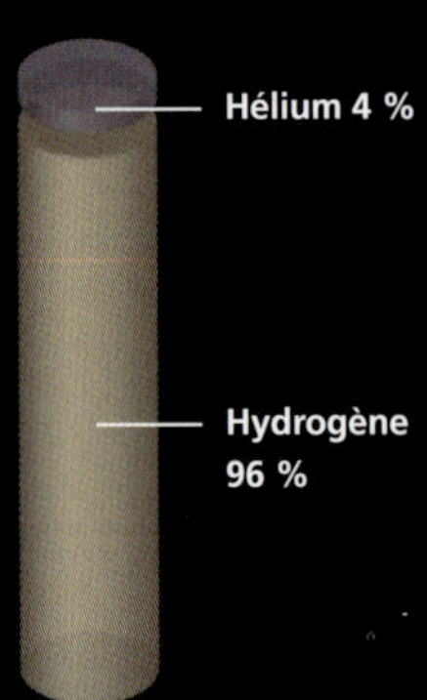

SATURNE EN BREF

Origine du nom *Saturnus*, dieu romain de l'agriculture
Découverte Connue depuis l'Antiquité
Diamètre 120 536 km (9,5 fois le diamètre terrestre)
Masse 95,2 masses terrestres
Volume 752 volumes terrestres
Distance maximale du Soleil 1 503 millions de km
Distance minimale du Soleil 1 348 millions de km
Température de l'atmosphère – 80 °C
Insolation 1 % de l'insolation terrestre
Magnitude apparente + 0,6 à + 1,5
Pesanteur 1,16 G (1,16 fois la pesanteur terrestre)
Champ magnétique 0,22 gauss (71 % du champ terrestre)
Nombre de lunes connues 31

LA STRUCTURE INTERNE DE SATURNE

Les couches internes de Saturne sont similaires à celles de Jupiter. Mais si leur composition est identique, elles n'ont pas la même taille. Saturne a une densité globale tellement peu élevée (0,7) qu'elle flotterait sur un océan à sa mesure.

L'atmosphère L'atmosphère de Saturne est composée d'hydrogène et d'hélium. Sa teinte livide est due au fait que les nuages y sont profondément enfouis, et que leurs couleurs sont estompées par des couches de brume.

Le manteau supérieur Tout comme Jupiter, cette couche est constituée d'hydrogène liquide. Toutefois, la plus faible densité de Saturne indique que cette couche occupe une moindre proportion de la planète.

Le manteau inférieur Comme pour Jupiter, cette zone est composée d'hydrogène liquide à l'état métallique. À cause de la masse inférieure de Saturne, les pressions nécessaires à cet état se rencontrent plus près du centre, et ce manteau est donc moins volumineux en proportion.

Le noyau Saturne a vraisemblablement un noyau solide, composé de roc et de glace, à l'instar de Jupiter. Roc et glace peuvent être mélangés ou bien séparés en deux couches.

TAILLES COMPARÉES

PARAMÈTRES ORBITAUX

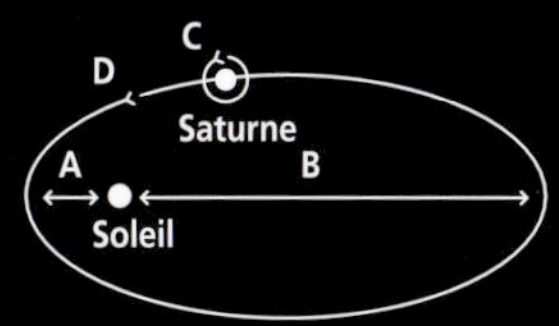

A 1348 millions de km
B 1503 millions de km
C rotation en 10 h 13 min 59 s
D révolution en 29,41 années terrestres

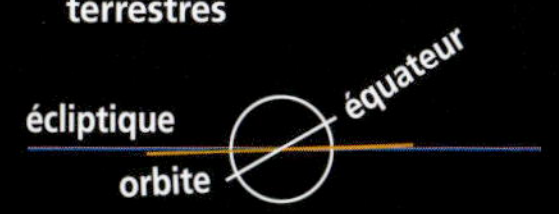

Inclinaison de l'axe de rotation 27°
Inclinaison de l'orbite sur l'écliptique 2,48°

Les anneaux de Saturne

Toutes les planètes géantes ont des anneaux, mais ceux de Saturne forment un monde à part. Comme tous les systèmes d'anneaux, ils sont composés d'une myriade de blocs de toutes tailles, chacun sur son orbite propre. Les anneaux de Saturne sont spectaculaires, parce que leurs particules sont brillantes, enrobées ou bien complètement composées d'une glace hautement réfléchissante. Les anneaux de Saturne sont extrêmement aplatis. Alors qu'ils mesurent 280 000 km de diamètre – plus de la moitié de la distance Terre-Lune –, leur épaisseur moyenne ne dépasse pas quelques mètres, au mieux quelques centaines de mètres. Les modèles indiquent que de tels anneaux ne devraient pas perdurer plus d'une centaine de millions d'années. En conséquence, les anneaux de Saturne ont dû se former dans un passé récent, suite à la désintégration d'une comète de passage, ou bien sont alimentés continuellement par des comètes de ce type.

↑ → **Les premières images en gros plan des anneaux de Saturne,** prises par les sondes Voyager en 1980 et 1981, ont étonné les chercheurs. Ils attendaient que les anneaux soient uniformes et lisses. Toutefois, la force d'attraction de minuscules lunes au sein des anneaux (invisibles sur ces photos) focalise les particules en centaines de petits anneaux séparés. Dans ces images, les couleurs sont exagérées afin de mettre en évidence la structure des anneaux.

UNE MULTITUDE D'ANNEAUX

Les anneaux de Saturne sont plus brillants que ceux des autres planètes : ils sont composés de particules de glace qui réfléchissent environ 60 % de la lumière solaire. Les anneaux sont divisés en sept zones désignées par les sept premières lettres de l'alphabet, mais seules les divisions A, B et C sont aisément visibles depuis la Terre. Les anneaux A et B sont séparés par la célèbre division de Cassini, du nom de l'astronome qui a le premier observé cette séparation en 1675. Les anneaux principaux mesurent 280 000 km de diamètre, mais le discret anneau E a un diamètre extérieur de 960 000 km – plus de deux fois la distance Terre-Lune.

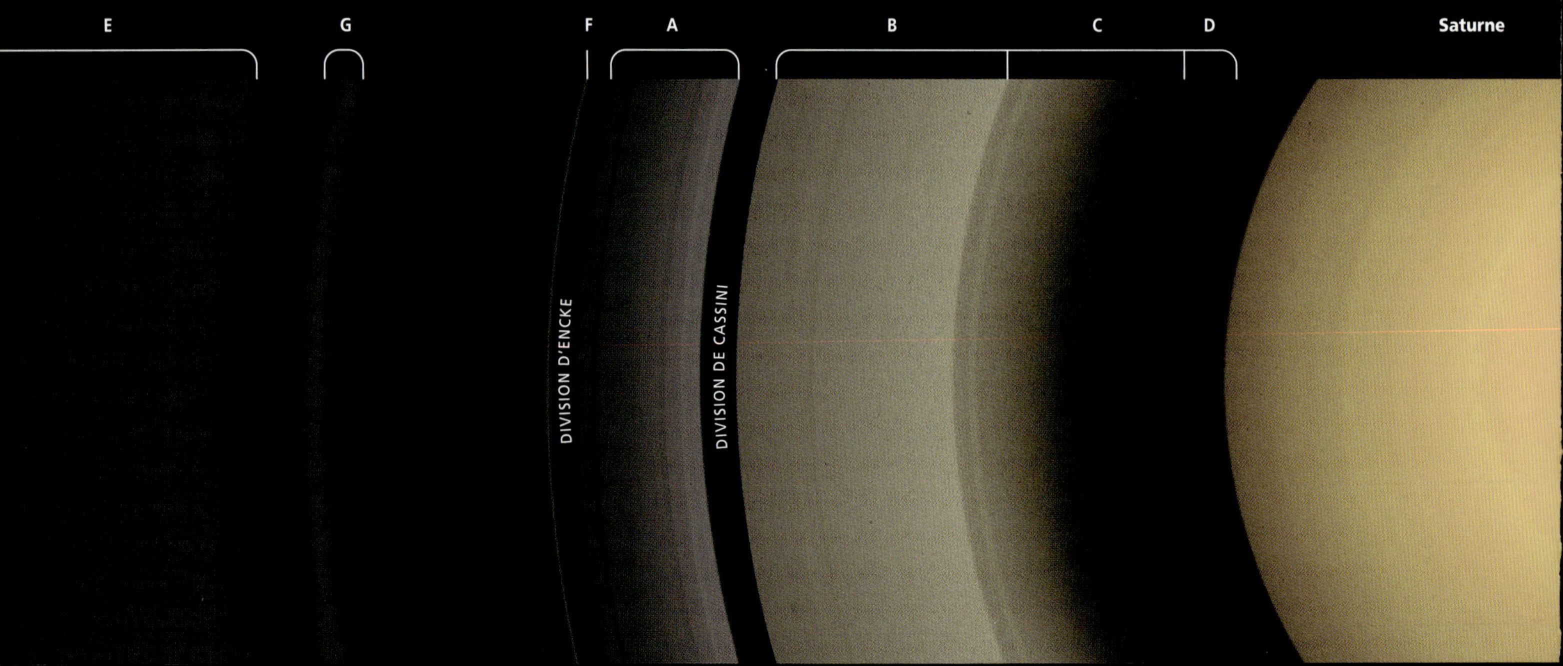

Les lunes de Saturne

Saturne n'est devancée que par Jupiter en termes de masse et de champ de gravité. Elle a donc capturé elle aussi un nombre important d'astéroïdes qui sont devenus ses lunes. On lui connaît à l'heure actuelle 31 satellites, dont le dernier, découvert en 2003, n'a pas encore reçu de nom. Outre ces astéroïdes captifs, Saturne possède plusieurs gros satellites. Ils sont toutefois plus petits que la Lune et que les satellites galiléens de Jupiter, à l'exception de Titan, qui a un diamètre de 5 150 km et qui est la deuxième plus grosse lune du système solaire, après Ganymède. Titan est, en outre, la seule lune à posséder une atmosphère notable, puisqu'elle est entourée d'une épaisse couche d'azote. À cause de sa distance au Soleil, sa température est toutefois extrêmement basse.

↓ **Le sol de Titan, principale lune de Saturne,** n'est pas visible depuis l'espace. Sa surface, tout comme celle de la planète Vénus, est cachée par d'épais nuages.

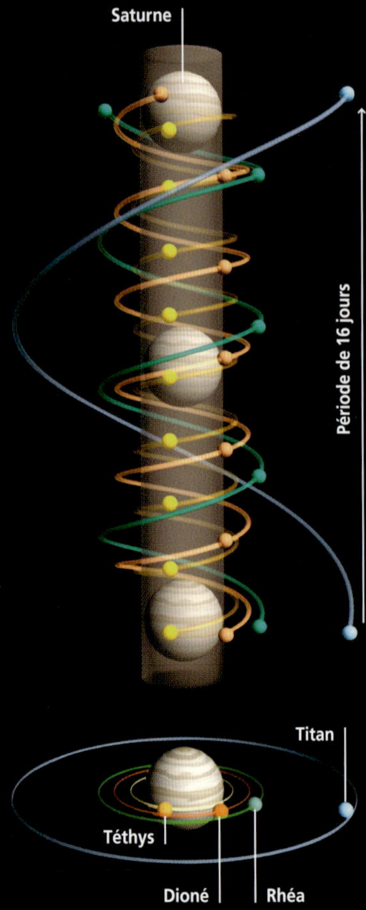

LA RONDE DES SATELLITES
Tout comme Jupiter, Saturne est un système solaire en miniature, avec un nombre important de « compagnons » en orbite. Ce schéma représente les orbites des quatre lunes principales, y compris Titan. De nombreuses autres lunes gravitent en deçà de l'orbite de Téthys et au-delà de celle de Titan.

LES LUNES EN CHIFFRES

Lune	Période orbitale	Distance de Saturne
Téthys	1,88 jour	295 000 km
Dioné	2,74 jours	377 000 km
Rhéa	4,52 jours	527 000 km
Titan	15,95 jours	1,22 million de km

↑ **Cette image de la face nocturne de Titan** a été prise par Voyager 2 à une distance de 907 000 km. L'atmosphère de Titan diffracte la lumière du soleil, ce qui la rend visible à contre-jour sous la forme d'un croissant.

← **L'épaisse atmosphère de Titan** ressort en bleu sur cette image de Voyager 1 prise en 1980. Elle est principalement composée d'azote, comme celle de la Terre, mais beaucoup plus froide.

↑ **Ce montage montre quatre des plus grosses lunes de Saturne.** Leurs diamètres s'échelonnent de 500 km pour Encelade à 1 520 km pour Rhéa. Elles sont toutefois plus petites que Titan, lui-même plus gros que Mercure.

TÉTHYS DIONÉ RHÉA ENCELADE

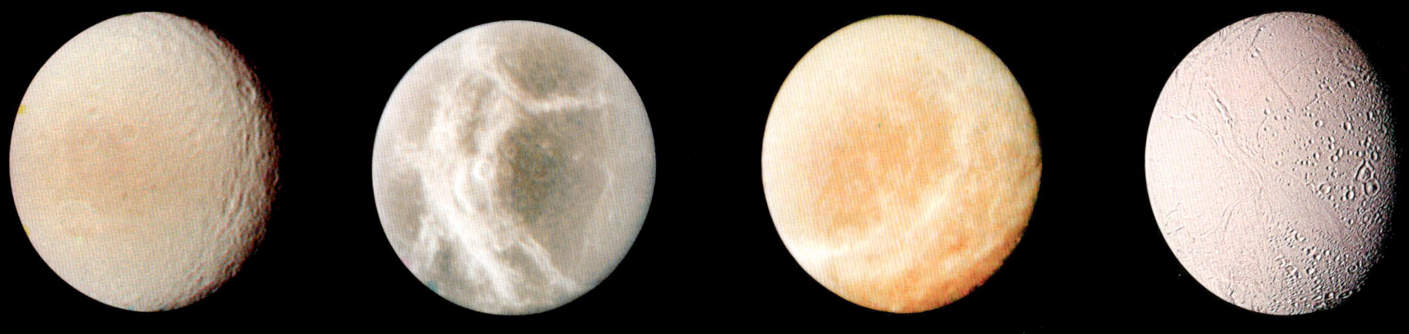

Uranus

Uranus est la troisième planète du système solaire par la taille, son diamètre fait quatre fois celui de la Terre. De couleur bleu-vert, due à la présence de méthane, son atmosphère montre peu de détails : ni bandes de nuages ni formations cycloniques, comme pour Jupiter et Saturne. Ses anneaux sont étroits et sombres. De façon inhabituelle, l'axe de rotation de la planète est incliné de près de 100°, se situant presque dans le plan de son orbite. Cette inclinaison est sans doute due à la collision rasante d'une protoplanète avec Uranus, survenue tôt dans son histoire.

ATMOSPHÈRE

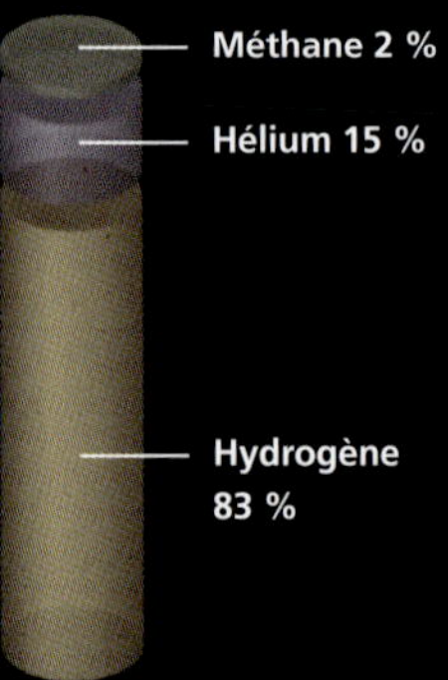

URANUS EN BREF

Origine du nom *Uranus,* dieu romain du ciel
Découverte En mars 1781 par William Herschel
Diamètre 51 118 km (4 fois le diamètre terrestre)
Masse 14,5 masses terrestres
Volume 64 volumes terrestres
Distance maximale du Soleil 3 003 millions de km
Distance minimale du Soleil 2 739 millions de km
Température de l'atmosphère – 215 °C
Insolation 0,2 à 0,3 % de l'insolation terrestre
Magnitude apparente + 5,5 à + 5,9
Pesanteur 1,17 G (1,17 fois la pesanteur terrestre)
Champ magnétique 0,23 gauss (75 % du champ terrestre)
Nombre de lunes connues 27

Le télescope spatial Hubble a pris cette image d'Uranus en infrarouge, avec ses anneaux et plusieurs lunes. Le globe montre plus de détails qu'en lumière visible.

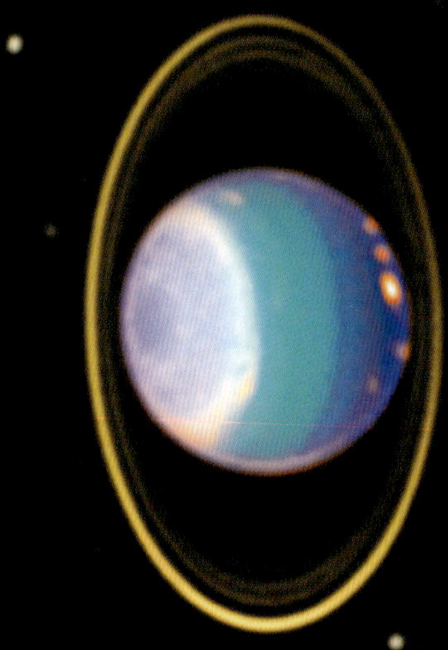

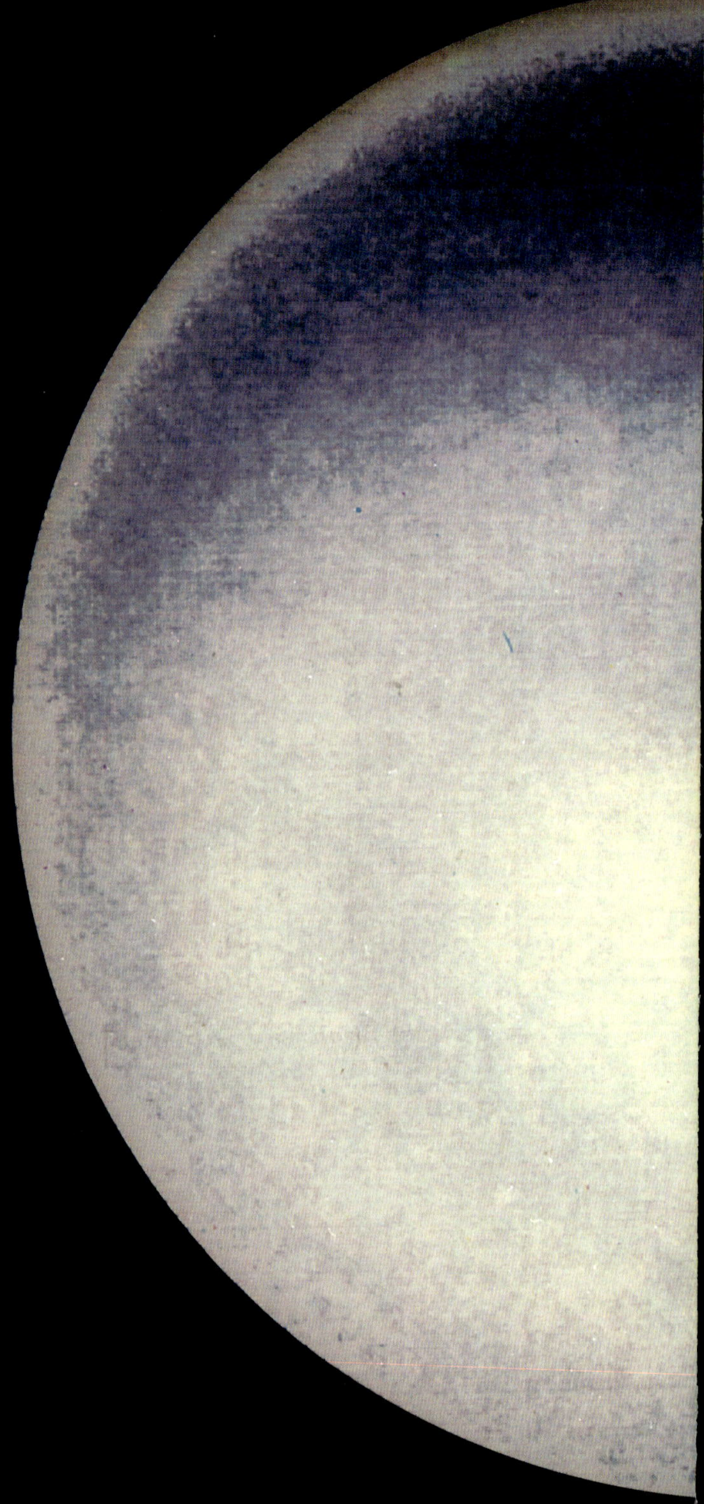

LA STRUCTURE INTERNE D'URANUS

Uranus est plus dense que Jupiter et Saturne : ses couches internes doivent contenir des éléments plus lourds que l'hydrogène, vraisemblablement des glaces. Uranus est donc considérée comme une « géante de glace », à la différence de Jupiter et de Saturne qui sont appelées des géantes gazeuses.

L'atmosphère Uranus possède une atmosphère ressemblant à une « mer » verdâtre d'hydrogène et d'hélium, sans les bandes colorées qui ornent Jupiter et Saturne. En raison de sa distance au Soleil, la planète est tellement froide que ses nuages sont profondément enfouis sous une couche de brume.

Le manteau La basse atmosphère se fond graduellement en une couche d'hydrogène qui constitue un manteau d'épaisseur modeste.

Le noyau externe Uranus a un large noyau divisé en deux couches distinctes. Le noyau externe est composé de glaces d'eau, d'ammoniac et de méthane. Il renferme l'essentiel de la masse de la planète. Le terme de « glaces » est trompeur, car, au sein du noyau, elles sont écrasées par la pression et leurs températures sont extrêmement élevées.

Le noyau interne Parce qu'Uranus est plus éloignée du Soleil que Jupiter et Saturne, son noyau interne – s'il existe – doit contenir une plus grande proportion de glace que de roc.

TAILLES COMPARÉES

PARAMÈTRES ORBITAUX

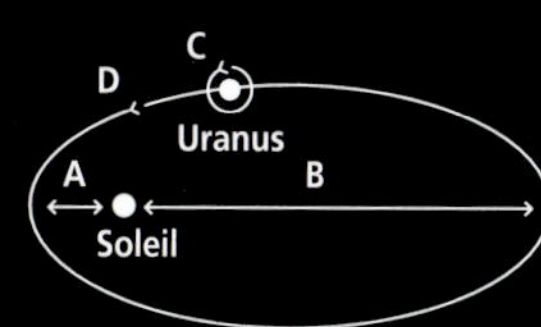

A 2 739 millions de km
B 3 003 millions de km
C rotation en 17 h 14 min
D révolution en 84,04 années terrestres

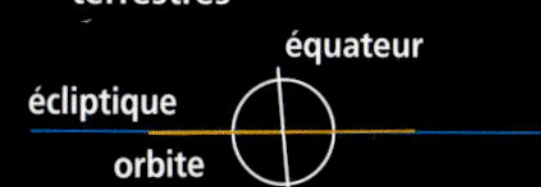

Inclinaison de l'axe de rotation 97,9°
Inclinaison de l'orbite sur l'écliptique 0,77°

La physionomie d'Uranus

Dans sa course autour du Soleil, qui dure un peu plus de 84 ans, Uranus connaît d'étranges saisons, car son axe de rotation est pratiquement couché dans le plan de son orbite. Un pôle de la planète fait face au Soleil une vingtaine d'années durant, aux alentours du solstice d'été, tandis que le pôle opposé est plongé dans l'obscurité. Lors de la seconde partie du parcours d'Uranus autour du Soleil, les rôles sont inversés entre les pôles. Lors des équinoxes, l'insolation de la planète est distribuée de façon plus uniforme. Cette insolation est faible, en raison de l'éloignement d'Uranus du Soleil : moins de 1 % de l'insolation au niveau de la Terre.

L'ORBITE D'URANUS

↓ **Uranus fait le tour du Soleil en 84,4 ans,** de sorte qu'à chaque pôle, une longue période d'insolation succède à une longue période d'obscurité. Actuellement, c'est l'équinoxe d'automne dans l'hémisphère nord.

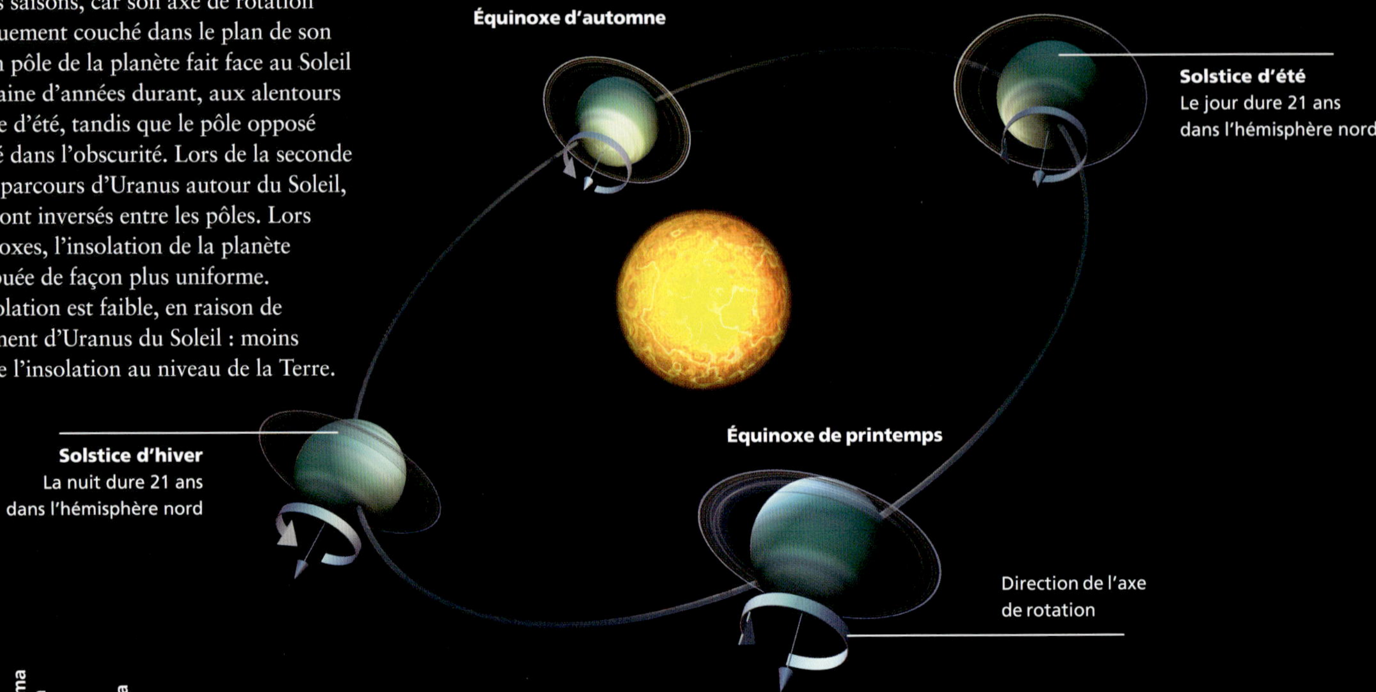

LES ANNEAUX D'URANUS

Les anneaux d'Uranus ont été découverts en 1977 depuis la Terre, lorsque la planète éclipsa une étoile lointaine. Juste avant que le disque d'Uranus ne cache l'étoile, l'éclat de celle-ci baissa légèrement à plusieurs reprises, et en fit de même lorsque l'étoile réapparut de derrière la planète. Cette fluctuation était due au fait que la lumière stellaire était interceptée par une série d'anneaux jusqu'alors inconnus. Des images en gros plan prises par la sonde Voyager 2 révélèrent 11 anneaux, très sombres par rapport à ceux de Saturne : leurs particules sont vraisemblablement riches en carbone. Sept des onze anneaux sont désignés par des lettres de l'alphabet grec. Le dernier anneau, découvert en 1986 par la sonde Voyager 2, est dénommé 1986 U2R.

↑ ← **Sur ces deux images prises en 1986 par la sonde Voyager 2** lors de son survol d'Uranus, on peut remarquer la très grande finesse des anneaux. Seul l'anneau 1986 U2R, vaste et diffus, n'est pas représenté ici. L'anneau extérieur epsilon est le plus brillant. Les couleurs indiquent des compositions différentes des particules qui constituent les anneaux.

Les lunes d'Uranus

Uranus compte 27 lunes connues à ce jour. Les cinq plus grosses – Miranda, Ariel, Umbriel, Titania et Obéron – furent découvertes avec des téléscopes classiques, entre 1787 et 1948. La sonde Voyager 2 découvrit dix lunes supplémentaires en 1986, lorsqu'elle survola Uranus. D'autres satellites ont été repérés ensuite avec les grands télescopes depuis la Terre. À l'exception des cinq lunes classiques, toutes les autres ne mesurent que quelques dizaines de kilomètres de diamètre et sont vraisemblablement des astéroïdes capturés. Même les cinq plus grosses lunes ont des dimensions modestes : la plus grosse, Titania, mesure 1 580 km de diamètre – moins de la moitié du diamètre de la Lune. Elles sont criblées de cratères d'impact et leur croûte est apparemment riche en glace. Miranda a une forme insolite, due sans doute à une collision.

↓ **La surface d'Ariel,** photographiée par la sonde Voyager 2, est creusée de profonds sillons créés par la déformation de la croûte sous l'effet des marées provoquées par Uranus.

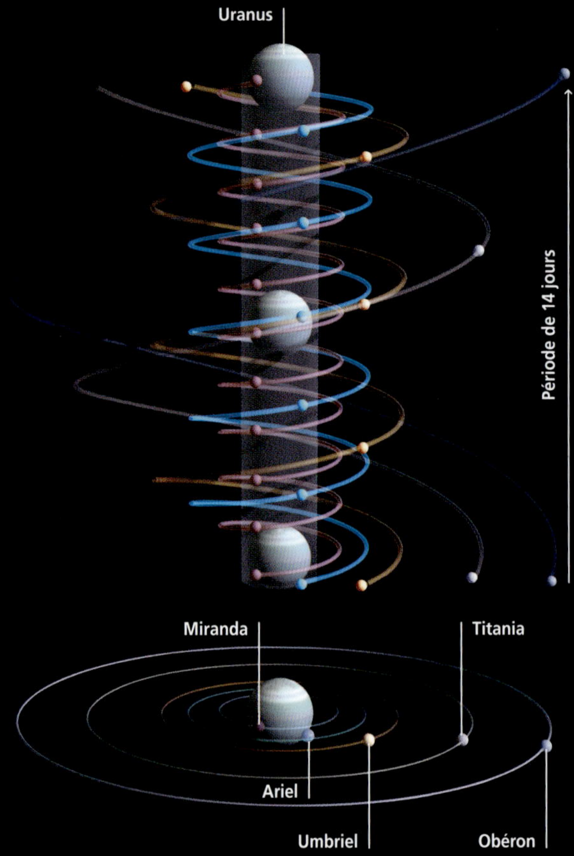

LA RONDE DES SATELLITES
Ce schéma représente les orbites des 5 plus grosses lunes d'Uranus : Miranda, Ariel, Umbriel, Titania et Obéron. Le cycle de 14 jours représenté correspond à une révolution de la lointaine Obéron. Durant cette période, la proche Ariel fait 10 fois le tour de la planète. Les 22 autres satellites d'Uranus sont bien plus petits que Miranda et se trouvent soit en deçà de son orbite, soit au-delà de l'orbite d'Obéron.

LES LUNES EN CHIFFRES

Lune	Période orbitale	Distance d'Uranus
Miranda	1,41 jour	129 000 km
Ariel	2,52 jours	191 000 km
Umbriel	4,14 jours	266 000 km
Titania	8,71 jours	436 000 km
Obéron	13,46 jours	584 000 km

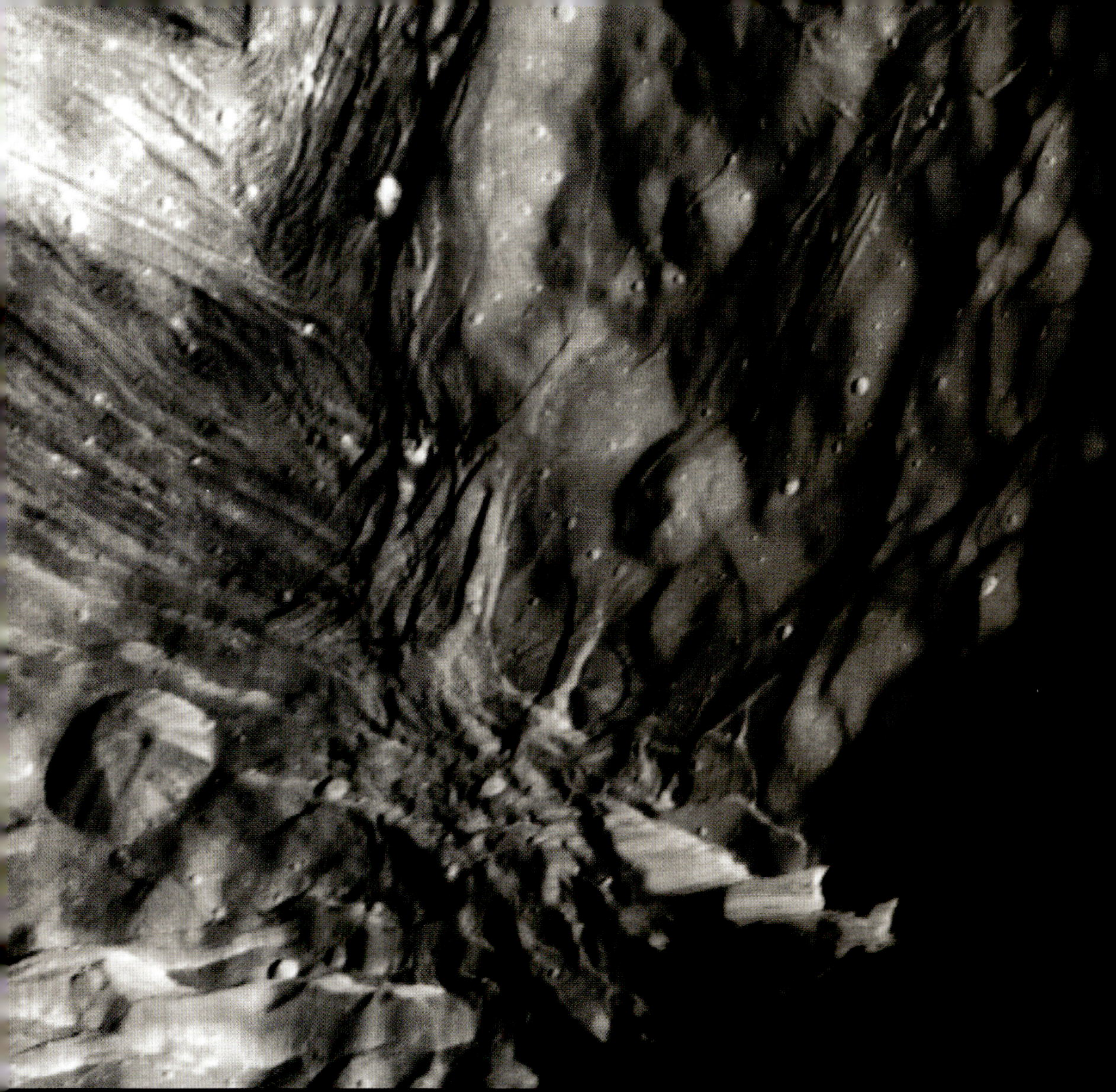

← **La surface de Miranda est très étrange.** De par son aspect de puzzle géant, la lune semble avoir été déchirée en morceaux, puis recollée ; c'est précisément ce que les géologues avancent comme explication. Ils pensent que Miranda a été fracassée lors d'une collision, puis que les morceaux en orbite autour d'Uranus se sont ressoudés pour reconstituer la lune. Les falaises situées en bas de cette image mesurent plusieurs kilomètres de hauteur.

↓ **Ce montage représente les quatre plus grosses lunes d'Uranus.** La plus imposante est Titania (1 580 km de diamètre) et la plus petite est Ariel (1 160 km de diamètre). Ariel est à peine assez grosse pour être sphérique. Ce n'est pas le cas de Miranda (non représentée ici) dont le diamètre est moitié moindre.

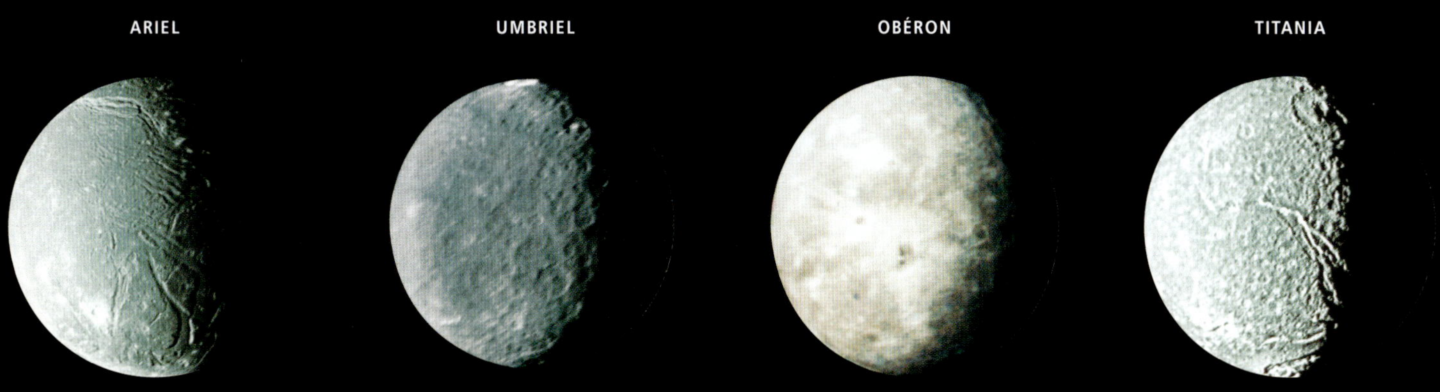

Neptune

Neptune a une taille comparable à celle d'Uranus et son aspect est similaire. Toutefois, l'atmosphère de Neptune révèle beaucoup plus d'éléments identifiables. Elle montre des bandes subtiles et de fins nuages de type cirrus, composés de cristaux de glace de méthane. Il y a également des systèmes cycloniques, comme la grande tache sombre découverte en 1989 et dissipée depuis. Comme les autres planètes géantes, Neptune possède un système d'anneaux (mais ils sont d'épaisseur variable, visibles sous forme d'arcs), ainsi qu'une armada de satellites.

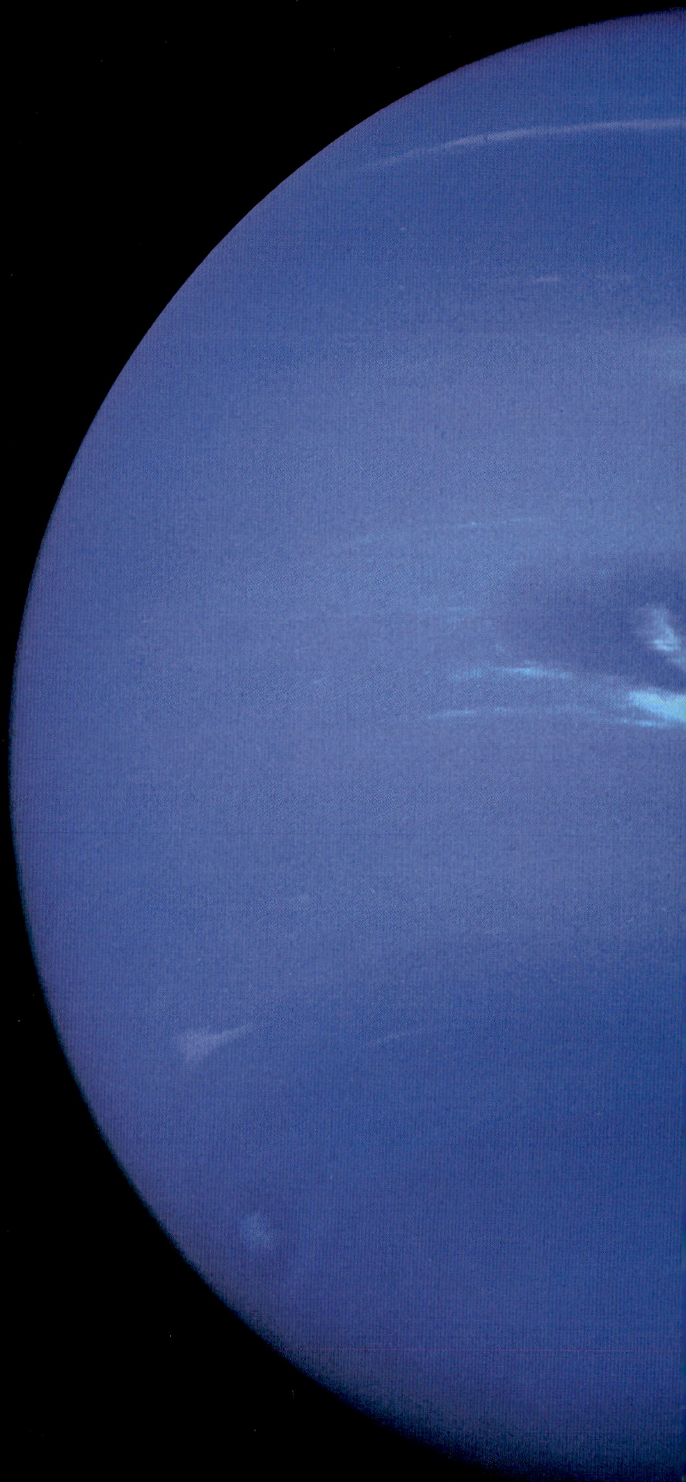

ATMOSPHÈRE

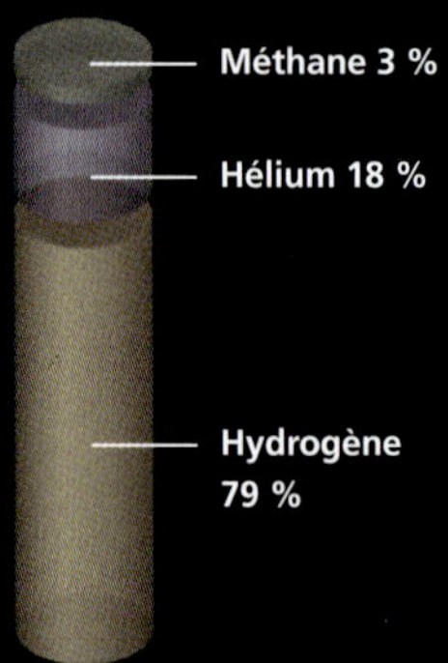

NEPTUNE EN BREF

Origine du nom *Neptunus*, dieu romain de l'eau
Découverte En 1846 par Le Verrier, Adams et Galle
Diamètre 42 532 km (3,9 fois le diamètre terrestre)
Masse 17,1 masses terrestres
Volume 54 volumes terrestres
Distance maximale du Soleil 4 546 millions de km
Distance minimale du Soleil 4 456 millions de km
Température de l'atmosphère – 220 °C
Insolation 0,1 % de l'insolation terrestre
Magnitude apparente + 7,9
Pesanteur 1,77 G (1,7 fois la pesanteur terrestre)
Champ magnétique 0,14 gauss (45 % du champ terrestre)
Nombre de lunes connues 13

↓ **Ce gros plan de Neptune,** pris par la sonde Voyager 2, révèle de fins cirrus, composés de cristaux de méthane.

LA STRUCTURE INTERNE DE NEPTUNE

Tout comme Uranus, Neptune est une géante glacée, riche en glaces d'eau, méthane et ammoniac. Les deux planètes ont des couches internes de composition similaire, mais dont les tailles respectives varient légèrement.

L'atmosphère Neptune a une atmosphère riche en hydrogène, d'un bleu foncé, sur laquelle de nombreuses formations sont apparentes. La planète est pourtant deux fois plus éloignée du Soleil qu'Uranus, laquelle ne montre pas de structures nuageuses. Les nuages de Neptune sont visibles, parce qu'ils sont élevés plus haut dans l'atmosphère par la chaleur interne de la planète.

Le manteau Comme pour Uranus, le manteau de Neptune est composé d'hydrogène et d'autres gaz comprimés, mais son épaisseur est moindre.

Le noyau externe La couche principale de la planète est le noyau externe qui est vraisemblablement composé d'eau, d'ammoniac et de méthane sous la forme de liquides à très haute pression.

Le noyau interne Le noyau interne est peut-être plus volumineux que celui d'Uranus, et serait comme lui composé de glaces et de roche.

TAILLE COMPARÉE

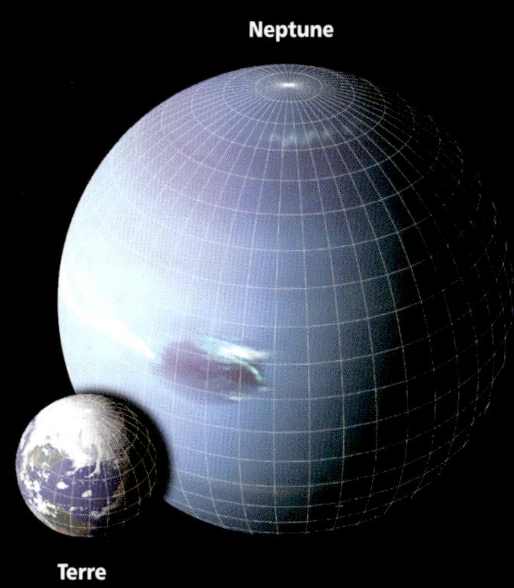

PARAMÈTRES ORBITAUX

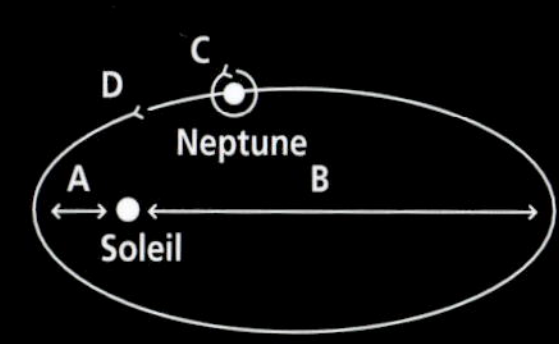

A 4 456 millions de km
B 4 546 millions de km
C rotation en 16 h 6 min 6 s
D révolution en 164,8 années terrestres

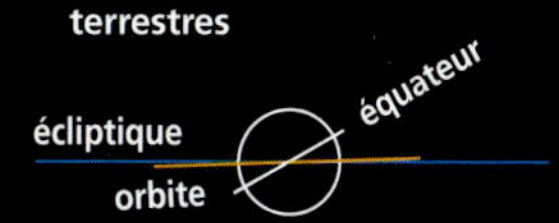

Inclinaison de l'axe de rotation 29,6°
Inclinaison de l'orbite sur l'écliptique 1,77°

Les anneaux de Neptune

Ce ne fut pas une surprise lorsque la sonde Voyager 2 photographia des anneaux autour de Neptune en 1989 : ils avaient été découverts deux ans auparavant par le Français André Brahic lors de l'occultation d'une étoile par la planète. Cinq anneaux sont désormais connus. Les deux principaux, Adams et Le Verrier, ont été baptisés en hommage aux deux astronomes qui ont découvert Neptune par le calcul, en déduisant son existence des perturbations observées sur le mouvement d'Uranus. Larges respectivement de 70 km et 50 km, les anneaux Adams et Le Verrier sont très étroits. Galle, le troisième anneau, est plus proche de la planète. Il doit son nom à Johan Gottfried Galle, astronome allemand qui détecta Neptune au télescope en 1846, à l'emplacement prédit par Le Verrier. Quant à l'anneau le plus large, Lassell, il s'étend sur 4 000 km. Les anneaux de Neptune sont très sombres. Ils sont vraisemblablement composés de glace recouverte d'une sombre poussière carbonée.

STRUCTURE DES ANNEAUX

Les cinq anneaux de Neptune sont rassemblés dans le montage photographique ci-dessous : leurs couleurs, leur brillance et leur largeur ont été exagérées afin de les représenter plus clairement. En réalité, les anneaux sont si sombres qu'ils seraient difficiles à détecter pour un astronaute s'approchant de Neptune, tellement leur éclat est faible au regard de celui de la planète elle-même. Les anneaux Adams et Le Verrier sont étroits, alors que les anneaux Galle et Lassell sont larges respectivement de 2 500 km et 4 000 km. La frontière du système, matérialisée par l'anneau Adams, est située à 2,5 rayons de Neptune du centre de la planète.

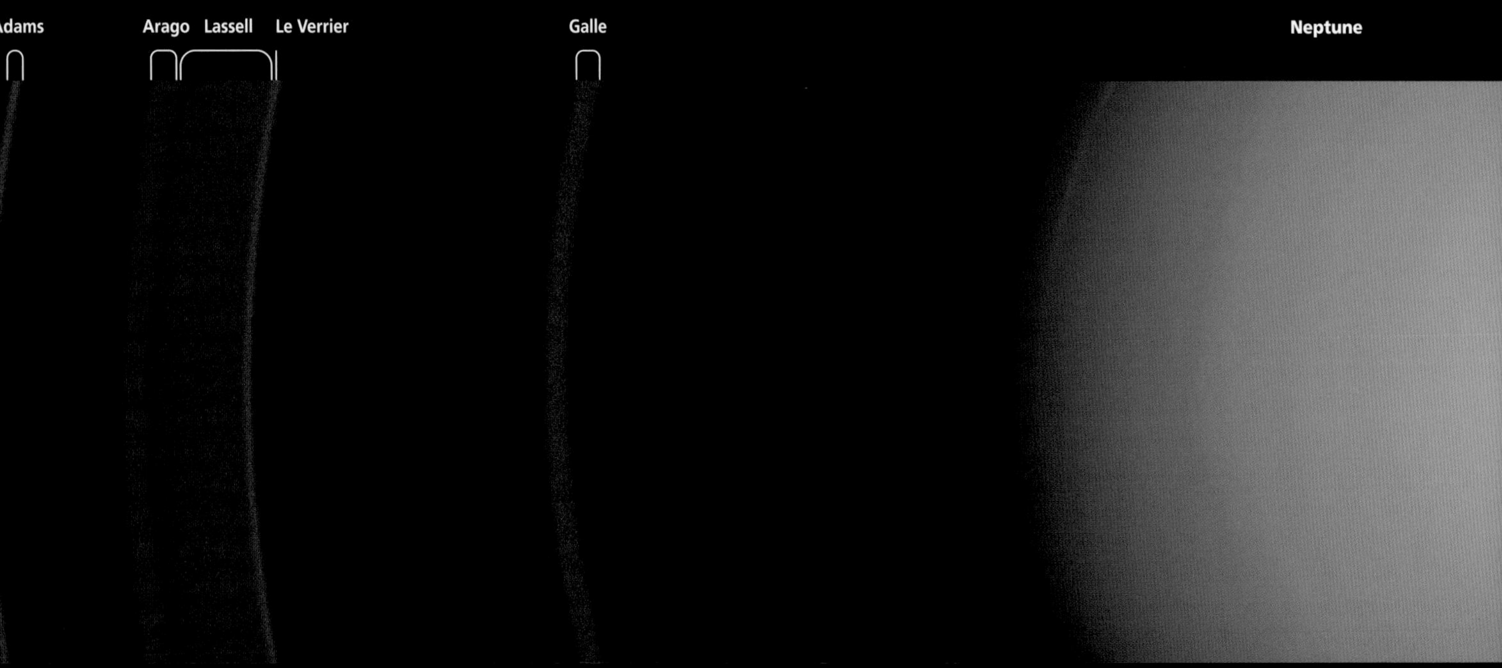

← **Le système d'anneaux de Neptune** est visible sur cette photo prise par la sonde Voyager 2 lors du survol de la planète en 1989. Elle est artificiellement masquée, de façon que son éclat ne noie pas la lueur beaucoup plus faible des anneaux.

UN ANNEAU EN POINTILLÉ

Adams, l'anneau extérieur de Neptune, a un étrange aspect. Le long de sa circonférence, il y a trois régions distinctes où la densité des particules est sensiblement plus élevée qu'ailleurs. Prise à distance, une pose photographique trop courte ne montre que trois renflements, ce qui donne l'impression d'arcs incomplets plutôt que d'un anneau entier. Les astronomes se sont longtemps interrogés sur ces structures étranges. Puis ils ont découvert qu'elles étaient dues à la présence d'une petite lune, Galatée, qui circule en orbite juste à l'intérieur de l'anneau Adams. Large de 160 km, elle exerce une faible attraction qui crée des essaims de particules. Comme ils ont été découverts le 14 juillet 1989 – le bicentenaire de la Révolution française –, les trois arcs ont été appelés Liberté, Égalité, Fraternité.

→ **Les arcs brillants de l'anneau Adams** (*à l'extérieur*) sont bien visibles en haut de cette photo, volontairement surexposée, prise par la sonde Voyager 2.

Les lunes de Neptune

Neptune est tellement éloignée du Soleil que le nombre de ses lunes est mal connu. On en dénombre aujourd'hui 13. Triton est la seule qui soit de taille importante. Septième plus grosse lune du système solaire, elle mesure les deux tiers du diamètre de la Lune. Malgré le froid intense qui règne à sa surface, Triton montre des signes d'activité. Des geysers projettent des substances glacées à plusieurs kilomètres d'altitude. Triton circule en sens inverse par rapport aux autres lunes, dans un plan très incliné par rapport à l'équateur de Neptune. Cette lune ne s'est vraisemblablement pas formée autour de Neptune, mais a été capturée, d'où son orbite excentrique. D'autres lunes suivent également des trajectoires étranges qui doivent résulter de perturbations gravitationnelles causées par l'entrée de Triton dans le système neptunien.

↓ **Triton, la plus grosse lune de Neptune,** est photographiée par la sonde Voyager 2 en 1989. Les traînées noires visibles à sa surface résultent vraisemblablement d'une activité de type geyser.

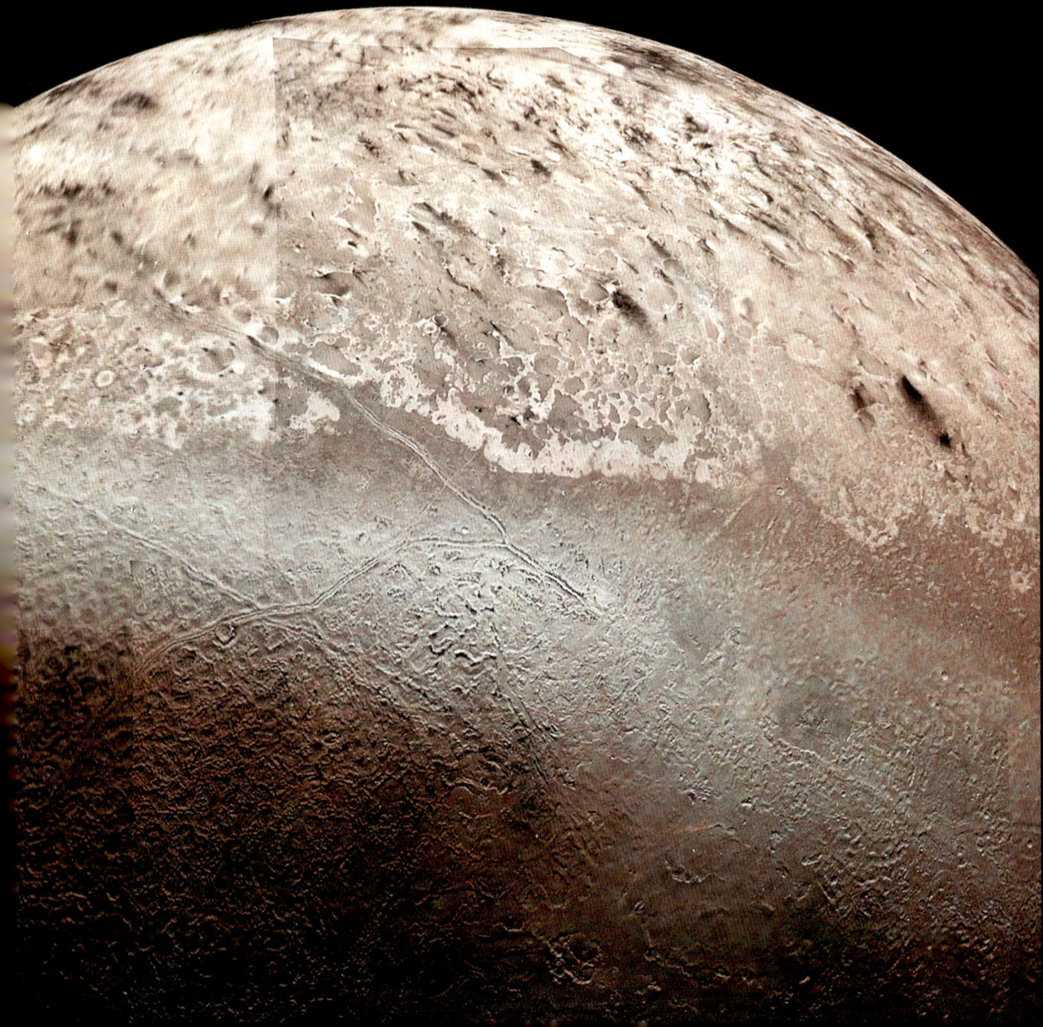

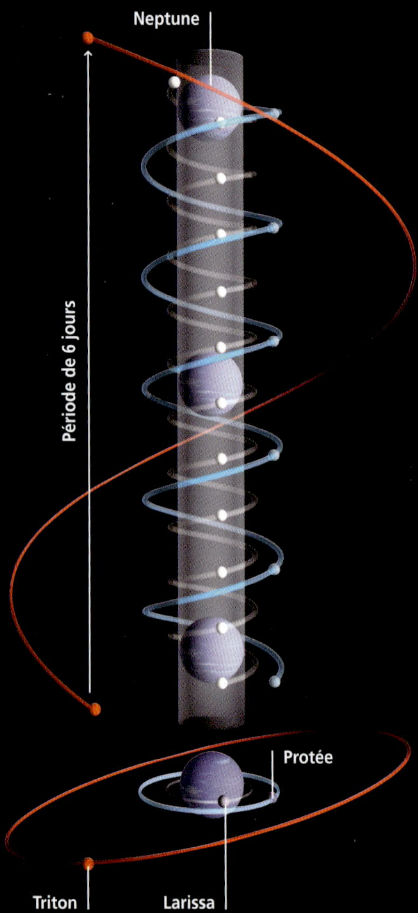

LA RONDE DES SATELLITES
Neptune possède 13 lunes connues. Ce schéma montre les trois plus remarquables : Triton, Larissa et Protée. Triton orbite en sens inverse par rapport aux autres lunes, dans un plan très incliné par rapport au leur. Néréide (non représenté ici) possède une orbite excentrique : son éloignement à Neptune varie entre 1,3 et 9,5 millions de kilomètres.

LES LUNES EN CHIFFRES

Lune	Période orbitale	Distance de Neptune
Larissa	0,55 jour	73 500 km
Protée	1,12 jour	118 000 km
Triton	5,88 jours	355 000 km

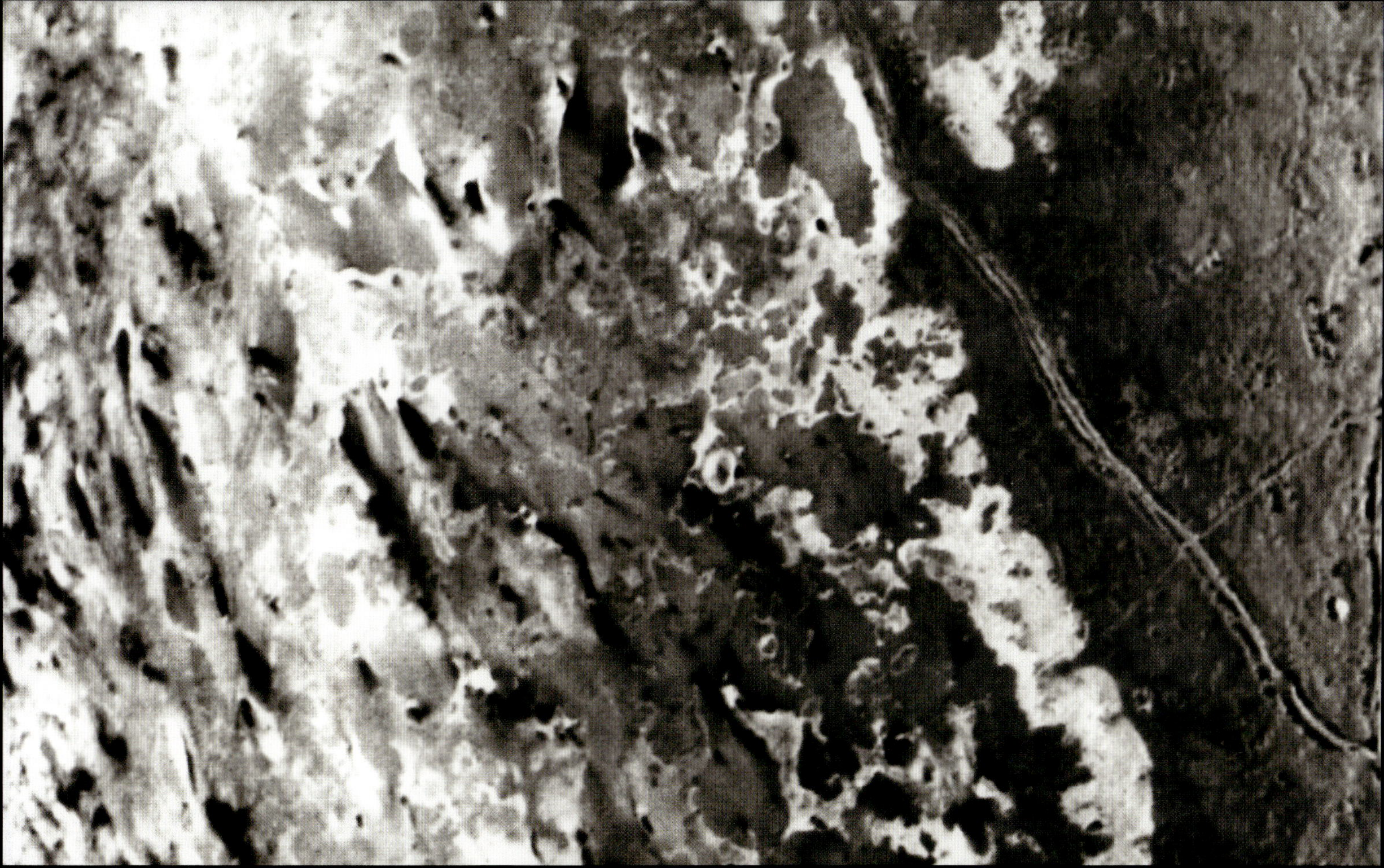

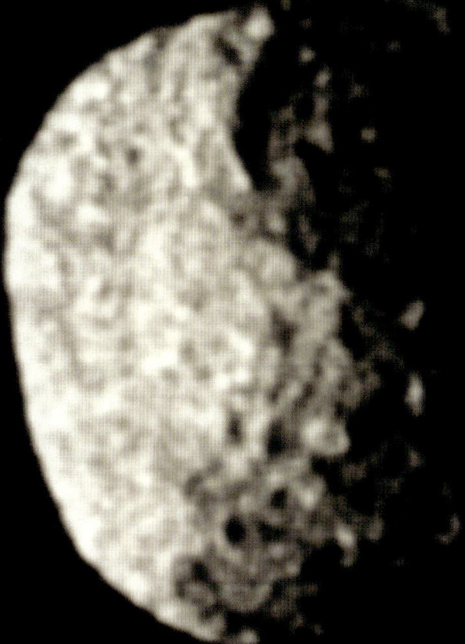

LA SURFACE ACTIVE DE TRITON

La surface de Triton a grandement étonné les planétologues, lorsqu'elle fut révélée par la sonde Voyager 2. Sur l'une des surfaces les plus froides observées dans tout le système solaire (– 235 °C) une forme de volcanisme sévit. De hautes colonnes éruptives atteignant 8 000 m ont été observées. Les évents de Triton ne crachent pas de la lave, mais des gaz froids à la manière de geysers. La faible lumière solaire pénètre la fine glace qui recouvre la surface de Triton, et l'effet de serre sous-jacent vaporise de la glace. Les éléments volatils fusent par les fissures et emportent leurs particules jusqu'à des altitudes de 8 km, où elles sont entraînées par les vents dominants pour former des traînées longues de 100 km. Cette atmosphère de Triton est extrêmement fine : elle est composée d'azote avec des traces de méthane. La lune possède une calotte polaire en glace d'azote.

↑ **Sur cette vue de Triton,** on discerne particulièrement bien une surface avec d'étranges sillons (*à droite*).

← **La deuxième plus grosse lune de Neptune** a d'abord été dénommée 1989 N1, matricule qui indique en quelle année elle a été découverte par la sonde Voyager 2. Depuis, les astronomes l'ont rebaptisée Protée. D'un diamètre d'environ 430 km, le satellite n'est pas assez massif pour comprimer sa matière en une boule sphérique.

Pluton

La dernière planète du système solaire est Pluton, qui est plus petite que la Lune. Elle est principalement rocheuse, mais sa surface est recouverte d'une épaisse couche de glace – probablement de la glace d'eau avec des traces de méthane, d'azote et de monoxyde de carbone. Pluton circule autour du Soleil dans une zone connue sous le nom de ceinture de Kuiper, où séjournent de nombreux objets semblables à des astéroïdes dont l'origine remonte aux premiers jours du système solaire. Son atmosphère est pratiquement inexistante.

ATMOSPHÈRE

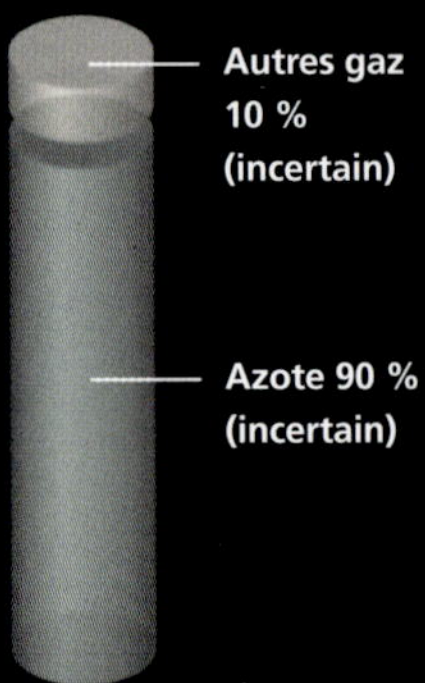

PLUTON EN BREF

Origine du nom *Pluton*, dieu romain de l'au-delà
Découverte En février 1930 par Clyde Tombaugh
Diamètre 2 320 km (18 % du diamètre terrestre)
Masse 0,002 masse terrestre
Volume 0,01 volume terrestre
Distance maximale du Soleil 7 380 millions de km
Distance minimale du Soleil 4 447 millions de km
Température au sol – 230 °C
Insolation 0,04 % à 0,1 % de l'insolation terrestre
Magnitude apparente + 13,7
Pesanteur 0,06 G (6 % de la pesanteur terrestre)
Champ magnétique Inconnu
Nombre de lunes connues 1 (Charon)

↓ **Cette image de Pluton et de sa lune Charon** a été prise avec le télescope spatial Hubble. Charon mesure 1 240 km de diamètre.

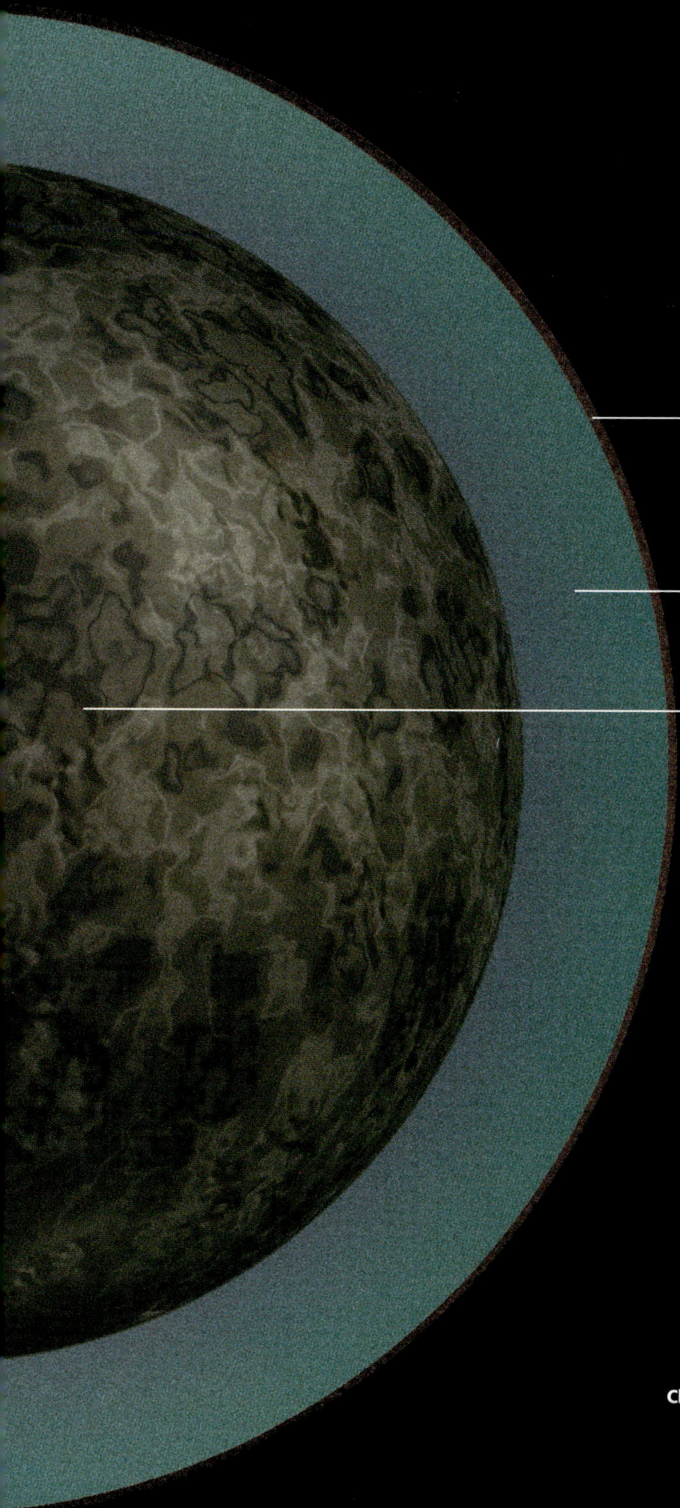

LA STRUCTURE INTERNE DE PLUTON

L'intérieur de Pluton est un mystère, dans la mesure où aucune sonde n'a encore survolé la neuvième planète. Toutefois, sa densité nous enseigne qu'elle doit être constituée d'environ 70 % de roche et de 30 % de glace. Ces chiffres sont comparables à ceux de Triton, lune de Neptune. Les astronomes pensent d'ailleurs que leurs surfaces doivent se ressembler.

La croûte On ne connaît pas l'épaisseur de la croûte de Pluton. La surface montre des zones claires et sombres. Les zones claires sont probablement constituées de glaces à base d'eau, d'azote, de méthane, d'éthane et de monoxyde de carbone. Les zones sombres pourraient contenir des molécules organiques remontant à la création du système solaire.

Le manteau Directement sous la croûte, il pourrait y avoir un mince manteau de glace, de composition variée, susceptible de contenir une proportion importante de glace d'eau.

Le noyau Sous le manteau, le noyau occupe la majorité du volume de Pluton. On en sait peu de chose, mais d'après la densité globale de la planète, ce noyau serait essentiellement rocheux.

TAILLES COMPARÉES

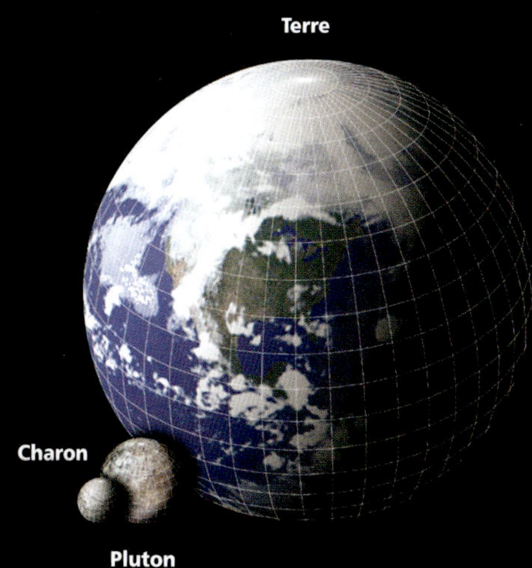

PARAMÈTRES ORBITAUX

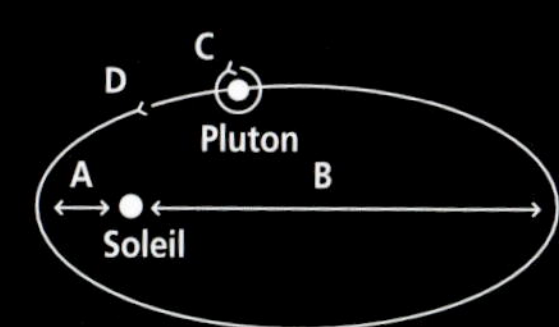

A 4 447 millions de km
B 7 380 millions de km
C rotation en 6,39 jours
D révolution en 248,6 années terrestres

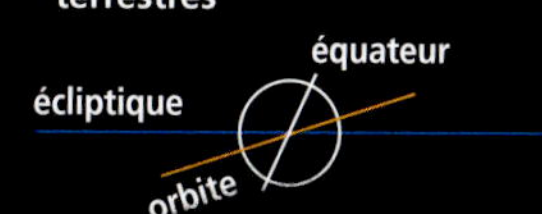

Inclinaison de l'axe de rotation 119,6°
Inclinaison de l'orbite sur l'écliptique 17,1°

Le Soleil

Le Soleil est une boule géante d'hydrogène et d'hélium, qui renferme 99,9 % de la masse totale du système solaire. C'est une étoile de taille moyenne, qui est à la moitié de son cycle de vie. Des réactions nucléaires se déroulent dans son noyau. L'énergie libérée remonte lentement vers la surface et s'échappe dans l'espace sous forme de lumière et d'autres rayonnements. C'est cette énergie qui rend possible la vie sur Terre.

LE SOLEIL EN BREF

Origine du nom *Sol*, dieu romain du Soleil
Diamètre 1 392 000 km
Masse 332 946 masses terrestres
Volume 1,3 million masse terrestre
Température de l'atmosphère 5 500 °C
Température du noyau 15 500 000 °C
Période de rotation 25 jours terrestres à l'équateur, 34 jours terrestres près des pôles
Champ magnétique 2 gauss (6,45 fois le champ terrestre)

L'atmosphère supérieure du Soleil s'appelle la couronne. Ses détails sont visibles en cachant le disque solaire avec un coronographe. Ici, plusieurs protubérances éjectent des flots de particules dans l'espace.

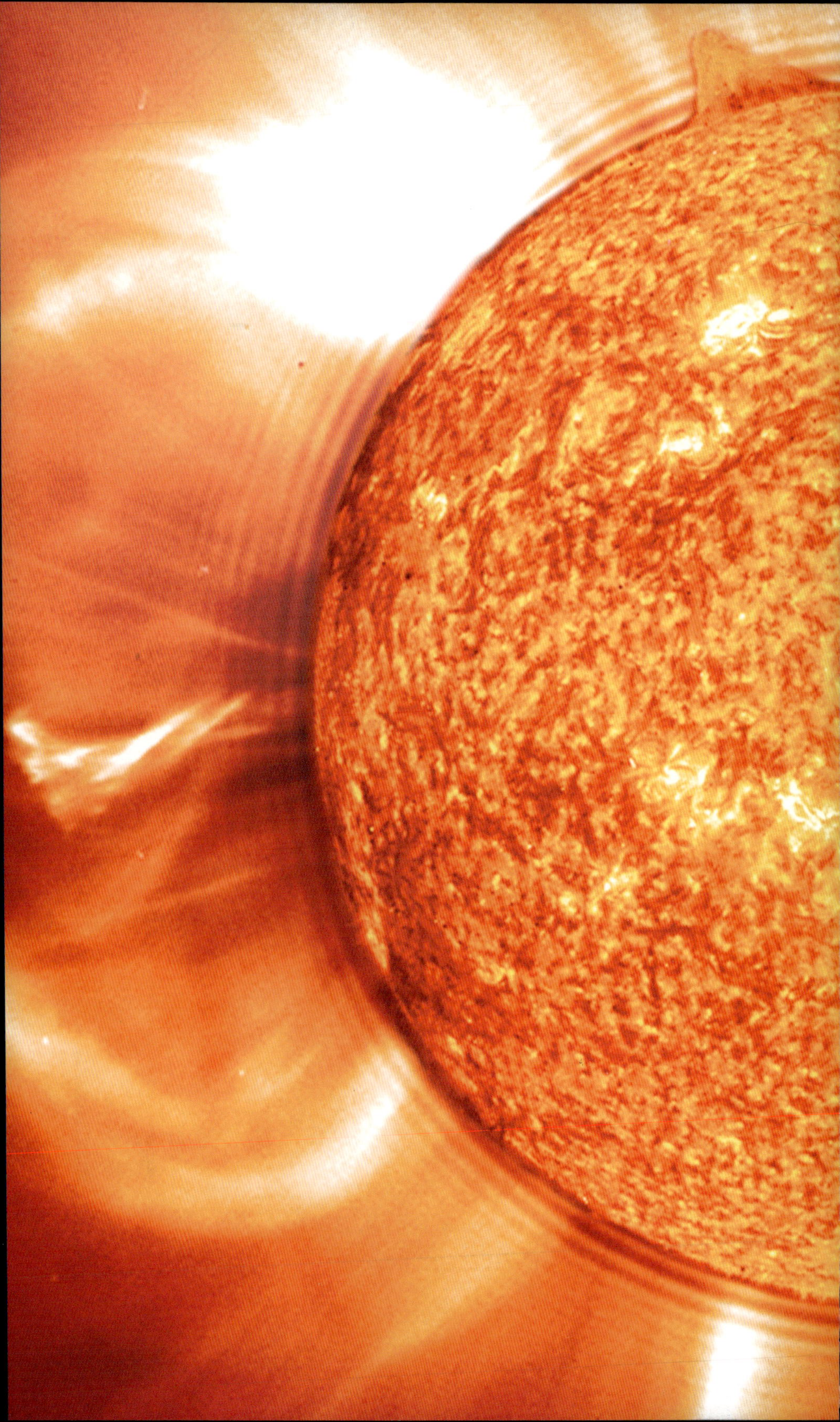

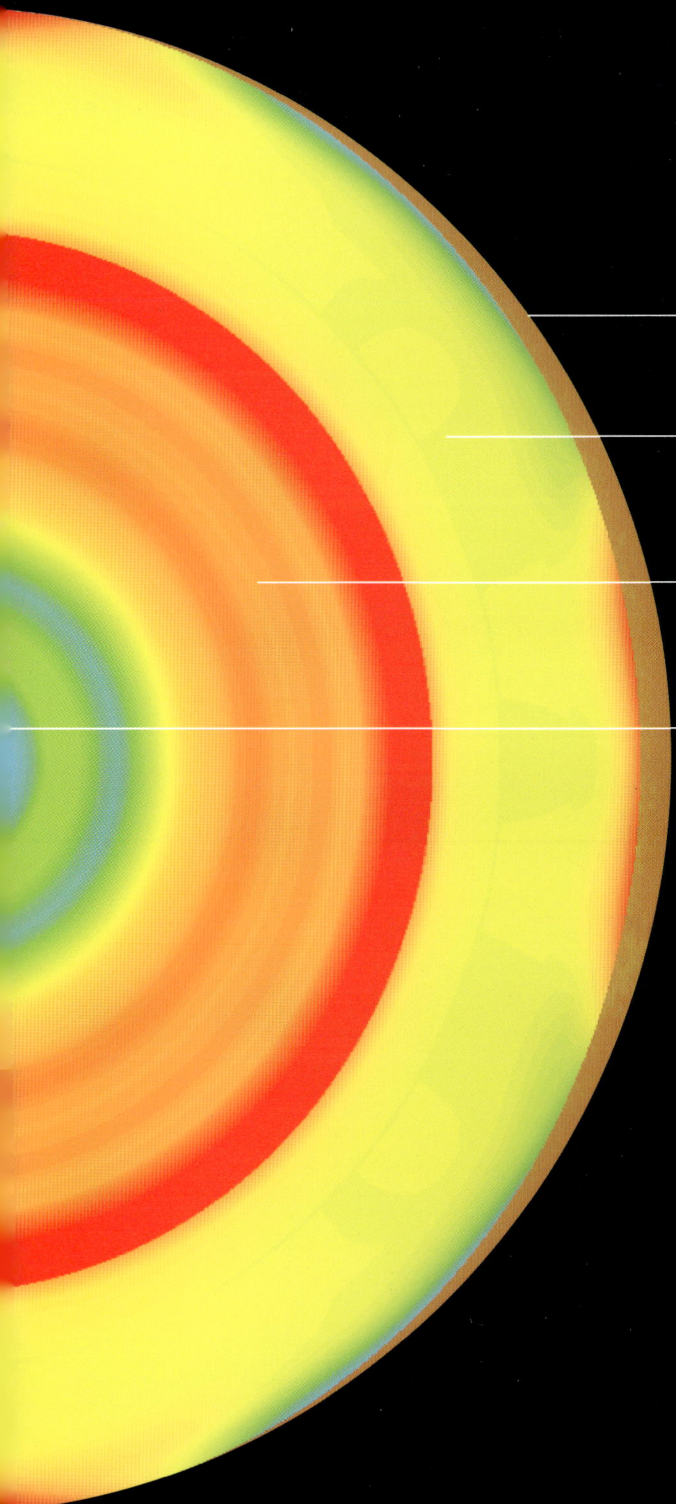

LA STRUCTURE INTERNE DU SOLEIL

Les chercheurs mesurent les vibrations du Soleil pour comprendre sa structure interne. Cette image révèle la vitesse des ondes à l'intérieur de l'astre : les vitesses élevées apparaissent en rouge, les plus basses en bleu.

La photosphère La surface visible du Soleil se nomme la photosphère. Elle est constituée d'une enveloppe de gaz de 400 km d'épaisseur. La photosphère abrite les taches solaires et les granules, qui sont des cellules de convection.

La zone de convection Jusqu'à une profondeur correspondant au quart du diamètre du Soleil, les gaz chauds circulent en boucles de convection. Sous la surface, les grandes boucles ascendantes d'hydrogène se décomposent en cellules plus petites, donnant à la surface du Soleil un aspect granuleux.

La zone de radiation L'énergie en provenance du noyau voyage à travers cette couche ultrachaude sous forme de photons. Les photons sont tellement ralentis dans ce milieu dense qu'ils mettent 200 000 ans pour la traverser et atteindre la zone de convection.

Le noyau Région centrale du Soleil, le noyau ne constitue que 7 % de son volume, mais il représente la moitié de sa masse. Hautes températures et pressions y entretiennent des réactions thermonucléaires qui transforment de l'hydrogène en hélium. La température au centre atteint 15,5 millions de degrés Celsius.

TAILLES COMPARÉES

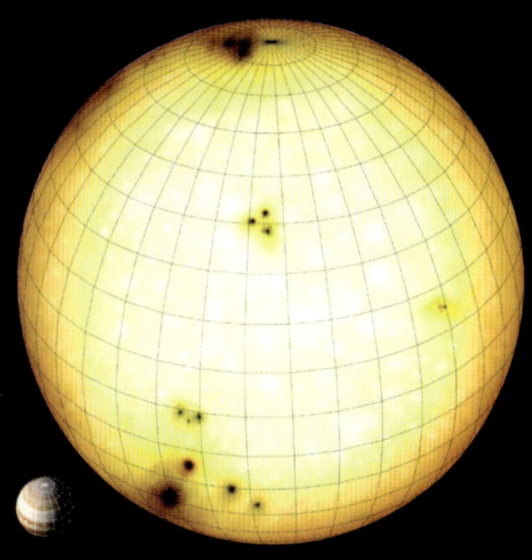

PARAMÈTRES ORBITAUX

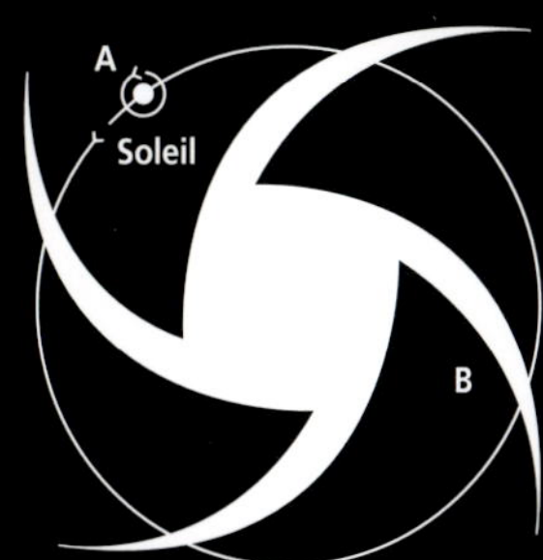

A Période de l'orbite du Soleil autour de la Voie lactée : 225 millions d'années
B Distance du Soleil au centre de la Voie lactée : 30 000 années-lumière

L'activité du Soleil

Lorsque les astronomes ont pu observer en détail le disque du Soleil, ils ont découvert que sa surface visible, la photosphère, montrait des régions sombres et mouvantes : les taches solaires. Nous savons aujourd'hui que ces taches, comme d'autres phénomènes de surface, sont liées à la rotation du Soleil. Celui-ci tourne, en effet, sur son axe, mais comme il est gazeux, cette rotation n'est pas uniforme : la vitesse est plus élevée à l'équateur et moindre aux hautes latitudes. À cause de cette rotation différentielle, les lignes du champ magnétique qui courent d'un pôle à l'autre s'enroulent et s'emmêlent. Là où cette distorsion est maximale, le champ est amplifié et gêne l'arrivée du gaz chaud en surface. La région apparaît moins chaude et donc sombre par contraste. Épisodiquement, des protubérances surgissent à proximité des taches, éjectant des masses de gaz chaud à grande vitesse. L'activité magnétique du Soleil varie selon un cycle de 11 ans, période durant laquelle le nombre de taches augmente puis décroît.

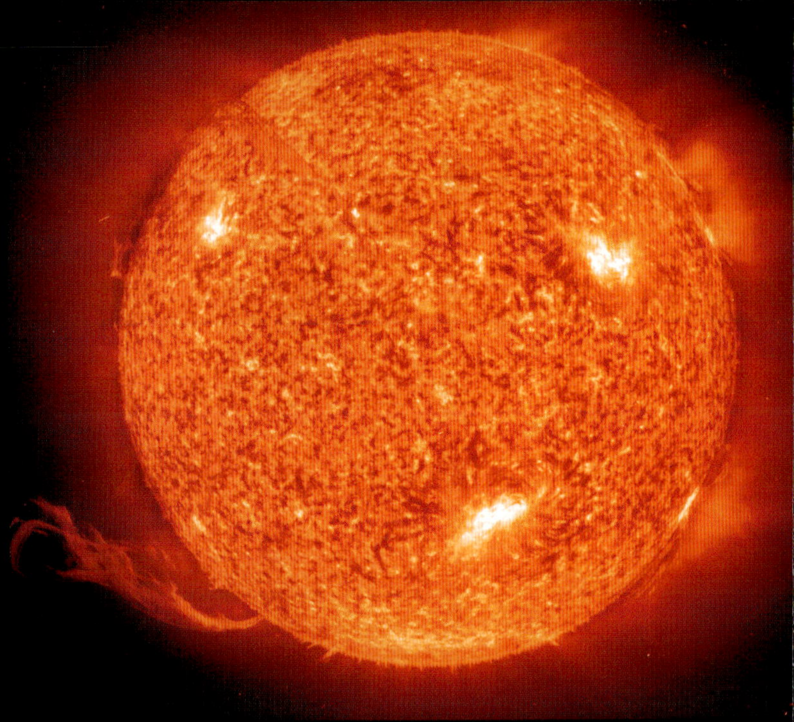

↑ **La couronne (l'atmosphère supérieure du Soleil)** est agitée par une éruption de gaz chaud (*en bas à gauche*), appelée éjection de masse coronale.

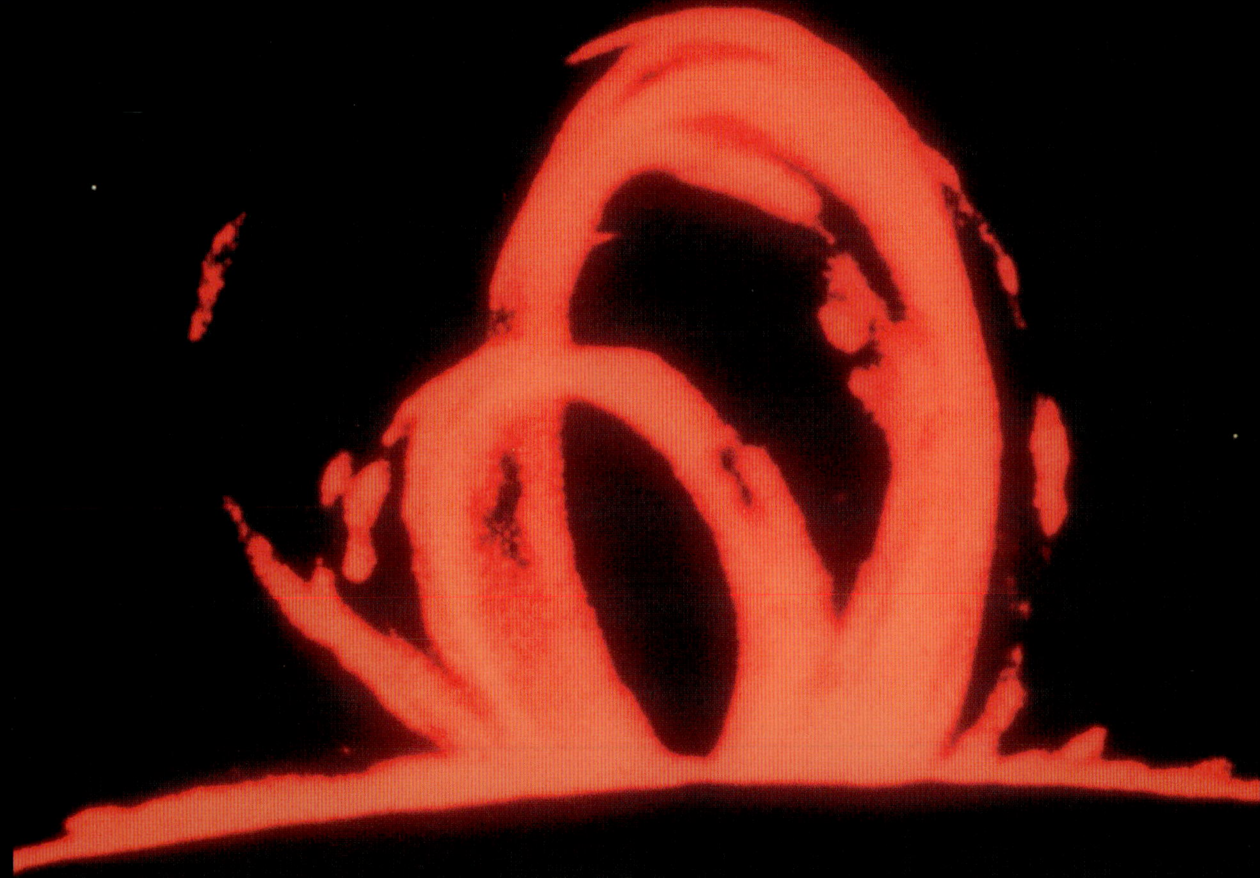

← **Le plasma chaud** jaillit du Soleil, en suivant les lignes de force de son champ magnétique.

LES TACHES SOLAIRES

Les taches solaires (*à droite*) sont des régions sombres de la photosphère qui sont associées à des zones de fort champ magnétique. La température y est plus froide d'environ 2 500 kelvins (1 400 °C) par rapport aux zones environnantes, ce qui leur donne cet aspect sombre. Au fil du cycle solaire, qui dure 11 ans, les taches solaires se forment à des latitudes de plus en plus élevées, jusqu'à atteindre 40° nord et sud en fin de cycle. Le champ magnétique du Soleil change alors de polarité : le pôle magnétique nord devient le pôle magnétique sud et vice versa. De nouvelles taches commencent alors à apparaître à l'équateur. Les taches solaires varient en taille. Les plus petites, appelées pores, ne mesurent que quelques centaines de kilomètres de diamètre. Les plus grandes atteignent 100 000 km, soit plusieurs fois la taille de la Terre. La durée de vie d'une tache est de l'ordre de quelques mois.

↓ **Cette image est obtenue au moyen d'un coronographe :** le disque du Soleil a été masqué par un cache afin de faire ressortir les détails de la couronne qui l'entoure.

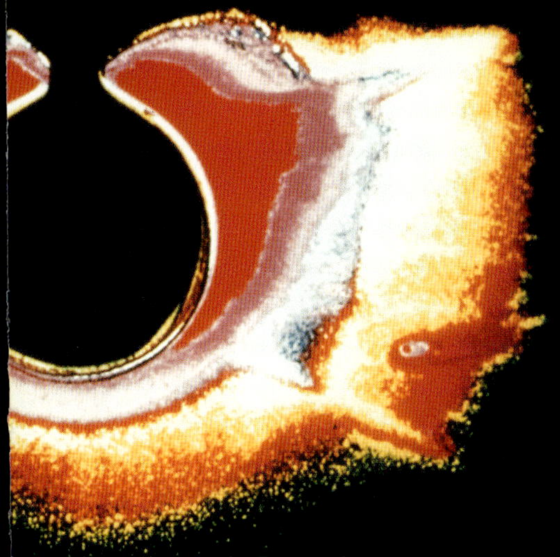

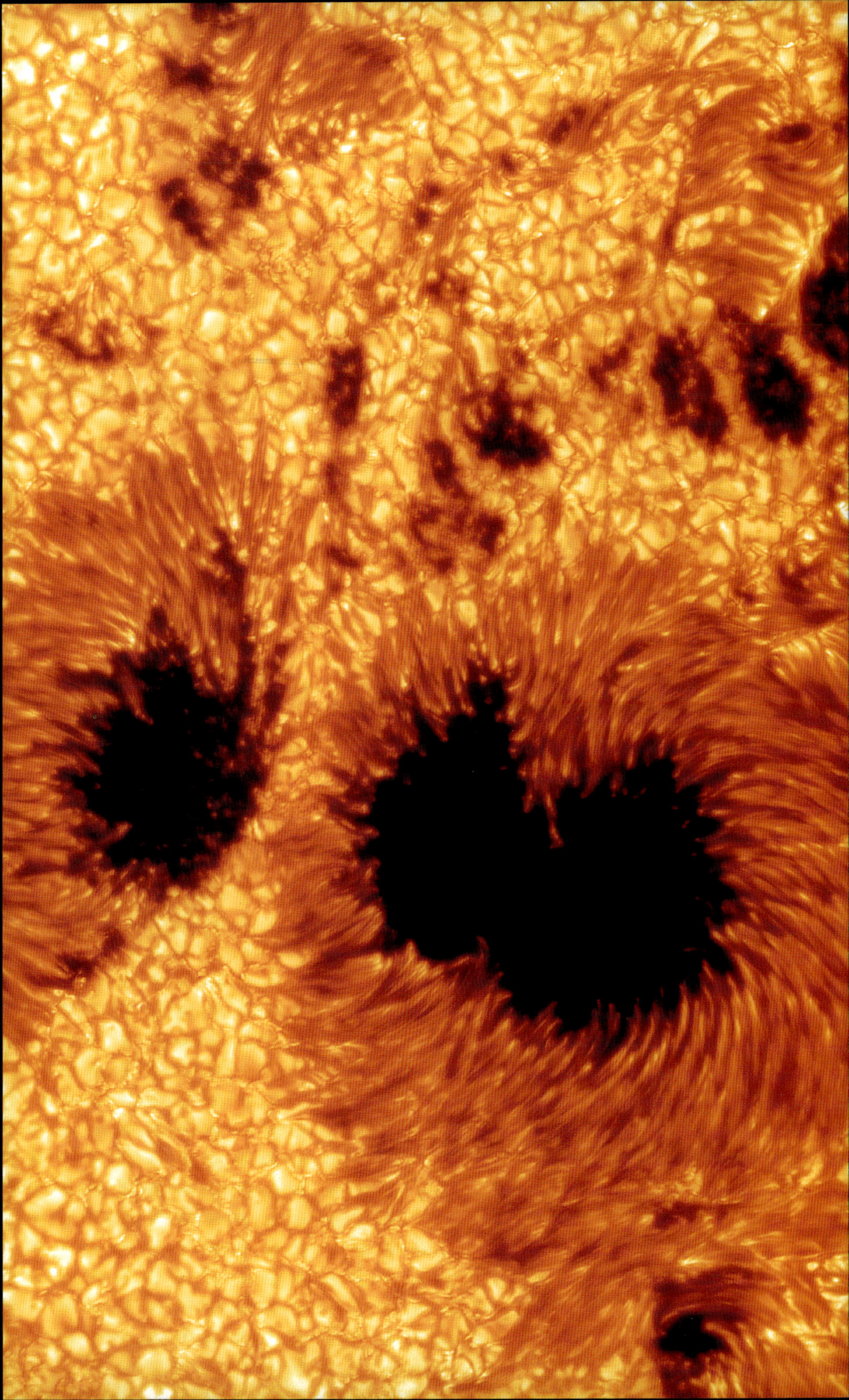

Vie et mort du Soleil

Le Soleil est une étoile jaune de type G2, qui a épuisé 35 à 45 % de ses réserves d'hydrogène. Sa naissance est peut-être liée à la mort explosive d'une autre étoile : les ondes de choc d'une supernova auraient forcé un nuage de gaz voisin à s'effondrer sur lui-même (1). Cet effondrement a créé un disque de gaz et de poussière autour d'un renflement central : une protoétoile est née, en l'occurrence le proto-Soleil (2). Un million d'années plus tard, le proto-Soleil, qui se contracte et s'échauffe, émet un fort vent solaire de particules ionisées, principalement dirigé en deux jets à partir des pôles (3). Le Soleil n'est devenu une vraie étoile que 30 à 50 millions d'années plus tard (4). Il est toujours dans cette séquence principale aujourd'hui, au bout de 4 600 millions d'années, période durant laquelle il transforme de l'hydrogène en hélium (5). Dans environ 6 milliards d'années, l'hydrogène sera épuisé, et le Soleil entrera en expansion pour devenir une étoile plus brillante mais moins chaude, appelée une sous-géante (6). Un milliard d'années encore et elle deviendra une géante rouge, mesurant plus de 160 fois son diamètre actuel (7). Puis le Soleil éjectera ses couches externes dans l'espace, enveloppe lumineuse et colorée appelée nébuleuse planétaire (8). Le noyau du Soleil se recroquevillera alors en une naine blanche (9).

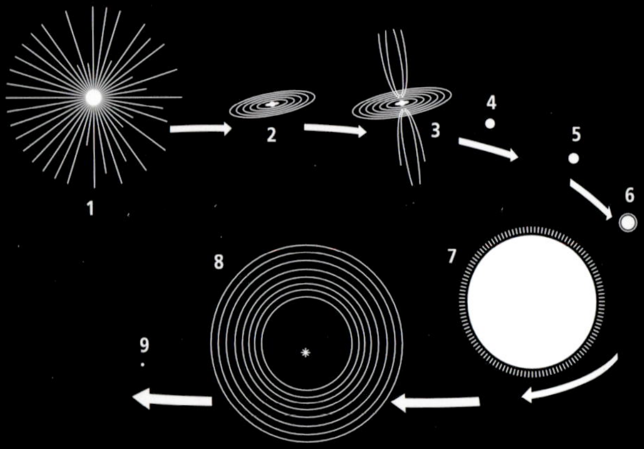

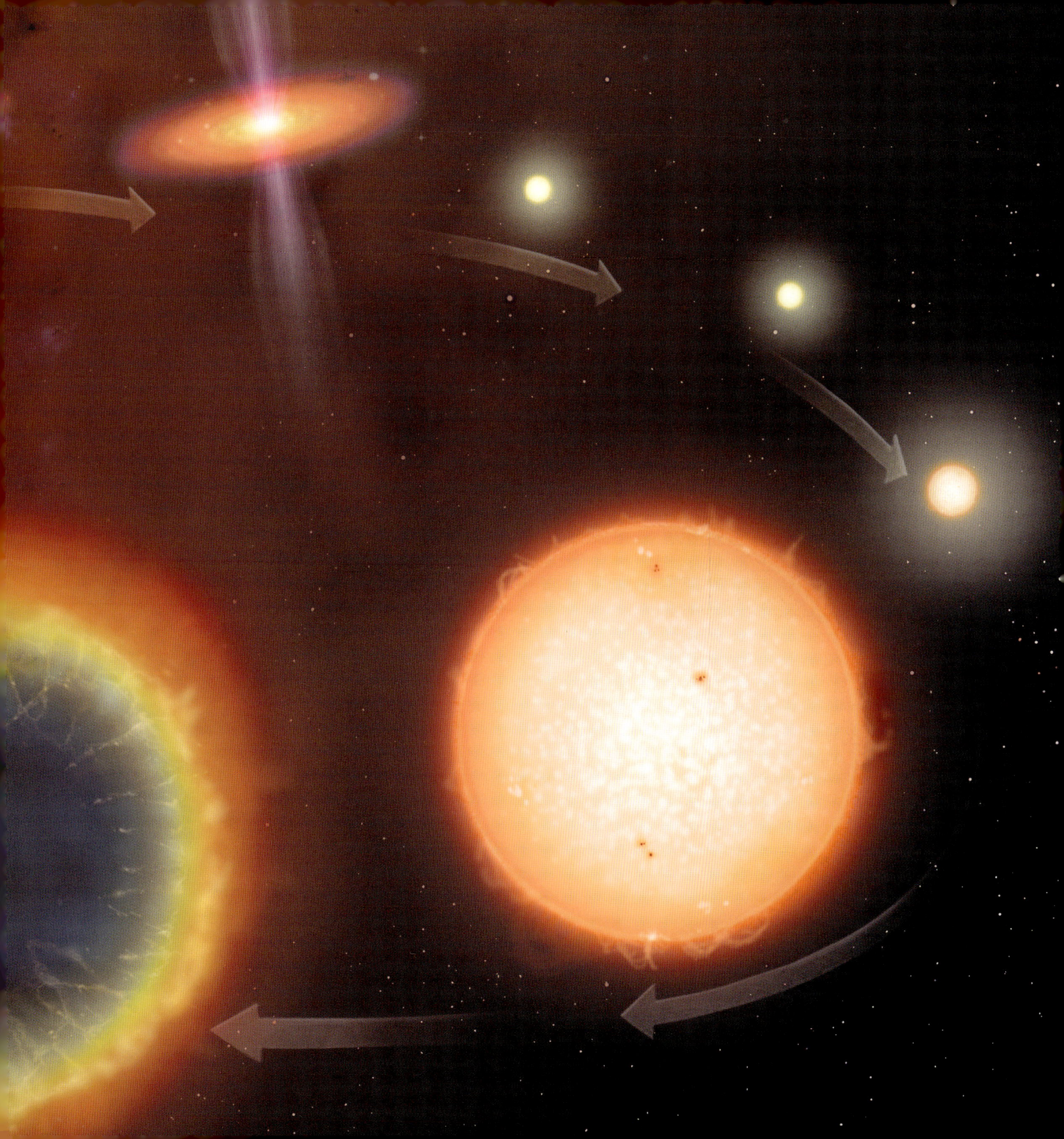

La Lune

La Lune est le cinquième plus gros satellite du système solaire. Elle est particulièrement massive par rapport à sa planète mère, la Terre. Certains astronomes les considèrent même comme une planète double. Contrairement à la Terre, la Lune est un corps sans atmosphère et sans vie, véritable témoin des premiers jours du système solaire. L'eau liquide n'y a jamais coulé, et les seules forces qui ont façonné son visage ont été les impacts de météorites, ainsi que d'anciennes éruptions volcaniques qui ont pris fin, il y a 2 milliards d'années.

ATMOSPHÈRE

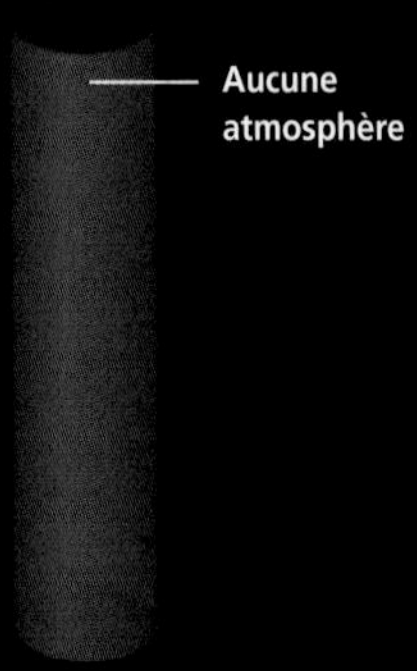

LA LUNE EN BREF

Origine du nom *Luna*, déesse romaine de la Lune
Diamètre 3 476 km (27,2 % du diamètre terrestre)
Masse 0,012 masse terrestre
Volume 0,02 volume terrestre
Distance moyenne de la Terre 384 400 km
Distance maximale de la Terre 406 700 km
Distance minimale de la Terre 356 400 km
Température moyenne diurne 107 °C
Température moyenne nocturne – 153 °C
Température maximale 123 °C
Température minimale – 233 °C
Magnitude apparente – 12,7 (pleine lune)
Pesanteur 0,16 G (16 % de la pesanteur terrestre)
Champ magnétique < 0,003 gauss (< 1 % du champ terrestre)

↓ **Les cratères d'impact façonnent la surface de la Lune,** en particulier sa face cachée qui n'est pas visible depuis la Terre.

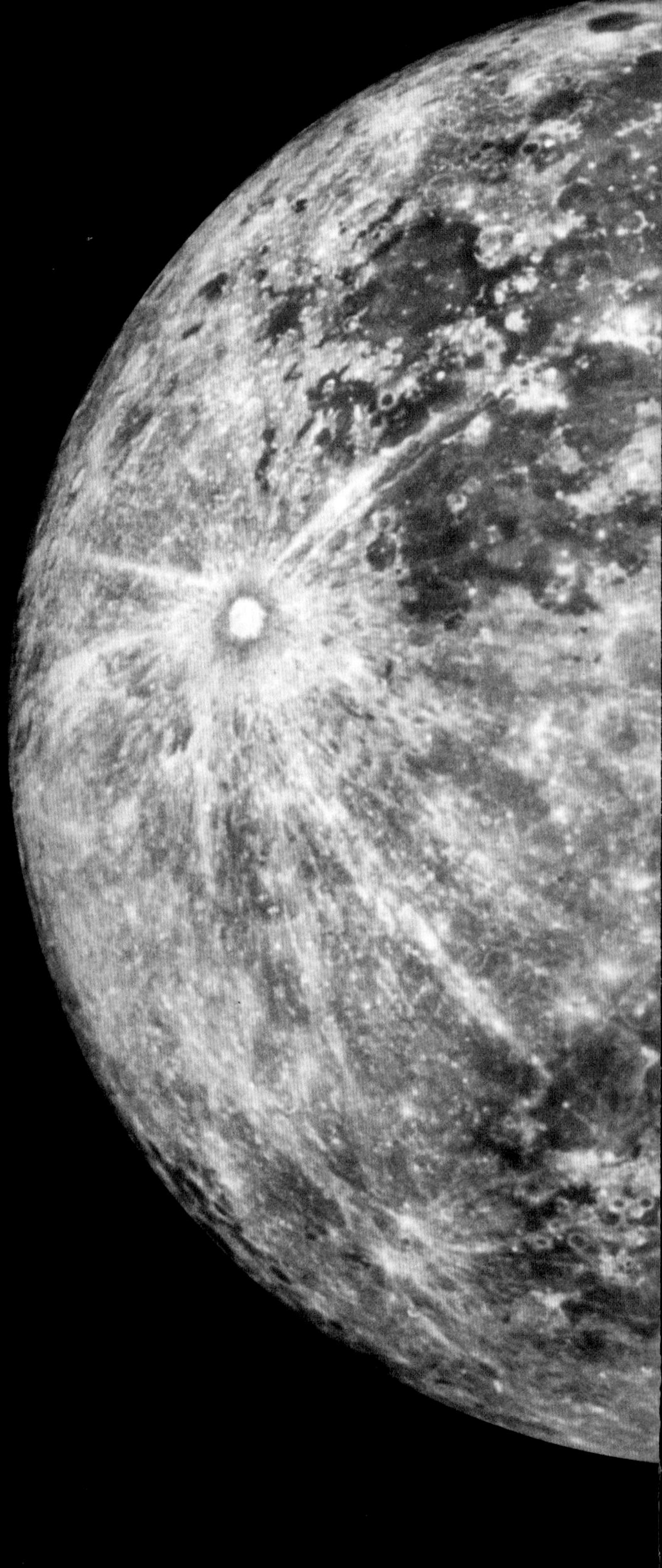

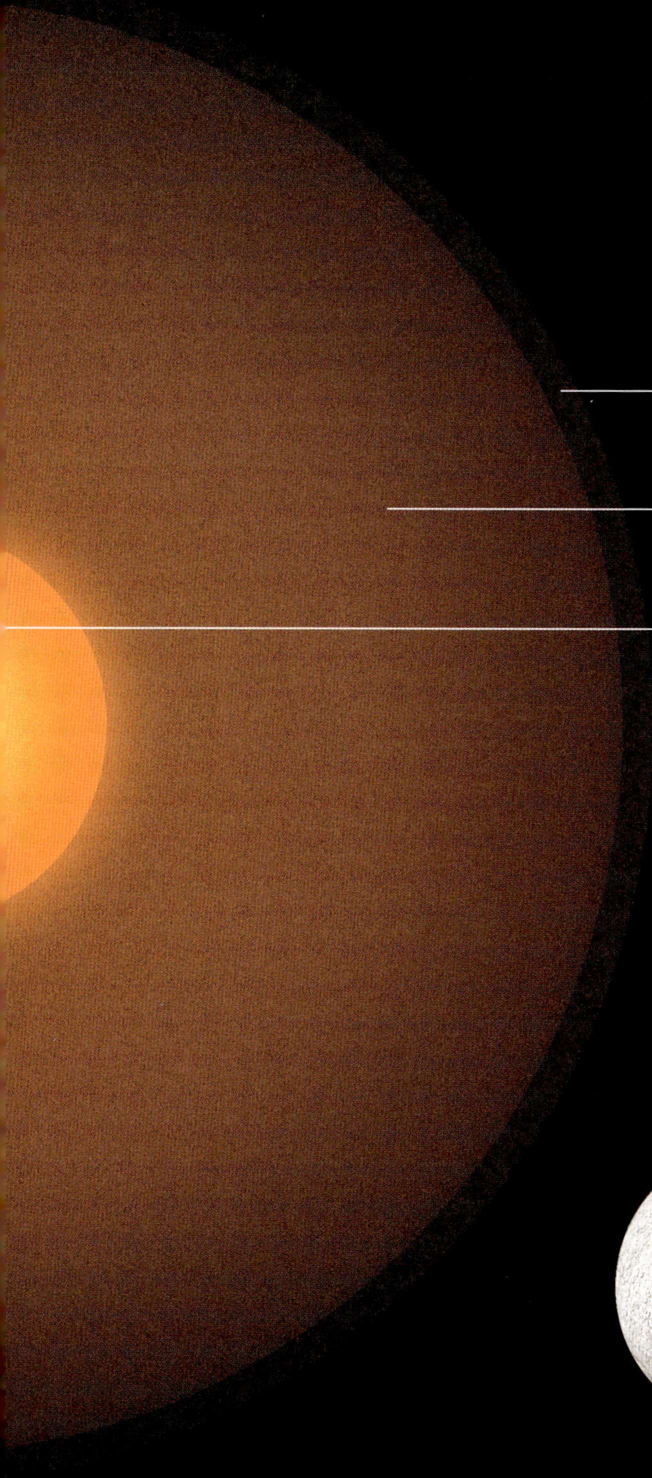

LA STRUCTURE INTERNE DE LA LUNE

L'intérieur de la Lune n'est pas bien connu. Les chercheurs peuvent émettre des hypothèses grâce aux ondes sismiques qu'ont enregistrées les instruments des missions Apollo. Ceux-ci indiquent des séismes à une profondeur d'environ 800 km. Ces tremblements sont si faibles qu'un astronaute sur la Lune ne les ressentirait pas.

La croûte La Lune possède une croûte relativement épaisse. Les cratères d'impact à sa surface témoignent de son âge très ancien. Les mers de la Lune sont des champs de lave qui se sont épanchés il y a plusieurs milliards d'années.

Le manteau La Lune possède un manteau riche en minéraux, mais pauvre en fer et autres métaux. Il s'étend jusqu'à une profondeur de 1 100 km.

Le noyau En analysant le champ magnétique et le champ de pesanteur de la Lune, la sonde Lunar Prospector a décelé la présence d'un noyau de fer dense au centre de l'astre, qui mesurerait 300 km de rayon. La température pourrait y atteindre 1 500 °C. On ignore si ce noyau métallique est solide ou liquide.

TAILLES COMPARÉES

Ganymède (plus gros satellite de Jupiter)

Lune

PARAMÈTRES ORBITAUX

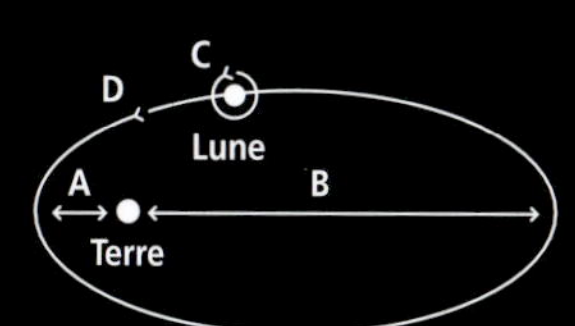

A 356 400 km
B 406 700 km
C rotation en 27,32 jours terrestres
D révolution en 27,32 jours terrestres

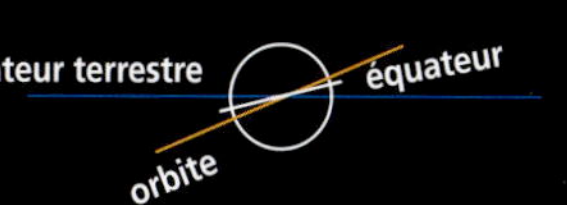

Inclinaison de l'axe de rotation 6,7°
Inclinaison de l'orbite sur l'équateur terrestre 18,3°-28,6°

La surface de la Lune

À l'œil nu, la Lune offre deux types de terrain fortement contrastés : des zones sombres et des zones claires, qui lui donnent l'apparence d'un visage humain. Les régions claires sont appelées *terrae* ou continents. Ces massifs tourmentés, criblés de cratères d'impact, se sont formés durant le premier milliard d'années de l'histoire du système solaire, quand des blocs de la taille d'astéroïdes percutaient les planètes naissantes. Les régions sombres, situées surtout sur la face visible de la Lune, sont les *maria* (*mare* au singulier), ce qui signifie mer en latin. Ce ne sont pas des étendues d'eau, mais de vastes plaines de lave émises par les volcans. Les champs de lave ont submergé et effacé les anciens cratères, et leur surface est restée lisse, car elles ont reçu peu d'impacts depuis leur formation.

FACE VISIBLE

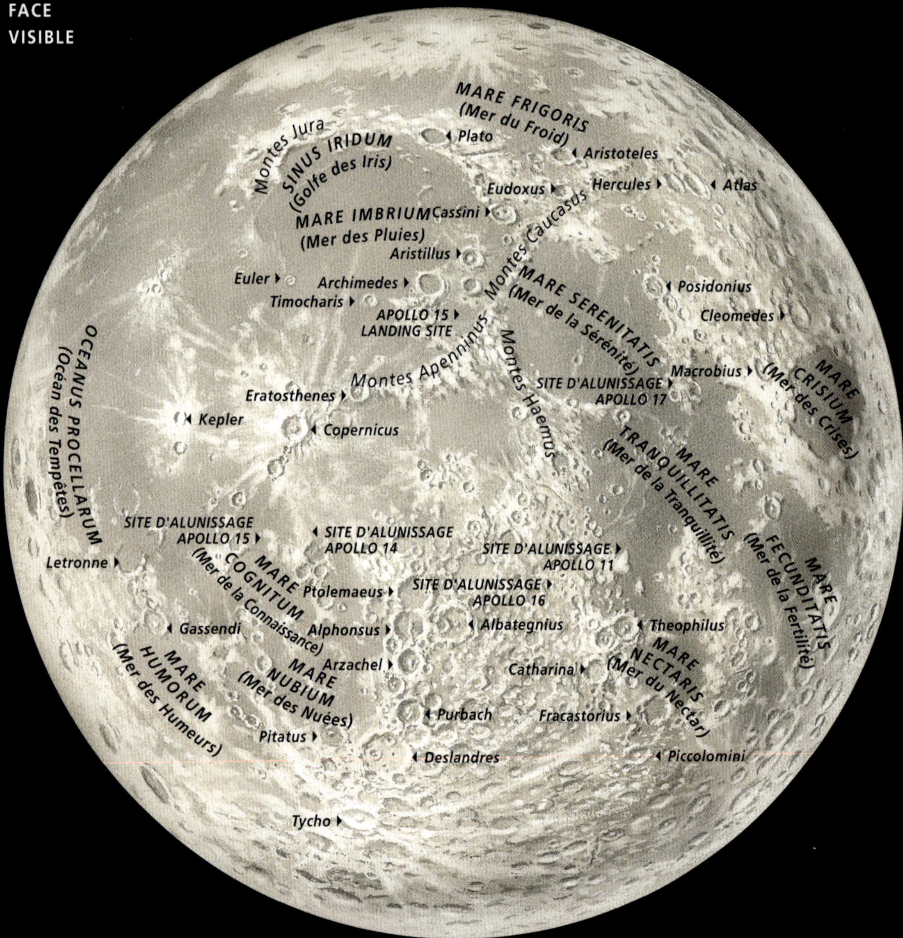

FACE CACHÉE

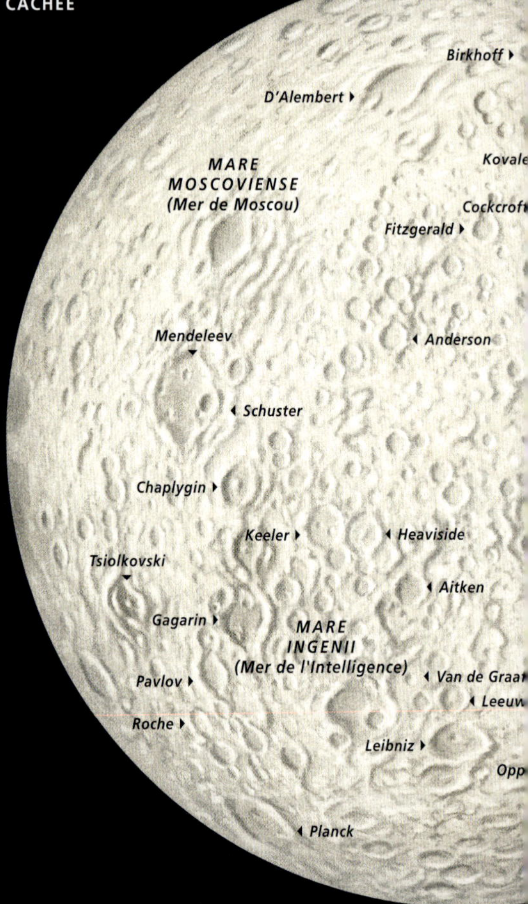

← **Ce paysage lunaire recouvert de rochers** est le résultat d'un fort impact qui a creusé le cratère Camelot il y a environ 70 millions d'années. La déflagration a projeté sur le site des blocs arrachés au sous-sol, qui n'ont pas bougé depuis. La photographie a été prise par les astronautes d'Apollo 17 en 1972, dans la vallée de Taurus-Littrow.

↑ **Cette vue du plateau d'Aristarque** a été prise en 1971 par l'équipage d'Apollo 15 en orbite lunaire. À gauche, le cratère Aristarque. À droite, le cratère Hérodote qui se prolonge par un chenal de lave.

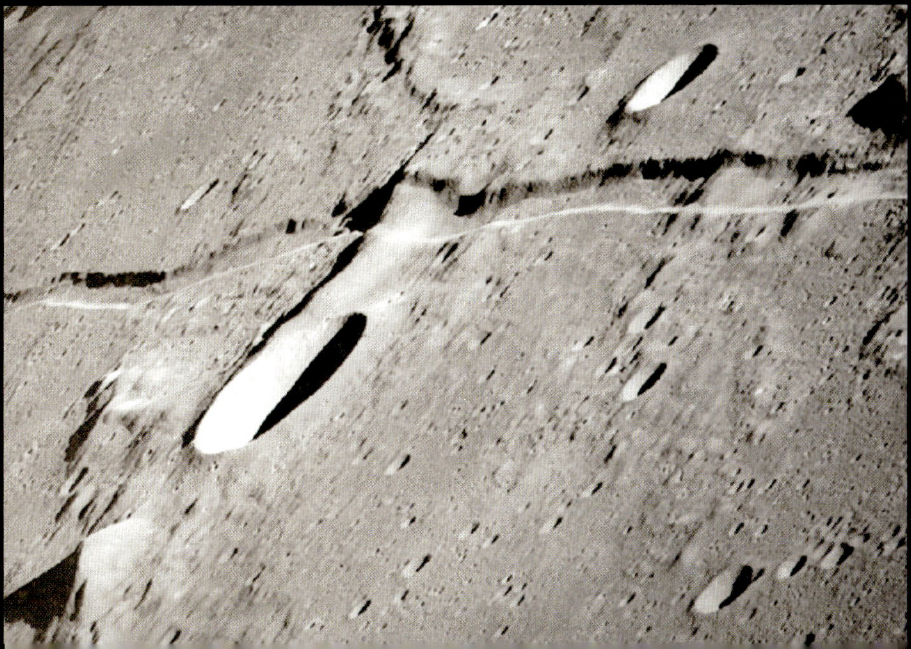

← **Les chenaux lunaires,** découverts au télescope il y a plus de deux siècles, se divisent en deux catégories. Certains chenaux sont rectilignes et d'origine tectonique, d'autres, sinueux et d'origine volcanique.

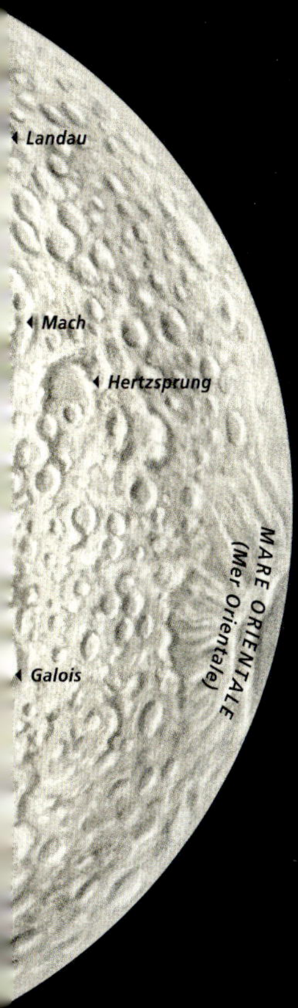

Les phases et les marées

Bien que la Lune soit relativement éloignée de la Terre et son champ de gravité faible, elle parvient à exercer une attraction notable sur notre planète. Ajoutée à l'attraction du Soleil, moins forte car l'astre du jour est beaucoup plus éloigné, l'influence de la Lune fait monter et descendre la surface des océans : ce sont les marées. Quand la Lune est pleine ou nouvelle, c'est-à-dire quand la Lune, la Terre et le Soleil sont alignés, les forces de gravité de la Lune et du Soleil s'additionnent, provoquant les grandes marées. Les pleines mers sont très hautes, et les basses mers, très basses. Lorsque la Lune apparaît comme un quartier, c'est-à-dire lorsque les axes Terre-Lune et Terre-Soleil sont à angle droit, les forces de gravité s'annulent partiellement. Les marées, peu amples, sont appelées mortes-eaux.

LES MARÉES

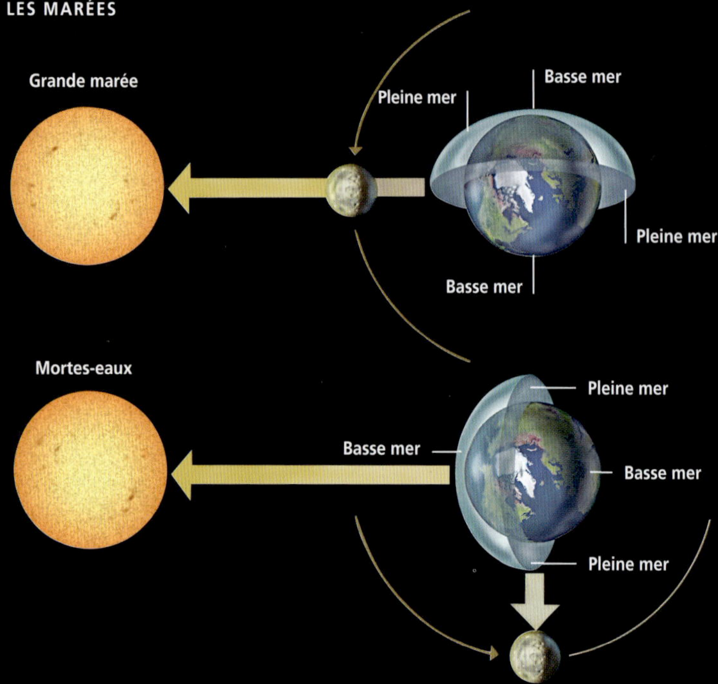

LES MARÉES DU SOLEIL ET DE LA LUNE
Les schémas ci-contre montrent comment les positions du Soleil et de la Lune se combinent pour donner tantôt des grandes marées, tantôt des mortes-eaux. Le Soleil est beaucoup plus massif que la Lune, mais il est 400 fois plus éloigné. Son effet de marée vaut seulement le tiers de l'effet de marée exercé par la Lune. Les grandes marées résultent de l'alignement des trois corps dans l'espace (*en haut*). Quand leurs directions sont perpendiculaires, ce sont les mortes-eaux (*en bas*).

↓ **Ces deux photos montrent** comment les marées peuvent changer l'aspect de la Terre vue du ciel. La première montre la plage de Whitehaven à marée basse, sur l'île de Whitsunday, au nord-est de l'Australie.

↓ **Par contraste, à marée haute,** la mer recouvre le sable et le corail pour former des lagons bleu turquoise. Située à 10 km du continent australien, dans la mer de Corail, l'île de Whitsunday mesure 19 km de long sur 13 de large.

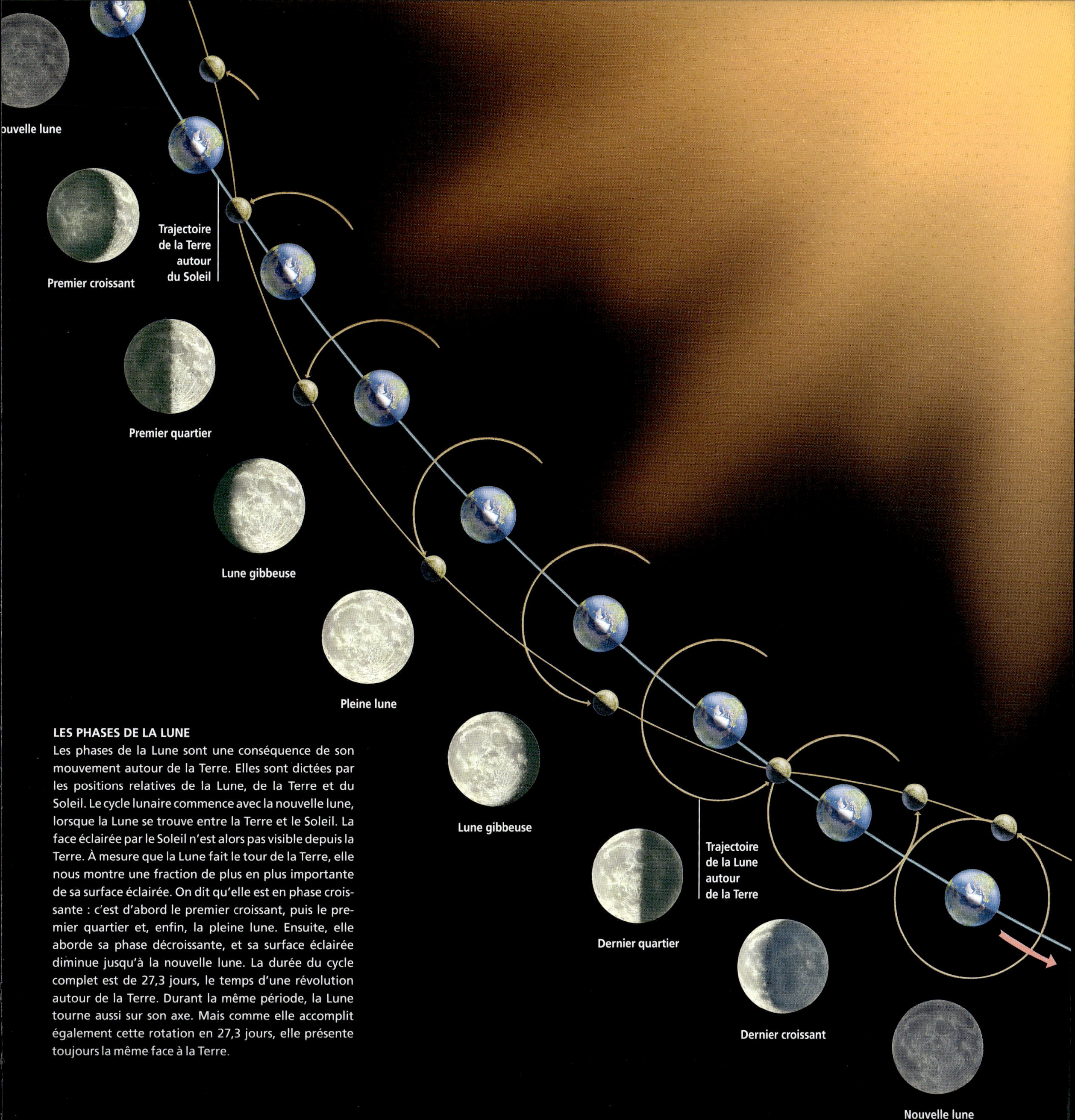

LES PHASES DE LA LUNE

Les phases de la Lune sont une conséquence de son mouvement autour de la Terre. Elles sont dictées par les positions relatives de la Lune, de la Terre et du Soleil. Le cycle lunaire commence avec la nouvelle lune, lorsque la Lune se trouve entre la Terre et le Soleil. La face éclairée par le Soleil n'est alors pas visible depuis la Terre. À mesure que la Lune fait le tour de la Terre, elle nous montre une fraction de plus en plus importante de sa surface éclairée. On dit qu'elle est en phase croissante : c'est d'abord le premier croissant, puis le premier quartier et, enfin, la pleine lune. Ensuite, elle aborde sa phase décroissante, et sa surface éclairée diminue jusqu'à la nouvelle lune. La durée du cycle complet est de 27,3 jours, le temps d'une révolution autour de la Terre. Durant la même période, la Lune tourne aussi sur son axe. Mais comme elle accomplit également cette rotation en 27,3 jours, elle présente toujours la même face à la Terre.

↑ **L'astronaute Jim Irwin** prépare le véhicule *lunar rover* lors de la mission Apollo 15. L'automobile électrique est équipée d'une antenne en forme de parapluie pour communiquer avec la Terre.

← **Les astronautes d'Apollo 14** disposaient d'une brouette à deux roues pour transporter tout leur matériel.

→ **Sur cette photo à contre-jour,** prise lors de la mission Apollo 12, l'astronaute Alan Bean s'éloigne du module lunaire avec quelques instruments scientifiques. Séismographes, magnétomètres et collecteurs de particules nous ont beaucoup appris sur l'intérieur de la Lune et sur son environnement.

→ **Empreintes de pas sur la Lune.** Le sol lunaire est une poudre minérale broyée par les impacts de météorites.

→ **Le géologue Harrison Schmitt,** dernier homme à avoir marché sur la Lune, prélève un échantillon de sol lors de la mission Apollo 17.

Les éclipses de Soleil

Lorsque la Lune passe entre le Soleil et la Terre, son ombre balaie la surface du globe, créant une éclipse. Il y a trois types d'éclipses de Soleil : les éclipses totales, partielles et annulaires. Les éclipses totales se produisent lorsque le disque lunaire cache entièrement le disque solaire. L'ombre projetée est un étroit faisceau au sein duquel l'obscurité sur Terre est totale. Si l'alignement est imparfait, seule une partie du Soleil est cachée : l'éclipse est dite partielle et seule une pénombre balaie la Terre. Enfin, si l'alignement se déroule quand la Lune est sur la partie la plus éloignée de son orbite, son disque apparent est plus petit et ne parvient pas à masquer la totalité du Soleil. Même lorsque l'alignement est parfait, l'éclipse est annulaire.

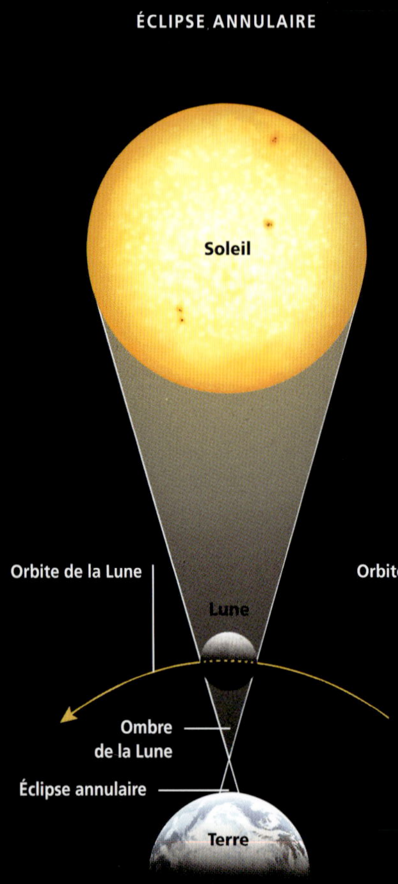

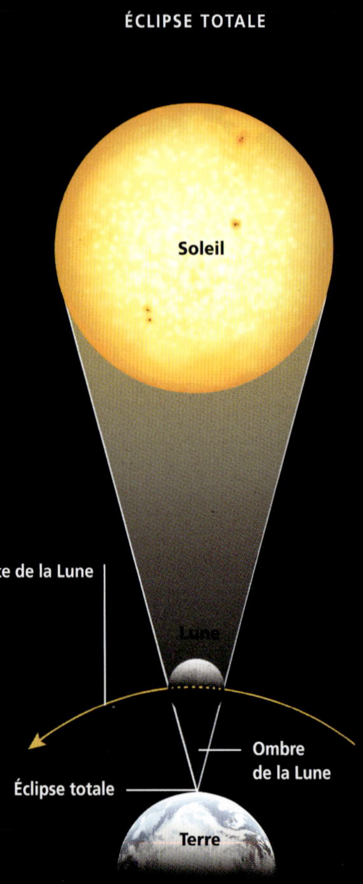

← **Une éclipse totale de Soleil** – ici, celle du 11 août 1999 – est la seule opportunité d'admirer l'atmosphère du Soleil, sa couronne. Ses flots de particules sont canalisés par un puissant champ magnétique.

→ **En 1973, en Mauritanie,** des observateurs se préparent à admirer une éclipse totale de Soleil qui va durer 6 minutes et 20 secondes, une durée proche du maximum théorique de 7 minutes et 31 secondes.

↓ **Le déroulement d'une éclipse partielle** de Soleil apparaît sur cette pose photographique. On voit le disque lunaire mordre le bord de l'astre du jour.

OBSERVER UNE ÉCLIPSE DE SOLEIL

Une éclipse totale de Soleil est la seule occasion pour un observateur de regarder directement l'astre du jour à l'œil nu. Toutefois, avant la phase de totalité et lorsque l'éclipse est encore partielle, il est impératif de se protéger les yeux avec des lunettes filtrantes, spécialement conçues à base de Mylar. Même durant une éclipse annulaire, l'éclat du Soleil est trop aveuglant pour que l'on se risque à le regarder sans lunettes spéciales. C'est seulement durant les quelques minutes d'obscurité totale qu'il est possible d'enlever ses lunettes et de contempler l'atmosphère flamboyante du Soleil. Il convient de remettre ses lunettes dès la fin de cette phase de totalité.

↑ **Lors d'une éclipse annulaire,** la Lune est au plus loin de la Terre, et son disque apparent est trop petit pour cacher la totalité du Soleil. Le pourtour de l'astre s'orne d'un collier de lumière.

Les éclipses de Lune

Lorsque la Lune passe directement entre la Terre et le Soleil, une éclipse de Soleil se produit. La Terre peut aussi passer exactement entre le Soleil et la Lune, et projeter son ombre sur elle, créant une éclipse de Lune. L'ombre projetée par la Terre est relativement large et les éclipses de Lune peuvent durer plus d'une heure. Cette ombre comporte deux composantes, comme pour les éclipses de Soleil : une ombre profonde au centre et une pénombre à sa périphérie. Lorsque la Lune se trouve dans l'ombre profonde, l'éclipse est totale. Toutefois, la face de la Lune est encore visible, quoique très sombre et généralement de teinte rougeâtre. Cet éclairage tamisé est créé par l'atmosphère de la Terre qui filtre et diffuse la lumière du Soleil devant lequel notre globe transite. Si la Lune ne passe que dans la pénombre de la Terre, son éclat ne baisse que légèrement.

→ **Cette pose photographique** montre le déroulement d'une éclipse partielle de Lune : elle passe dans la pénombre de la Terre.

← **Ce montage photographique** reproduit une éclipse partielle de Lune, alors qu'elle glisse à travers l'ombre de la Terre.

→ **Durant une éclipse partielle,** la Lune a une couleur cuivrée. Elle reçoit, en effet, la fraction de lumière solaire qui transite par notre atmosphère.

ÉCLIPSE TOTALE

OBSERVER LES ÉCLIPSES DE LUNE

Il est plus facile d'observer des éclipses de Lune que des éclipses de Soleil, bien qu'il y en ait autant chaque année. Pourquoi ? Parce que les éclipses de Soleil balaient des régions limitées du globe, alors que les éclipses de Lune sont visibles depuis des continents entiers. Le schéma ci-dessus montre la géométrie d'une éclipse de Lune : elle survient lorsque la Lune traverse l'ombre de la Terre. La durée théorique maximale d'une éclipse de Lune est de 1 heure 47 minutes. Ces éclipses sont spectaculaires aussi bien à l'œil nu qu'aux jumelles. La Lune se pare d'une lueur rougeâtre au cours d'une éclipse partielle, car la lumière du Soleil est filtrée par l'atmosphère de la Terre. Lors d'une éclipse totale, elle revêt un aspect gris sombre cuivré, voire rouge brique.

Météores et cratères d'impact

Les météores sont des phénomènes atmosphériques lumineux, qui se créent lorsque la Terre, dans sa course autour du Soleil, rencontre des particules de poussière. Ces particules excitent les gaz de la haute atmosphère et y créent de brèves lueurs. On appelle ces objets des météroïdes : ce sont pour la plupart des débris de comètes et d'astéroïdes de la taille de grains de sable ou de poussière. Lorsqu'ils créent une traînée lumineuse dans l'atmosphère, on les appelle des étoiles filantes. S'ils ont la taille de cailloux ou de rochers, des fragments parviennent jusqu'au sol : ce sont les météorites. Enfin, si l'objet est plus gros qu'une maison, il gardera une telle vitesse qu'il se volatilisera en touchant le sol : la déflagration creusera alors un cratère d'impact.

LES PRINCIPAUX CRATÈRES D'IMPACT

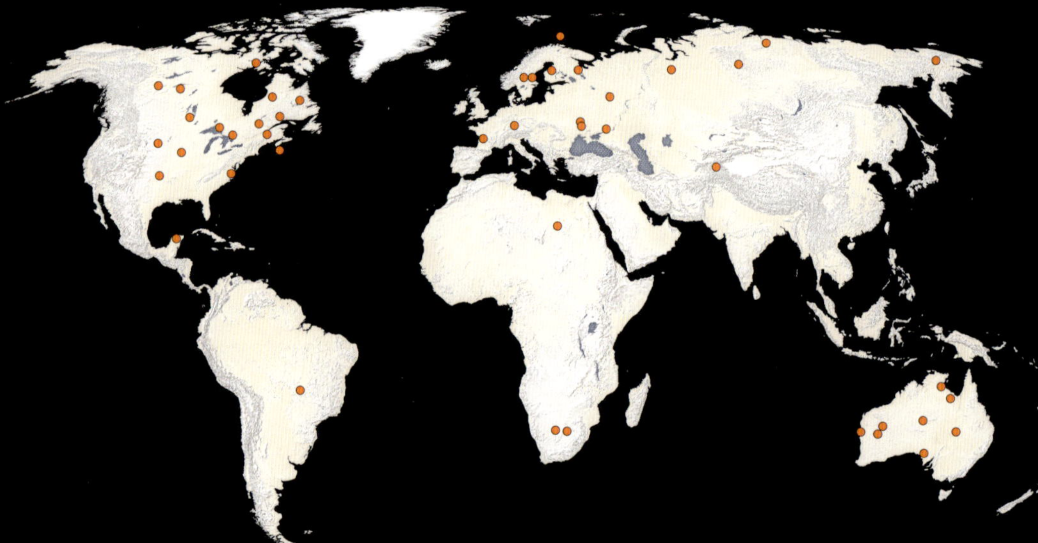

↑ **Cette pose photographique a enregistré** la trace d'une brillante étoile filante, appelée bolide, alors qu'une aurore boréale illumine l'horizon.

↖ **Les cratères d'impact sont rares à la surface de la Terre,** car ils sont effacés par l'érosion en un laps de temps court à l'échelle des temps géologiques. Près de 150 cratères ont été recensés à ce jour, mais d'autres restent à découvrir. Sur cette carte sont indiqués les emplacements des principaux sites.

← **L'un des cratères d'impact les mieux conservés** est le Meteor Crater (ou Barringer), situé près de Flagstaff en Arizona (États-Unis). Il mesure 1,2 km de diamètre et 175 m de profondeur, et a été formé il y a 50 000 ans. Le projectile, composé principalement de fer, devait mesurer 50 m de diamètre.

← **Une étoile filante illumine le ciel.** Elle fait partie des Léonides, une pluie d'étoiles filantes qui s'abat sur la Terre au milieu du mois de novembre. Ces projectiles sont des essaims de poussières abandonnées par la comète Tempel-Tuttle, que la Terre croise chaque année au moment de sa ronde autour du Soleil. Les autres arcs lumineux figurant sur la photographie sont des étoiles, étirées par le temps de pose.

Les astéroïdes

Entre les orbites de Mars et de Jupiter circulent des astéroïdes. Leur taille est variable, allant du petit rocher à une miniplanète. De forme irrégulière, ils sont composés de minéraux, de métal ou de carbone. Les astéroïdes sont très vieux et criblés de cratères d'impact. Les astronomes ont d'abord fait peu de cas de ces objets insolites, mais ils leur accordent aujourd'hui la plus grande attention. Ce sont, en effet, de précieux fragments rescapés du processus d'accrétion qui présida à la formation des planètes voilà 4 600 millions d'années. Le premier astéroïde découvert fut Cérès, en janvier 1801. C'est aussi le plus gros : il mesure environ 950 km de diamètre. Les astéroïdes n'ont pas pu s'agréger pour former une planète, en raison de la proximité de Jupiter, dont le champ de gravité a perturbé et dispersé les blocs.

↓ **L'astéroïde Ida** photographié ici par la sonde américaine Galileo. Il est accompagné d'une petite lune, Dactyl, invisible sur cette image. Ida mesure 52 km de long, alors que Dactyl ne dépasse pas 1,6 km.

↑ **Mathilde est un gros astéroïde** qui mesure 59 km de long et 47 km de large. Sa surface criblée de cratères est très sombre : il ne réfléchit que 4 % de la lumière solaire. L'objet tourne sur lui-même en 17 jours.

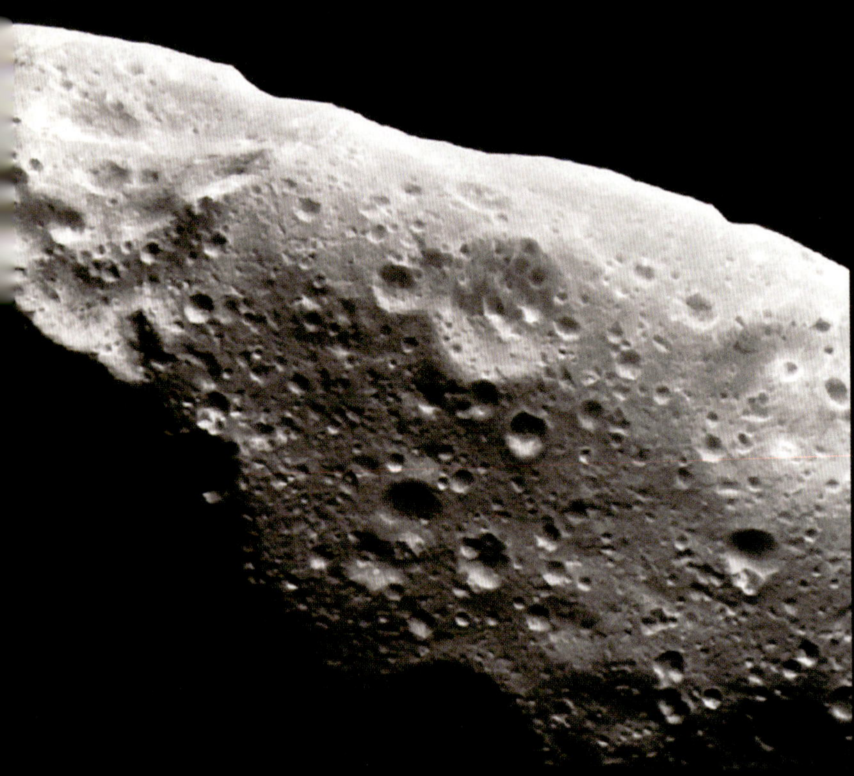

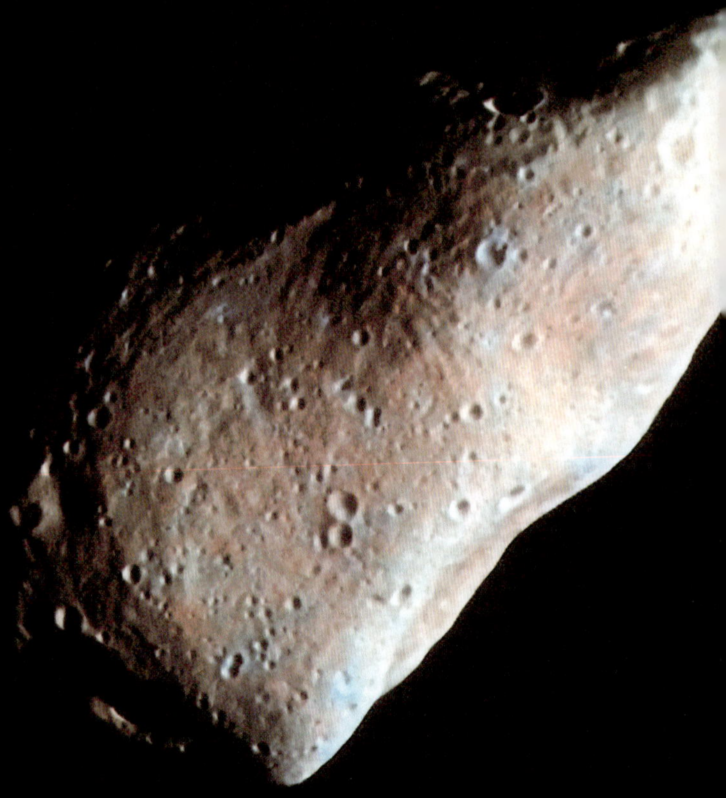

← **Gaspra a été le premier astéroïde photographié** par une sonde spatiale, en l'occurrence Galileo, le 29 octobre 1991. Il mesure 19 x 12 x 11 km, et sa période de rotation est d'environ 7 heures. Gaspra, comme les autres astéroïdes, est façonné par les cratères d'impact : sur cette image, on dénombre plus de 600 cratères d'un diamètre compris entre 100 et 500 m. Ce petit monde présente également des sillons rectilignes, larges de 100 à 300 m, qui sont vraisemblablement des fractures créées par la rencontre de Gaspra avec d'autres astéroïdes. Des sillons similaires ont été photographiés sur Phobos, lune de Mars, et attribués à un processus de collision identique.

LA CEINTURE DES ASTÉROÏDES

La plupart des astéroïdes circulent autour du Soleil entre les orbites de Mars et de Jupiter. Cette zone, située entre 2,15 et 3,3 unités astronomiques du Soleil (l'unité astronomique vaut 150 millions de kilomètres), s'appelle la ceinture des astéroïdes. Sur la bordure interne de la ceinture, les astéroïdes mettent environ trois ans à boucler une orbite, alors que, sur la bordure externe, la période de révolution est deux fois plus longue. Plusieurs zones au sein de la ceinture ne contiennent pas d'astéroïdes : connues sous le nom de lacunes de Kirkwood, elles sont sous l'influence de Jupiter qui en chasse les objets. Le nombre total d'astéroïdes est élevé, mais leur masse combinée n'atteint pas le vingtième de la masse de la Lune. Les astéroïdes entrent parfois en collision, mais leur éparpillement est tel qu'un observateur établi sur l'un d'entre eux pourrait passer une vie entière sans en repérer un autre à l'œil nu, contrairement à ce que suggère cette vue d'artiste. Le volume d'espace que représente la ceinture des astéroïdes est, en effet, considérable. Les astéroïdes ont des périodes de rotation relativement lentes, de l'ordre de plusieurs heures à plusieurs jours, alors que, dans les films de science-fiction, on les représente tournant sur eux-mêmes en seulement quelques secondes.

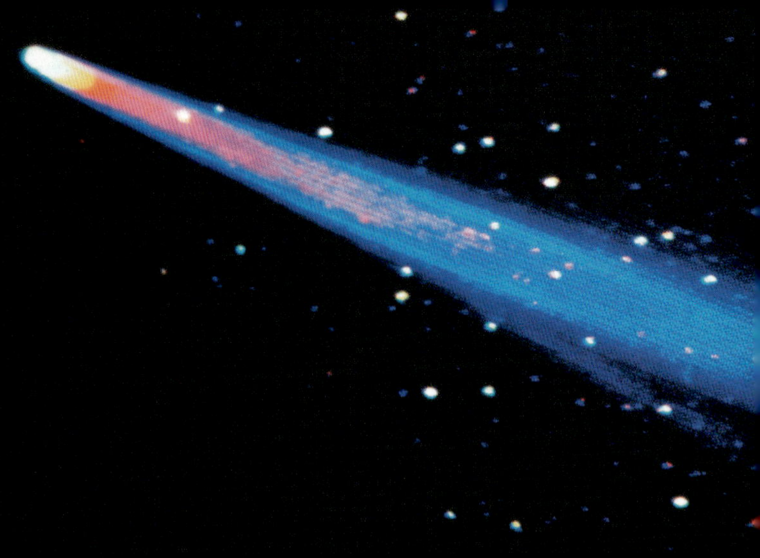

Les comètes

Les comètes figurent parmi les corps les plus primitifs du système solaire : ce sont des résidus glacés du disque d'accrétion planétaire, vieux de 4 600 millions d'années, des agrégats de roche et de glace, larges de quelques centaines de mètres à plusieurs kilomètres. Bien qu'elles soient surtout connues pour leurs queues étincelantes, qui peuvent s'étendre sur 150 millions de kilomètres, les comètes n'en possèdent pas la plupart du temps ! Elles circulent à grande distance du Soleil et restent gelées et discrètes. C'est seulement lorsque leur orbite les dirige vers le Soleil que l'on voit les comètes se transformer. La chaleur vaporise leur surface, et les particules de glace et de poussière forment une chevelure lumineuse, prolongée par une queue étirée dans l'espace par le vent solaire.

↓ **Ce schéma représente les trajectoires** de quatre comètes parmi les plus connues : Encke, Hyakutake, Hale-Bopp et Halley. Toutes ont des orbites elliptiques allongées, inclinées fortement par rapport à l'écliptique, le plan de l'orbite de la Terre autour du Soleil.

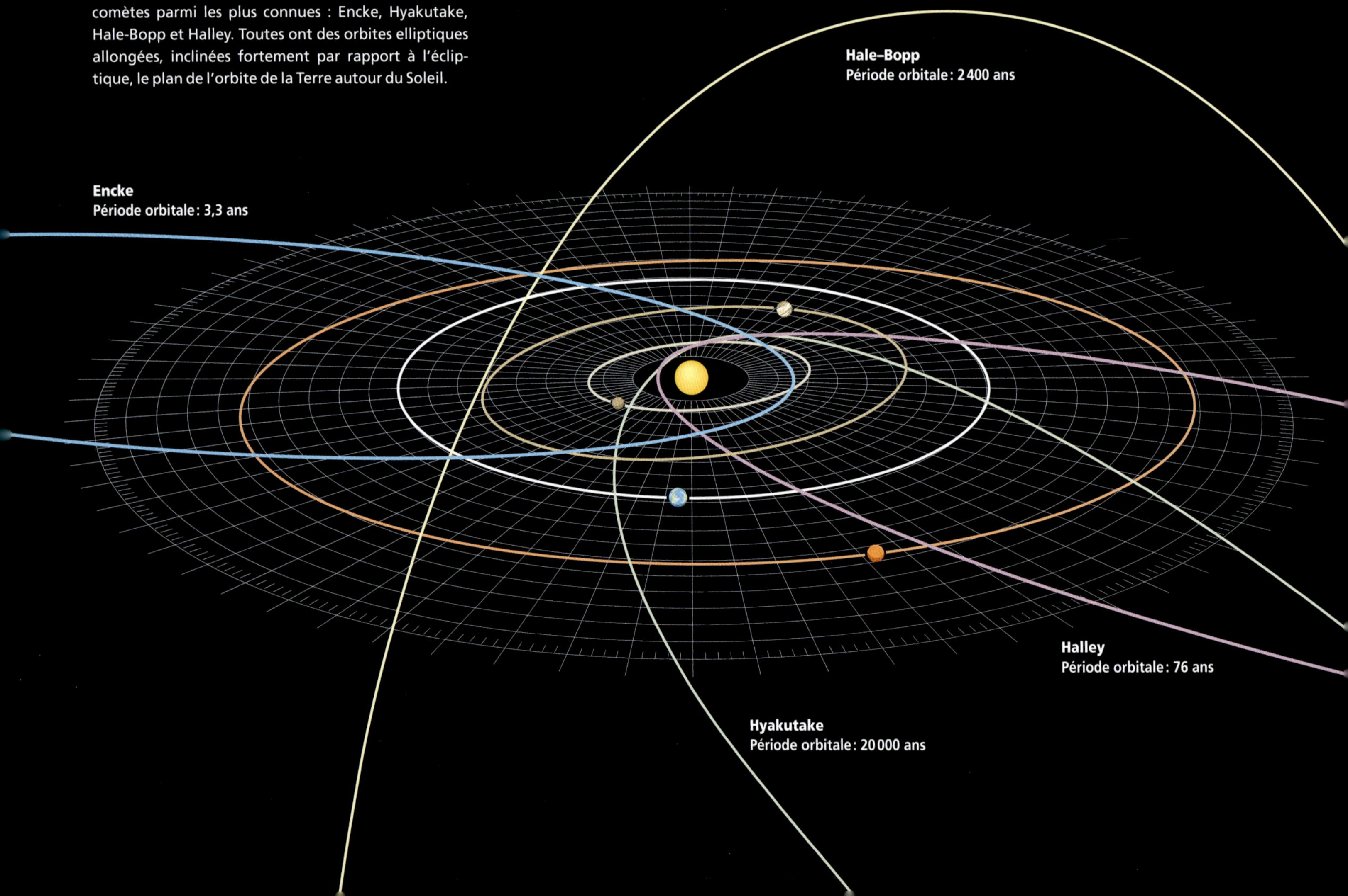

← **Halley est la comète la plus célèbre.** Elle visite périodiquement le système solaire interne, tous les 76 ans. Le dernier passage a eu lieu en 1985-1986.

→ **Les comètes sont vraisemblablement des agrégats** de blocs de glace, riches en poussière, cimentés par une matrice poreuse faite des mêmes ingrédients.

↓ **La dernière comète brillante en date, Hale-Bopp,** a atteint une magnitude de – 0,5 lors de sa visite en 1997. Sa queue s'étendait sur 20° du ciel et mesurait près de 150 millions de kilomètres de longueur.

Au-delà de Pluton

Pluton est la planète la plus éloignée du Soleil, mais elle ne représente pas pour autant la frontière du système solaire. Au-delà de Pluton commence, en effet, une vaste région peuplée de comètes. Nous ne voyons les comètes que lorsqu'elles se rapprochent du Soleil et développent une queue étincelante. Mais des milliards de comètes invisibles séjournent en marge du système solaire à l'intérieur de deux zones qui forment deux grands réservoirs.

Il existe deux familles de comètes : celles à longue période, qui font le tour du Soleil en plus de 200 ans, et celles à courte période. Les premières ont des orbites très inclinées par rapport au plan de circulation des planètes, appelé écliptique. Leurs trajectoires sont tellement variées qu'il est probable qu'elles appartiennent à un vaste nuage sphérique qui enveloppe le système solaire comme un cocon. Ce réservoir est connu sous le nom de nuage de Oort. Les astronomes s'accordent sur l'existence d'un plus petit réservoir, en forme de tore, qui est la source des comètes à courte période : c'est la ceinture de Kuiper.

↑ **Jan Hendrik Oort** (1900-1992), astronome néer landais, été le premier à évoquer l'existence d'ur réservoir de comètes qu porte aujourd'hui sor nom : le nuage de Oort Invisible, ce nuage es révélé par les trajectoire variées des comètes à longue période.

← **En 1951, Gerard Pieter Kuiper** (1905-1973) pen sait qu'il existait une ceinture de comètes en forme de tore, au-delà de l'orbite de Plutor L'astronome Kenneth Ec geworth a formulé une hypothèse similaire, de sorte que cette régior s'appelle la ceinture d'Edgeworth-Kuiper.

VUE EN COUPE DU NUAGE DE OORT

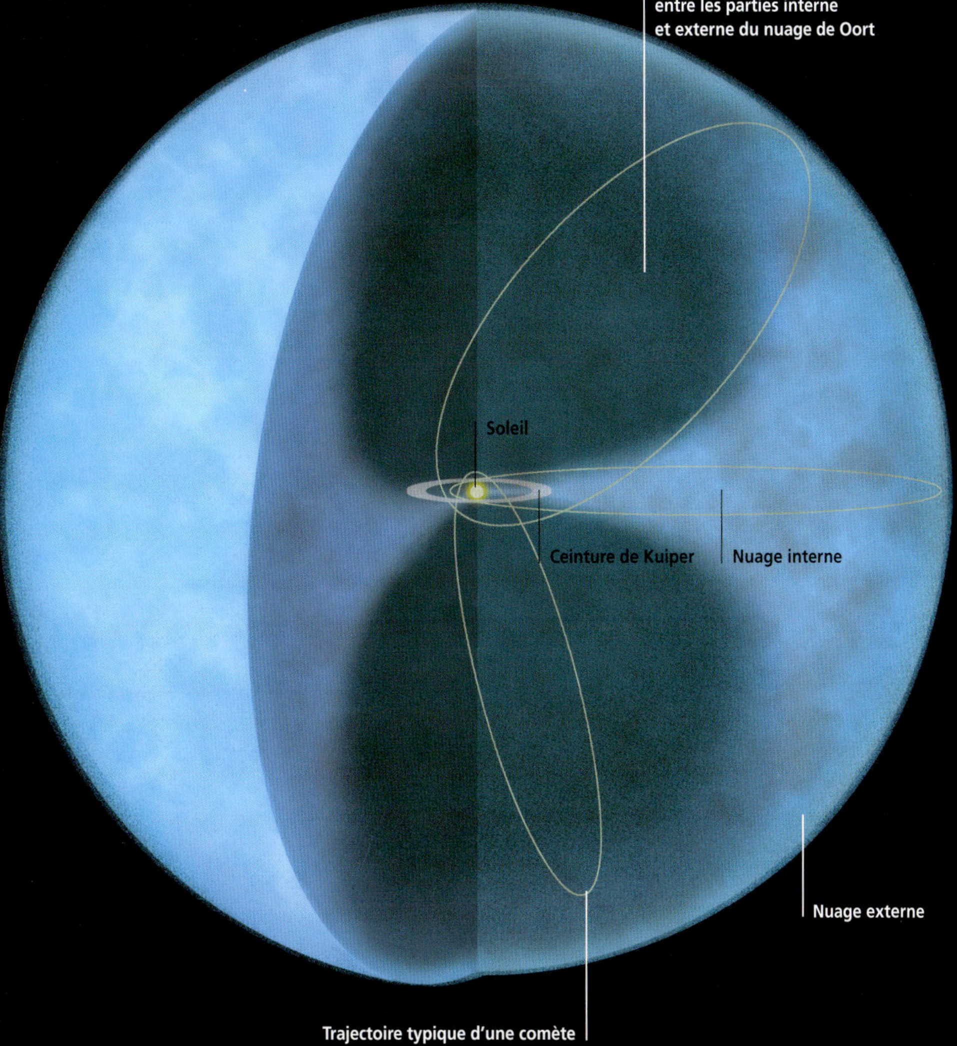

LE NUAGE DE OORT

Lorsqu'elle passe près du Soleil, une comète perd une partie de sa masse, qui se volatilise en gaz et en poussière. Au fil des passages, elle devrait fondre complètement en quelques dizaines de milliers d'années. Pourtant, le système solaire existe depuis des milliards d'années, et les comètes n'ont pas disparu. Comment résoudre ce paradoxe ? La réponse a été formulée par l'astronome Jan Hendrik Oort : un vaste réservoir de comètes en hibernation entoure le Soleil, dont le diamètre avoisine 2 années-lumière. Comme le Soleil se déplace dans la Voie lactée, dont il fait le tour en 220 millions d'années environ, il lui arrive de passer près d'autres étoiles qui le soumettent à des forces de marée. Durant ces périodes de perturbation, des comètes sont délogées du nuage de Oort et propulsées vers l'intérieur du système solaire. Elles semblent venir de toutes les directions de l'espace, avec des orbites fortement inclinées, puisque le nuage de Oort est sphérique. Si les comètes existent encore aujourd'hui, c'est grâce à l'importance de ce réservoir.

↓ **Quaoar :** situé dans la ceinture de Kuiper, c'est le plus gros objet détecté à ce jour, en 2002. C'est aussi l'objet le plus distant photographié dans le système solaire, révélé ici dans une image multipose. Il est deux fois plus petit que Pluton.

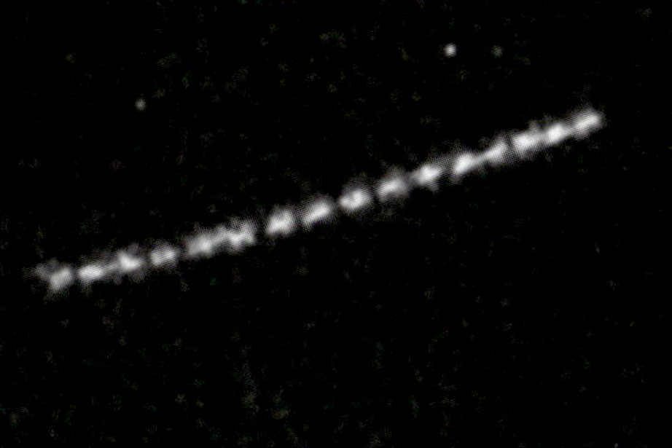

LA CEINTURE DE KUIPER

Certaines comètes, comme celle de Halley, ont de courtes périodes orbitales. Leurs trajectoires sont peu inclinées sur le plan de l'écliptique, à la différence des comètes à longue période qui ont des trajectoires plus aléatoires. Ces comètes ont des caractéristiques si différentes qu'elles ne peuvent appartenir à la même famille. Pour les astronomes, ces comètes à courte période proviennent d'un réservoir en forme de tore qui est situé au-delà de Neptune et Pluton : la ceinture de Kuiper. On y découvre des centaines d'objets glacés, dont certains rivalisent en taille avec nos plus gros astéroïdes. On les appelle objets de la ceinture de Kuiper (KBO) ou objets transneptuniens (TNO). Le diamètre de cette ceinture ne dépasse pas quelques dizaines de milliards de kilomètres. Le nuage de Oort, par comparaison, est 1 000 fois plus large.

Les étoiles et les galaxies

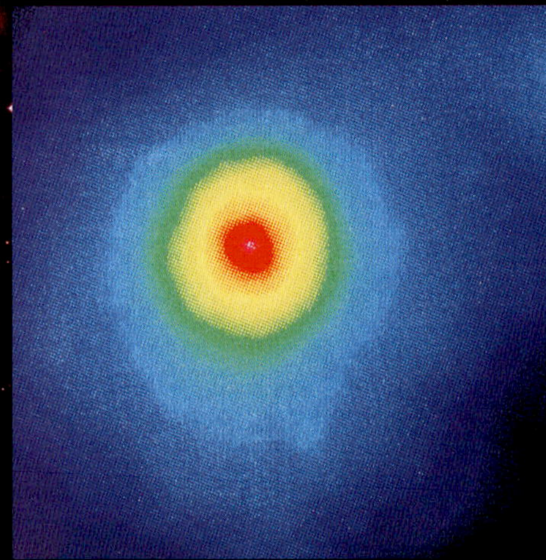

Page précédente La nébuleuse du Cône est une véritable pépinière d'étoiles : elle regorge d'étoiles bleues, nouvellement formées.

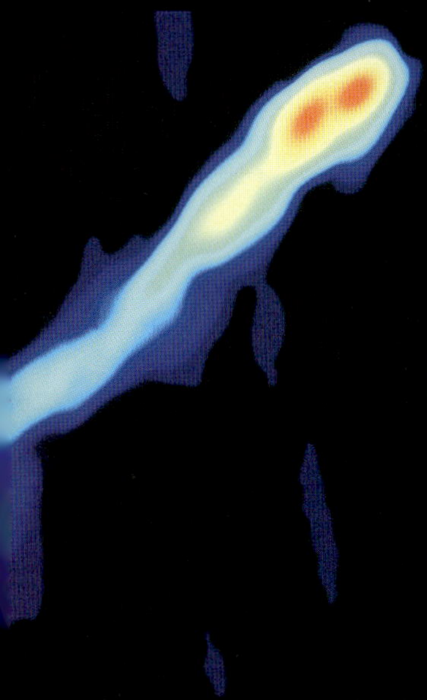

Les étoiles et les galaxies

Au-delà du système solaire, les chiffres deviennent, c'est le cas de le dire, astronomiques. Notre galaxie contient des milliards d'étoiles. Certaines sont regroupées en amas, d'autres sont entourées de nuages de gaz appelés nébuleuses. Et au-delà de la Voie lactée existent des centaines de milliards d'autres galaxies.

Les nuages interstellaires

La Voie lactée, notre galaxie, ne contient pas uniquement des étoiles et des planètes. Elle renferme aussi de la matière première pour fabriquer de nouveaux astres : les nébuleuses. Ces nuages interstellaires ont des tailles et des couleurs variées. Les plus petites sont des taches denses et sombres, appelées globules, dont le diamètre est de l'ordre d'une année-lumière. Les grands nuages moléculaires sont 100 fois plus importants et contiennent assez de matière pour fabriquer des dizaines de millions d'étoiles. Tous ces nuages sont composés de gaz, en particulier de l'hydrogène moléculaire (H_2) et de l'hélium, ainsi que des grains de poussière à base de carbone et de silicium. Lorsqu'une nouvelle étoile se forme dans une nébuleuse, la lumière de l'astre ionise les gaz et crée une luminescence : on les appelle régions HII. D'autres nébuleuses réfléchissent simplement la lumière d'étoiles proches.

↓ **Les nuages moléculaires** n'émettent pas de lumière visible. Ils apparaissent sous forme de nuages sombres, tranchant sur l'arrière-fond lumineux des étoiles, comme le révèle cette spectaculaire image de la nébuleuse de l'Aigle. Ces objets sont nombreux. Les plus petits sont appelés globules : ce sont de véritables cocons au sein desquels de nouvelles étoiles peuvent se créer.

← **Certains nuages interstellaires** n'émettent pas de lumière propre. Ils ne font que réfléchir ou diffuser la lumière d'étoiles et d'autres nébuleuses proches. On les appelle nébuleuses par réflexion. La lumière résultante est souvent bleue, à cause du même phénomène de diffraction qui rend bleu le ciel de la Terre.

↓ **Lorsqu'elle naît,** une nouvelle étoile émet un intense rayonnement ultraviolet qui irradie le reste de la nébuleuse. Les gaz excités émettent alors une lumière colorée due à un phénomène de fluorescence.

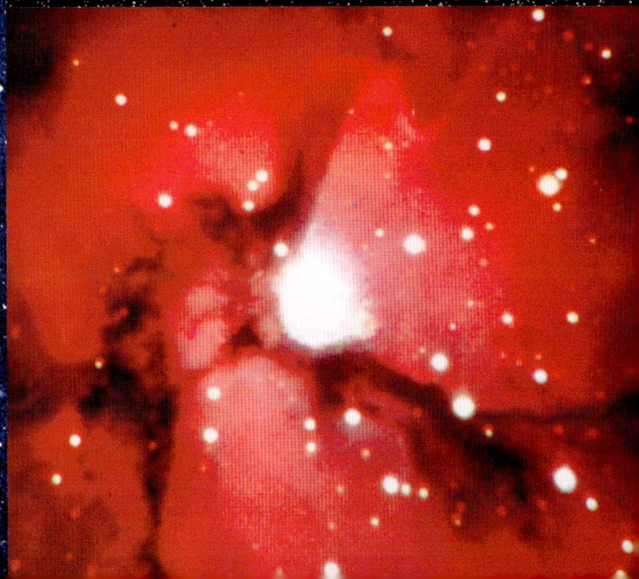

Qu'est-ce qu'une étoile ?

Une étoile est une vaste boule de gaz ionisé, formée principalement des deux éléments les plus abondants de l'Univers, l'hydrogène et l'hélium. Ces boules de gaz tendent à s'effondrer sous leur propre poids : c'est le processus de la contraction gravitationnelle. Toutefois, une pression est aussi exercée de l'intérieur vers l'extérieur par les réactions nucléaires qui se produisent en leur sein. L'équilibre entre ces deux forces donne aux étoiles leurs dimensions propres. Les réactions nucléaires au cœur d'une étoile sont causées par les fortes températures et pressions qui y règnent. Les noyaux d'hydrogène entrent en collision pour créer des noyaux d'hélium : c'est le processus de fusion, tel qu'il est mis en œuvre dans les bombes thermonucléaires. Une étoile peut ainsi briller pendant des milliards d'années. Quant à sa couleur, elle dépend de sa température de surface. Ainsi, notre Soleil (*représenté ci-dessous en ultraviolet*) est une étoile jaune, de taille moyenne.

Les étoiles naissent dans les nuages moléculaires qui sont de grandes étendues de gaz, comme la nébuleuse de l'Aigle (*à droite*). Dans ces nuages, certaines régions sont plus denses que d'autres et attirent par gravité les gaz présents alentour. Il en résulte un globule qui se contracte pour devenir une protoétoile. Cette contraction entraîne une rotation de plus en plus rapide, ainsi qu'une augmentation de la température et de la pression jusqu'au déclenchement des réactions thermonucléaires : une étoile est née.

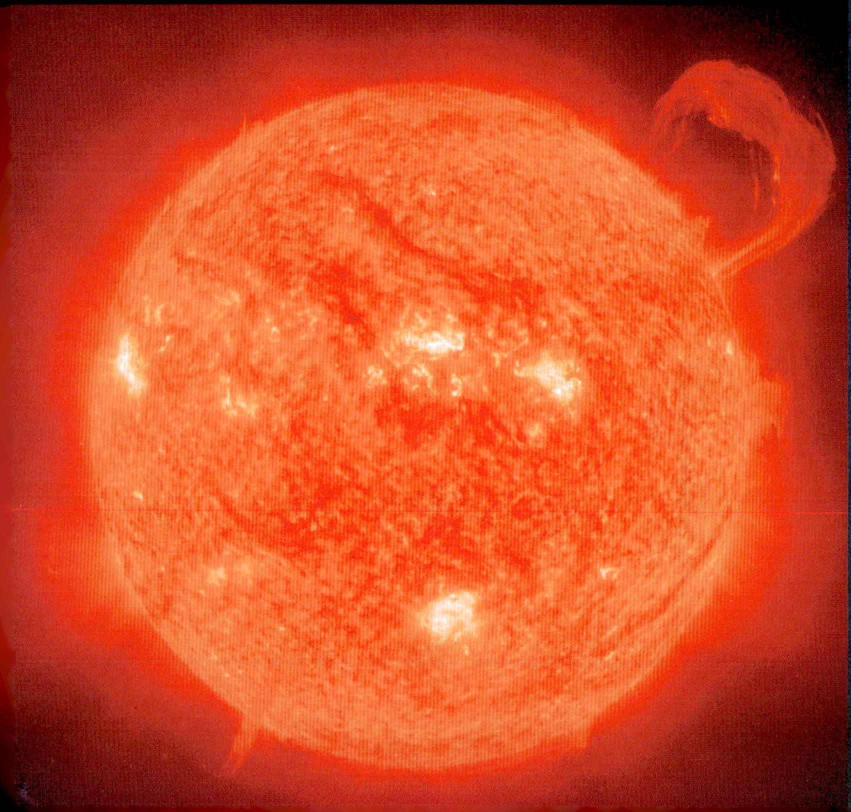

LES ÉTOILES GÉANTES

Par rapport aux autres étoiles, le Soleil est de taille moyenne. Son diamètre est comparable à celui de Sirius A, la plus brillante étoile du ciel. Rigel, dans la constellation d'Orion, est nettement plus grosse et 50 000 fois plus lumineuse. Mais il existe des étoiles bien plus volumineuses encore : les supergéantes rouges, telle Antarès dans la constellation du Scorpion.

LES ÉTOILES NAINES

De nombreuses étoiles sont beaucoup plus petites que notre Soleil, à commencer par les étoiles les plus courantes : les naines rouges. Proxima Centauri, l'étoile la plus proche du Soleil, est une naine rouge. Les naines blanches, comme Sirius B, sont encore plus petites, comparables en taille à la Terre. Mais le record appartient aux étoiles à neutrons, qui ne dépassent pas une cinquantaine de kilomètres de diamètre.

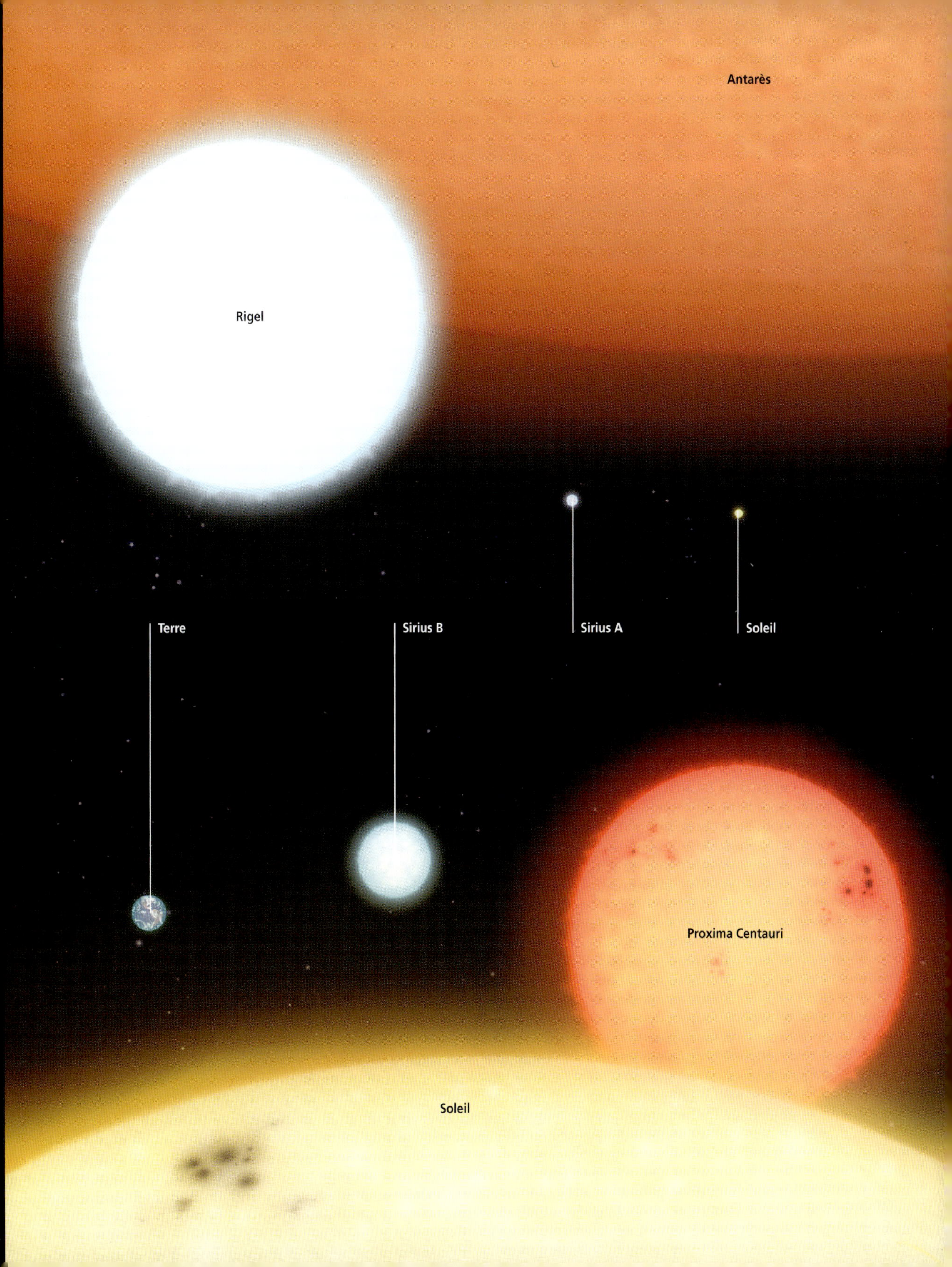

La vie d'une étoile

Les étoiles évoluent au fil du temps. Pendant la plus grande partie de leur vie, elles restent dans une fourchette de température et de luminosité bien délimitée, que l'on appelle la séquence principale. À ce stade, elles transforment leur hydrogène en hélium par fusion nucléaire. Cette énergie crée une pression vers l'extérieur, alors que la gravité entraîne une contraction : les deux forces s'équilibrent. Lorsque l'hydrogène s'épuise, les réactions nucléaires s'amenuisent : la gravité prend le dessus et force l'étoile à se contracter. Pression et température augmentent et les réactions nucléaires reprennent. Ce changement de régime chauffe et dilate les couches externes de l'étoile qui devient alors une sous-géante. Survient un nouvel épisode de contraction puis de dilatation de ses couches externes. L'étoile devient une géante ou une supergéante rouge. Enfin, son cœur continuant à se contracter, elle finit en une naine blanche, en une étoile à neutrons ou en un trou noir.

↑ **L'amas ouvert du Papillon (M6),** dans la constellation du Scorpion, contient une multitude d'étoiles au stade de leur séquence principale.

LE DIAGRAMME DE HERTZSPRUNG-RUSSELL
Le diagramme de Hertzsprung-Russell représente la luminosité d'une étoile en fonction de sa température. Il porte le nom des deux astrophysiciens qui l'ont élaboré : Ejnar Hertzsprung et Henry Russell. Lorsqu'ils ont inscrit les étoiles dans un tel diagramme, Hertzsprung et Russell se sont aperçus que la plupart d'entre elles dessinaient une courbe en forme de S, courant du coin supérieur gauche du diagramme (étoiles chaudes et lumineuses) au coin inférieur droit (étoiles froides et sombres). Cette courbe constitue la séquence principale où les étoiles se rangent selon leur masse et leur température, qui déterminent leur luminosité. Les géantes, supergéantes et naines blanches occupent d'autres régions du diagramme. Les étoiles sont aussi classées par type spectral, c'est-à-dire par couleur, ce qui équivaut à leur température. Des plus chaudes aux plus froides, on distingue ainsi sept types spectraux, représentés par les lettres O, B, A, F, G, K et M.

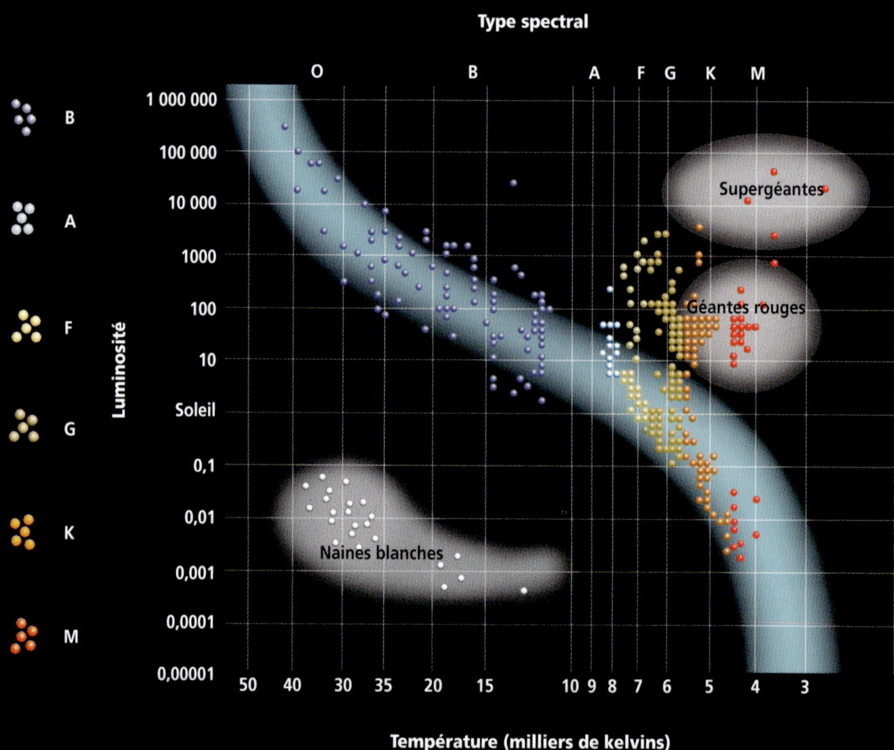

CYCLE DE VIE

Ce schéma représente l'évolution de deux types d'étoiles : une étoile massive et bleue (*à gauche*) et une étoile jaune comme le Soleil (*à droite*). Malgré le fait qu'elle soit plus massive, l'étoile bleue épuise son hydrogène bien plus rapidement. Sa masse comprime en effet son hydrogène à de telles pressions que les réactions thermonucléaires y sont accélérées. En à peine quelques millions d'années, l'étoile tombe à court d'hydrogène (1), puis se dilate pour devenir une supergéante rouge (2), avant que ses couches externes n'explosent en supernova (3). Selon sa masse, le cœur de l'étoile devient un trou noir (4a) ou une étoile à neutrons (4b). Une étoile semblable au Soleil, par comparaison, a une durée de vie bien plus longue, qui se chiffre en milliards d'années. Son expansion finale en fait une géante rouge (5), puis son enveloppe externe éclate en une nébuleuse planétaire (6), alors que son cœur se recroqueville en une froide naine blanche (7).

Les étoiles binaires, multiples et variables

Près de la moitié des étoiles de notre galaxie sont des binaires : deux astres en orbite autour d'un centre de gravité commun. Deux étoiles voisines dans le ciel ne sont pas nécessairement binaires : la perspective peut en donner l'illusion, alors que l'une est beaucoup plus lointaine que l'autre. Les vraies étoiles binaires se forment au sein du même nuage de matière, qui se divise en deux poches lors de son effondrement. Certains nuages peuvent se scinder en de multiples parties : de tels systèmes regroupent jusqu'à une demi-douzaine d'étoiles. Dans ces systèmes, il arrive, pour un observateur situé sur Terre, qu'une étoile passe devant sa compagne. Cette éclipse fait varier la luminosité du système. Il existe aussi des étoiles, dites variables intrinsèques, qui changent réellement de luminosité lorsque des pulsations font varier leur diamètre.

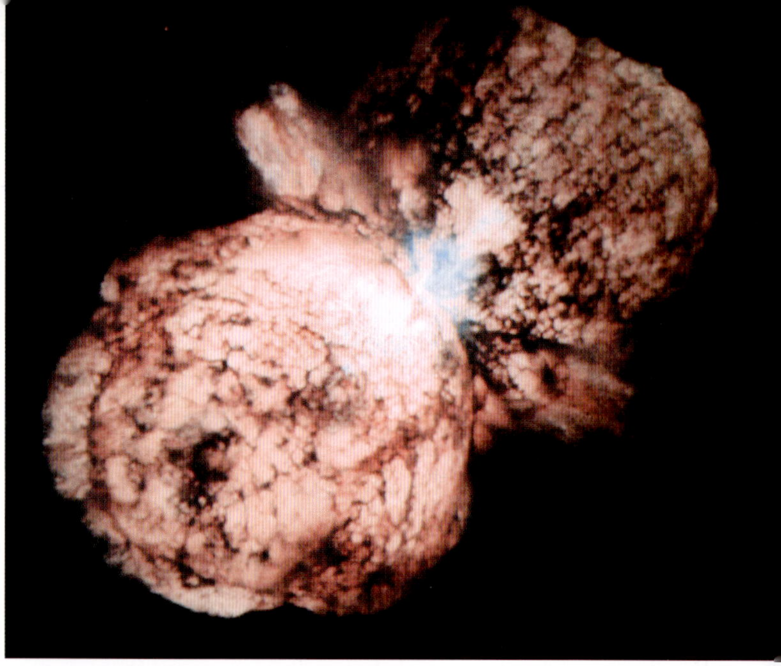

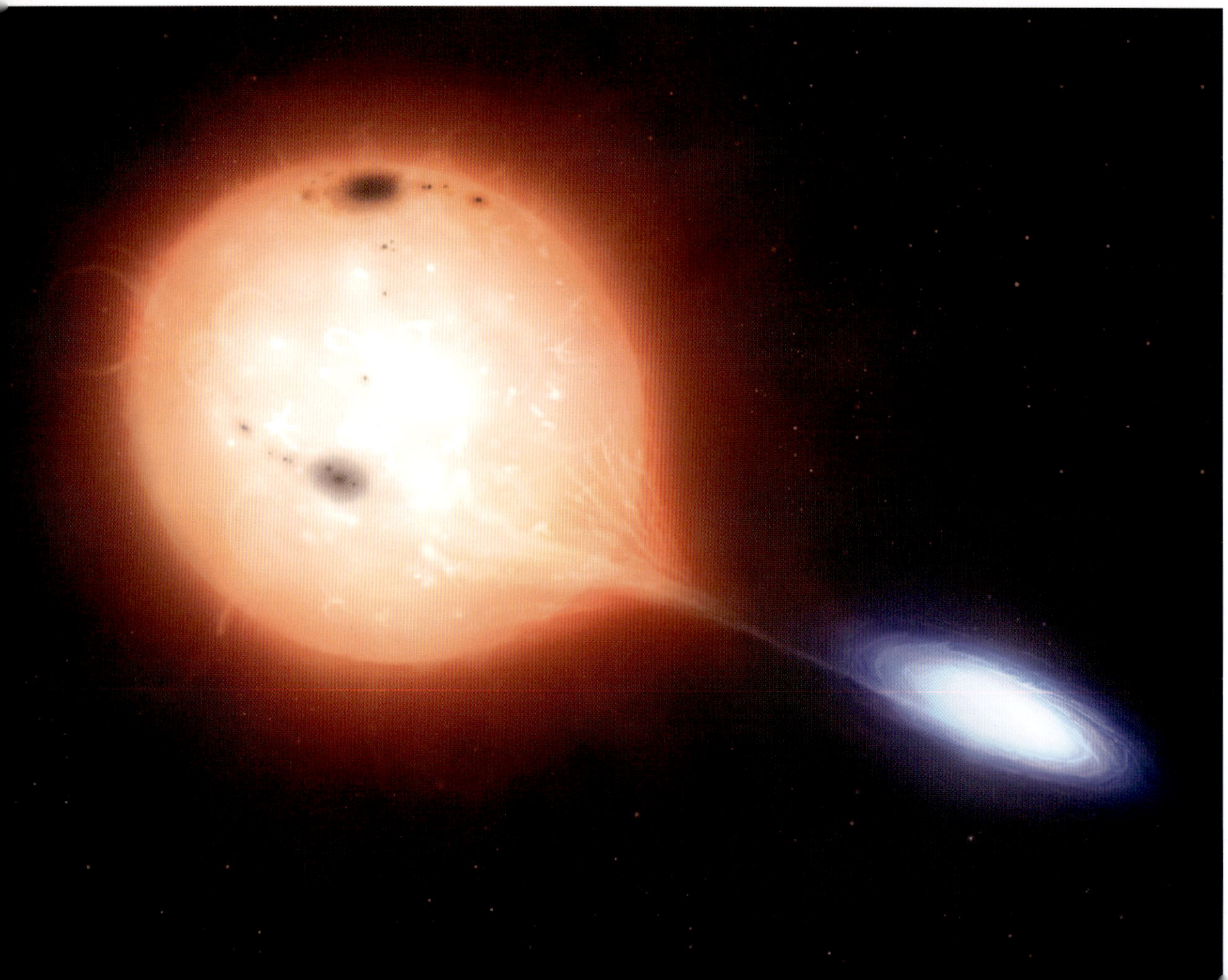

↑ **Êta Carinae est ce que l'on appelle une étoile hypergéante,** 100 fois plus massive que notre Soleil. En 1843, elle a connu une très forte augmentation de sa luminosité. Cette image révèle les lobes de matière qu'elle éjecte lors de ses formidables sursauts.

← **Sur cette vue d'artiste, un système binaire,** au sein duquel une étoile rouge (à gauche) est déformée par l'attraction d'un proche compagnon : une naine blanche. Celle-ci est entourée d'un disque de gaz arraché à l'étoile rouge. Au fil du temps, la matière détournée augmente la masse de la naine blanche jusqu'à y déclencher des réactions thermonucléaires. Une explosion s'ensuit, de type nova. On appelle ces binaires, qui changent brusquement de luminosité, des variables cataclysmiques.

LES ÉTOILES BINAIRES ET MULTIPLES

Les étoiles binaires sont très variées. Leurs membres peuvent être de type spectral identique ou différent, ils peuvent être distants ou rapprochés. Dans certains couples, les étoiles sont si proches que l'une parvient à aspirer les gaz de l'autre. Ce transfert de matière est souvent explosif et peut conduire à des sautes de diamètre et de luminosité : ce sont les novae et, dans les cas extrêmes, les supernovae. Dans d'autres couples, les enveloppes extérieures des étoiles sont étirées jusqu'à se toucher : on les appelle binaires de contact.

Les astronomes estiment que la moitié des systèmes multiples contient plus de deux étoiles. Les systèmes triples sont les plus courants, mais on en connaît même des sextuples.

LES ÉTOILES VARIABLES

L'éclat d'une étoile peut varier pour plusieurs raisons. Les variables à éclipses ne doivent leur existence qu'à un simple effet de perspective. Vue depuis la Terre, une étoile passe devant l'autre et module la quantité de lumière que l'on reçoit. C'est le même phénomène que l'on observe quand la Lune passe devant le Soleil lors d'une éclipse.

D'autres phénomènes peuvent modifier la luminosité d'une étoile de façon intrinsèque, en particulier les pulsations périodiques de sa surface. Les étoiles agitées de pulsations sont généralement des astres en fin de vie, dont le diamètre varie. La luminosité est fonction de la superficie : une surface plus grande émet plus de lumière. À mesure que le globe de l'étoile se dilate et se contracte, sa luminosité change. Les variables éruptives, par contraste, ne sont pas périodiques, mais ont des sautes de luminosité imprévisibles, dues à des éruptions de gaz à la surface et autres phénomènes cataclysmiques.

→ **Dans certains systèmes binaires,** comme celui d'Algol, une étoile éclipse l'autre à chaque orbite, provoquant des chutes de luminosité périodiques. En haut, la grosse étoile éclipse son brillant compagnon, causant une chute de luminosité. Au milieu, les luminosités s'additionnent. En bas, l'étoile la plus brillante éclipse partiellement son compagnon, entraînant une légère chute de luminosité.

Les amas d'étoiles

L'Univers favorise les regroupements. Les étoiles sont souvent des binaires ou des systèmes multiples. À plus grande échelle, il existe des regroupements plus vastes : les amas d'étoiles, ouverts ou globulaires.

LES AMAS GLOBULAIRES

Les amas d'étoiles les plus importants sont les amas globulaires. De forme sphérique, ils dépassent 100 années-lumière de diamètre et contiennent de 10 000 à plus de 1 million d'étoiles. Les amas globulaires ne possèdent pas de structure en forme de spirale ou de bras et ressemblent plutôt à de minuscules galaxies elliptiques. Alors que les amas ouverts sont peuplés de jeunes étoiles bleues (*page de droite*), les amas globulaires contiennent des étoiles âgées de couleur rouge. Ces véritables ruches de vieilles étoiles se sont probablement constituées en même temps que les galaxies qui les abritent. Les étoiles y sont tellement serrées que leurs collisions sont fréquentes. Ces accidents entraînent la formation de nouvelles étoiles que les astronomes appellent vagabondes bleues. Les amas globulaires gravitent sur des orbites elliptiques autour du centre de la galaxie qui les abrite : ensemble, ils forment un halo sphérique. Notre Voie lactée contient environ 140 amas globulaires dans son halo. Les plus lumineux sont Oméga Centauri (NGC 5139, *à droite*) et 47 du Toucan (NGC 104, *en bas*). Un peu plus loin de la Terre, à 25 000 années-lumière, se trouve M13 dans la constellation d'Hercule (*en bas à droite*).

LES AMAS OUVERTS
De gros nuages de gaz peuvent parfois donner naissance à plusieurs dizaines, voire plusieurs centaines d'étoiles à la fois. On les appelle des amas ouverts, et leurs étoiles sont distribuées de façon aléatoire, faiblement liées entre elles par les forces de gravitation sur des distances atteignant une cinquantaine d'années-lumière : M35, à gauche, en est un bel exemple. Plus de 1 000 amas ouverts sont répertoriés dans notre galaxie. Les amas ouverts constituent un magnifique spectacle, mais ils ne sont pas éternels. Durant tout leur déplacement à travers la Galaxie, leurs étoiles ressentent l'attraction d'autres étoiles qu'elles croisent et se dispersent irrémédiablement. Cette dispersion s'effectue en quelques centaines de millions d'années. Les amas ouverts ont donc rarement un âge avancé, et les étoiles qu'ils contiennent sont relativement jeunes.

Mort d'une étoile : les nébuleuses planétaires

Les étoiles ont des durées de vie qui se chiffrent en millions ou en milliards d'années, mais elles ne sont pas éternelles. Elles aussi connaissent la mort, qui survient quand elles ont épuisé leurs réserves d'hydrogène dans leur noyau et que leurs réactions thermonucléaires commencent à se ralentir. En fonction de leur masse, elles ont deux manières de mourir. Les étoiles les plus massives éclatent en des explosions cataclysmiques : ce sont les supernovae. Mais la plupart des étoiles sont de taille moyenne, comme le Soleil, et connaissent une fin moins violente. Elles éjectent leurs couches externes en des bouffées de gaz : ce sont les nébuleuses planétaires, qui se dispersent dans l'espace, laissant derrière elles des résidus d'étoiles froids et denses, les naines blanches.

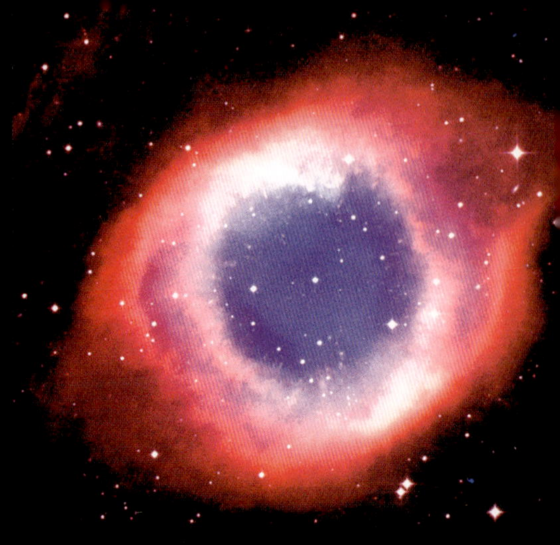

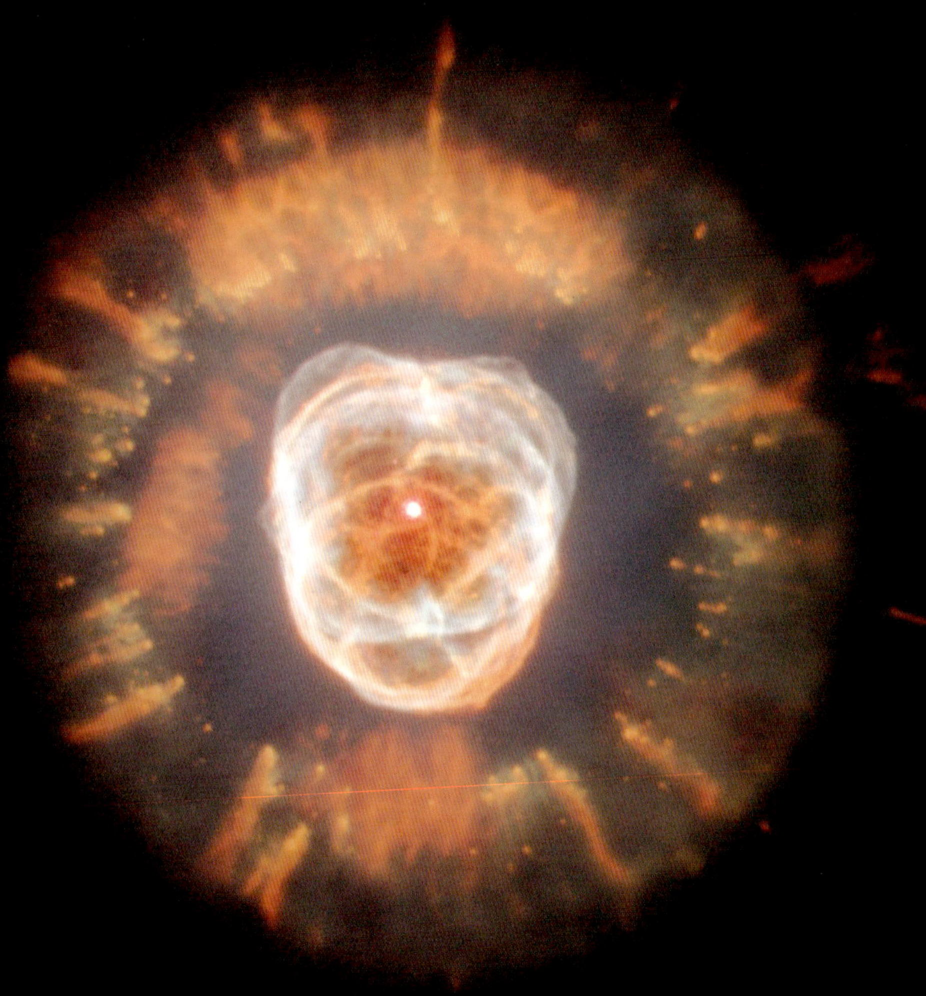

LES NÉBULEUSES PLANÉTAIRES

Durant sa vie adulte, une étoile combat la force de gravité qui l'écrase par une pression thermonucléaire dirigée en sens inverse, due à la fusion d'hydrogène en hélium dans son noyau. À terme, les réserves d'hydrogène s'épuisent et les réactions nucléaires s'essoufflent. Arrivé à ce stade, le noyau de l'étoile n'est plus soutenu et s'effondre sur lui-même, ce qui cause un brusque échauffement. La vague de chaleur remonte à travers l'étoile et dilate ses couches externes comme un ballon : l'étoile devient une géante rouge. Si sa masse est modeste, ses couches externes ne sont plus retenues par la gravité et se dissipent dans l'espace. Leur enveloppe de gaz est rendue lumineuse par les rayonnements du cœur encore actif de l'étoile : l'étoile se transforme en nébuleuse planétaire.

Les gaz ionisés émettent plusieurs couleurs : rouge et orange pour l'hydrogène et l'azote, bleu pour l'hélium. Le nuage peut atteindre un diamètre de 1 année-lumière. Les nébuleuses planétaires sont éphémères. Au bout d'une dizaine de milliers d'années, leurs gaz se dissipent dans le milieu interstellaire, et le magnifique spectacle créé par la nébuleuse disparaît.

↑ **La nébuleuse de l'Hélice (NGC 7293)** est la plus proche de la Terre (450 années-lumière).

← **La Tête du Clown (NGC 2392)** est une nébuleuse planétaire située dans la constellation des Gémeaux. Sa couronne en expansion, dont l'aspect évoque le col plissé d'un costume de clown autour d'un visage maquillé, explique son surnom. Le point blanc au centre de la nébuleuse est l'étoile restante : une naine blanche.

→ **La nébuleuse planétaire IC 4406,** photographiée par le télescope Hubble sous un angle inhabituel : au lieu de montrer une forme d'anneau, les formations gazeuses apparaissent comme un cylindre allongé.

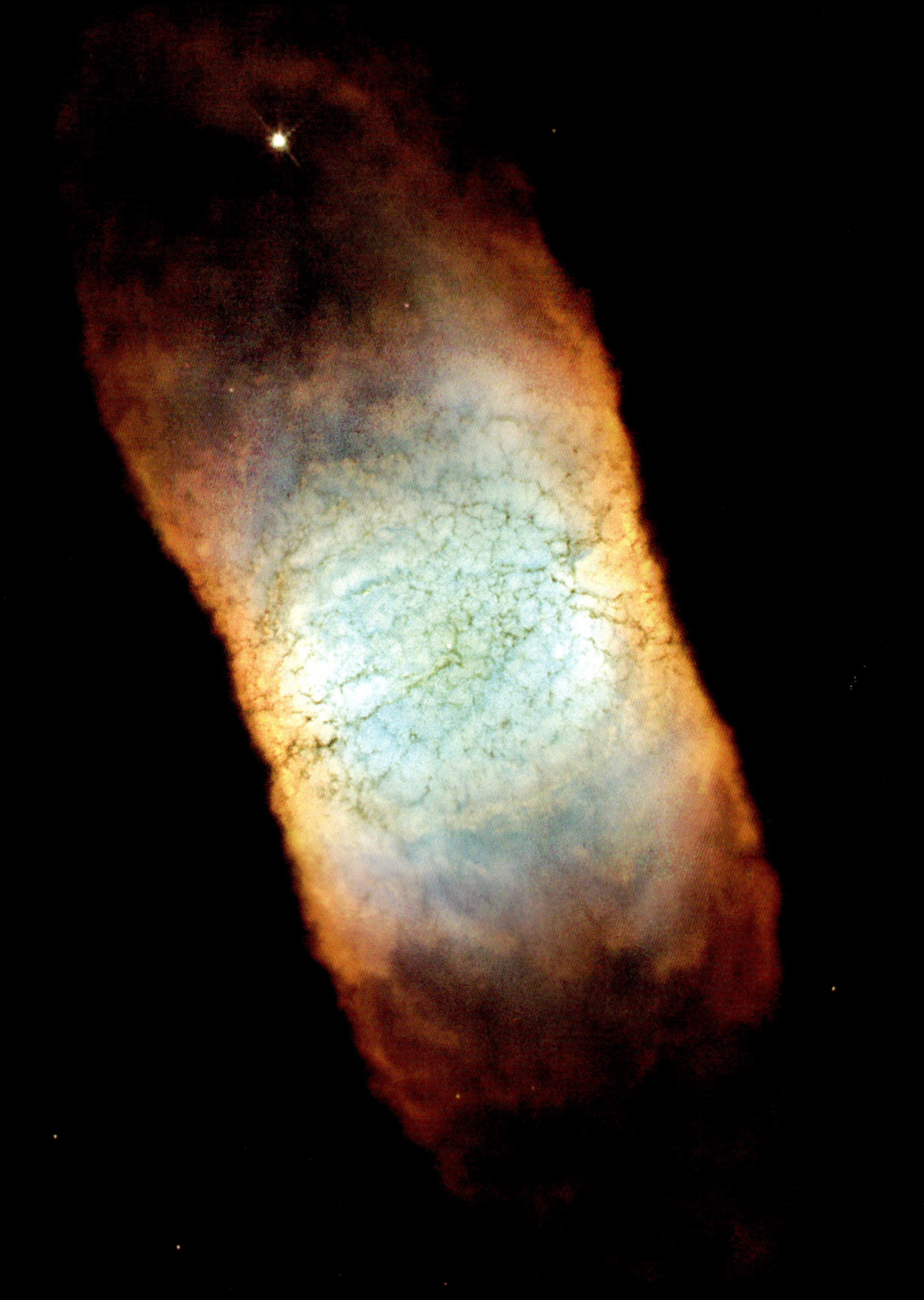

LES NAINES BLANCHES
Une nébuleuse planétaire ne marque pas la disparition complète d'une étoile. Même lorsqu'elle s'est dispersée, il reste encore au centre le noyau compact de l'astre : c'est une naine blanche. Les naines blanches sont extrêmement denses, comprimées par la gravité pendant les centaines de millions d'années que dure leur agonie. Elles consument en leur cœur les tout derniers matériaux fusibles, puis les réactions nucléaires s'arrêtent totalement. Une naine blanche a une masse qui équivaut à la moitié de celle du Soleil, mais elle occupe un volume à peine plus important que celui de la Terre. L'étoile est devenue 1 million de fois plus compacte que lorsqu'elle était une géante rouge.

Après l'arrêt des réactions nucléaires, les naines blanches brillent en relâchant l'énergie emmagasinée lorsqu'elles étaient actives. Leur forte densité rend extrêmement lente cette déperdition d'énergie. Les naines blanches décroissent en température et en luminosité sur des échelles de temps de l'ordre de dizaines de milliards d'années, comparables à l'âge de l'univers. Ces cadavres d'étoiles, de la taille de planètes, deviennent alors si sombres qu'on les appelle des naines noires.

Mort d'une étoile : les supernovae

La fin la plus spectaculaire d'une étoile est la supernova. Il s'agit d'une explosion gigantesque réservée aux astres les plus massifs. Les supernovae laissent derrière elles un cadavre stellaire : une étoile à neutrons ou un trou noir, encore plus dense et massif qu'une naine blanche. Les astronomes ont identifié deux grandes familles de supernovae : celles de type I et celles de type II. Les événements de type I ont lieu dans les systèmes d'étoiles binaires, au sein desquels une naine blanche aspire la matière de son compagnon. Cette matière détournée s'accumule à la surface de la naine blanche et la comprime jusqu'à créer une implosion, immédiatement suivie d'un rebond. L'onde de choc qui repart en sens inverse disperse les couches extérieures de l'étoile en une brillante explosion qui constitue la supernova proprement dite. Les événements de type I détruisent généralement l'étoile dans sa totalité ou ne laissent qu'une petite naine blanche au centre. Les supernovae de type II sont causées, en revanche, par les grosses étoiles, qui ont plus de huit fois la masse du Soleil. Lorsque ces étoiles géantes ont épuisé leur combustible nucléaire et qu'elles implosent, le rebond jaillit en supernova. Les supernovae de type II laissent toujours un cadavre dense dans leur sillage : une étoile à neutrons ou un trou noir.

LES ÉTOILES À NEUTRONS

Hormis les exceptionnels trous noirs, les étoiles à neutrons sont les astres les plus denses de l'Univers. Une étoile à neutrons ne mesure qu'une trentaine de kilomètres de diamètre, mais a une masse aussi importante que le Soleil. Un dé à coudre de cette matière équivaut à la masse des 6 milliards d'individus de l'espèce humaine. Le terme d'étoile à neutrons provient du fait qu'elle est presque exclusivement constituée de particules subatomiques, électriquement neutres : les neutrons. Normalement, les atomes sont constitués de noyaux, contenant protons de charge positive et neutrons sans charge, entourés de nuages d'électrons de charge négative. Mais dans les étoiles en question, la pression est tellement forte que les électrons s'écrasent sur les protons et les transforment en neutrons. L'étoile devient une boule compacte de neutrons. Une autre conséquence de cette dégénérescence est l'amplification du champ magnétique de l'étoile. Dans les cas les plus extrêmes, ces étoiles à neutrons sont appelées magnétars : leur champ magnétique est tellement puissant que si un tel astre se trouvait à la place de la Lune, les pistes magnétiques de nos vidéocassettes et cartes de crédit seraient instantanément effacées.

ÉTOILE À NEUTRONS ET PULSAR

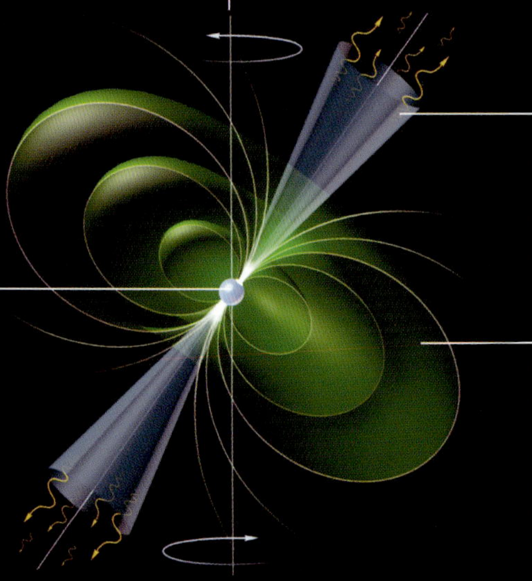

Rotation Certains pulsars font plusieurs centaines de rotations par seconde.

Faisceau Le champ magnétique émet des ondes radio sous la forme de cônes étroits.

L'étoile à neutrons Elle mesure 30 km de diamètre, mais renferme l'équivalent de la masse du Soleil.

Le champ magnétique Les champs magnétiques des pulsars figurent parmi les plus puissants de l'Univers connu.

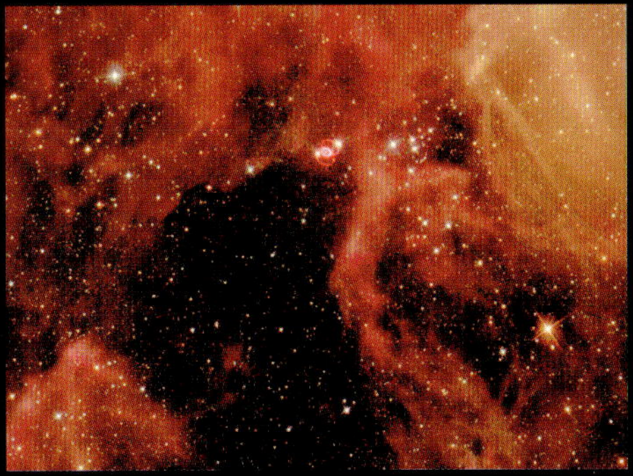

Le 24 février 1987, les astronomes ont vu une nouvelle étoile surgir dans le Grand Nuage de Magellan. Baptisée Supernova 1987A, elle a atteint une magnitude de 2,8. C'était la première supernova visible à l'œil nu depuis celle de 1604.

La nébuleuse du Cygne est l'onde de choc d'une supernova qui balaie l'espace comme un chasse-neige. L'explosion a eu lieu il y a 15 000 ans.

La célèbre nébuleuse du Crabe est l'enveloppe de gaz éjectée par une supernova. Son explosion fut observée par les astronomes chinois en 1054.

LES PULSARS

Malgré leur petite taille, certaines étoiles à neutrons se font remarquer à des milliers d'années-lumière de distance, à cause de leur puissant champ magnétique. Celui-ci accélère les particules ionisées qui peuplent l'atmosphère de l'étoile : une couche de particules épaisse de 1 cm seulement. Ces particules accélérées émettent des ondes radio. Toutefois, l'émission est canalisée en un étroit faisceau qui n'est pas forcément dirigé vers la Terre. C'est la rotation de l'astre qui la rend détectable. Les étoiles à neutrons sont, en effet, animées d'un mouvement de rotation extrêmement rapide : plusieurs centaines de tours par seconde dans certains cas. Le faisceau radio balaie donc l'espace comme un phare cosmique. Si la Terre se trouve dans le champ du faisceau, les radioastronomes sont en mesure de percevoir un signal radio modulé. Découverts en 1967, ces objets, appelés pulsars, ont confirmé l'existence des étoiles à neutrons. Ce sont les horloges les plus fiables de l'Univers. À long terme, toutefois, les pulsars ralentissent. L'émission radio s'interrompt lorsque la vitesse de rotation tombe sous un seuil critique. Aujourd'hui, on dénombre près de 100 000 pulsars dans notre galaxie.

Mort d'une étoile : les trous noirs

Lancez une balle en l'air : sous l'effet de la pesanteur, elle retombe par terre. Mais si vous lui donnez une vitesse suffisante, elle atteindra la vitesse de libération et échappera à la gravité terrestre. D'une façon générale, plus la gravité d'un astre est forte, plus la vitesse d'un objet pour lui échapper doit être élevée. Certains astres sont tellement denses et massifs que rien ne peut leur échapper, même pas la lumière, qui possède la plus grande vitesse connue. Tout rayonnement qu'ils pourraient émettre serait irrémédiablement freiné et retomberait à leur surface. Ces astres constituent l'un des phénomènes les plus étranges de l'Univers : ce sont les trous noirs.

LA THÉORIE DES TROUS NOIRS

Lorsqu'une grosse étoile arrive en fin de vie, l'étoile à neutrons qui se forme au centre est tellement massive qu'elle ne peut résister à sa propre gravité. Elle s'effondre en un point infiniment petit. Elle n'a plus ni forme ni dimensions : seul son implacable champ de pesanteur reste mesurable. L'étoile s'est retrouvée comprimée en un point mathématique appelé singularité, dont les lois physiques sont difficiles à appréhender. À mesure que l'on s'éloigne de ce point, la force de gravité diminue jusqu'à une distance où la lumière parvient enfin à s'échapper. À l'intérieur de cette limite, aucun signal émis par quelque événement que ce soit ne parvient à quitter le trou noir. On appelle cette frontière critique l'horizon des événements. Sur un arrière-fond lumineux, un trou noir apparaîtrait donc comme un disque sombre dont le rayon serait l'horizon des événements. Tout autour, les images des objets situés à l'arrière-plan seraient fortement déformées par le puissant champ de gravité du trou noir.

↑ **Le noyau de M87,** une galaxie elliptique géante, est photographié ici par le télescope spatial Hubble. Le trait orange qui s'étend vers la droite est un jet de particules, émis par le disque de matière entourant un hypothétique trou noir de 2,6 milliards de masses solaires. Le point blanc marque l'emplacement de l'objet. Le nombre d'étoiles y est 300 fois plus élevé que la moyenne, en raison de l'attraction exercée par le trou noir.

← **Les astronomes ont détecté** une puissante source de rayons X à environ 8 000 années-lumière dans la constellation du Cygne, qu'ils ont baptisée Cygnus X-1. Au télescope, on ne voit qu'une seule étoile : une géante bleue. Mais elle se déplace de façon étrange à travers le ciel perturbé par un astre invisible en orbite autour d'elle. Dix à quinze fois plus massif que le Soleil, ce compagnon invisible ne peut être qu'un trou noir. Les rayons X émis par le couple ne proviennent pas du trou noir lui-même, mais du gaz qui l'entoure, arraché à la géante bleue. Cette vue d'artiste montre l'étoile bleue, à gauche, et le disque d'accrétion autour du trou noir, à droite.

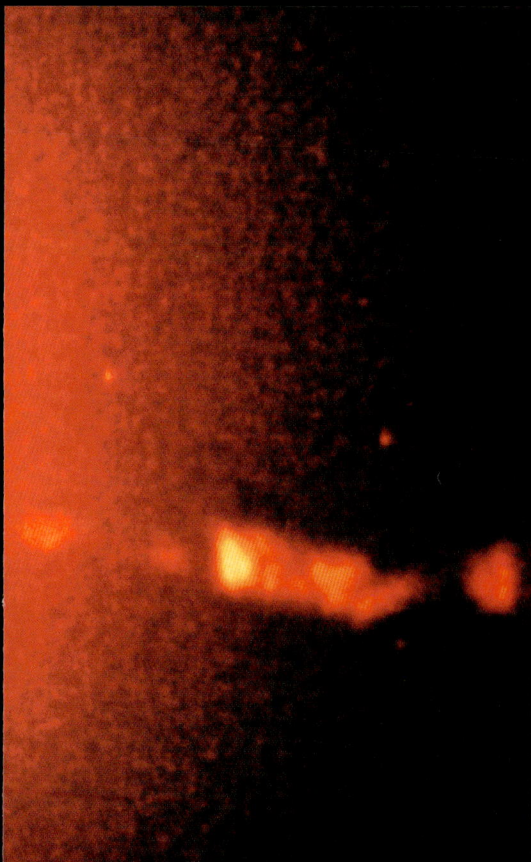

→ **Au sein d'un champ de pesanteur relativement modeste,** la lumière parvient à s'échapper, mais suit des trajectoires fortement incurvées (1). C'est le cas en particulier des étoiles à neutrons. Dans des champs gravitationnels plus puissants (2), seuls les rayons de lumière qui se trouvent dans une région appelée cône de sortie parviennent à s'échapper. Ailleurs, la lumière demeure prisonnière du champ de pesanteur. Dans le cas d'un trou noir (3), la force gravitationnelle est telle que le cône de sortie disparaît et qu'aucune lumière ne peut s'échapper.

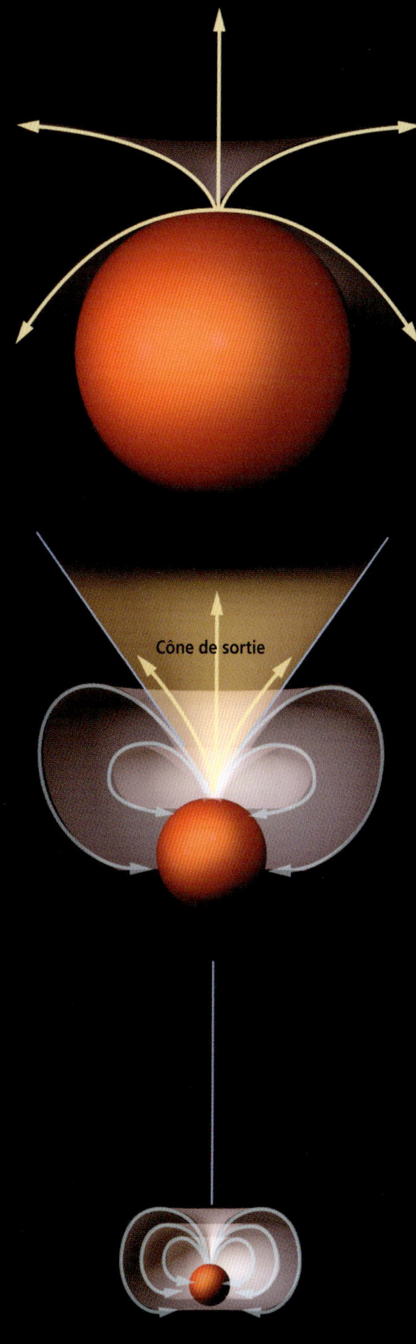

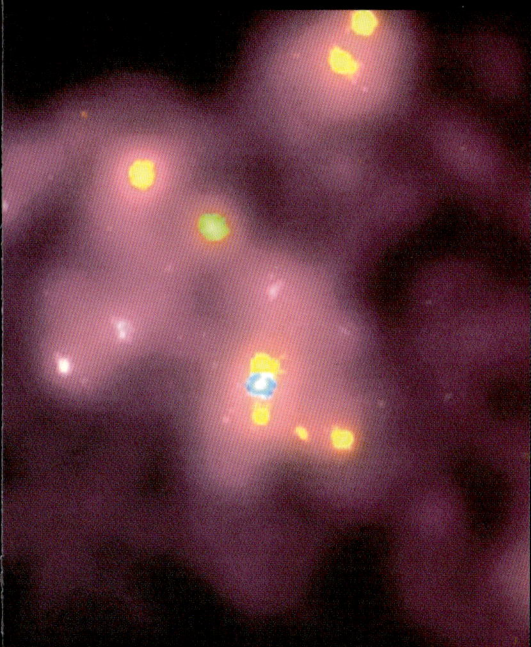

LES TROUS NOIRS SUPERMASSIFS

Certains trous noirs, qualifiés de supermassifs, peuvent atteindre une masse extraordinaire : de plusieurs millions à plusieurs milliards d'étoiles. On les trouve au centre des grandes galaxies, dites actives, et notamment des quasars, dont ils dévorent littéralement les étoiles. De même que les trous noirs ordinaires se forment à la mort d'une étoile, les trous noirs supermassifs seraient eux aussi entourés d'un disque d'accrétion contenant les débris de nombreuses étoiles disloquées par leur puissant champ de gravité. Ce disque émet un rayonnement intense. L'image à gauche représente la région centrale de la galaxie d'Andromède, vue en rayons X. L'objet bleu est vraisemblablement un trou noir supermassif, dont la masse avoisine celle de 30 millions de Soleils. Les taches jaunes sont des étoiles binaires à rayons X, de type Cygnus X-1 : ce sont des trous noirs stellaires. Comme Andromède, notre Voie lactée contient vraisemblablement en son cœur un trou noir supermassif. Ses étoiles centrales se déplacent, en effet, comme si elles subissaient l'attraction d'un objet dense et invisible.

Classification des galaxies

Les galaxies sont d'immenses amas d'étoiles qui peuvent s'étendre sur des centaines de milliers d'années-lumière. Elles embrassent une gamme de tailles et de formes variées. Les astronomes les classent en deux familles principales : les elliptiques (classe E) et les galaxies spirales (classe S), subdivisées en spirales simples (classes Sa à Sc), spirales barrées (classes SBa à SBc) et galaxies lenticulaires (S0). Les galaxies qui ne se rangent dans aucune de ces classes sont appelées irrégulières (type I et type II). Quant aux petites galaxies des différentes familles, elles sont nommées elliptiques naines (dE), irrégulières naines (dIrr) et ainsi de suite. De toutes les galaxies, les plus massives sont les elliptiques. Les spirales et les lenticulaires, alors qu'elles peuvent avoir des diamètres comparables aux grandes elliptiques (plus de 100 000 années-lumière), sont nettement moins massives, car elles sont aplaties. Les galaxies elliptiques sont aussi les plus répandues : elles représentent 60 % de tous les cas recensés. Les galaxies en disque totalisent 30 %, et les irrégulières constituent les 10 % restants. Sur la page de droite, dans le sens des aiguilles d'une montre, sont représentés des exemples de galaxies spirale (*en haut à gauche*), elliptique, irrégulière et lenticulaire.

LE DIAGRAMME D'EDWIN HUBBLE

L'astronome américain Edwin Hubble (1889-1953) pensait que les galaxies évoluaient d'un type à l'autre. Pour illustrer son concept, il élabora un diagramme (*ci-dessous*) qui se lit de gauche à droite. Pour Hubble, les galaxies commençaient leur vie sous forme sphérique puis devenaient elliptiques pour tendre vers la forme lenticulaire (S0). Ensuite se présentait une bifurcation. Certaines galaxies devenaient des spirales (S) et d'autres des spirales barrées (SB), leurs bras s'ouvrant au fil du temps. Nous savons aujourd'hui que les galaxies n'évoluent pas de la sorte, mais changent parfois d'aspect lorsqu'elles croisent d'autres galaxies.

DIAGRAMME DE HUBBLE

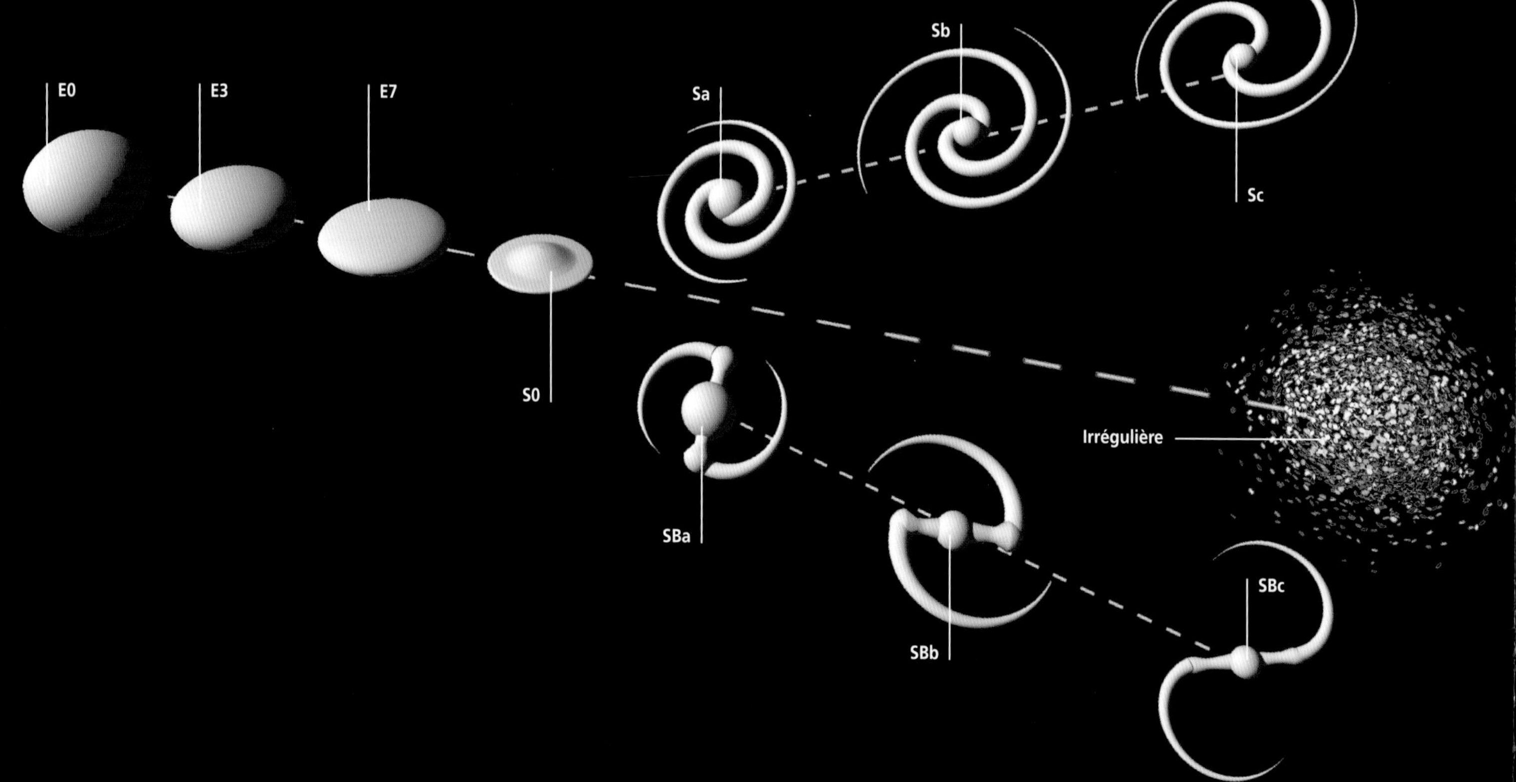

Les galaxies spirales

Les galaxies les plus connues sont les spirales, bien qu'elles ne soient pas les plus répandues. Elles sont classées en deux catégories : les spirales normales et les spirales barrées. Ces dernières possèdent une épaisse barre d'étoiles qui traverse leur cœur et se prolonge par un bras à chaque extrémité. Dans les spirales normales, les bras émergent directement du cœur de la galaxie. Le nombre de bras est généralement limité à deux, mais peut atteindre trois ou quatre unités. Toutes ces galaxies sont aplaties comme un disque, avec un renflement ou noyau central formé de vieilles étoiles rouges. Le disque périphérique, dont le diamètre atteint dix fois celui du noyau, contient pour sa part d'abondants nuages de gaz et de poussière. C'est à partir de cette riche matière interstellaire que les galaxies spirales engendrent de nouvelles étoiles. Les galaxies spirales sont, en effet, en rotation : il en résulte des effets de marée qui balayent leur disque. Appelées ondes de densité, ces perturbations compriment les gaz et les poussières sur leur passage, déclenchant la formation de brillantes étoiles bleues qui illuminent leurs bras. Au-delà du disque, les galaxies spirales sont entourées d'un halo sphérique d'amas globulaires, chacun renfermant jusqu'à 1 million de vieilles étoiles rouges.

→ **La spirale barrée NGC 1300** se trouve à plus de 75 millions d'années-lumière dans la constellation d'Éridan. Ses bras bleutés abritent de nombreuses étoiles nouvelles, alors que le noyau barré contient surtout de vieilles étoiles.

↓ **La galaxie M74,** photographiée en fausses couleurs. Il s'agit d'une grande galaxie spirale aux bras écartés, située dans la constellation des Poissons. Large de 95 000 années-lumière, elle est de taille comparable à notre galaxie, la Voie lactée.

↓ **La galaxie des Chiens de Chasse, M51,** est une spirale classique vue du dessus, l'une des premières spirales reconnues. Sur cette photo prise par le télescope spatial Hubble, on discerne sa région centrale et les deux bras qui s'en écartent.

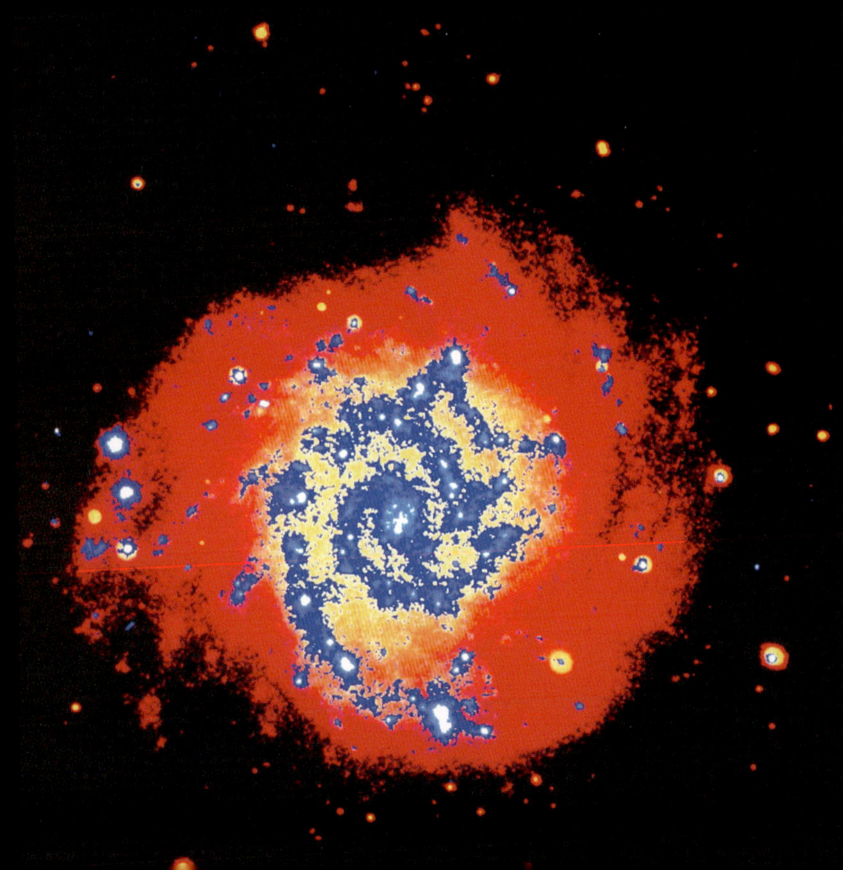

Les galaxies elliptiques

La plupart des galaxies sont elliptiques. Elles apparaissent au télescope sous la forme de taches ovales et sont beaucoup moins spectaculaires que leurs cousines les galaxies spirales. Leur forme s'apparente à celle d'un ballon de rugby légèrement aplati. À la différence de ce dernier dont la section est circulaire, une galaxie elliptique possède trois axes de longueurs différentes : longueur, largeur et hauteur. Certaines galaxies elliptiques paraissent sphériques, parce qu'elles sont observées depuis la Terre le long de leur grand axe. Comme les astronomes ne voient le ciel qu'en deux dimensions, ils ont classé les elliptiques selon leur aspect et leur degré d'allongement visible. Les elliptiques d'aspect sphérique sont classées E0, et les autres marquées d'un chiffre qui croît avec leur allongement relatif, jusqu'à E7 pour les plus elliptiques.

→ **La galaxie elliptique géante M87** photographiée en lumière visible par l'Observatoire anglo-australien. Les taches lumineuses irrégulières à sa périphérie sont des galaxies beaucoup plus éloignées de nous, alors que les points ronds sont des amas globulaires appartenant à M87.

↓ **Cette photographie en rayons X,** prise par le satellite Rosat, montre deux galaxies de l'amas de la Vierge : M86 (*en haut à droite*) et la grosse galaxie elliptique M87 (*au centre*). Cette dernière a une masse équivalente à 1 000 milliards de fois celle du Soleil.

↓ **M32, l'une des galaxies satellites de la galaxie d'Andromède (M31),** photographiée par le télescope spatial Hubble. Toutes deux sont voisines de notre galaxie. M32 est une petite galaxie elliptique, au cœur de laquelle on soupçonne l'existence d'un trou noir supermassif.

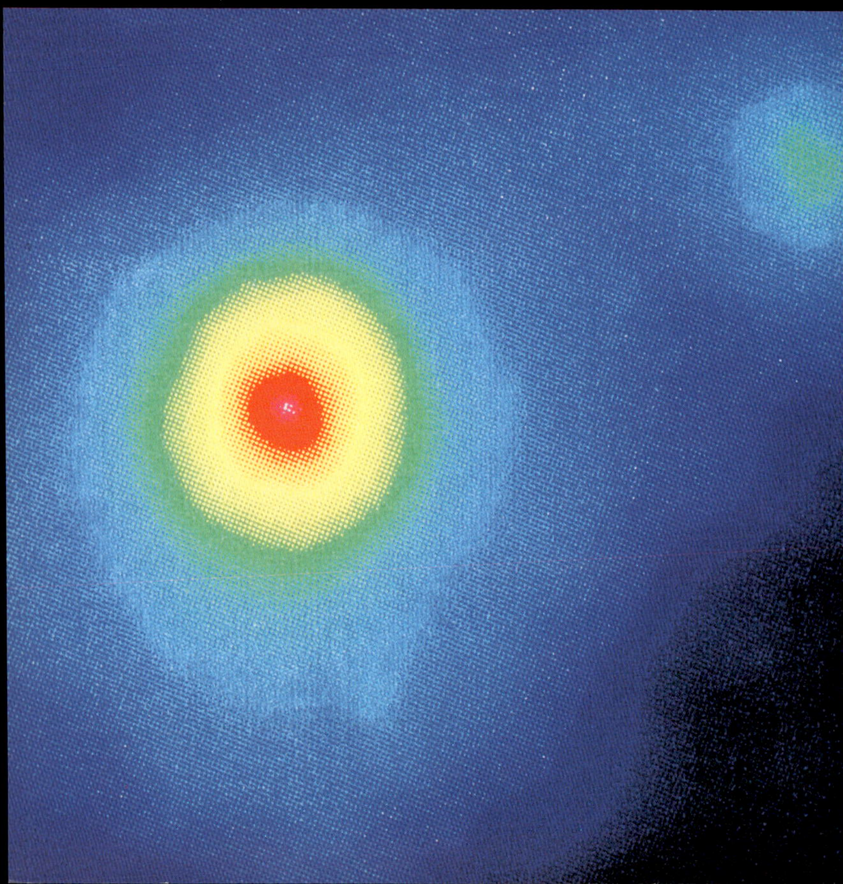

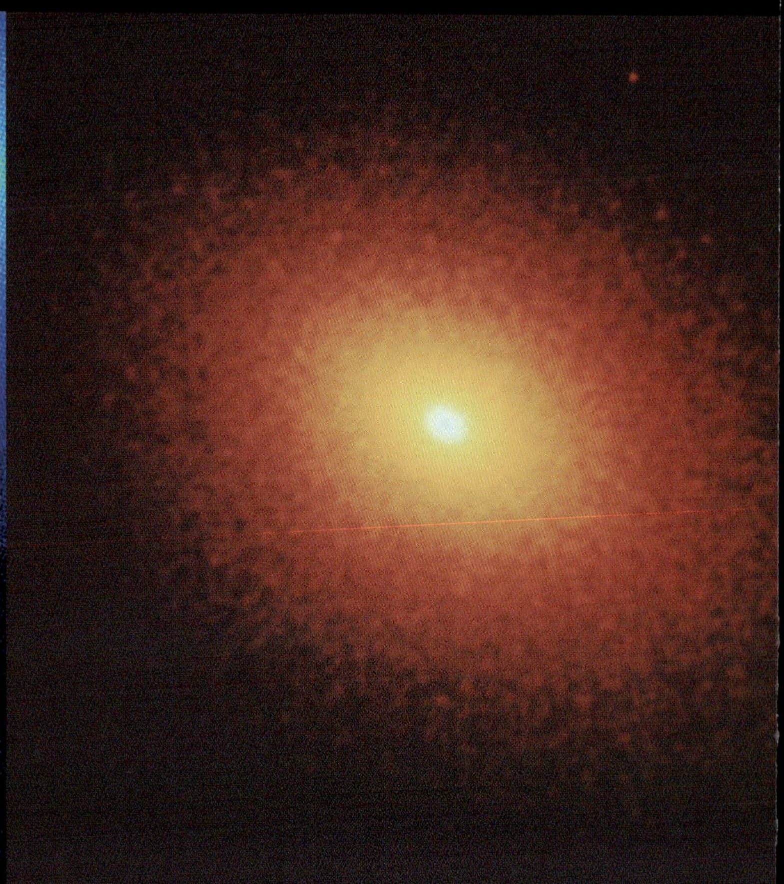

Les galaxies lenticulaires

Les galaxies lenticulaires, dénommées S0 dans la classification de Hubble, doivent leur nom à leur forme en lentille. Ce sont des galaxies hybrides qui rappellent à la fois les galaxies spirales et les galaxies elliptiques. Comme les spirales, elles possèdent un disque avec un renflement central et abritent souvent des nuages interstellaires de gaz et de poussière. Mais elles s'en distinguent par une absence de structure en spirale. Les ondes de choc qui caractérisent les spirales sont également absentes. Les galaxies lenticulaires ne possèdent donc pas de jeunes étoiles bleues et abritent uniquement de vieilles étoiles rouges. Elles ressemblent en cela aux galaxies elliptiques. Leur renflement central est aussi plus développé qu'au sein des galaxies spirales. Alors que dans celles-ci le noyau central ne représente qu'un dixième du diamètre total, le noyau des galaxies lenticulaires atteint la moitié de leur diamètre. Les galaxies lenticulaires, à la différence des galaxies elliptiques, se caractérisent par la présence d'un disque et de matière interstellaire. Certaines galaxies lenticulaires sont de puissants émetteurs d'ondes radio.

→ **La galaxie lenticulaire NGC 2787** dans la constellation de la Grande Ourse, photographiée par le télescope spatial Hubble. Les anneaux foncés sont des bandes de poussière, et les taches blanches à la périphérie sont des amas globulaires.

↓ **M102 (NGC 5866),** surnommée la galaxie du Fuseau, est une galaxie lenticulaire située dans la constellation du Dragon. Elle se présente de profil et possède une bande de poussière sombre dans le plan de son disque.

↓ **M86 est une galaxie** que les astronomes ont du mal à classer. Elle ressemble à une galaxie lenticulaire, mais peut aussi être une elliptique de type E3. M86 appartient au grand amas de galaxies de la Vierge.

Les galaxies irrégulières

Les galaxies irrégulières, qui constituent 10 % des galaxies connues, ne se rangent dans aucune des classes principales, spirales ou elliptiques. Malgré leur nom, elles possèdent toutefois un semblant de structure dans de nombreux cas. Les astronomes les classent en deux catégories, dénommées type I et type II. Les irrégulières de type I partagent certaines caractéristiques avec les galaxies spirales. Toutes deux sont aplaties et contiennent, parfois même en plus grande proportion, une abondante matière interstellaire qui favorise la formation de nouvelles étoiles. Mais il leur manque la structure en spirale et même une quelconque symétrie. Les irrégulières de type II ont une forme totalement aléatoire. Elles aussi contiennent de larges quantités de matière interstellaire, mais sont dépourvues de structure et présentent une grande variété de tailles et de formes.

→ **NGC 55 est une galaxie irrégulière,** voisine de la nôtre dans le « groupe local » de galaxies. Elle est située à près de 3 millions d'années-lumière dans la constellation du Sculpteur et ressemble à une spirale, mais son noyau est excentré.

↓ **La galaxie du Cigare, M82,** se trouve à 12 millions d'années-lumière dans la Grande Ourse. C'est une galaxie irrégulière qui possède un disque. Elle est déformée par l'attraction d'une galaxie voisine, M81, qui l'a frôlée il y a 200 millions d'années.

↓ **Cette autre image de la galaxie M82** a été prise en rayons X par le satellite Chandra. Les taches brillantes sont des pépinières d'étoiles nouvelles, et les nuages rouges, des gaz à haute température s'échappant du noyau.

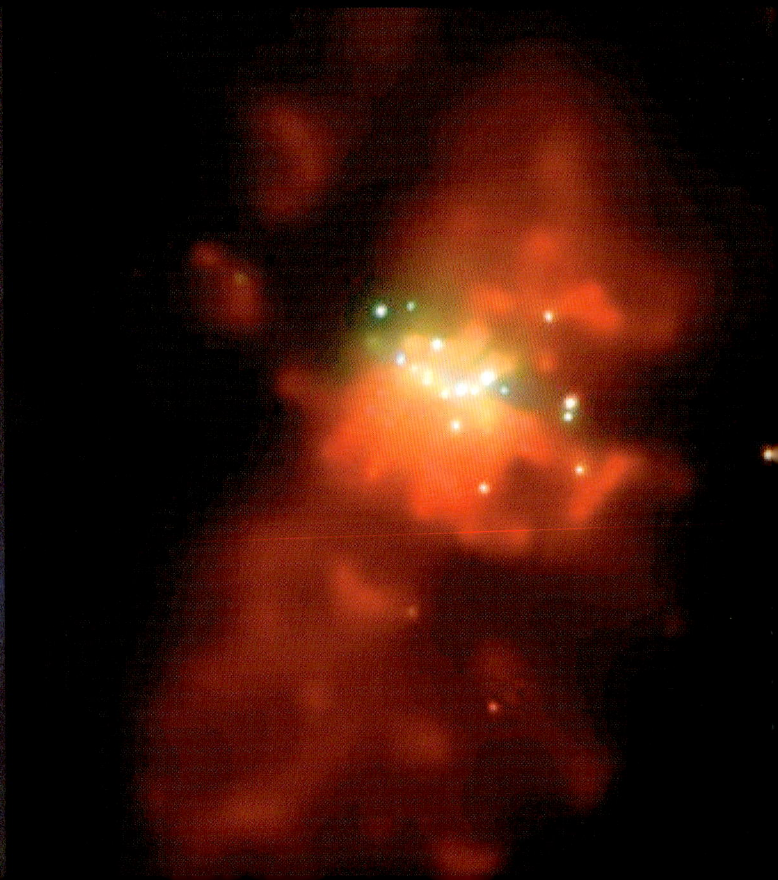

Les radiogalaxies et les galaxies actives

Toutes les galaxies décrites jusqu'à présent sont relativement classiques. Les rayonnements qu'elles émettent correspondent à ce que l'on est en droit d'attendre d'un vaste regroupement d'étoiles. Toutefois, certaines galaxies émettent une gamme plus étendue et plus complexe de rayonnement : ondes radio et infrarouges, lumière visible, rayons ultraviolets, X et gamma. Elles sont appelées galaxies actives et représentent 10 % des galaxies observables depuis la Terre. L'essentiel de leur rayonnement provient d'une intense activité qui n'est pas d'origine stellaire. Cette activité est concentrée à quelques années-lumière du centre de la galaxie, dans le noyau. Les astronomes se sont longtemps interrogés sur le mécanisme qui pourrait générer une telle débauche d'énergie. Nombreux sont ceux aujourd'hui qui attribuent cette activité à un trou noir supermassif. Aucun autre objet cosmique ne peut contenir une masse aussi considérable, équivalant à 1 milliard d'étoiles, dans un volume aussi réduit. L'énergie ne provient pas du trou noir lui-même, mais des cadavres disloqués d'étoiles, sur le point d'être engloutis.

↓ **Un jet de particules ionisées** fuse du noyau central d'une galaxie active. Cette vue d'artiste illustre le processus à l'œuvre autour des trous noirs supermassifs dont on soupçonne qu'ils sont au cœur de telles galaxies.

LES GALAXIES ACTIVES

Les galaxies actives ne sont pas fondamentalement différentes des galaxies ordinaires. Spirales ou elliptiques, elles sont exceptionnellement lumineuses, parce qu'elles contiennent un noyau galactique actif. Elles sont classées en plusieurs catégories. Les galaxies radio constituent le groupe le plus important, suivies des galaxies de Seyfert, des quasars et des galaxies de type BL Lacertae. Chaque groupe a ses caractéristiques propres. Les galaxies de Seyfert, par exemple, ont presque toujours une structure en spirale, mais leur noyau est dix fois plus lumineux qu'une galaxie tout entière comme la Voie lactée. Cet éclat central les fait ressembler de loin à d'immenses étoiles.

LES RADIOGALAXIES

Les radiogalaxies émettent 100 fois plus d'énergie dans le domaine radio que dans le domaine visible. Elles se divisent en deux groupes, selon que leur source émettrice est compacte ou étendue. Dans le cas des sources compactes, l'émission radio est concentrée dans le noyau galactique. Dans le cas de sources étendues, un surcroît de rayonnement radio provient d'une zone extérieure à la galaxie. Cette émission supplémentaire est associée aux jets de particules chargées qui émanent du noyau et que l'on attribue à l'activité d'un trou noir central. En fusant dans le cosmos, ces jets de particules entrent en collision avec le gaz ténu qui constitue le milieu intergalactique. Ils focalisent ce gaz en lobes qui s'étendent sur des millions d'années-lumière et contribuent à l'émission radio. Parfois, les lobes forment une paire qui dessine une structure recourbée en « U », avec la galaxie à la jonction des deux branches. Les astronomes attribuent cette structure au mouvement de la galaxie à travers le milieu intergalactique, qui déforme les jets.

→ **Sur cette image radio en fausses couleurs,** on discerne deux lobes géants issus de la galaxie Cygnus A, qui est ici invisible. Mais les jets de particules ionisées qu'elle émet entrent en collision avec le gaz environnant et créent des régions émettrices qui sont plus grandes que la galaxie elle-même.

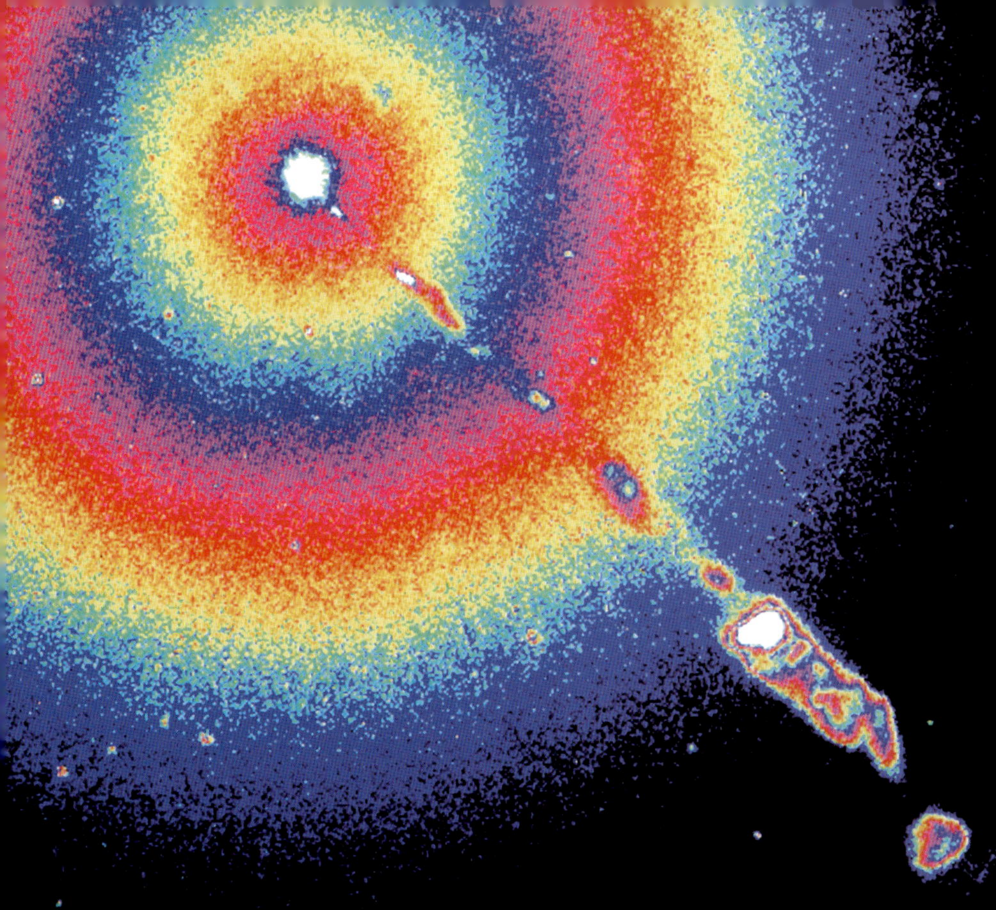

← **La galaxie elliptique géante M82,** connue aussi sous le nom de Virgo A, est représentée en ondes radio. Son jet de particules ionisées, bien visible, se dirige vers le coin inférieur droit de l'image. Il a vraisemblablement pour origine un trou noir au centre de la galaxie.

↓ **Centaurus A est une puissante source** d'ondes radio et de rayons X, située à 15 millions d'années-lumière. C'est une radiogalaxie caractéristique, avec deux jets qui s'étendent chacun sur une dizaine de milliers d'années-lumière et animent des lobes émetteurs d'ondes radio. Le plus grand des deux lobes se poursuit sur 1,5 million d'années-lumière. Centaurus A est une galaxie elliptique. On peut toutefois remarquer une ceinture de poussière au milieu de la galaxie, ce qui est inhabituel pour une elliptique et laisse penser que Centaurus A est née d'une collision entre deux galaxies.

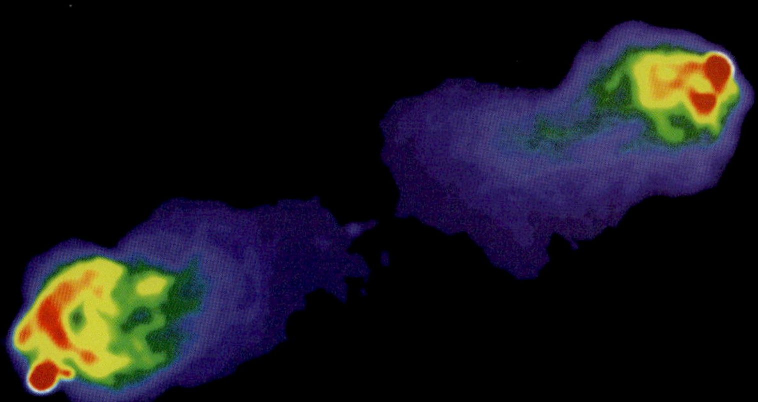

Les quasars

Les galaxies actives les plus célèbres sont les quasars. Leur nom découle de la contraction du mot anglais *quasi-stellar*, qui dénote leur aspect semblable à une étoile. Les quasars paraissent compacts et stellaires pour deux raisons : ils sont extrêmement distants, tous à des milliards d'années-lumière de la Terre, et l'essentiel de leur rayonnement provient de la région centrale de la galaxie qui les constitue. Vu leur éloignement, leur luminosité apparente implique une brillance intrinsèque 100 à 1 000 fois supérieure à celle d'une galaxie comme la nôtre. Dans la mesure où cette énergie est concentrée dans une minuscule région de leur noyau, les quasars seraient susceptibles d'abriter en leur cœur un trou noir supermassif, qui aspire de son entourage une masse équivalant à celle d'un Soleil chaque année.

LA DÉCOUVERTE DES QUASARS
Après la Seconde Guerre mondiale, les astronomes écoutèrent le ciel avec les premiers radiotélescopes et découvrirent d'intenses émissions radio qui ne paraissaient pas émaner d'une étoile ou d'une galaxie visible. Ils purent étudier l'une de ces sources radio, immatriculée 3C 273, lorsqu'elle fut éclipsée par la Lune en 1963. L'interruption nette du signal montra que la source émettrice était peu étendue. Les grands télescopes permirent ensuite d'identifier une composante lumineuse. L'objet 3C 273 reste à ce jour le quasar le plus brillant dans la bande optique. Son énergie est considérable, puisqu'elle dégage la puissance d'une cinquantaine de galaxies classiques, alors qu'elle émane d'une région qui mesure moins de 1 année-lumière de diamètre. Le quasar 3C 273 émet plus d'énergie en une seconde que le Soleil en 3 millions d'années. Sur l'image radio de 3C 273 ci-dessous, le jet de matière qui émane du noyau est représenté en rouge.

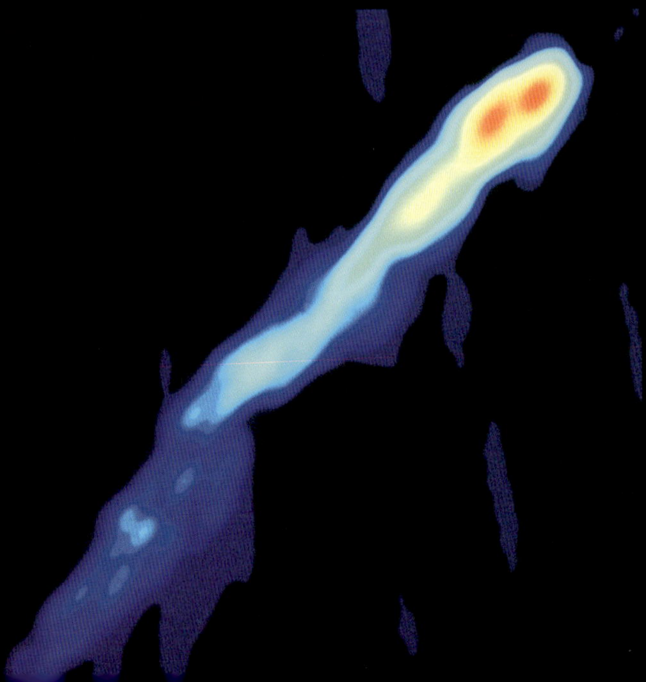

EFFET DE PERSPECTIVE
De nombreux astronomes pensent que les quasars sont très semblables, voire identiques à d'autres types de galaxies actives, mais s'en distinguent par un effet de perspective. (1) Certains objets, appelés blazars, sont sans doute les jets de galaxies actives vus de face. (2) Si une galaxie active est vue de biais, elle apparaît comme un quasar. (3) Vue par la tranche, elle prend la forme d'une radiogalaxie.

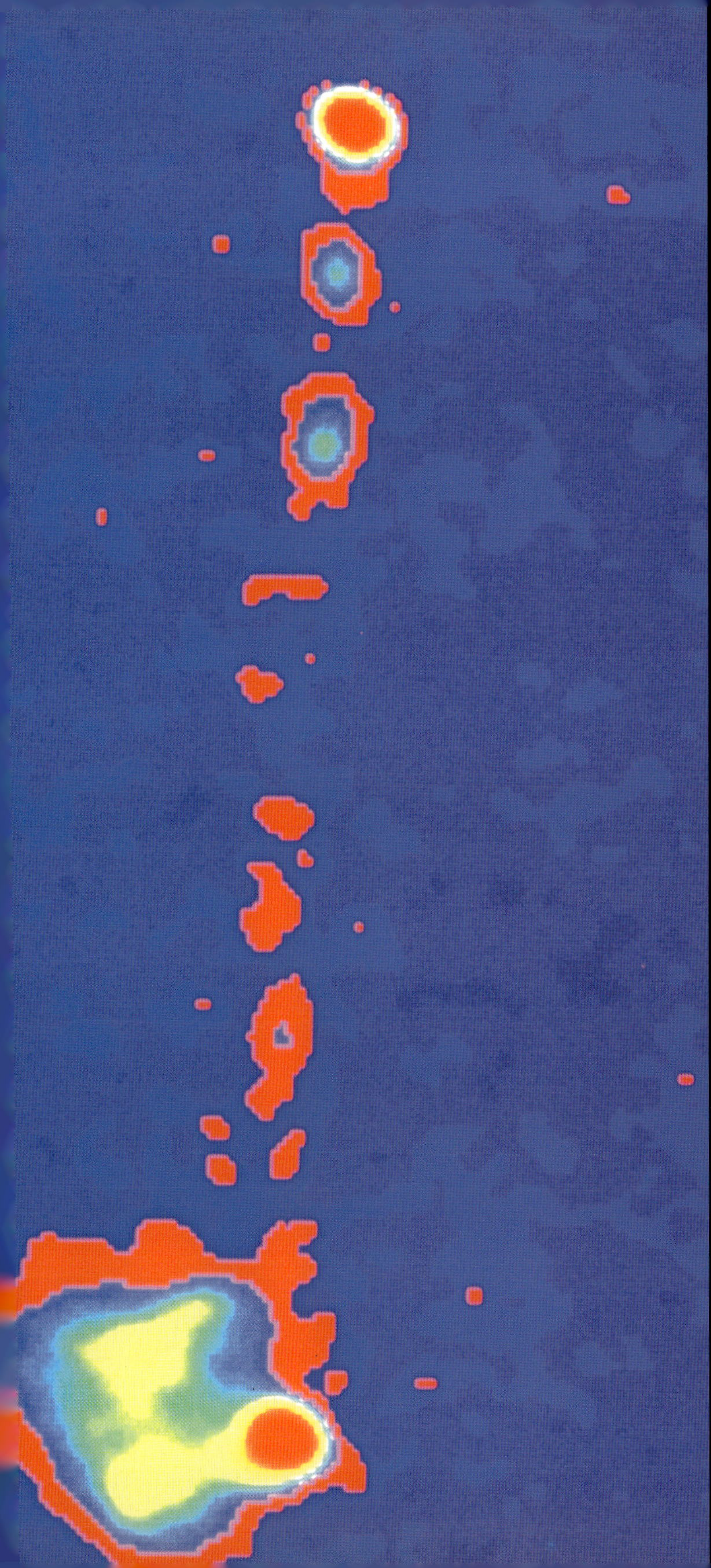

← **Photographie en fausses couleurs du quasar 1007+417** recueillie par le réseau de radiotélescopes VLA au Nouveau-Mexique. Situé dans la tache rouge et jaune en haut de l'image, le quasar émet un faisceau de particules ionisées.

↓ **Photographie insolite du quasar 0957+061** en lumière polarisée. Les astronomes y voient l'expression d'un champ magnétique complexe.

↓↓ **Cette représentation du quasar 0932+004** en ondes radio montre l'effet d'une forte gravitation sur le rayonnement des objets distants. Les taches bleues au milieu et en bas du cadre sont les images dédoublées d'un même quasar.

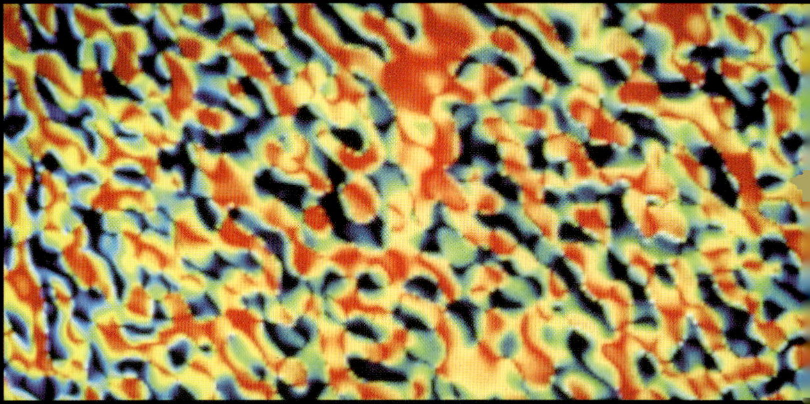

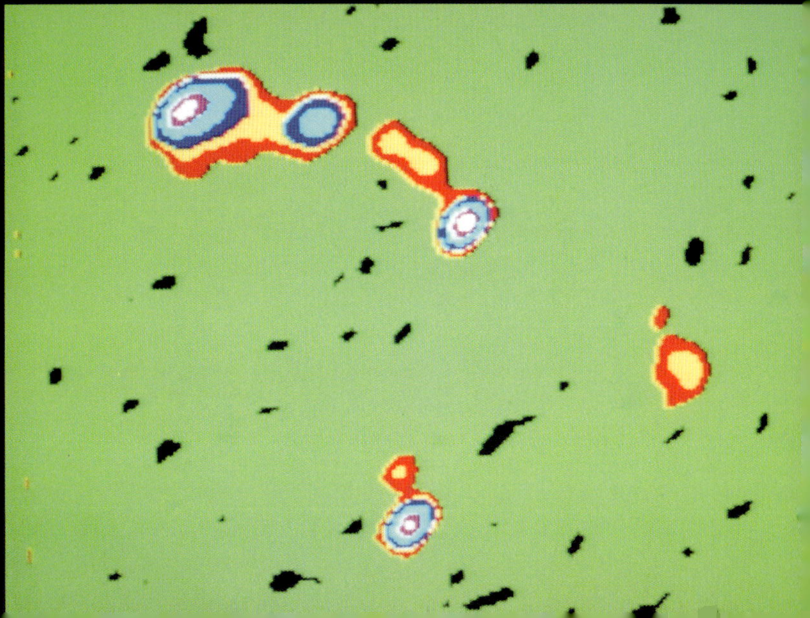

Les amas de galaxies

De même que les étoiles se regroupent en vastes structures appelées galaxies, celles-ci se rassemblent également pour former des amas. Les plus petits amas ne comptent que quelques galaxies et s'étirent sur 2 ou 3 millions d'années-lumière. Les plus grands ont été recensés en 1958 par l'astronome américain George Abell (1927-1983), qui établit un catalogue riche d'environ 3 000 cas. Chacun de ces amas est dorénavant nommé Abell, suivi de son numéro dans la classification. Les amas d'Abell comptent plusieurs dizaines à plusieurs milliers de galaxies chacun. Ces grands amas sont clairement liés ensemble par gravitation, à la différence des petits amas dont les membres ne sont que faiblement retenus ensemble. C'est le cas du Groupe local auquel appartient la Voie lactée.

→ **Abell 2218** est un amas de galaxies situé à près de 3 milliards d'années-lumière. Il est tellement massif qu'il déforme la lumière des autres galaxies situées à l'arrière-plan. Cet effet de lentille gravitationnelle crée une série d'arcs.

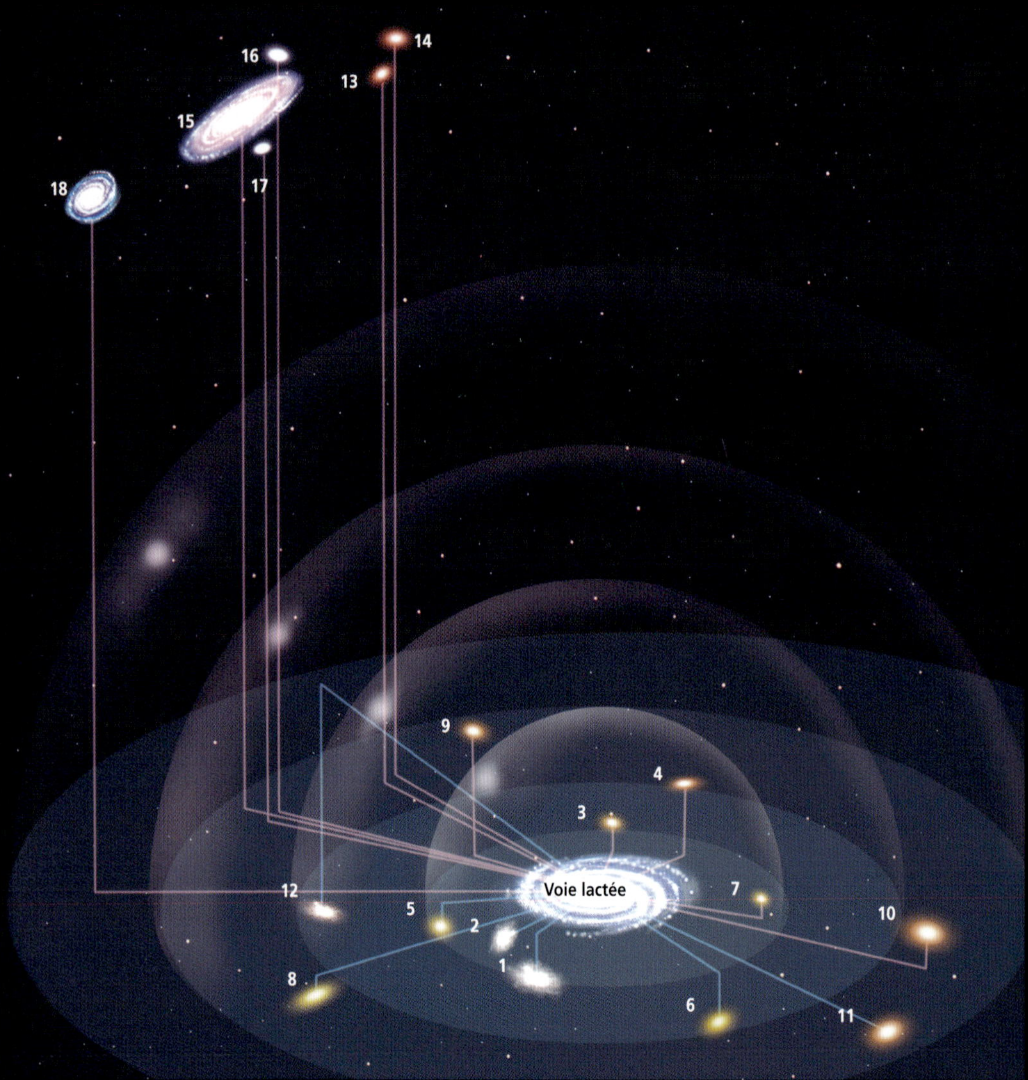

LE GROUPE LOCAL

La Voie lactée appartient à son propre amas de galaxies, appelé Groupe local. Celui-ci comprend une trentaine de membres qui sont distribués sur une distance de 3 millions d'années-lumière. Les membres les plus brillants sont de larges galaxies spirales : la Voie lactée, la galaxie d'Andromède (M31) et la galaxie du Triangle (M33). Les autres membres sont plus petits : des galaxies naines irrégulières et surtout des galaxies naines sphéroïdes (classe dSph), qui mesurent toutes moins de 10 000 années-lumière de diamètre. La dernière en date a été découverte en 2003 dans la constellation du Grand Chien : c'est aussi la plus proche de nous, avant les Nuages de Magellan.

PRINCIPALES GALAXIES DU GROUPE LOCAL

Nom de la galaxie	Distance	Type de galaxie
1 Voie lactée	N/A	Spirale
2 Naine du Grand Chien	25 000 al	Naine sphéroïdale
3 Grand Nuage de Magellan	160 000 al	Irrégulière
4 Petit Nuage de Magellan	190 000 al	Irrégulière
5 Naine du Dragon	230 000 al	Naine sphéroïdale
6 Naine de la Petite Ourse	260 000 al	Naine sphéroïdale
7 Naine du Sculpteur	320 000 al	Naine sphéroïdale
8 Naine du Sextant	320 000 al	Naine sphéroïdale
9 Naine de la Grande Ourse	320 000 al	Naine sphéroïdale
10 Naine du Fourneau	540 000 al	Naine sphéroïdale
11 Leo II	870 000 al	Naine sphéroïdale
12 Leo I	1,1 million al	Naine sphéroïdale
13 NGC 6822	1,7 million al	Irrégulière
14 NGC 147	2,7 millions al	Naine sphéroïdale
15 Andromède (M31)	2,9 millions al	Spirale barrée
16 M32	2,9 millions al	Naine elliptique
17 M110	2,9 millions al	Naine elliptique
18 Triangle (M33)	3,2 millions al	Spirale

LES SUPERAMAS

Les galaxies se regroupent en amas, mais ces derniers se rassemblent également en de très vastes groupes appelés superamas. Ceux-ci peuvent contenir entre 10 et 50 amas de galaxies sur des distances qui peuvent atteindre 300 millions d'années-lumière, plus de 100 fois la distance qui sépare la Voie lactée de notre voisine, la galaxie d'Andromède. Notre amas, le Groupe local, appartient au superamas de la Vierge qui mesure environ 100 millions d'années-lumière de large et rassemble près de 10 000 galaxies. Les superamas de la Vierge, de l'Hydre, du Centaure et tant d'autres gravitent vers un rassemblement de galaxies encore plus vaste, le Grand Attracteur.

← **L'amas de la Chevelure de Bérénice** est distant de 350 millions d'années-lumière. Il comporte deux galaxies principales : la galaxie elliptique NGC 4889 (*à gauche*) et la galaxie lenticulaire NGC 4874 (*à l'extrême droite*).

La naissance des galaxies

La question de l'origine des galaxies est très ardue. Les galaxies les plus éloignées à portée de nos instruments, notamment les quasars, sont situées à plus de 10 milliards d'années-lumière, ce qui signifie qu'elles se sont formées il y a plus de 10 milliards d'années, 3 ou 4 milliards d'années seulement après le big bang. Mais comment se sont-elles formées ? Deux théories coexistent. Selon la première, les galaxies se seraient constituées à partir d'immenses nuages de gaz qui se seraient effondrés sur eux-mêmes par gravitation, tout comme les étoiles l'ont ensuite fait à une échelle plus locale. La seconde théorie suppose que les galaxies se seraient assemblées à partir d'objets plus petits. Vraisemblablement, ces deux processus ont été à l'œuvre.

NAISSANCE DE LA VOIE LACTÉE

La genèse de la Voie lactée a débuté 1 ou 2 milliards d'années après le big-bang, lorsque l'Univers consistait surtout en une vaste étendue d'hydrogène et d'hélium. Certaines régions de cet Univers naissant étaient plus denses que d'autres. Elles ont attiré la matière environnante grâce à leur force de gravitation, devenant par conséquent plus massives et plus denses. Elles se sont individualisées en d'immenses nuages appelés à devenir les futures galaxies. Ces nuages ont connu des collisions entre eux, édifiant au fil des rencontres des ensembles de plus en plus denses. On imagine que le cœur de la Voie lactée est né ainsi. Les ondes de choc occasionnées par les collisions entre nuages ont brassé ses gaz et causé leur effondrement local en étoiles et en amas d'étoiles. Des amas globulaires se sont créés à la périphérie de la Voie lactée, alors que d'autres amas d'étoiles se sont rassemblés dans son disque central, lequel a développé des bras en spirale.

↑ **Image du ciel prise en rayons X par le satellite Chandra.** Elle représente le jeune Univers, à une époque où les galaxies n'étaient pas totalement formées.

↓ **La Voie lactée est reconstituée** sur cette image qui la montre de profil. Au centre, on note le renflement ou bulbe central, alors que les taches brillantes situées à la périphérie sont des amas globulaires.

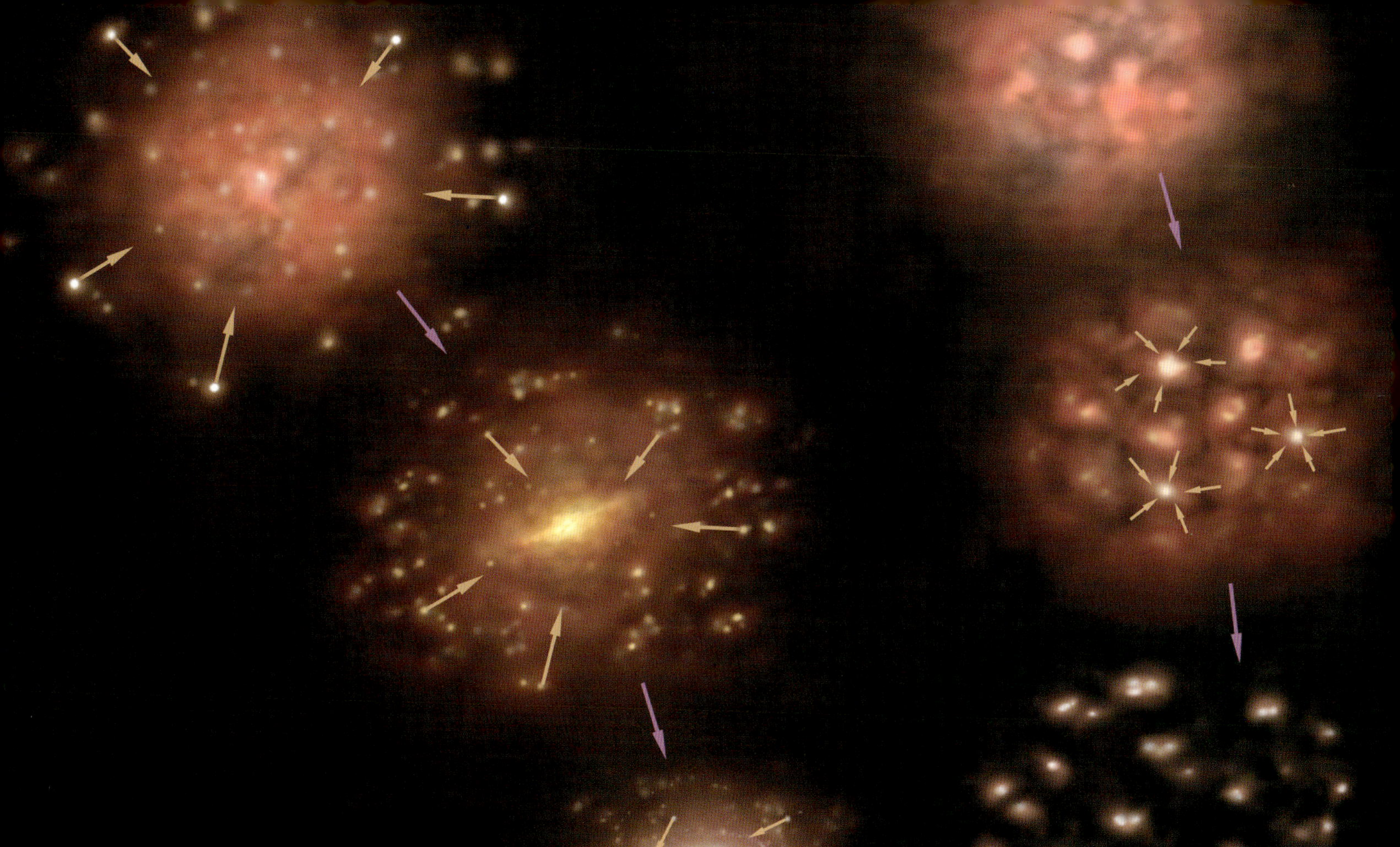

LE SCÉNARIO DE CONSTRUCTION
(*séquence de gauche*)
La répartition des amas globulaires autour d'une galaxie apporte des indices sur sa formation. Ces amas globulaires doivent être anciens : la plupart abritent de vieilles étoiles rouges qui ont achevé la séquence principale de leur vie et sont devenues des géantes. Mais tandis que la plupart des amas globulaires sont âgés de plus de 10 milliards d'années, d'autres semblent beaucoup plus jeunes. Cela impliquerait que les galaxies soient nées en plusieurs étapes, par apports successifs de matière.

LE SCÉNARIO DE FRAGMENTATION (*séquence de droite*)
Dans ce modèle, le jeune Univers était un milieu quasi uniforme d'hydrogène et d'hélium qui s'est scindé en immenses nuages. Chacun avait une masse équivalente à une multitude de galaxies et s'est divisé en objets devant donner des amas et des superamas de galaxies. Le processus de fragmentation s'est poursuivi pour donner des nuages de taille galactique. Ces derniers se sont eux-mêmes fragmentés pour donner des amas globulaires, alors qu'en leur sein démarraient la contraction et l'allumage des étoiles.

L'évolution des galaxies

Plus on regarde loin dans l'espace, plus on voit l'Univers tel qu'il était dans les temps les plus reculés. Cela est dû au fait que la lumière met plus de temps à nous parvenir d'objets plus lointains. Or, plus les astronomes regardent loin dans l'espace et dans le temps, plus la proportion de galaxies spirales qu'ils observent est grande. Elles étaient majoritaires dans le jeune Univers. Plus près de nous, après des milliards d'années d'évolution, ce sont au contraire les galaxies elliptiques qui dominent. Ce changement d'aspect de l'Univers au fil du temps serait dû à des collisions répétées entre galaxies. Les simulations par ordinateur montrent, en effet, que lorsque des galaxies spirales entrent en collision, elles fusionnent pour donner des galaxies elliptiques. Celles-ci doivent d'ailleurs leur grande taille à ce processus de fusion. La fusion expliquerait par conséquent pourquoi les galaxies elliptiques contiennent aussi peu de gaz et autant d'étoiles rouges. Les ondes de densité dues aux collisions comprimeraient les nuages de gaz et entraîneraient la création d'étoiles massives, qui deviendraient des supergéantes rouges en quelques millions d'années. Selon ce modèle, l'Univers serait un champ de bataille où les grosses galaxies deviendraient de plus en plus grosses en absorbant les plus petites.

↓ **Les simulations par ordinateur** nous renseignent sur l'évolution des galaxies. Cette séquence modélise la rencontre probable, dans un avenir proche à l'échelle du temps astronomique, de notre Voie lactée avec notre voisine, la galaxie d'Andromède.

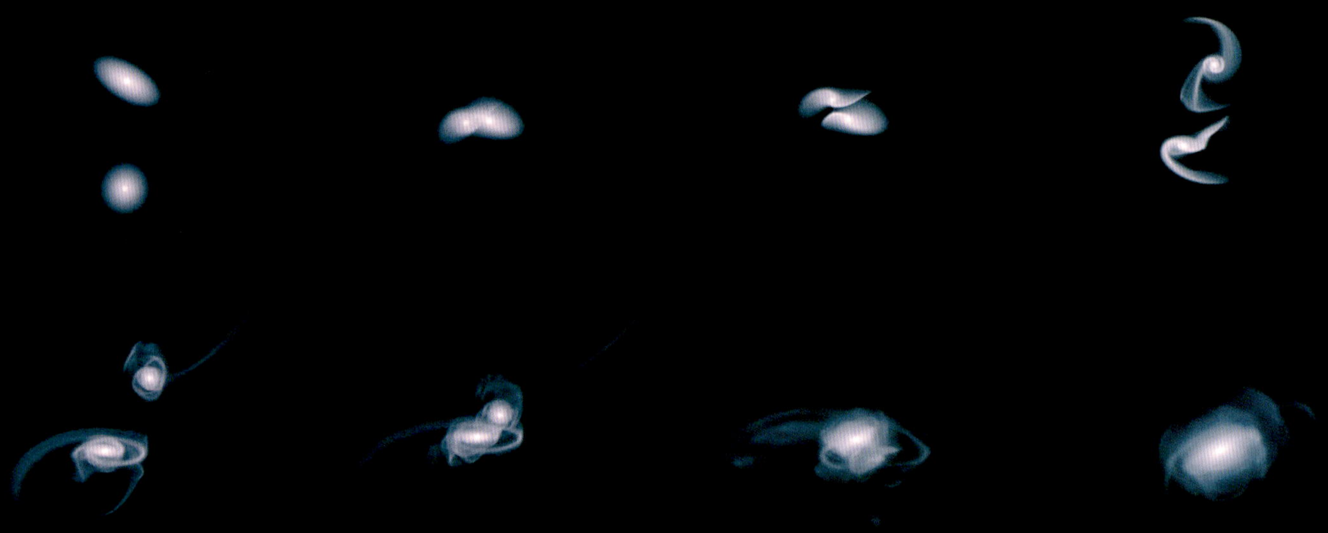

← **La galaxie de la Roue du Chariot,** distante de 500 millions d'années-lumière, traverse un épisode de vigoureuse création d'étoiles. Elle a récemment souffert d'une collision avec une galaxie naine. Les ondes de choc ont parcouru la spirale et ont atteint la périphérie de la galaxie où les étoiles naissantes bleues brillent de mille feux.

→ **Les Antennes, NGC 4038 et NGC 4039,** sont deux galaxies entrées en collision, à 60 millions d'années-lumière de la Terre. Elles ont chacune une queue curviligne qui s'étend sur 360 000 années-lumière. Ces antennes sont constituées de vastes quantités d'étoiles et de gaz interstellaire que les galaxies se sont arrachées au cours de leur collision.

↓ **La galaxie NGC 2207** (*à gauche*) entre en collision avec une galaxie plus petite, IC 2163. L'attraction plus forte de NGC 2207 a déformé sa voisine et lui a fait déployer un large bras d'étoiles et de gaz qui prend l'allure d'une gigantesque écharpe cosmique.

Le ciel nocturne

Page précédente Les étoiles décrivent de grands cercles dans le ciel, un mouvement apparent mis en évidence dans cette photographie à très long temps de pose.

à l'œil nu : plusieurs milliers d'étoiles proches, la Lune et cinq planètes, des nébuleuses de gaz et de poussière, des amas d'étoiles et même plusieurs galaxies lointaines. Avec une bonne paire de jumelles ou un petit télescope, ce sont des milliers et des milliers de merveilles qui sont observables.

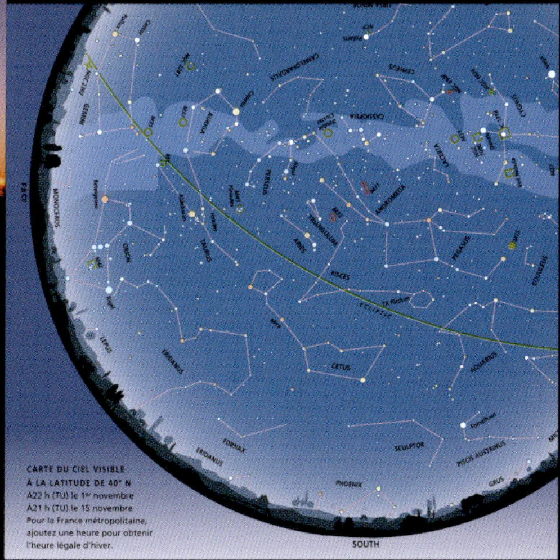

Comprendre le ciel nocturne

Notre vision du ciel nocturne a radicalement évolué au fil des âges. Il y a 4 000 ans, les Égyptiens se représentaient la Terre et les étoiles flottant à la surface d'un vaste océan céleste. Deux millénaires plus tard, l'idée d'une Terre immobile, située au centre de l'Univers, prédominait en Grèce. Toutes les étoiles se trouvaient à la même distance de la Terre, épinglées à une voûte céleste de dimensions inconnues. Cette sphère tournait autour de la Terre en 24 heures, créant le mouvement des étoiles à travers le ciel. Aristarque de Samos (IIIe s. av. J.-C.) eut bien l'intuition que c'était la Terre qui tournait autour du Soleil, mais c'est Ptolémée qui, au IIIe siècle après J.-C., affina cette idée en énonçant clairement que le Soleil, la Lune et les planètes tournaient tous autour de la Terre. Ce dogme devait persister près de quatorze siècles, jusqu'à ce que Nicolas Copernic, en 1543, reprît l'idée d'Aristarque et jetât les bases d'un nouveau système, dans lequel la Terre et les planètes tournent autour du Soleil. Dans le système copernicien, c'est la rotation de la Terre sur elle-même qui crée le mouvement apparent des étoiles.

LE VIDE DE L'ESPACE

Il est difficile de se représenter des distances astronomiques et notamment celles qui séparent les étoiles au sein de notre galaxie. Un exercice intéressant consiste à réduire l'échelle en rapetissant toutes les étoiles à la dimension de grains de sable d'un millimètre de taille. Cette réduction équivaut à se représenter la Galaxie à l'échelle du 100 000 milliardième. À cette échelle, nos grains de sable stellaires seraient séparés les uns des autres de plusieurs kilomètres, et le diamètre de la Voie lactée atteindrait encore 70 millions de kilomètres. En poursuivant le changement d'échelle et en réduisant cette fois des galaxies entières à la taille de grains de sable de 1 mm, les distances entre galaxies seraient ramenées à quelques centimètres.

↑ **Les étoiles emplissent le ciel du crépuscule.** Nos ancêtres pensaient qu'elles étaient fixées sur une voûte. Nous savons aujourd'hui qu'elles sont à des distances très variables de la Terre.

← **Le télescope spatial Hubble** a photographié cette image exceptionnelle d'un échantillon de l'Univers profond en 1998. Cette vue a été prise dans l'hémisphère austral du ciel, en complément à une image similaire réalisée dans l'hémisphère boréal. Les poses photographiques se sont déroulées sur plusieurs journées, afin de recueillir les flux de lumière les plus faibles, venus du fin fond de l'Univers. Elles révèlent des galaxies situées à plus de 10 milliards d'années-lumière. Celles-ci nous apparaissent donc telles qu'elles étaient il y a plus de 10 milliards d'années, alors que l'Univers n'était âgé que de 2 ou 3 milliards d'années.

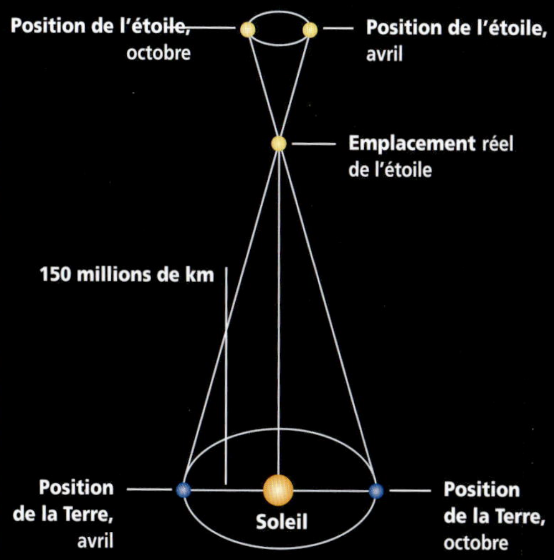

LA PARALLAXE
Si vous placez votre pouce dans le champ de votre regard, son alignement avec les objets lointains change selon que vous regardez avec l'œil gauche ou l'œil droit. Cet effet de perspective s'appelle la parallaxe. De même, à mesure que la Terre se déplace autour du Soleil, les étoiles proches changent légèrement de position par rapport aux étoiles les plus distantes à l'arrière-plan. Ce changement d'angle permet de calculer par trigonométrie l'éloignement des étoiles proches.

ÉTOILES : COULEURS ET TEMPÉRATURES
La couleur d'une étoile indique sa température de surface. Le Soleil est une étoile jaune : sa température au niveau de la photosphère atteint 5 700 kelvins (K). Les étoiles les moins chaudes atteignent à peine 4 000 K et ont une couleur rouge. À l'autre bout du spectre, les étoiles bleues les plus chaudes ont une température de 30 000 K à 40 000 K. Des moins chaudes aux plus chaudes, la progression des couleurs est de rouge à orange, jaune, blanc et bleu.

LA COULEUR DES ÉTOILES

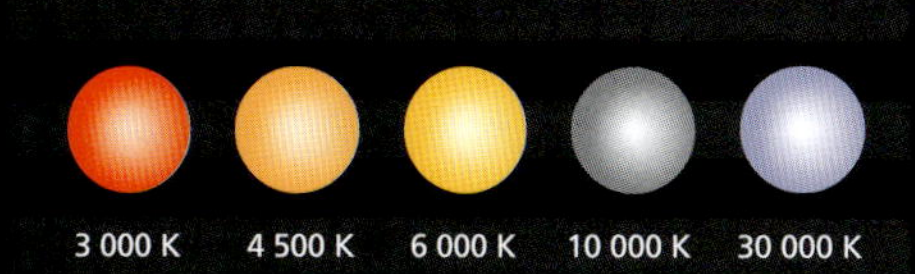

FIXER LA COULEUR
À l'œil nu, les étoiles ont des couleurs subtiles. Les étoiles rouges Antarès dans le Scorpion, Aldébaran dans le Taureau et Bételgeuse dans Orion ont une teinte plutôt pâle, loin du rouge vif d'un feu de signalisation. De même, les étoiles Véga de la Lyre et Rigel dans Orion sont d'un bleu délicat. En photographie, les couleurs sont accentuées par la sensibilité chimique de l'émulsion photographique, surtout au cours des poses de longue durée. En d'autres occasions, les étoiles brillantes saturent l'image et paraissent blanches. Une astuce consiste à changer la mise au point lors d'une pose photographique, de façon que la lumière des étoiles soit filée et révèle sa couleur sans être surexposée. La pose photographique de droite, effectuée sur une durée de 30 minutes, dévoile par ce procédé la couleur des étoiles dans la Croix du Sud.

La cartographie du ciel

De même que les géographes reportent sur des cartes les lieux de la Terre, les astronomes produisent des atlas du ciel. Les anciens navigateurs observaient la position des étoiles pour trouver leur chemin à travers les mers. Leurs cartes étaient rudimentaires mais efficaces. Aujourd'hui, les satellites de navigation et les systèmes GPS ont remplacé les étoiles pour nous guider. Pour représenter les astres, les astronomes se servent d'un système de coordonnées sphériques, avec longitudes et latitudes. Ils établissent également des catalogues d'étoiles, de nébuleuses et de galaxies. John Flamsteed (*à gauche*) fut l'un des premiers astronomes à introduire une numérotation des objets célestes en 1725. Trois catalogues débutés au XVIIIe, XIXe et XXe siècles – le catalogue de Charles Messier, le *New General Catalog* (NGC) établi par J.L.E. Dreyer et celui de Philibert Melotte – sont parmi les plus utilisés.

LE CATALOGUE DE MESSIER
Le catalogue de Messier est une liste d'objets célestes élaborée par l'astronome français Charles Joseph Messier (1730-1817). Il dressa cette liste pour recenser les taches lumineuses qui pourraient être prises par erreur pour des comètes, dont il faisait la traque. Son premier catalogue, publié en 1771, comptait 45 objets, numérotés de M1 à M45. La dernière version comporte 110 nébuleuses, galaxies et amas d'étoiles. En tête de liste, M1 est la célèbre nébuleuse du Crabe, vestige d'une supernova.

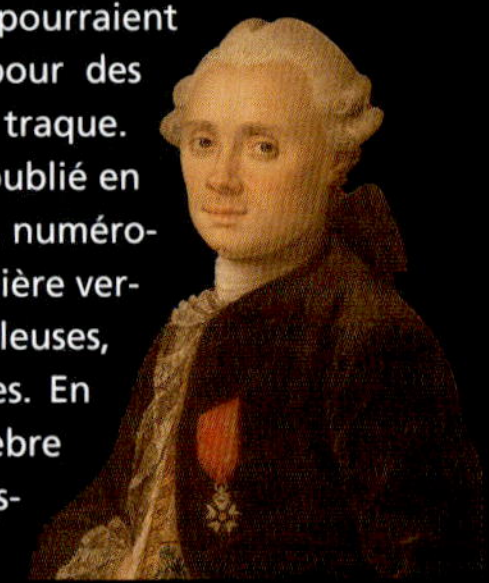

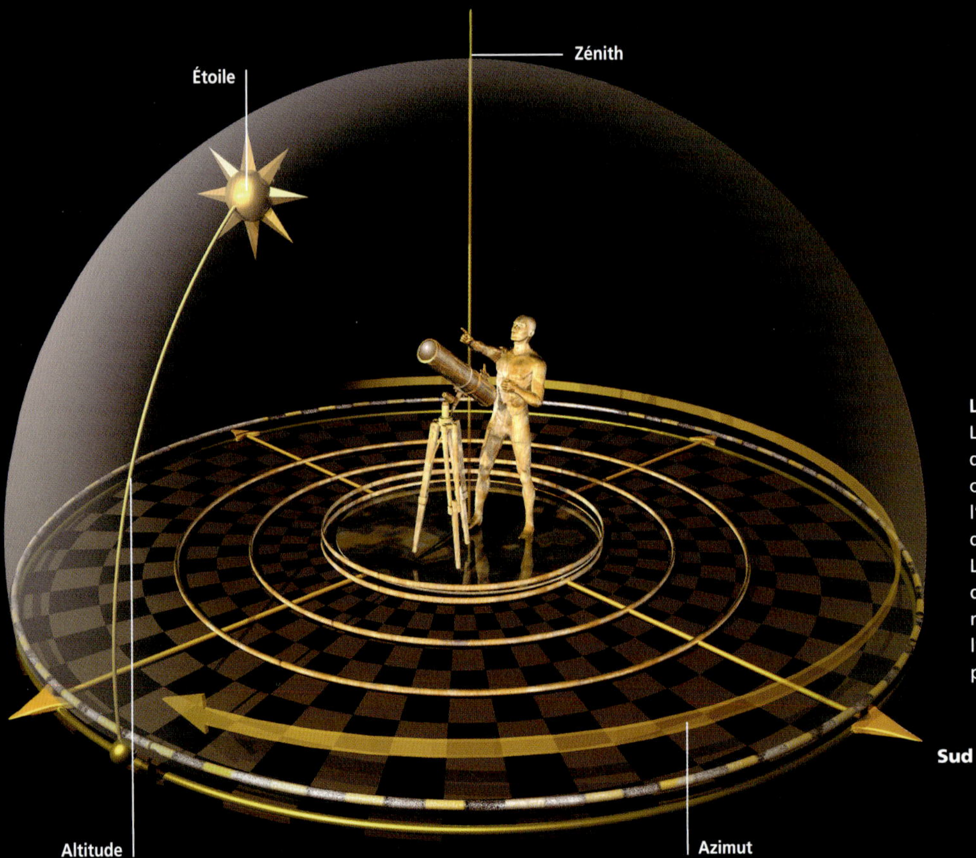

LE SYSTÈME DE COORDONNÉES ALTAZIMUTAL
Le système altazimutal (ou azimutal) fait intervenir deux angles. Il mesure, d'une part, la hauteur d'un objet dans le ciel, appelée altitude, qui est l'angle de l'horizon à l'objet. Le point à la verticale d'un lieu, dont l'altitude est égale à 90°, est appelé zénith. L'azimut, seconde coordonnée du système, est l'angle dans le plan horizontal allant d'un point qui marque le nord jusqu'au point sur l'horizon qui se trouve sous l'objet en question. Un méridien est un grand cercle passant par le zénith, qui divise le ciel en deux moitiés.

LA VOÛTE CÉLESTE

La voûte céleste et son système de coordonnées sphériques sont basés sur notre représentation du globe terrestre avec des pôles, un équateur, des longitudes et des latitudes. Une autre référence importante est l'écliptique, qui est le plan contenant la course apparente du Soleil à travers le ciel.

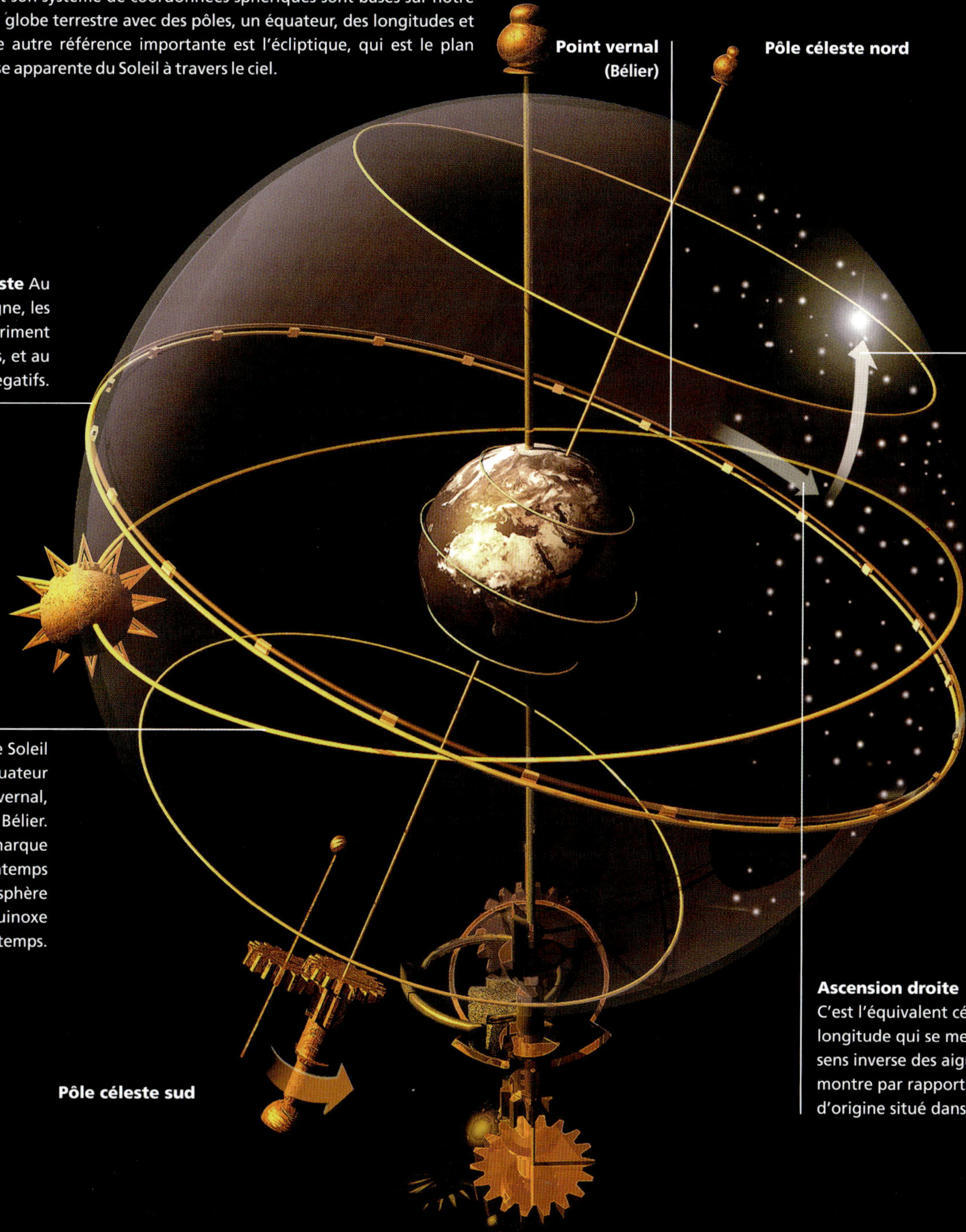

La Terre en mouvement

Les saisons dépendent de deux facteurs : le mouvement de la Terre autour du Soleil et l'inclinaison de son axe de rotation par rapport au plan de l'orbite, qui vaut 23,5 degrés. Sur une partie de l'orbite, l'inclinaison de la Terre pointe l'hémisphère Nord vers le Soleil : c'est alors l'été. Le Soleil monte haut dans le ciel et les jours sont plus longs. Durant cette même période, l'hémisphère Sud pointe dans la direction opposée au Soleil et connaît l'hiver. Six mois plus tard, les rôles sont renversés : c'est l'hiver dans l'hémisphère Nord et l'été dans l'hémisphère Sud. Entre les deux extrêmes, les hémisphères reçoivent des quantités égales de chaleur : c'est l'automne et le printemps.

LES SAISONS
Durant sa course autour du Soleil, l'axe de rotation de la Terre reste pointé vers le même point du ciel. La Terre présente donc au Soleil des hémisphères différents à tour de rôle. L'hémisphère pointé vers l'astre du jour connaît l'été et l'hémisphère opposé subit l'hiver.

LA PRÉCESSION DES ÉQUINOXES
L'axe de rotation de la Terre ne reste pas immobile. Il change lentement d'orientation sur une période de 25 800 ans, décrivant un cône dans l'espace. Ce mouvement périodique se nomme la précession des équinoxes. Aujourd'hui, l'axe de rotation de la Terre pointe vers une étoile, appelée Polaris ou étoile polaire. Mais au fil des millénaires, l'axe dérivera pour pointer vers une autre étoile.

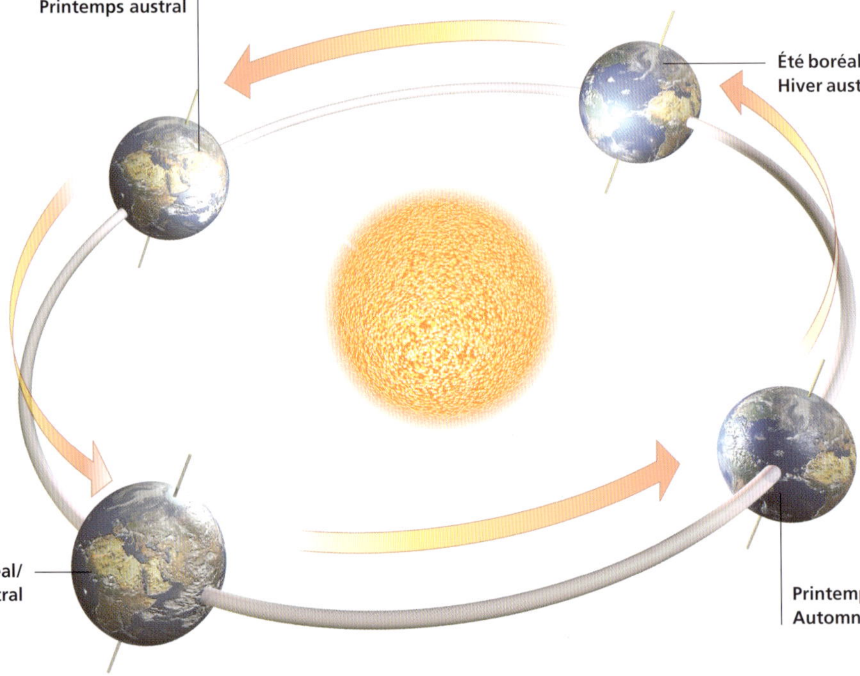

AUTOMNE HIVER PRINTEMPS ÉTÉ

LE MOUVEMENT APPARENT DES ÉTOILES

Selon son emplacement sur la Terre, un observateur perçoit différemment le mouvement des étoiles. Aux pôles, les étoiles ne se lèvent ni ne se couchent : elles décrivent des cercles autour du pôle céleste. À l'équateur, les étoiles se lèvent à l'est et se couchent à l'ouest. Aux latitudes moyennes, les étoiles se lèvent et se couchent le long de trajectoires obliques par rapport à l'horizon.

↑ **Plus on se rapproche des pôles,** plus les jours d'été sont longs et les jours d'hiver courts. Durant l'hiver, le Soleil ne s'élève pas bien haut au-dessus de l'horizon et se couche tôt : cette trajectoire basse sur l'horizon est mise en évidence par cette photographie à longue pose.

PÔLE NORD, 90° N

ÉQUATEUR, 0°

40° N

Les constellations et le zodiaque

Depuis les époques les plus reculées, les hommes ont identifié dans le ciel nocturne des figures immuables dessinées par des étoiles. Certains motifs sont connus depuis l'Antiquité. Il y a plus de 5 000 ans, les Mésopotamiens connaissaient déjà le Lion, le Scorpion, le Taureau et d'autres constellations que l'on retrouve sur leurs bas-reliefs. Au fil des millénaires, certaines d'entre elles ont été adoptées de façon permanente, d'autres abandonnées. De nouvelles constellations sont apparues, illustrant une légende ou un animal mythique. Quelques-unes des plus célèbres nous viennent de la mythologie grecque, tels Persée et Andromède. D'autres, notamment dans l'hémisphère Sud où elles ont été définies beaucoup plus tard, portent le nom d'instruments scientifiques, tels le Microscope et le Télescope. Aujourd'hui, 88 constellations sont reconnues par le monde occidental, mais d'autres civilisations ont une représentation différente du ciel.

↓ **Cette belle carte des constellations de l'hémisphère Nord** est l'œuvre du mathématicien Andreas Cellarius, germano-néerlandais (1596-1655). Elle est tirée de son recueil de 29 cartes du ciel : *Atlas Coelestis seu Harmonia Macrocosmica* (*Atlas céleste ou l'harmonie du macrocosme*).

LE MOUVEMENT DES ÉTOILES
Les étoiles ont leur mouvement propre, mais leur éloignement est si grand qu'elles nous paraissent fixes. Toutefois, leurs positions changent progressivement, de sorte que nos constellations familières deviendront à terme totalement méconnaissables (voir ci-dessous, l'aspect changeant de la Grande Ourse).

Il y a 100 000 ans

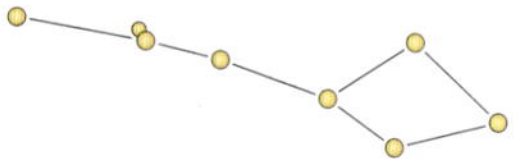

Aujourd'hui

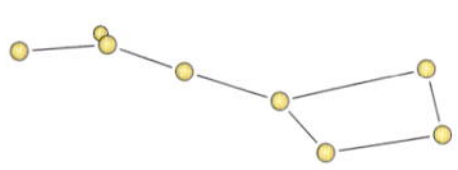

Dans 100 000 ans

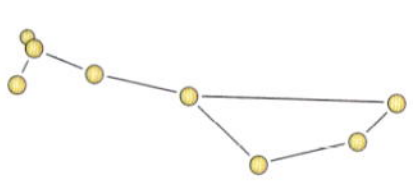

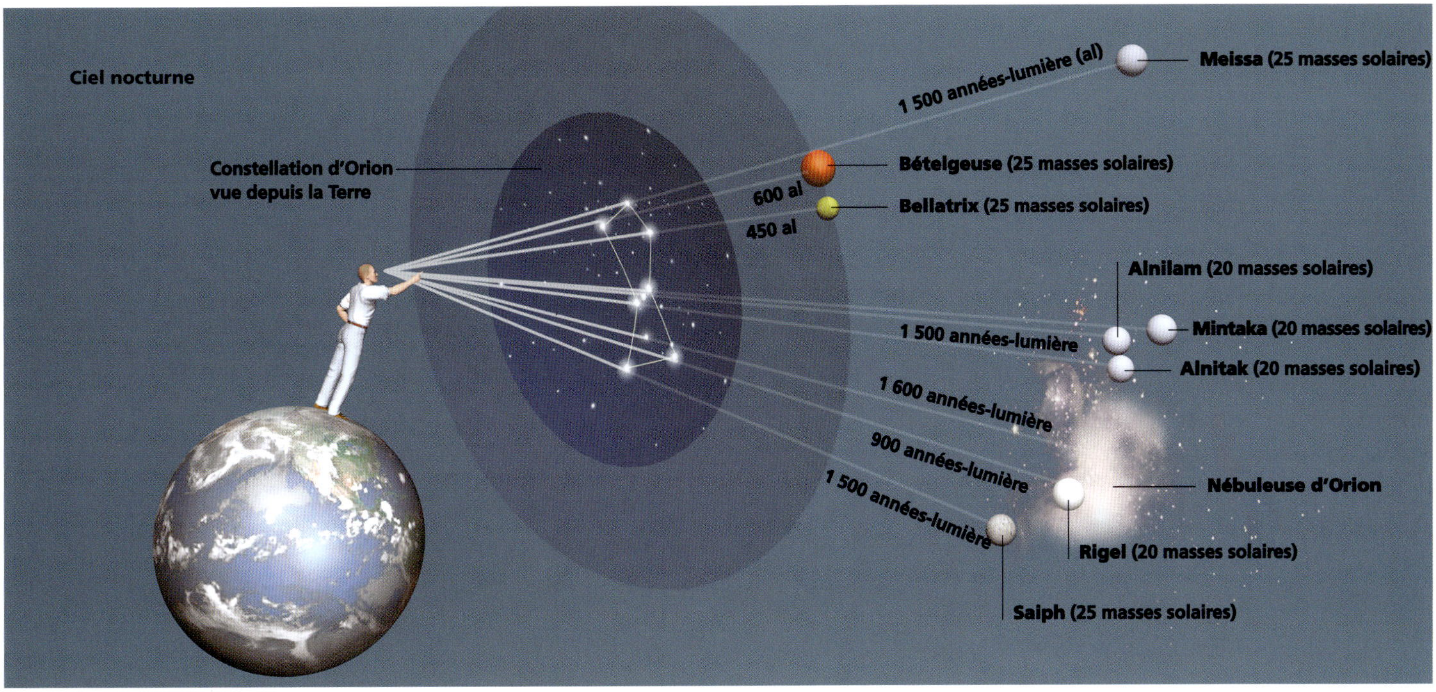

LIRE LES CONSTELLATIONS

Les étoiles nous paraissent équidistantes, mais elles sont situées à des distances très variables. La constellation d'Orion en offre un parfait exemple (*voir ci-dessus*). La géante étoile rouge Bételgeuse n'est qu'à 600 années-lumière de la Terre, alors que les étoiles du baudrier sont à une distance trois fois plus grande. Les constellations nous aident toutefois à nous repérer dans le ciel. Ainsi, en prolongeant l'alignement des étoiles du baudrier d'Orion vers l'est, on repère la brillante étoile Sirius. En prolongeant l'alignement dans l'autre sens, on atteint Aldébaran, l'étoile orange du Taureau, avec les amas des Hyades et des Pléiades à proximité. Quant aux constellations du zodiaque, elles jalonnent le parcours des planètes.

L'ORIGINE DU ZODIAQUE

À mesure que la Terre tourne autour du Soleil, celui-ci paraît se déplacer sur l'arrière-fond des étoiles. Ce mouvement apparent décrit une ligne sur la voûte céleste appelée écliptique. Elle passe par 12 constellations qui constituent le zodiaque et sont parmi les plus connues. Certains de leurs noms sont issus de la mythologie grecque. D'autres civilisations, comme la Chine, ont imaginé d'autres créatures. Mais les figures grecques du zodiaque se sont peu à peu imposées, comme dans cette représentation venue d'Asie (*à droite*).

L'astronomie en amateur

Il n'est pas indispensable de posséder des jumelles ou un télescope pour contempler le ciel : le plus ancien des moyens d'observation – l'œil nu – permet de découvrir des merveilles. Afin de les admirer, il suffit de suivre quelques règles. Choisissez un lieu d'observation dégagé, loin des lampadaires et de la pollution lumineuse des villes. Laissez ensuite à votre œil le temps de s'accoutumer à l'obscurité : les pupilles se dilatent et reçoivent plus de lumière. Si vous avez besoin de lumière, pour consulter la carte du ciel par exemple, utilisez une lampe torche de couleur rouge afin de ne pas être ébloui.

L'un des spectacles les plus majestueux est celui de la Voie lactée. Cette bande lumineuse est ce que nous percevons du disque de notre galaxie, tel que nous pouvons la voir depuis notre poste d'observation, qui est situé à l'intérieur du disque. Même lorsque les conditions ne sont pas idéales et que l'obscurité est loin d'être complète, vous pouvez localiser les principales planètes. Vénus est l'astre le plus brillant du ciel après le Soleil et la Lune. Mars la rouge, Jupiter et Saturne sont également très lumineuses. Mercure n'est observable que quelques jours par an au crépuscule, bas sur l'horizon. Certains amas d'étoiles comme les Pléiades sont spectaculaires et l'on réussit à discerner à l'œil nu quelques nébuleuses et galaxies, notamment la nébuleuse d'Orion et la galaxie d'Andromède. Il y a aussi les pluies d'étoiles filantes qui surviennent à des dates précises chaque année, et les passages de comètes, comme celle de Hale-Bopp en 1997 (*à droite*). Le spectacle du ciel est permanent.

ARPENTER LE CIEL

Pour mesurer les dimensions des objets célestes et les distances qui les séparent dans le ciel, les astronomes utilisent des angles exprimés en degrés, minutes et secondes. Une main tendue à bout de bras, les doigts écartés, couvre environ 20 degrés du pouce à l'auriculaire, ce qui équivaut à la séparation entre les étoiles aux extrémités de la Grande Ourse. Le poing fermé couvre environ 10 degrés, et le pouce tendu à bout de bras, 2 degrés.

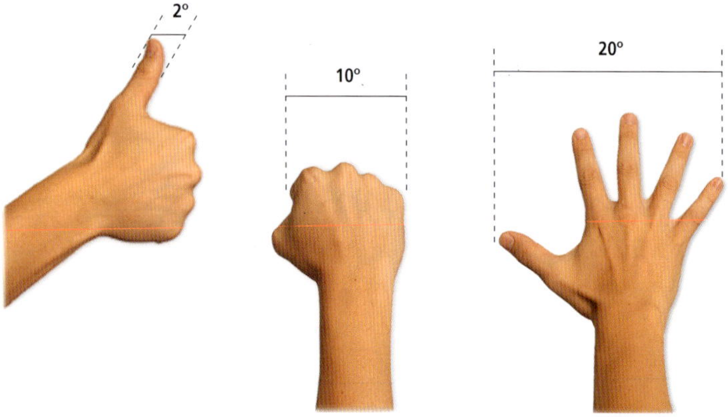

LA POLLUTION LUMINEUSE

Le ciel gagne à être observé depuis un lieu totalement obscur, mais tout le monde n'a pas la chance d'habiter à la campagne. Dans une ville, on est exposé à l'éclairage urbain, aux lumières des maisons et aux phares de voitures. Seuls les astres les plus brillants, comme la Lune, les planètes et les principales étoiles, sont visibles. Il faut rechercher l'obscurité relative d'un parc ou d'un jardin. Les astronomes tentent de négocier auprès des pouvoirs publics que les éclairages abusifs disparaissent peu à peu.

↑ **Cette mosaïque d'images prises de nuit par satellite** montre les sources de pollution lumineuse, principalement les grandes villes d'Europe et d'Amérique du Nord. Les meilleurs endroits pour observer le ciel sont les régions inhabitées comme les montagnes et les déserts.

← **Les villes comme New York** sont saturées de lumières artificielles, ce qui rend difficile l'observation du ciel.

Les jumelles

Une bonne paire de jumelles est un instrument idéal pour l'astronome amateur. Les jumelles n'ont ni la luminosité ni le pouvoir grossissant d'un télescope, mais ce faible grossissement constitue un avantage dans la mesure où il permet d'embrasser une plus large région du ciel. Certains objets célestes comme les amas d'étoiles ne tiennent pas dans le champ trop étroit d'un instrument plus puissant. Des jumelles sont en outre légères et faciles à transporter. Elles peuvent servir à repérer les objets intéressants, avant d'y pointer une lunette ou un télescope.

7 x 50

9 x 63

LE CHOIX DES JUMELLES

Plusieurs paramètres sont à prendre en considération lorsque l'on achète une paire de jumelles, à commencer par le diamètre et le pouvoir grossissant. Ceux-ci sont spécifiés par un couple de chiffres, par exemple 7 x 50. Le premier représente le pouvoir grossissant, le second, le diamètre de chaque objectif exprimé en millimètres, autrement dit l'ouverture. Plus celle-ci est grande, plus l'image sera lumineuse. Pour l'astronomie, une ouverture d'au moins 50 mm est conseillée. Une façon d'apprécier les performances d'une paire de jumelles est de diviser l'ouverture par le pouvoir grossissant : on obtient la largeur de l'image visible dans l'oculaire. Plus cette largeur se rapproche de celle de la pupille, qui est de 7 mm pour un œil habitué à l'obscurité, meilleur sera le résultat. Des jumelles de 7 x 50 donnent une taille d'image à peine supérieure à 7 mm, ce qui est un excellent résultat. Des jumelles de 10 x 50 sont également performantes, surtout pour les personnes âgées dont les pupilles sont plus étroites. Si vous désirez utiliser des jumelles sans pied, en les tenant à bout de bras, ne choisissez pas un pouvoir grossissant supérieur à 10. Un plus fort grossissement amplifie les tremblements, ce qui aboutit à une image sautillante. Les jumelles avec zoom ne sont pas recommandées : elles possèdent plusieurs lentilles, ce qui multiplie les défauts optiques.

JUMELLES À PRISMES

AFFINER SON CHOIX

Préférez des jumelles dont les lentilles sont recouvertes d'un revêtement à plusieurs couches, qui sert à améliorer le contraste. Ces modèles sont plus coûteux que ceux à une seule couche. Assurez-vous aussi que la distance de l'œil à l'oculaire permette de saisir le champ entier de l'instrument. Si vous portez des lunettes, cette distance doit être de l'ordre de 15 mm. Enfin, parmi les formes de jumelles proposées, vous avez le choix entre deux gammes de produits. Les meilleures jumelles sont celles dont chacun des tubes possède un coude qui permet de loger deux prismes. Les autres ont des tubes droits, sans prismes. Celles-ci ont tendance, les modèles les plus coûteux mis à part, à donner des étoiles une image altérée par des traits lumineux. Avant d'acheter une paire de jumelles, n'hésitez pas à essayer et à comparer plusieurs modèles.

↑ **Un télescope n'est pas l'unique instrument** pour faire des découvertes en astronomie. L'astronome amateur japonais Yuuji Hyakutake est photographié ici auprès des puissantes jumelles qui lui ont permis de découvrir la célèbre comète qui porte son nom.

← **Les jumelles à fort grossissement** doivent être montées sur un trépied. Elles sont en effet trop lourdes pour être portées à bout de bras : à cause de leur trop fort grossissement, l'observateur a du mal à garder l'image fixe.

L'AVANTAGE DES JUMELLES

L'observation d'un amas ouvert – comme les Pléiades – dans un télescope est plutôt décevante. Le trop fort grossissement réduit le champ de vision et ne permet pas d'admirer l'amas d'étoiles dans toute sa splendeur : il manque des étoiles. Une paire de jumelles offre un grossissement moins important et un champ beaucoup plus large qui englobe tout l'amas. Parmi les autres merveilles du ciel que des jumelles mettent en valeur, citons la nébuleuse Êta de Carinae (*en bas à gauche*), le Grand Nuage de Magellan (*au centre*) et la galaxie d'Andromède (*à droite*).

Les lunettes et les télescopes

L'observation du ciel à l'œil nu et avec des jumelles apporte beaucoup de satisfactions, mais les lunettes et les télescopes mettent en évidence des objets de plus faible luminosité qui seraient autrement hors de portée. Ils permettent de distinguer les anneaux délicats des nébuleuses planétaires, le fourmillement d'étoiles des amas globulaires et les bras en spirale des galaxies lointaines. D'autres objets visibles aux jumelles prennent une autre dimension grâce aux grossissements offerts par les télescopes. Les cratères de la Lune, les anneaux de Saturne et les nuages de Jupiter apparaissent alors dans toute leur splendeur.

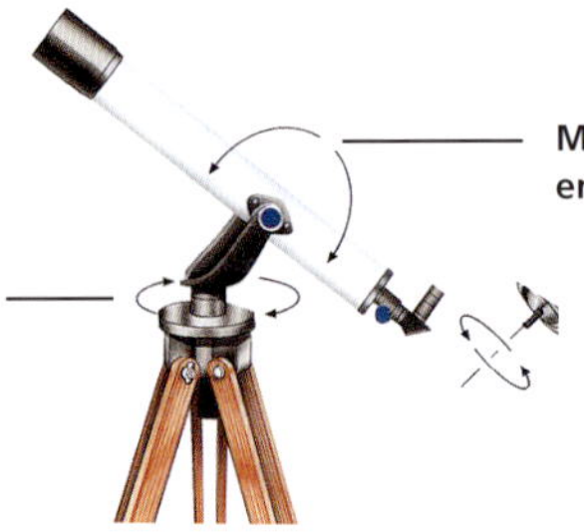

LES RÉFRACTEURS ET LES RÉFLECTEURS

Trois instruments conçus pour l'observation astronomique se distinguent par leurs optiques. Les lunettes ou réfracteurs (1) comportent un objectif en forme de lentille qui focalise la lumière vers l'oculaire. Les télescopes réflecteurs (3) utilisent un miroir pour focaliser la lumière. Les télescopes réflecteurs de type Schmidt-Cassegrain (2) ont un miroir principal percé d'un trou central et un miroir secondaire, appelé diaphragme (*à droite*), dont une face est bombée pour corriger les défauts optiques de l'image. À ouverture égale, les lunettes sont plus coûteuses et encombrantes que les télescopes. Les instruments les plus compacts sont les télescopes de type Schmidt-Cassegrain. Certains instruments sont munis d'un moteur à horlogerie de manière à suivre automatiquement le mouvement des astres dans le ciel et à permettre une observation continue.

1

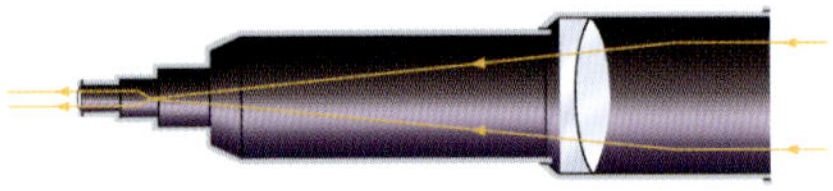

2

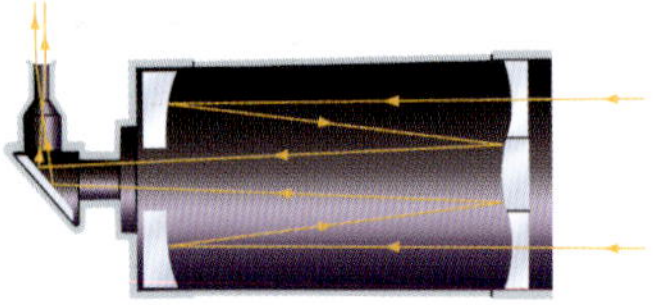

3

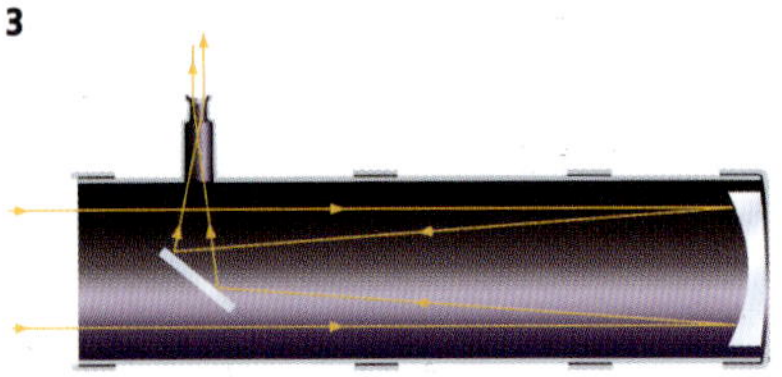

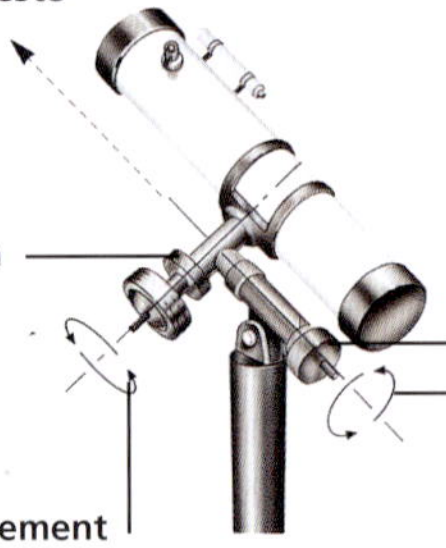

LES MONTURES

Il y a deux types de montures pour les instruments. La plus simple est la monture altazimutale, dite aussi azimutale (*en haut*). Elle permet des mouvements verticaux en altitude et des mouvements horizontaux en azimut, d'où son nom. L'autre monture est dite équatoriale (*en bas*). Ses mouvements compensent la rotation de la Terre pour suivre le déplacement des astres. Elle est indispensable pour photographier les objets célestes avec de longs temps de pose.

← **Ce télescope de 200 mm d'ouverture** est un réflecteur de type Schmidt-Newton. Il possède une monture équatoriale qui permet de suivre la course apparente des astres à travers le ciel.

CHOISIR SON TÉLESCOPE

Le choix d'une lunette ou d'un télescope est déterminé par de nombreux critères. Le facteur le plus important n'est pas le type d'instrument ou le pouvoir grossissant, mais l'ouverture, c'est-à-dire le diamètre de la surface optique qui recueille et focalise la lumière. L'ouverture est exprimée en millimètres. Privilégiez la plus grande ouverture possible dans la limite de votre budget. Plus elle sera importante, plus l'image sera lumineuse, ce qui vous permettra de voir des objets de faible magnitude. Cette luminosité est fonction du carré de l'ouverture : un instrument de 200 mm d'ouverture donne des images quatre fois plus lumineuses qu'un instrument de 100 mm. En outre, le pouvoir de résolution, qui est la faculté de séparer deux objets proches, est aussi proportionnel à l'ouverture. Cela signifie qu'à grossissement égal, plus l'ouverture est grande, plus on peut discerner d'étoiles distinctes, par exemple dans un amas. Ne soyez pas trop influencé dans votre choix par des pouvoirs grossissants exagérés, car l'ouverture de l'instrument limite en pratique son grossissement. Un fabricant peut annoncer un grossissement théorique maximal de 400 X, mais, en pratique, si l'ouverture est insuffisante et l'optique médiocre, vous n'obtiendrez une image acceptable que pour un grossissement de 100 X. Le grossissement optimal d'un instrument peut être évalué en multipliant par deux l'ouverture exprimée en millimètres. Ainsi, un instrument de 60 mm d'ouverture permettra un grossissement utile d'environ 120 X. Dernier point : assurez-vous que les dimensions de l'instrument permettent son transport en voiture, si nécessaire.

↑ **Ce télescope réfracteur** est doté d'une lentille pour récolter et focaliser la lumière vers l'oculaire, fixé sur une monture coudée à l'autre extrémité du tube. La monture altazimutale permet des mouvements horizontaux et verticaux.

LES FILTRES

Les filtres permettent d'améliorer la qualité de l'image. Ils se vissent sur l'oculaire. Les filtres de réduction de pollution (LPR) éliminent les lumières parasites colorées dues à l'éclairage urbain. Les filtres LPR à bande passante étroite améliorent le contraste et les couleurs des nébuleuses. Procurez-vous ce type de filtre en priorité. Les filtres LPR à large bande passante sont, quant à eux, utilisés pour observer des objets distants comme les galaxies. Enfin, certains filtres font ressortir une seule couleur : ils permettent l'observation de certaines nébuleuses à dominante rouge ou bleue.

LES OCULAIRES

L'oculaire est une petite lentille amovible qui assure le grossissement de l'image. Les oculaires sont désignés par leur longueur focale exprimée en millimètres. Plus la focale est courte, plus le grossissement est élevé. Celui-ci dépend également de la longueur focale du télescope lui-même : le grossissement est calculé en divisant la longueur focale du télescope par celle de l'oculaire. Il convient d'avoir deux ou trois oculaires offrant des grossissements différents : faible (par exemple 20 mm) et moyen (par exemple 9 mm) pour les nébuleuses et les galaxies, fort (par exemple 4 mm) pour examiner les détails de la Lune et des planètes.

Lire une carte du ciel

Pour vous orienter parmi les étoiles, vous devez lire une carte du ciel – tout comme vous lisez une carte géographique afin de vous repérer sur Terre. Grâce aux 24 cartes de cet ouvrage, vous trouverez votre chemin parmi les étoiles, tant dans l'hémisphère Nord que dans l'hémisphère Sud. Tenez la carte devant vous en faisant coïncider l'inscription située sur le bord de la carte (par exemple SUD) avec la direction correspondante depuis votre lieu d'observation. Aidez-vous pour cela d'une boussole. Les constellations ne présentent qu'une ressemblance très vague avec les dieux, les animaux et les objets qu'elles sont censées représenter.

MAGNITUDE APPARENTE

Afin de représenter la luminosité des objets célestes, telle qu'elle est perçue depuis la Terre, les astronomes ont mis au point une échelle : celle des magnitudes apparentes. Plus la magnitude est grande, plus la luminosité de l'astre est faible. On utilise des chiffres négatifs pour les objets les plus brillants. Un écart d'une magnitude correspond à une baisse ou une hausse de luminosité d'un facteur 2,5.

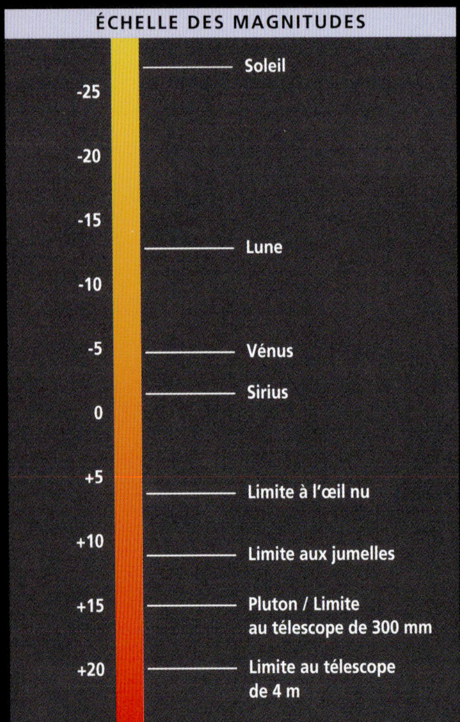

La taille de représentation des étoiles est proportionnelle à la magnitude apparente des étoiles.

Les constellations sont indiquées par un trait plein.

Cette partie du ciel est observable dans une fourchette de 15 degrés de part et d'autre de la latitude de référence, 40° N.

Les objets célestes sont indiqués par ces symboles.

CARTE DU CIEL VISIBLE À LA LATITUDE DE 40° N

À 22 h (TU) (temps universel) le 1er novembre
À 21 h (TU) le 15 novembre
Pour la France métropolitaine, ajoutez une heure pour obtenir l'heure légale d'hiver.

Amas ouvert d'étoiles   Nébuleuse

Amas globulaire d'étoiles Nébuleuse planétaire Galaxie

Les objets célestes sont représentés par leur matricule dans la classification de Messier (M) ou dans le catalogue NGC.

Notre galaxie, la Voie lactée, est indiquée par une bande bleu clair qui prend le ciel en écharpe.

Couleur réelle de l'étoile.

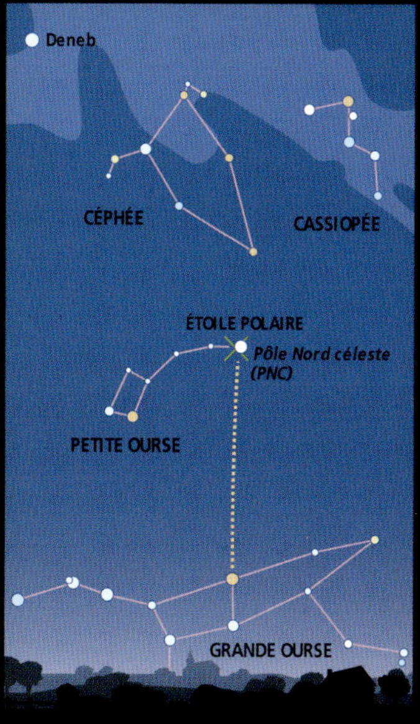

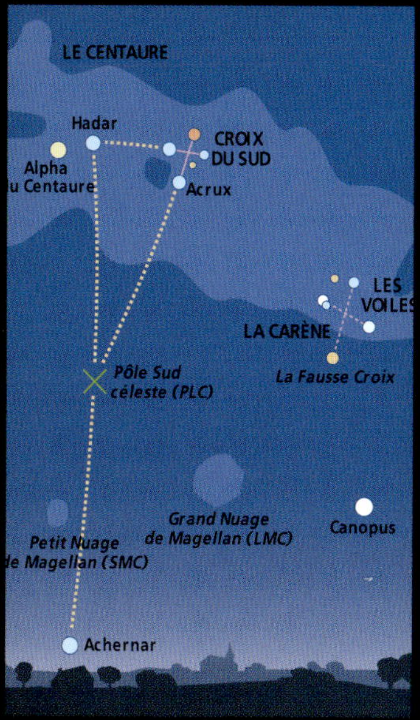

COMMENT TROUVER LE PÔLE NORD DANS L'HÉMISPHÈRE BORÉAL

Trouver l'étoile polaire, Polaris, est un exercice simple. Commencez par repérer la constellation de la Grande Ourse. Ses sept étoiles les plus brillantes dessinent le contour d'une casserole facilement identifiable. Selon l'heure et la saison, le motif peut être à l'endroit, penché ou à l'envers, mais il est toujours visible dans notre ciel. C'est une grande constellation qui trône dans la partie nord du ciel : sa largeur atteint une quarantaine de degrés d'arc. Une fois la Grande Ourse repérée, visez les deux étoiles qui marquent le bord de la casserole, à l'opposé du manche. Tracez alors un trait qui passe par ces deux étoiles et qui s'éloigne de la casserole vers la Voie lactée. La première étoile que cette ligne rencontre est l'étoile polaire. Celle-ci marque l'extrémité du manche d'une autre casserole : la constellation de la Petite Ourse.

COMMENT TROUVER LE PÔLE SUD DANS L'HÉMISPHÈRE AUSTRAL

Il n'y a pas d'étoile notable qui marque exactement le pôle sud du ciel. L'étoile la plus proche est Sigma Octantis, dans la constellation de l'Octant, mais sa magnitude est de 5,4, ce qui la rend à peine visible à l'œil nu par les nuits les plus noires. À l'inverse de Polaris dans l'hémisphère Nord, elle est donc peu utile à la navigation. Pour repérer son emplacement, servez-vous de la très repérable constellation de la Croix du Sud et prolongez son grand axe 4,5 fois vers le Petit Nuage de Magellan.

Carte complète du ciel de l'hémisphère Nord

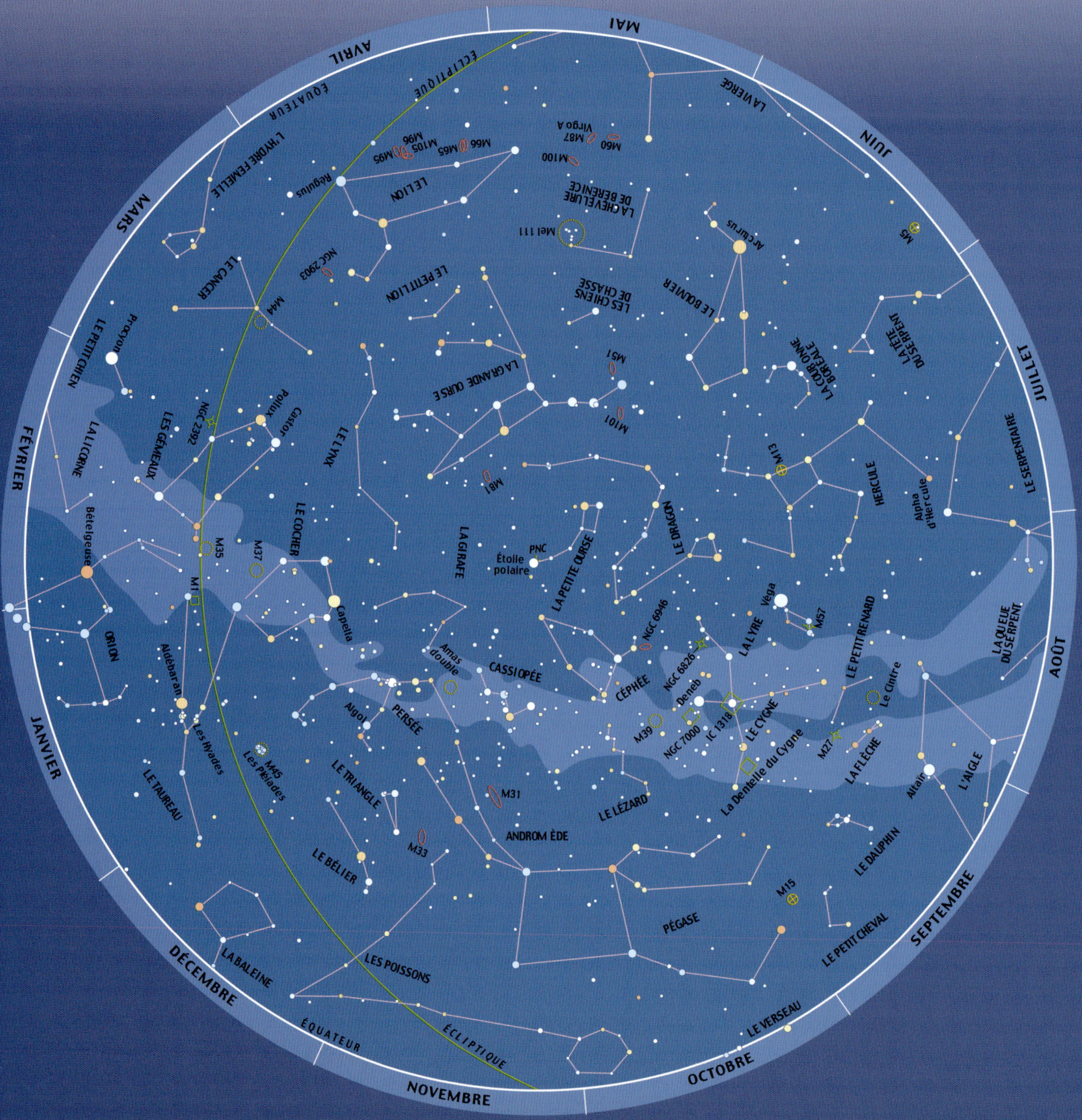

ÉCHELLE DES MAGNITUDES

≤ 0 · 0,1-0,5 · 0,6-1,0 · 1,1-1,5 · 1,6-2,0 · 2,1-2,5 · 2,6-3,0 · 3,1-3,5 · 3,6-4,0 · 4,1-4,5 · 4,6-5,0

Amas ouvert d'étoiles · Nébuleuse · Amas globulaire d'étoiles · Nébuleuse planétaire · Galaxie

Carte complète du ciel de l'hémisphère Sud

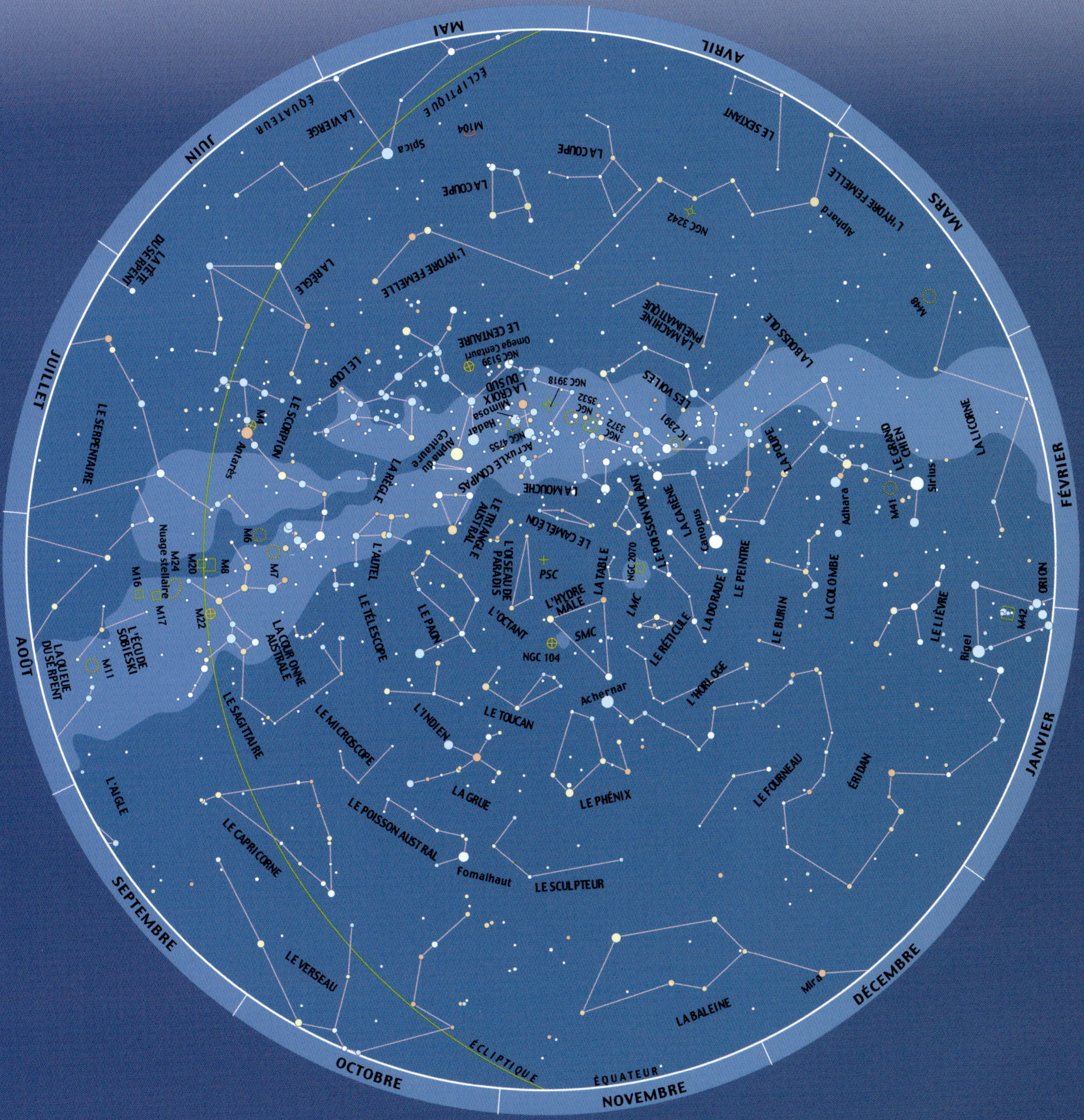

Amas ouvert d'étoiles — Nébuleuse — Amas globulaire d'étoiles — Nébuleuse planétaire — Galaxie

Le ciel de janvier dans l'hémisphère Nord

Le mois de janvier permet d'observer les magnifiques constellations hivernales. Au fil de la nuit, Orion le chasseur grimpe haut dans le ciel, éternellement à la poursuite du Taureau et suivi par ses deux fidèles chiens de chasse : le Grand Chien et le Petit Chien. Les belles étoiles Capella dans le Cocher et Castor et Pollux dans les Gémeaux passent au zénith. Au-dessus de l'horizon nord-est, la Grande Ourse se lève, tandis que se couche vers l'horizon nord-ouest la constellation de Cassiopée, facilement reconnaissable à sa forme en W, accompagnée de Pégase, Andromède et Persée.

NÉBULEUSE D'ORION (M42)

Type d'objet Nébuleuse diffuse
Constellation Orion
Autres noms NGC 1976, Grande nébuleuse d'Orion
Description Visible à l'œil nu sous la forme d'une tache bleue, la nébuleuse d'Orion est l'une des merveilles célestes. Elle est située sous le baudrier d'Orion, en dessous de l'étoile la plus à gauche du trio. La nébuleuse visible couvre une surface du ciel égale à quatre fois celle de la pleine lune, mais la totalité de son nuage de gaz s'étend sur plus de 10 degrés d'arc. Elle est large d'une trentaine d'années-lumière. Vous pouvez admirer M42 aux jumelles, mais un télescope de 150 à 200 mm est nécessaire pour apprécier ses draperies lumineuses incrustées d'étoiles. Les quatre étoiles bleues du Trapèze, au cœur du nuage, sont âgées de 1 million d'années seulement.
Magnitude apparente 4
Taille apparente 66 x 60 minutes d'arc
Dimensions réelles 28 années-lumière
Distance 1 600 années-lumière
Autres nébuleuses de janvier Nébuleuse du Crabe (M1) Le Fantôme de Jupiter (NGC 3242)

AMAS OUVERT M37

Type d'objet Amas ouvert
Constellation Le Cocher
Autre nom NGC 2099
Description M37 est l'un des brillants amas d'étoiles situés dans la constellation du Cocher. Avec ses voisins M36 et M38, il dessine un coude. C'est l'amas le plus spectaculaire du trio : il renferme plus de 200 étoiles brillantes et 200 étoiles plus faibles, groupées sur une surface qui équivaut à celle de la pleine lune. Par rapport à ses voisins, M37 est relativement âgé avec un nombre important de géantes rouges. Son âge est estimé à 300 millions d'années. Pour le repérer aux jumelles, il convient de pointer à mi-chemin entre les étoiles Thêta et Bêta du Cocher, puis de se décaler de 2 degrés vers la constellation des Gémeaux. Un petit télescope permet d'en observer les étoiles les plus brillantes.
Magnitude apparente 5,6
Taille apparente 24 minutes d'arc
Dimensions réelles 29 années-lumière
Distance 4 100 années-lumière
Autres amas de janvier Les Hyades Amas de la Crèche (M44)

GALAXIE DU TRIANGLE (M33)

Type d'objet Galaxie spirale
Constellation Le Triangle
Autre nom NGC 598
Description M33 appartient au Groupe local de galaxies dans lequel se trouve notre propre Voie lactée. Il s'agit d'une spirale de type Sc, avec des bras déployés, vue pratiquement de face. Son diamètre angulaire vaut deux fois celui de la pleine lune. C'est toutefois une galaxie relativement petite qui nous apparaît de taille importante en raison de sa proximité. Paradoxalement, sa grande étendue dilue sa luminosité, de sorte qu'elle est à peine visible à l'œil nu. Elle est située à mi-chemin entre les étoiles Alpha du Triangle et Bêta d'Andromède, à une douzaine de degrés d'arc de la galaxie d'Andromède. Un télescope de 200 mm est nécessaire pour distinguer sa structure en spirale.
Magnitude apparente 5,7
Taille apparente 70 x 40 minutes d'arc
Dimensions réelles 55 000 années-lumière
Distance 3 millions d'années-lumière
Autres galaxies de janvier M65 Les Chiens de chasse (M51)

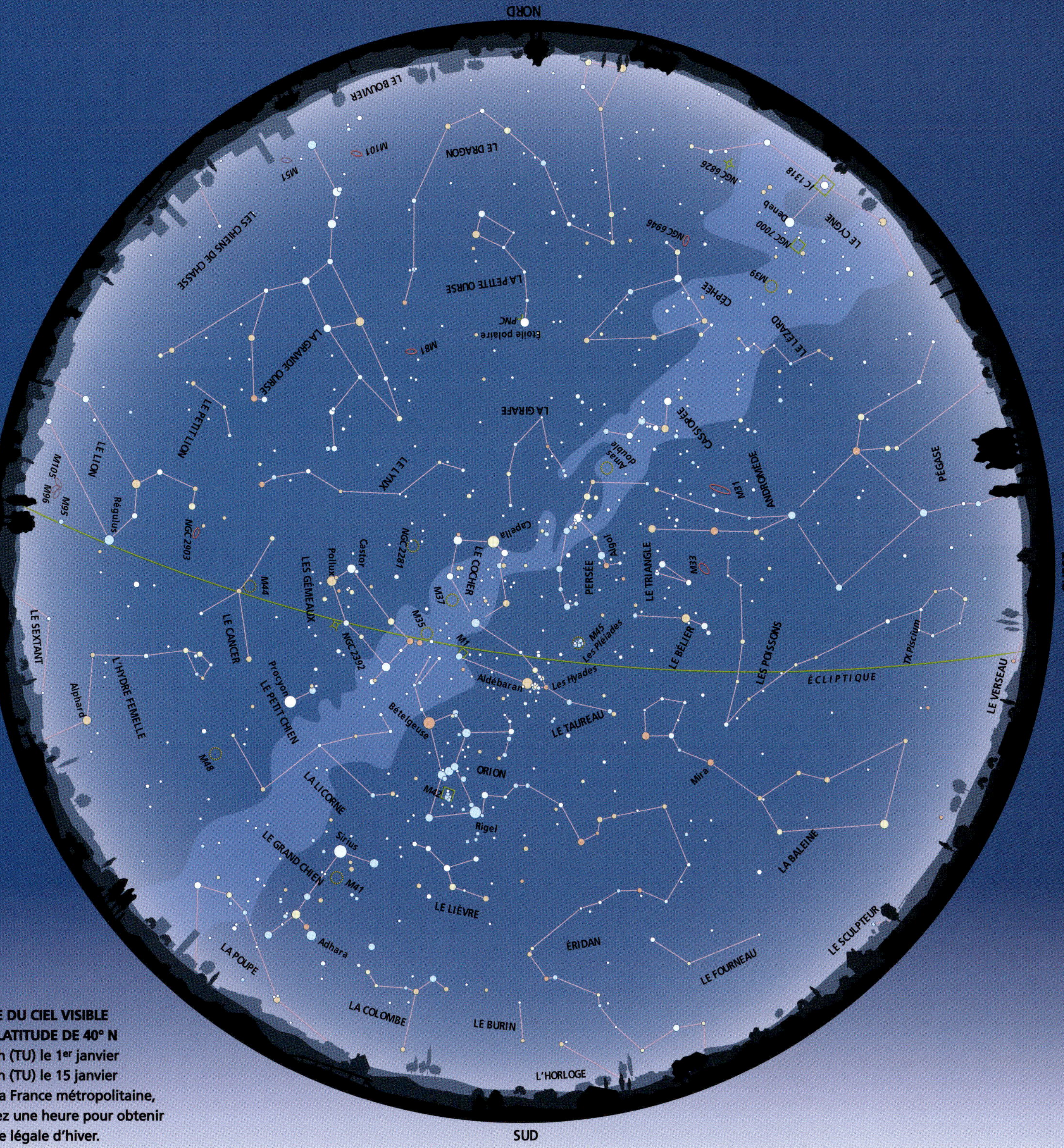

CARTE DU CIEL VISIBLE
À LA LATITUDE DE 40° N

À 22 h (TU) le 1er janvier
À 21 h (TU) le 15 janvier
Pour la France métropolitaine, ajoutez une heure pour obtenir l'heure légale d'hiver.

Amas ouvert d'étoiles — Nébuleuse — Amas globulaire d'étoiles — Nébuleuse planétaire — Galaxie

Le ciel de février dans l'hémisphère Nord

Orion et le Grand Chien, le Cocher et le Taureau sont les principales constellations de février à apparaître après le coucher du Soleil. Orion pourchasse toujours le Taureau vers l'ouest et se couche au lever du jour. Les brillantes étoiles Capella du Cocher et Castor et Pollux des Gémeaux se couchent plus tard. Elles laissent leur place à la constellation du Lion et à sa blanche étoile Régulus. La Grande Ourse, tête en bas, fait le tour de la Petite Ourse, alors que le Bouvier hisse Arcturus, sa belle étoile orangée, haut dans le ciel.

NÉBULEUSE DU CRABE (M1)

Type d'objet Reste de supernova
Constellation Le Taureau
Autre nom NGC 1952
Description La nébuleuse du Crabe, dans le Taureau, marque l'emplacement d'une étoile qui a explosé : une supernova. L'événement fut consigné par les astronomes chinois en 1054. Près d'un millénaire plus tard, les débris de l'étoile se sont dispersés pour dessiner une dentelle colorée de gaz ionisés, atteignant plusieurs années-lumière de diamètre. L'enveloppe de gaz continue de s'étendre à la vitesse de 1 000 km par seconde. Premier objet répertorié dans le catalogue de Messier sous le matricule M1, la nébuleuse du Crabe est située près de l'étoile Zêta du Taureau, en bordure de la Voie lactée. Elle apparaît comme une petite tache aux jumelles, mais un télescope de 250 mm est nécessaire pour distinguer sa structure.
Magnitude apparente 8,2
Taille apparente 6 x 4 minutes d'arc
Dimensions réelles 11 x 7 années-lumière
Autres nébuleuses de février
La Tête du Clown (NGC 2392)
Grande nébuleuse d'Orion (M42)

HYADES

Type d'objet Amas ouvert
Constellation Le Taureau
Autre nom Melotte 25
Description Les Hyades forment un vaste amas d'étoiles en forme de V, de 5 degrés d'arc de grandeur, soit 10 fois le diamètre de la pleine lune. L'amas est situé près de la brillante étoile rouge Aldébaran, l'œil du Taureau, visible au centre de l'image. Il contient environ 200 étoiles, parmi lesquelles de nombreuses étoiles doubles. Son âge est estimé à 700 millions d'années. Les astronomes l'utilisent pour calibrer leur échelle des distances, en mesurant les luminosités de différents types d'étoiles en son sein. Les plus brillantes sont visibles à l'œil nu, mais une paire de jumelles ou un télescope à grand champ permet de mieux apprécier le spectacle.
Magnitude apparente 0,5
Taille apparente 5 degrés d'arc
Dimensions réelles 15 années-lumière
Distance 150 années-lumière
Autres amas de février
NGC 2548
Amas de la Crèche (M44)

GALAXIE M95

Type d'objet Galaxie spirale barrée
Constellation Le Lion
Autre nom NGC 3351
Description Cette galaxie possède un noyau extrêmement brillant, entouré d'un disque plus ténu. Elle est vue du dessus et ses bras en spirale ont un contour pratiquement circulaire. M95 appartient au groupe de galaxies matriculé Leo I, qui inclut également M96, M105 et d'autres objets moins brillants. Elle a été une cible privilégiée des astronomes pour calibrer l'échelle des distances astronomiques et estimer la constante de Hubble qui définit l'âge de l'Univers. M95 est situé quelques degrés à l'est de la brillante étoile Régulus (Alpha du Lion). Si le noyau de la galaxie est repérable avec un instrument de 100 mm, il faut toutefois un télescope d'au moins 250 mm pour discerner sa structure en spirale.
Magnitude apparente 9,7
Taille apparente 6 x 4 minutes d'arc
Dimensions réelles 63 000 années-lumière
Distance 36 millions d'années-lumière
Autres galaxies de février M65
Les Chiens de chasse (M51)

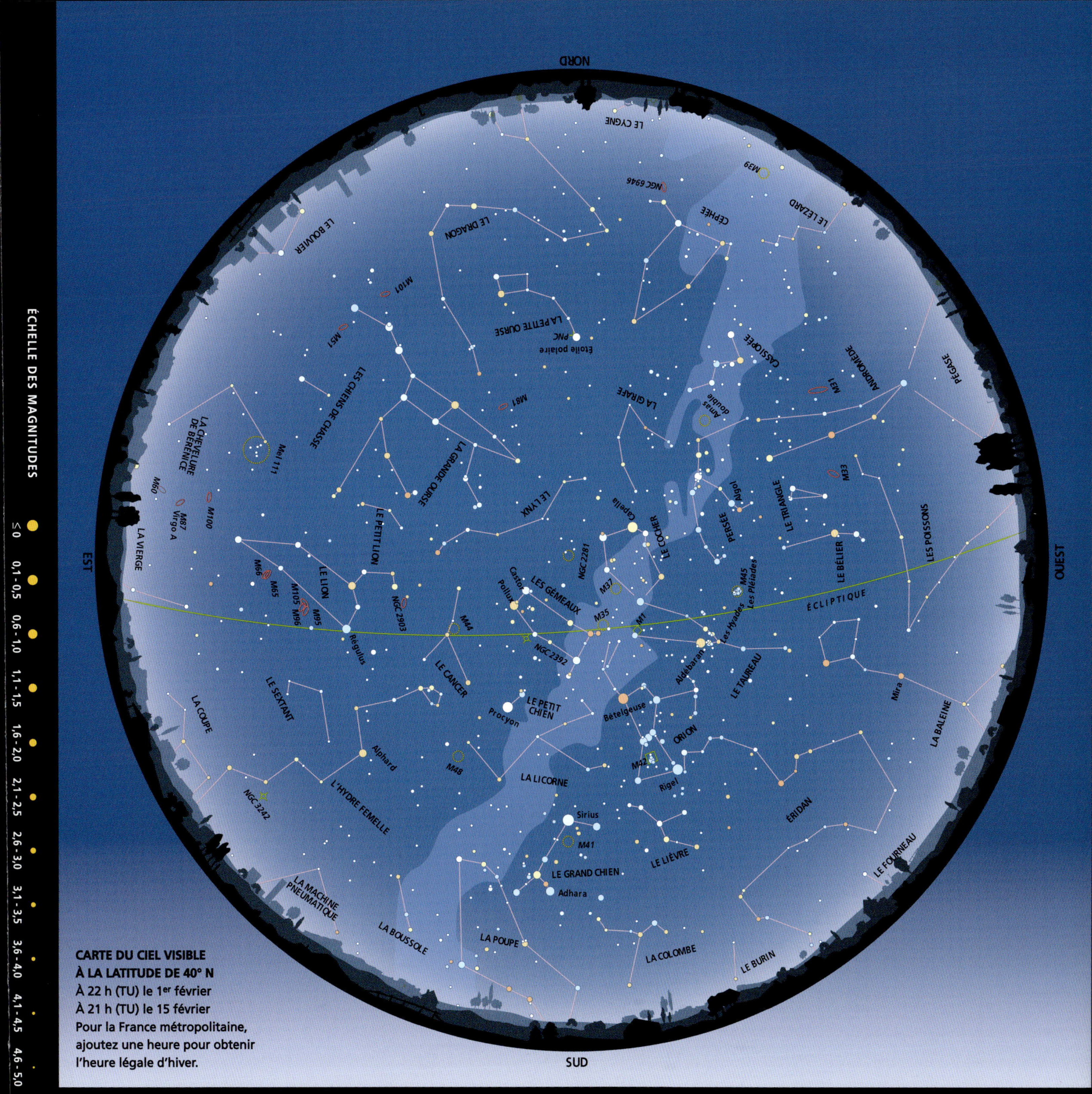

CARTE DU CIEL VISIBLE
À LA LATITUDE DE 40° N
À 22 h (TU) le 1er février
À 21 h (TU) le 15 février
Pour la France métropolitaine, ajoutez une heure pour obtenir l'heure légale d'hiver.

Amas ouvert d'étoiles — Nébuleuse — Amas globulaire d'étoiles — Nébuleuse planétaire — Galaxie

Le ciel de mars dans l'hémisphère Nord

À l'approche du printemps, Orion et le Taureau continuent d'occuper la partie méridionale du ciel, mais descendent de plus en plus bas sur l'horizon au fil du mois. Sirius, la plus brillante étoile du ciel, atteint au mois de mars sa hauteur maximale au-dessus de l'horizon. La Grande Ourse trône dans la partie boréale du ciel, et le Bouvier avec son étoile orange Arcturus est de plus en plus haut dans le ciel, suivi par la constellation d'Hercule. Assez haute sur l'horizon sud-ouest, la constellation du Lion, avec sa brillante étoile Régulus, est dans le bestiaire céleste la forme la plus facile à mémoriser.

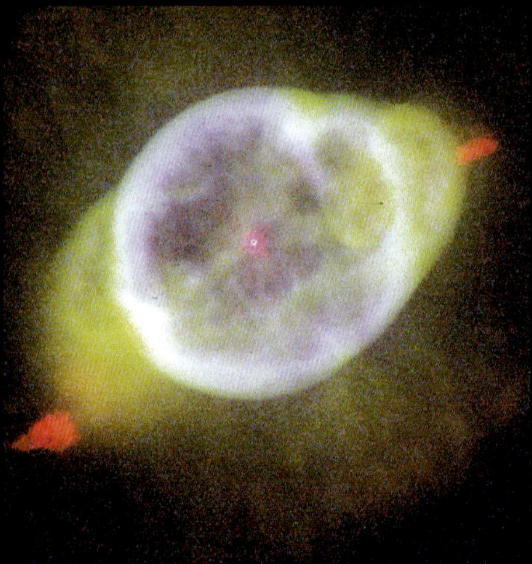

FANTÔME DE JUPITER (NGC 3242)

Type d'objet Nébuleuse planétaire
Constellation L'Hydre femelle
Description Vue dans un petit télescope d'amateur, cette nébuleuse planétaire ressemble à la planète Jupiter, d'où son surnom. Elle fut découverte par William Herschel en 1785. NGC 3242 est situé au milieu de la constellation de l'Hydre femelle, à 2 degrés d'arc de son étoile Mu. Un instrument modeste ne montre qu'un disque allongé de teinte verdâtre. Un télescope de 150 mm révèle la luminosité inhabituelle de l'objet et son contour marqué. Dans un instrument de 250 mm, la nébuleuse révèle d'autres détails : elle contient en son cœur une lentille elliptique qui lui donne l'aspect d'un œil humain. Cet aspect est renforcé par l'astre central de magnitude 12 qui joue le rôle de pupille et qui est la naine blanche rescapée de l'explosion de l'étoile.
Magnitude apparente 8,6
Taille apparente 20 minutes d'arc
Dimensions réelles 16 années-lumière
Distance 2 600 années-lumière
Autres nébuleuses de mars Nébuleuse du Crabe (M1) Grande nébuleuse d'Orion (M42)

AMAS DE LA CRÈCHE (M44)

Type d'objet Amas ouvert
Constellation Le Cancer
Autres noms Amas de la Ruche, Praesepe, NGC 2632
Description La Crèche est un amas ouvert d'environ 200 étoiles, constituant une tache de troisième magnitude qui s'étend sur une vaste région du ciel : l'équivalent de neuf pleines lunes. C'est l'un des amas les plus proches du système solaire, et sa luminosité en fait l'un des objets célestes connus depuis l'Antiquité, aisément repérable à l'œil nu. En 130 avant J.-C., l'astronome grec Hipparque la mentionne dans son catalogue comme une étoile nébuleuse. Galilée braque sa première lunette sur l'amas en 1609 et découvre qu'il s'agit d'un rassemblement d'étoiles. Pour admirer le spectacle, il est préférable d'utiliser une paire de jumelles ou un télescope muni d'un oculaire à faible grossissement.
Magnitude apparente 3,1
Taille apparente 1,5 degré d'arc
Dimensions réelles 15 années-lumière
Distance 580 années-lumière
Autres amas de mars M37 Melotte 111

GALAXIE M65

Type d'objet Galaxie spirale
Constellation Le Lion
Autre nom NGC 3623
Description L'objet M65 appartient à un groupe de trois galaxies spirales, appelé le triplet du Lion. Sa forme est légèrement altérée par son interaction avec ses deux voisines, M66 et NGC 3628. Malgré cette légère déformation, M65 est une spirale de classe Sa, avec des bras peu écartés du noyau et une bande de poussière sombre dans le plan du disque. Vous pouvez voir les galaxies M65 et M66 avec une simple paire de jumelles, mais un télescope muni d'un oculaire à grand champ est souhaitable. Pour repérer le couple, visez 2 degrés au sud de l'étoile Thêta du Lion. Un télescope d'au moins 100 mm d'ouverture est nécessaire pour discerner les bandes de poussière qui marquent le disque de M65.
Magnitude apparente 9,3
Taille apparente 8 x 2,5 minutes d'arc
Dimensions réelles 82 000 années-lumière
Distance 35 millions d'années-lumière
Autres galaxies de mars M95 Galaxie du Sombrero (M104)

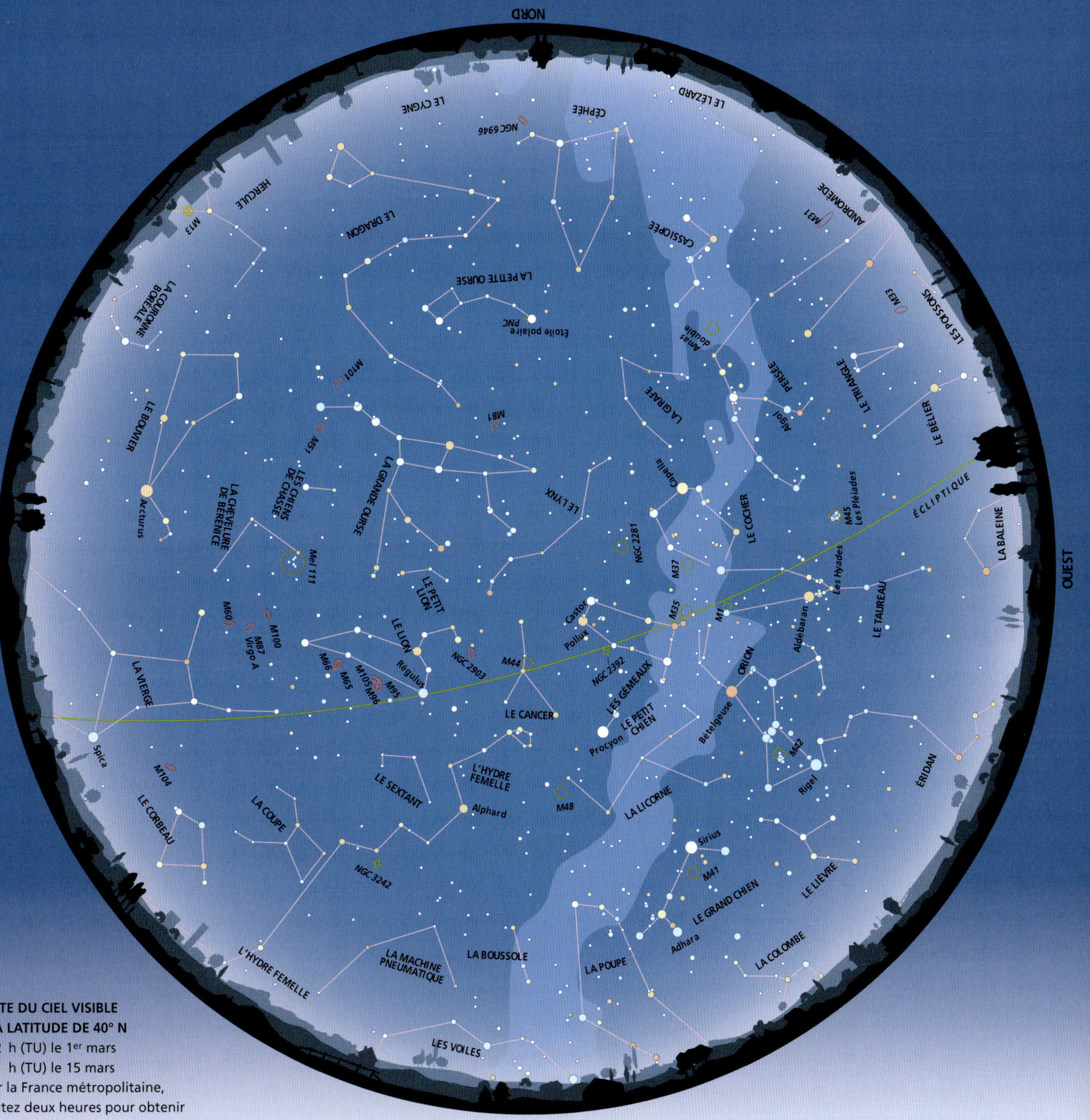

CARTE DU CIEL VISIBLE À LA LATITUDE DE 40° N

À 22 h (TU) le 1er mars

À 21 h (TU) le 15 mars

Pour la France métropolitaine, ajoutez deux heures pour obtenir l'heure légale d'été.

ÉCHELLE DES MAGNITUDES

≤ 0 · 0,1 - 0,5 · 0,6 - 1,0 · 1,1 - 1,5 · 1,6 - 2,0 · 2,1 - 2,5 · 2,6 - 3,0 · 3,1 - 3,5 · 3,6 - 4,0 · 4,1 - 4,5 · 4,6 - 5,0

Amas ouvert d'étoiles · Nébuleuse · Amas globulaire d'étoiles · Nébuleuse planétaire · Galaxie

Le ciel d'avril dans l'hémisphère Nord

Les brillantes étoiles de l'hiver s'apprêtent à quitter la scène. Les constellations qui tiennent la vedette sont désormais la Grande Ourse au nord et le Bouvier au sud-est, avec sa brillante étoile Arcturus. Pour localiser cette dernière, prolongez la queue curviligne de la Grande Ourse. Une fois Arcturus atteint, continuez la courbe imaginaire d'un arc égal pour atteindre une autre belle étoile, Spica de la Vierge. Alors que le Lion plonge tête la première vers l'horizon ouest, la Lyre et le Cygne pointent leurs étoiles à l'horizon est.

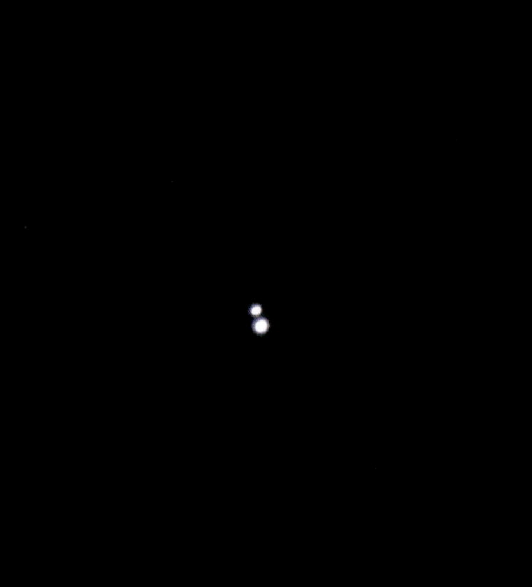

ALCOR ET MIZAR

Type d'objet Étoile multiple
Constellation La Grande Ourse
Description Mizar est la seconde étoile à partir de l'extrémité de la queue de la Grande Ourse. À l'œil nu, on voit qu'il s'agit d'une étoile double : son compagnon Alcor n'en est séparé que par 12 minutes d'arc. Alcor et Mizar ne constituent pourtant pas un système lié par gravitation : 3 années-lumière les séparent. En 1650, l'astronome italien Giovanni Riccioli découvrit que Mizar était réellement une étoile double et possédait un compagnon, révélé par spectroscopie. C'était la première preuve que des étoiles pouvaient s'associer en systèmes, en orbite autour d'un centre de gravité commun. Des jumelles permettent d'admirer le faux couple Alcor et Mizar, alors qu'un petit télescope dévoile le véritable compagnon de magnitude 4, baptisé Mizar B.
Magnitude apparente 2,3
Séparation apparente 14 secondes d'arc (Mizar et Mizar B)
Séparation réelle 0,005 année-lumière
Distance 74 années-lumière
Autres étoiles d'avril Polaris Régulus

AMAS M48

Type d'objet Amas ouvert
Constellation L'Hydre femelle
Autre nom NGC 2548
Description Dans le catalogue de Messier, M48 est connu comme « l'objet perdu ». L'astronome l'avait consigné dans son célèbre catalogue de 1771, mais s'était trompé en écrivant ses coordonnées. Devenu introuvable du fait de cette erreur, M48 ne fut reconnu qu'en 1959 comme étant l'amas ouvert à la frontière des constellations de l'Hydre femelle et de la Licorne. Par nuit sombre, on l'aperçoit à l'œil nu. Des jumelles ou un petit télescope révèlent un groupe d'environ 50 étoiles plus brillantes que la magnitude 13. La plupart sont concentrées en un noyau d'une trentaine de minutes d'arc, équivalant au diamètre apparent de la pleine lune. La totalité de l'amas est deux fois plus large.
Magnitude apparente 5,8
Taille apparente 54 minutes d'arc
Dimensions réelles 28 années-lumière
Distance 1 700 années-lumière
Autres amas d'avril M37
Melotte 111

GALAXIE DES CHIENS DE CHASSE (M51)

Type d'objet Galaxie spirale
Constellation Les Chiens de chasse
Autres noms Galaxie du Tourbillon, NGC 5194
Description M51 est l'une des plus célèbres galaxies spirales, avec une structure cyclonique qui lui a valu son surnom de « Tourbillon ». Elle appartient à la classe de galaxies Sc, et ses bras bien écartés furent les premiers identifiés au télescope par l'astronome lord Rosse en 1845. Avec de simples jumelles 7 x 50, l'objet n'est qu'une petite tache floue, alors qu'avec un petit télescope, on note déjà sa forme allongée. Un télescope de 200 mm permet de discerner ses bras en spirale et un instrument de 300 mm les révèle dans toute leur splendeur. Au bout de l'un des bras se dessine une autre galaxie, située à l'arrière-plan : NGC 5195. Son passage auprès de M51, il y a quelques millions d'années, est responsable du déploiement des bras.
Magnitude apparente 8,4
Taille apparente 10 x 5,5 minutes d'arc
Dimensions réelles 100 000 années-lumière
Distance 31 millions d'années-lumière
Autres galaxies d'avril M65
Galaxie du Sombrero (M104)

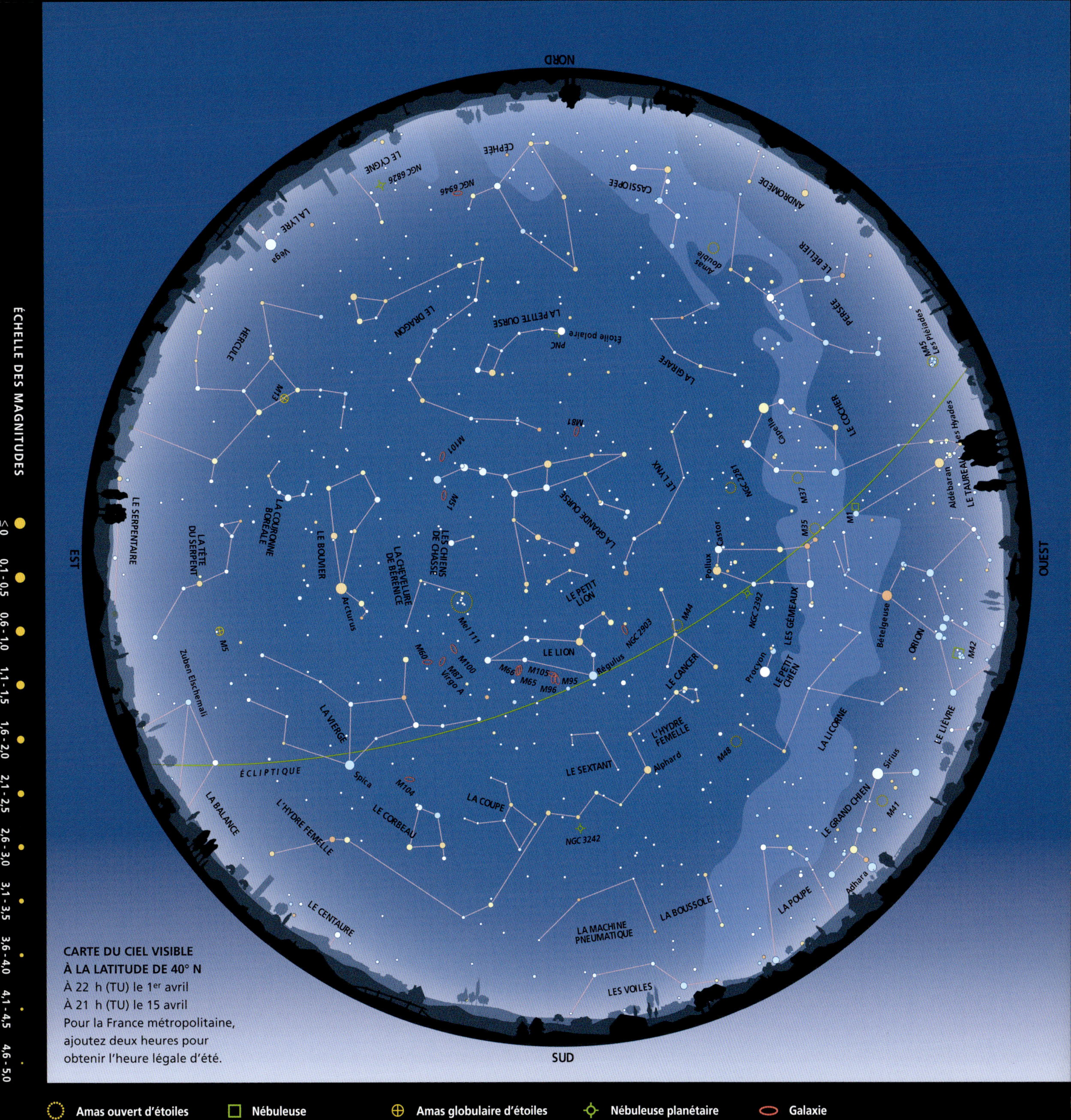

CARTE DU CIEL VISIBLE
À LA LATITUDE DE 40° N
À 22 h (TU) le 1er avril
À 21 h (TU) le 15 avril
Pour la France métropolitaine, ajoutez deux heures pour obtenir l'heure légale d'été.

Le ciel de mai dans l'hémisphère Nord

Les belles constellations de l'hiver se perdent dans les lueurs du crépuscule à l'horizon ouest, une ou deux heures après le coucher du soleil. Les Gémeaux et le Lion s'attardent encore quelque temps avant de plonger à leur tour, alors que le Bouvier grimpe au zénith, suivi d'Hercule. La Grande Ourse domine toujours la région boréale du ciel, avec Céphée et le W de Cassiopée qui se dressent au-dessus de l'horizon. À mesure que la nuit progresse, les constellations qui bientôt domineront le ciel d'été se lèvent à l'est : le Cygne, la Lyre et l'Aigle.

NÉBULEUSE IC 1318

Type d'objet Nébuleuse diffuse
Constellation Le Cygne
Autre nom Nébuleuse du Papillon
Description IC 1318 dans la constellation du Cygne a reçu le surnom de nébuleuse du Papillon, tout comme trois autres nébuleuses dans Persée, la Carène et le Scorpion. Elle forme une draperie complexe, brisée par des nuages sombres de gaz et de poussière, autour de l'étoile Gamma du Cygne. Bien que sa taille apparente soit supérieure à celle de la pleine lune, sa luminosité est tellement diffuse qu'elle est difficile à détecter à l'œil nu, malgré sa magnitude de 2,3. Pour apprécier cette nébuleuse, utilisez un télescope de 200 à 300 mm, mais seules des poses photographiques avec des instruments professionnels donnent une image vivement colorée, comme celle ci-dessus.
Magnitude apparente 2,3
Taille apparente 45 x 25 minutes d'arc
Distance 4 000 années-lumière
Autres nébuleuses de mai
Nébuleuse de la Lyre (M57)
NGC 6826

AMAS DE LA CHEVELURE DE BÉRÉNICE

Type d'objet Amas ouvert
Constellation La Chevelure de Bérénice
Autre nom Melotte 111
Description Ce vaste amas d'étoiles est l'un des plus beaux spectacles observables aux jumelles. Il s'étale sur 5 degrés du ciel et occupe une surface équivalente à 80 fois la pleine lune. Malgré sa taille, on ne le trouve ni dans le catalogue de Messier, ni dans le catalogue NGC. Ce n'est qu'en 1938 que les astronomes ont compris que ses étoiles constituent un système. Quelques années auparavant, en 1915, l'amas avait fait son entrée dans le catalogue du Français Philibert Melotte, sous le matricule 111. L'amas contient une cinquantaine d'étoiles de magnitude 4 à 5. De petites jumelles permettent d'embrasser l'ensemble de l'amas.
Magnitude apparente 1,8
Taille apparente 4,5 degrés d'arc
Dimensions réelles 22 années-lumière
Distance 288 années-lumière
Autres amas de mai Le Cintre
Amas d'Hercule (M13)

GALAXIE DU SOMBRERO (M104)

Type d'objet Galaxie spirale
Constellation La Vierge
Autre nom NGC 4594
Description Le Sombrero est une galaxie spirale vue par la tranche, à la frontière des constellations de la Vierge et du Corbeau. Elle fait partie de l'amas de galaxies de la Vierge, dont elle est le plus brillant représentant. Une ceinture sombre de poussières souligne le plan du disque et évoque le rebord d'un chapeau mexicain, d'où son nom. M104 fut la première galaxie dont les astronomes mesurèrent la vitesse de fuite, apportant la preuve de l'expansion de l'Univers. Pour la repérer, il convient de s'écarter de la brillante étoile Spica, de 11 degrés vers l'ouest. Dans un petit télescope, le Sombrero n'est qu'une petite tache grise, mais un instrument de 200 mm permet de distinguer sa ceinture de poussières.
Magnitude apparente 8,3
Taille apparente 9 x 4 minutes d'arc
Dimensions réelles 130 000 années-lumière
Distance 50 millions d'années-lumière
Autres galaxies de mai M81
Les Chiens de chasse (M51)

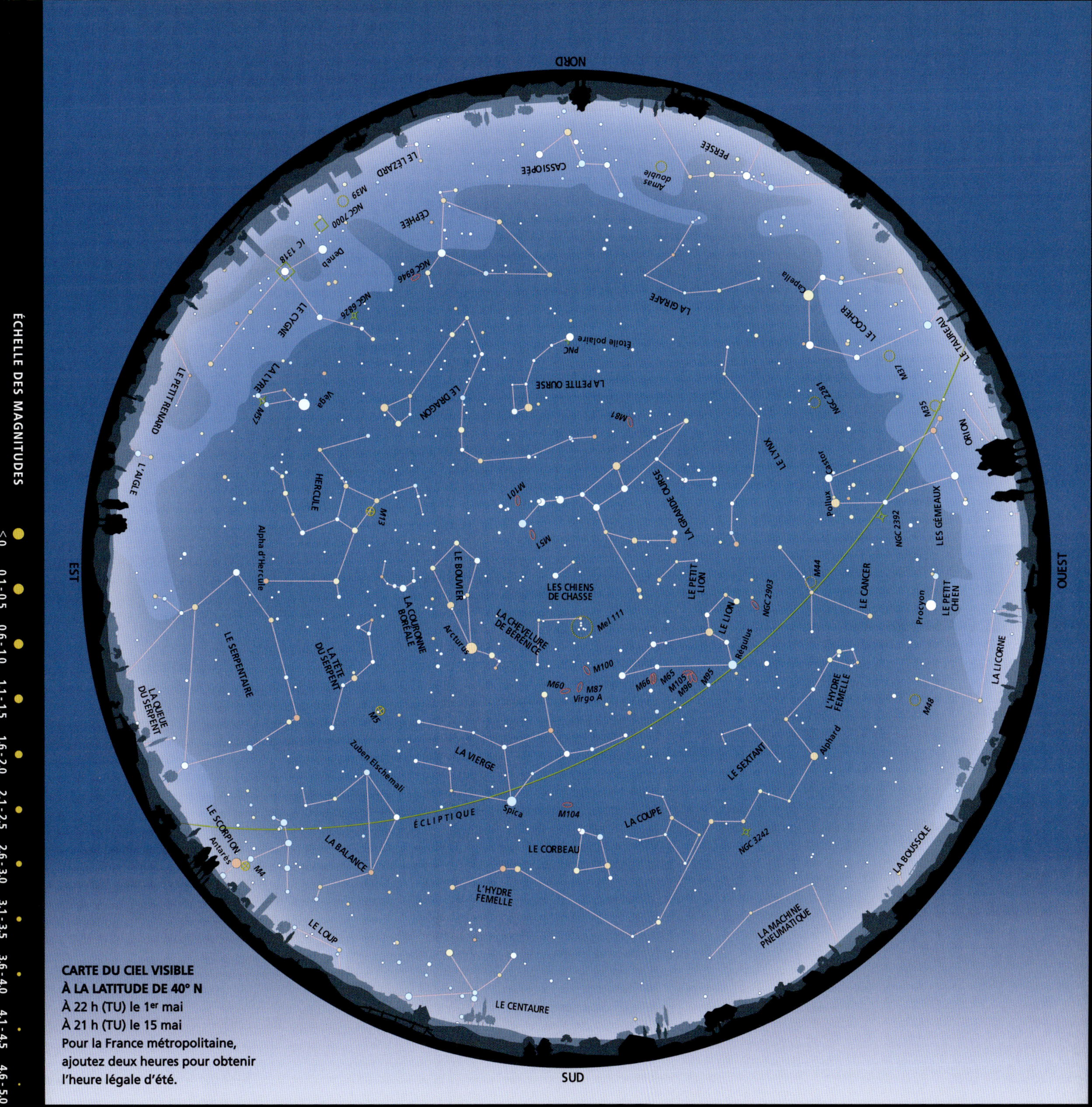

CARTE DU CIEL VISIBLE
À LA LATITUDE DE 40° N
À 22 h (TU) le 1er mai
À 21 h (TU) le 15 mai
Pour la France métropolitaine, ajoutez deux heures pour obtenir l'heure légale d'été.

Amas ouvert d'étoiles | Nébuleuse | Amas globulaire d'étoiles | Nébuleuse planétaire | Galaxie

Le ciel de juin dans l'hémisphère Nord

Le Lion a quitté le ciel boréal pour aller chasser plus au sud. La Grande Ourse se dresse sur ses pattes de devant pour contourner l'étoile polaire, avec à sa poursuite le Bouvier et sa brillante étoile Arcturus. Désormais, les constellations estivales grimpent haut dans le ciel : la Lyre passe au zénith vers 1 heure du matin, accompagnée du Cygne et de l'Aigle. Les étoiles les plus brillantes de ces trois constellations, Véga, Deneb et Altaïr, constituent le Triangle d'été. Alors que l'aube approche, le carré de Pégase se lève à l'est, devançant le Soleil.

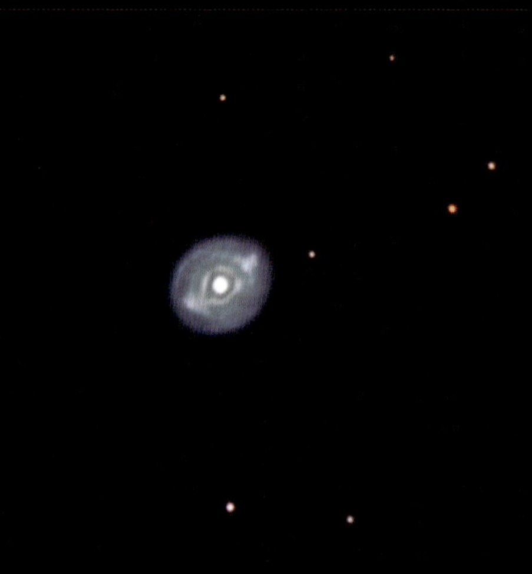

NÉBULEUSE NGC 6826

Type d'objet Nébuleuse planétaire
Constellation Le Cygne
Description Au télescope, cette nébuleuse planétaire provoque une illusion d'optique. Très pâle, elle ne se voit que si l'on regarde légèrement à côté (vision périphérique). Si on la regarde directement, on ne voit plus que son étoile centrale. En alternant les deux visions, la nébuleuse apparaît et disparaît : elle semble clignoter. L'objet se trouve 1,3 degré à l'est de l'étoile Thêta du Cygne, l'une des étoiles à l'extrémité de son aile. Vue dans un petit instrument, la nébuleuse, qui ne mesure que 0,5 minute d'arc de diamètre, ressemble à une pâle étoile. Un télescope de 200 mm est nécessaire pour apercevoir l'anneau nébuleux de teinte verdâtre. Les instruments professionnels révèlent deux petites taches rouges de part et d'autre du centre, qui sont vraisemblablement des lambeaux de l'étoile qui a explosé.
Magnitude apparente 8,8
Taille apparente 27 x 24 secondes d'arc
Dimensions réelles 0,4 année-lumière
Distance 3 000 années-lumière
Autres nébuleuses de juin IC 1318
Nébuleuse du Fer à cheval (M17)

AMAS DU CINTRE

Type d'objet Amas ouvert
Constellation Le Petit Renard
Autres noms Amas de Brocchi, Collinder 399
Description Le Cintre est un amas ouvert qui contient une dizaine d'étoiles principales et entre trente et quarante étoiles plus pâles. Il n'est pas établi que toutes les étoiles du secteur fassent partie de l'amas. Seules les plus brillantes sont à la même distance de la Terre, alors que d'autres sont peut-être à l'arrière-plan et n'apparaissent dans le même groupe que par le jeu de la perspective. Six étoiles, de magnitude 5 à 7, définissent un axe rectiligne dont émerge un crochet formé par quatre autres étoiles. L'ensemble évoque un cintre, d'où le nom donné à l'amas. C'est un joli rassemblement à voir aux jumelles, mais qui ne tient pas dans le champ d'un instrument plus puissant en raison de son étendue : plus de 1 degré d'arc.
Magnitude apparente 3,6
Taille apparente 1,5 degré d'arc
Dimensions réelles 7 années-lumière
Distance 420 années-lumière
Autres amas de juin Amas d'Hercule (M13)
Le Vol de Canard (M11)

GALAXIE M81

Type d'objet Galaxie spirale
Constellation La Grande Ourse
Autre nom NGC 3031
Description M81 trône au centre d'un amas de 12 galaxies dans la Grande Ourse, avec pour proche voisine M82. Elle possède un brillant noyau, entouré de bras en spirale beaucoup plus ténus. Sa magnitude de 6,9 en fait un bel objet repérable aux jumelles. Pour la trouver, imaginez un trait allant des étoiles Gamma à Alpha de la Grande Ourse, en diagonale à travers la casserole, et prolongez le trait d'autant sur une dizaine de degrés supplémentaires. De bonnes jumelles ou un télescope muni d'un oculaire à faible grossissement offrent le beau spectacle de M81 et M82 côte à côte, séparés par moins de 1 degré d'arc. Un instrument de 200 mm révèle la structure en spirale de la galaxie principale.
Magnitude apparente 6,9
Taille apparente 21 x 10 minutes d'arc
Dimensions réelles 66 000 années-lumière
Distance 11 millions d'années-lumière
Autres galaxies de juin M101
Galaxie des Chiens de chasse (M51)

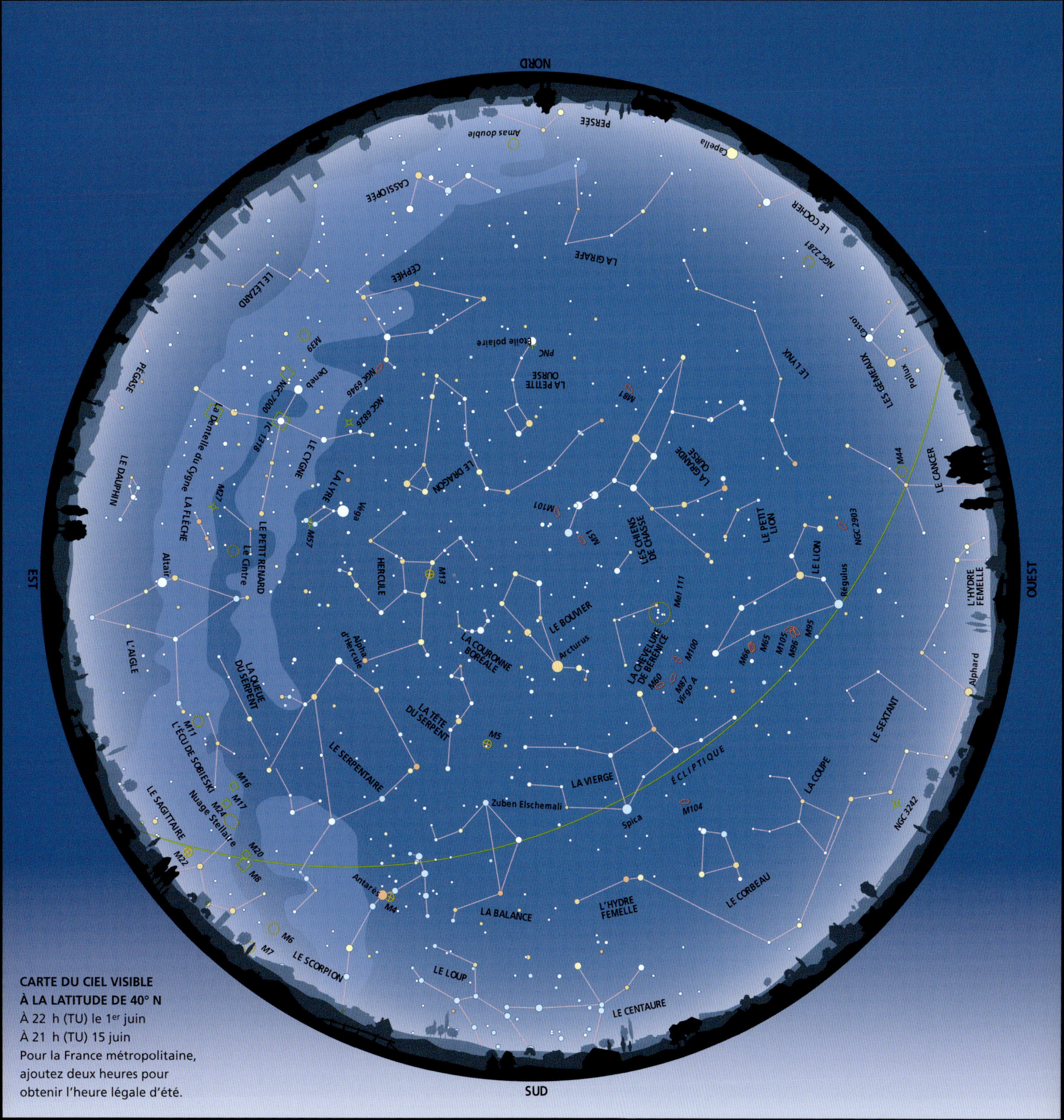

CARTE DU CIEL VISIBLE À LA LATITUDE DE 40° N

À 22 h (TU) le 1er juin
À 21 h (TU) 15 juin
Pour la France métropolitaine, ajoutez deux heures pour obtenir l'heure légale d'été.

ÉCHELLE DES MAGNITUDES

≤ 0
0,1-0,5
0,6-1,0
1,1-1,5
1,6-2,0
2,1-2,5
2,6-3,0
3,1-3,5
3,6-4,0
4,1-4,5
4,6-5,0

Amas ouvert d'étoiles — Nébuleuse — Amas globulaire d'étoiles — Nébuleuse planétaire — Galaxie

Le ciel de juillet dans l'hémisphère Nord

En ce début d'été dans l'hémisphère Nord, les brillantes étoiles Véga de la Lyre, Deneb du Cygne et Altaïr de l'Aigle se retrouvent haut dans le ciel pour dessiner le Triangle de l'été. Les constellations du Cygne et de l'Aigle déploient leurs ailes sur le somptueux fond d'étoiles de la Voie lactée, cette région constituant plus particulièrement l'un des bras en spirale de notre galaxie. La Grande Ourse décline vers l'horizon nord, où elle retrouve Persée et Andromède, alors qu'à l'est se lèvent Pégase et le Verseau.

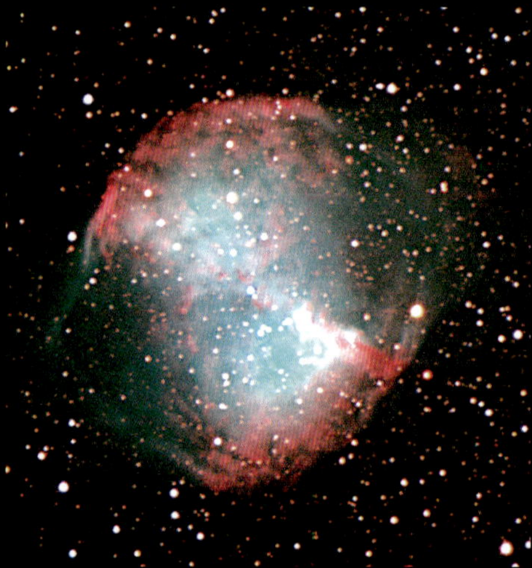

NÉBULEUSE DE L'HALTÈRE (M27)

Type d'objet Nébuleuse planétaire
Constellation Le Petit Renard
Autres noms Le Diabolo, Dumbbell, NGC 6853
Description La constellation du Petit Renard, à proximité du Cygne, abrite peu d'étoiles remarquables. Mais elle contient l'une des plus belles nébuleuses planétaires, large de près de 3 années-lumière, avec un diamètre apparent de 8 minutes d'arc. Elle est visible avec de simples jumelles. Pour la trouver, il convient d'abord de repérer la petite constellation de la Flèche, et, depuis l'étoile qui constitue sa pointe, monter de 3 degrés vers le Cygne. Pour percevoir la forme de la nébuleuse, un télescope de 100 mm est nécessaire. Son étoile centrale, de magnitude 14, n'est visible qu'au moyen d'un télescope de 250 mm. La nébuleuse se dilate dans l'espace à la vitesse de 30 km/s.
Magnitude apparente 7,7
Taille apparente 8 x 6 minutes d'arc
Dimensions réelles 2,7 années-lumière
Distance 1 150 années-lumière
Autres nébuleuses de juillet NGC 6826
Nébuleuse America (NGC 7000)

AMAS D'HERCULE (M13)

Type d'objet Amas globulaire
Constellation Hercule
Autre nom NGC 6205
Description Découvert par Edmond Halley en 1714, M13 est le plus bel amas globulaire de l'hémisphère Nord : une ruche de 1 million d'étoiles regroupées dans un rayon d'une centaine d'années-lumière. Par une nuit sombre, vous discernez tout juste M13 à l'œil nu sous la forme d'une petite tache située au tiers de la distance séparant les étoiles Êta et Zêta d'Hercule. Une paire de jumelles n'améliore pas sensiblement le spectacle, et mieux vaut disposer d'un instrument d'au moins 100 mm pour commencer à résoudre les étoiles les plus brillantes. Avec un télescope de 250 mm, l'amas d'Hercule apparaît dans toute sa splendeur, avec son brillant noyau central et son essaim d'étoiles périphériques.
Magnitude apparente 5,9
Taille apparente 20 minutes d'arc
Dimensions réelles 150 années-lumière
Distance 25 000 années-lumière
Autres amas de juillet M15
Le Cintre (C399)

NUAGE STELLAIRE M24

Type d'objet Nuage stellaire
Constellation Le Sagittaire
Autre nom Nuage stellaire du Sagittaire
Description M24 est un objet unique dans le catalogue de Messier. Il ne s'agit ni d'une nébuleuse ni d'un amas compact d'étoiles, mais d'une vaste étendue d'étoiles qui appartient à l'un des bras en spirale de notre galaxie. Il contient en son sein un véritable amas, NGC 6603, avec lequel on le confond parfois. Le nuage du Sagittaire est remarquable, parce qu'il est exempt de ces bandes de gaz et de poussière qui atténuent l'éclat d'autres régions de la Voie lactée. Visible à l'œil nu comme une tache lumineuse dix fois plus grande que la pleine lune, le nuage dévoile sa multitude d'étoiles dans le champ d'un petit télescope. Un instrument de 150 à 200 mm permet de distinguer l'amas NGC 6603.
Magnitude apparente 4,6
Taille apparente 90 minutes d'arc
Dimensions réelles 260 années-lumière
Distance 10 000 années-lumière
Autres objets de juillet Nébuleuse Trifide (M20) Nébuleuse de la Lagune (M8)
Nébuleuse du Fer à cheval (M17)

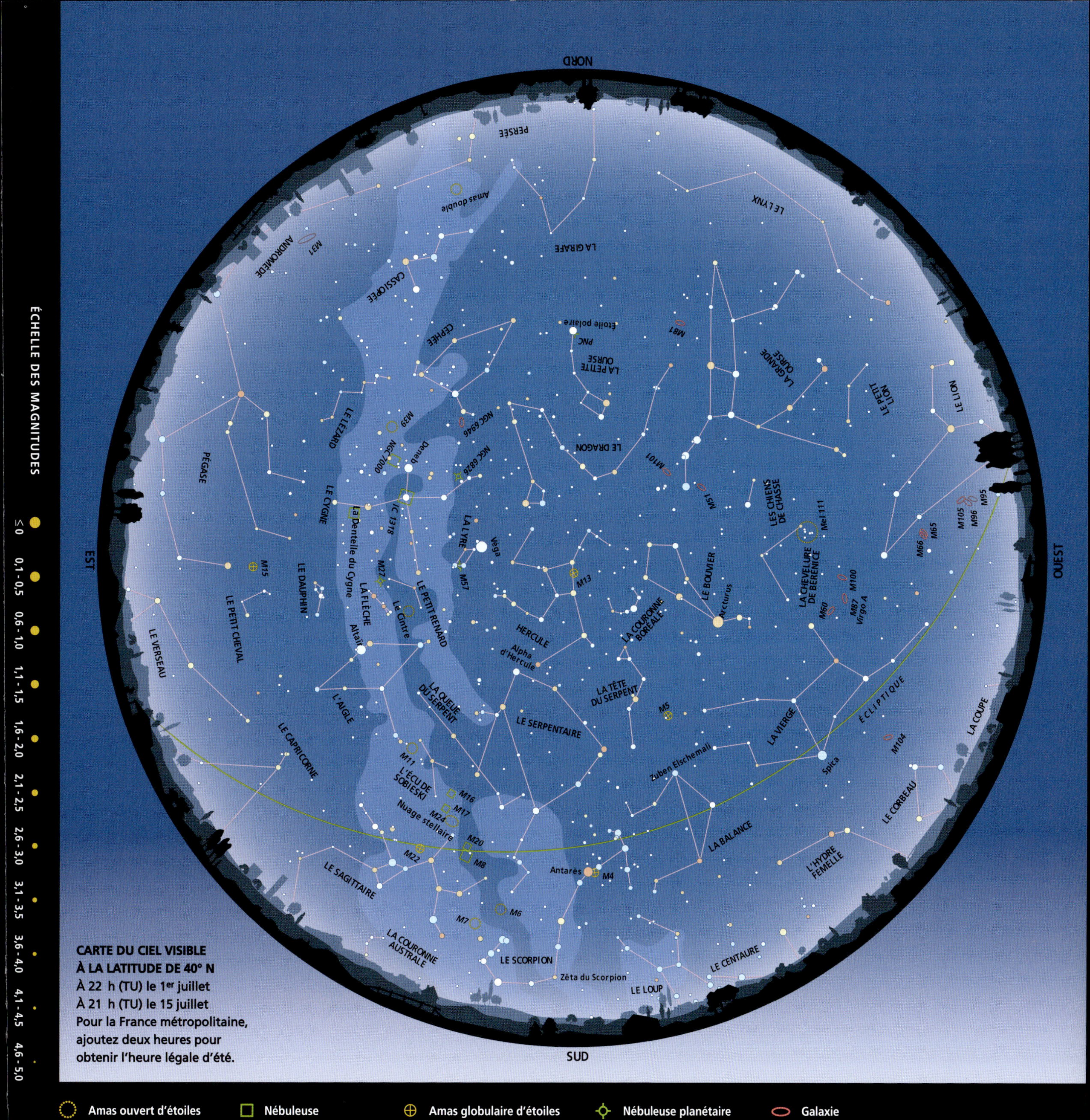

CARTE DU CIEL VISIBLE À LA LATITUDE DE 40° N

À 22 h (TU) le 1er juillet
À 21 h (TU) le 15 juillet
Pour la France métropolitaine, ajoutez deux heures pour obtenir l'heure légale d'été.

Le ciel d'août dans l'hémisphère Nord

Comme en juillet, le Triangle de l'été tient la vedette. Il trône au milieu de la Voie lactée qui dévoile ses plus belles régions, au rang desquelles il faut citer les constellations du Sagittaire et de l'Écu de Sobieski. C'est précisément dans la direction du Sagittaire que se trouve le centre de notre galaxie. Au nord-ouest, Hercule reste haut dans le ciel, alors que la Grande Ourse pose ses pattes sur l'horizon nord en faisant le tour de l'étoile polaire. Du côté du levant, Cassiopée et Andromède dominent Persée, tandis que Pégase grimpe vers le zénith au cours de la nuit.

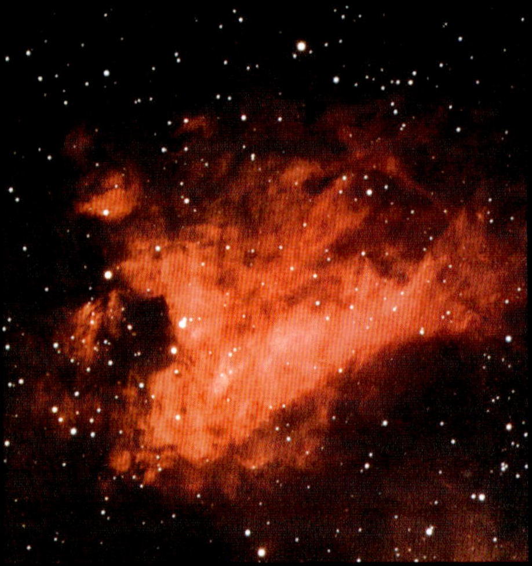

NÉBULEUSE OMÉGA (M17)

Type d'objet Nébuleuse diffuse
Constellation L'Écu de Sobieski
Autres noms Nébuleuse du Cygne, nébuleuse du Fer à cheval, NGC 6618
Description Située à la frontière du Sagittaire et de l'Écu de Sobieski, la nébuleuse M17 a reçu de nombreux surnoms : nébuleuse du Cygne, nébuleuse du Fer à cheval et nébuleuse Oméga. Plus encore que la dernière lettre de l'alphabet grec, elle évoque le chiffre 2 avec une longue base qui mesure une dizaine de minutes d'arc. Cette partie la plus brillante de la nébuleuse est aisément repérable aux jumelles. Avec un petit télescope, des nébulosités supplémentaires apparaissent, notamment au niveau de la tige recourbée du chiffre 2 (le cou du Cygne). Les télescopes les plus puissants font ressortir des filaments de poussière sombre qui tranchent sur le fond lumineux de la nébuleuse.
Magnitude apparente 6
Taille apparente 11 minutes d'arc
Dimensions réelles 17 années-lumière
Distance 5 500 années-lumière
Autres nébuleuses d'août NGC 6826
Nébuleuse America (NGC 7000)

VOL DE CANARD (M11)

Type d'objet Amas ouvert
Constellation L'Écu de Sobieski
Autre nom NGC 6705
Description Découvert en 1681, le Vol de Canard est un magnifique amas ouvert dans une riche région de la Voie lactée, à la frontière des constellations de l'Aigle et de l'Écu de Sobieski. Il contient environ 3 000 étoiles dans un volume réduit, ce qui en fait l'un des amas ouverts les plus denses du ciel. L'amas doit son nom à sa forme en V que dessinent ses plus brillantes étoiles et qui rappelle un vol de canards sauvages. À peine repérable à l'œil nu, M11 n'est qu'une petite tache laiteuse aux jumelles. Sa plus brillante étoile est de magnitude 8. Un télescope de 150 mm révèle la forme en V, et un instrument de 250 mm permet de décompter plusieurs centaines d'étoiles.
Magnitude apparente 5,8
Taille apparente 14 minutes d'arc
Dimensions réelles 23 années-lumière
Distance 5 800 années-lumière
Autres amas d'août Le Cintre (C399)
M39

GALAXIE M101

Type d'objet Galaxie spirale
Constellation La Grande Ourse
Autre nom NGC 5457
Description Située à 5 degrés de l'étoile Mizar dans la Grande Ourse, à la frontière de la constellation du Bouvier, M101 est l'une des plus brillantes galaxies spirales et l'une des plus proches de la Voie lactée. Premier objet dont la forme spirale fut reconnue, elle a d'abord été appelée nébuleuse, avant que les astronomes ne l'identifient comme une galaxie. Toutefois, sa grande taille apparente, de près de 0,5 degré d'arc, et sa luminosité diffuse rendent cette galaxie difficile à repérer avec des jumelles ou même avec un petit télescope. Il faut une ouverture de l'ordre de 250 mm et un oculaire à large champ et faible grossissement pour discerner ses bras en spirale largement déployés.
Magnitude apparente 7,7
Taille apparente 22 minutes d'arc
Dimensions réelles 150 000 années-lumière
Distance 24 millions d'années-lumière
Autres galaxies d'août M81
Galaxie d'Andromède (M31)

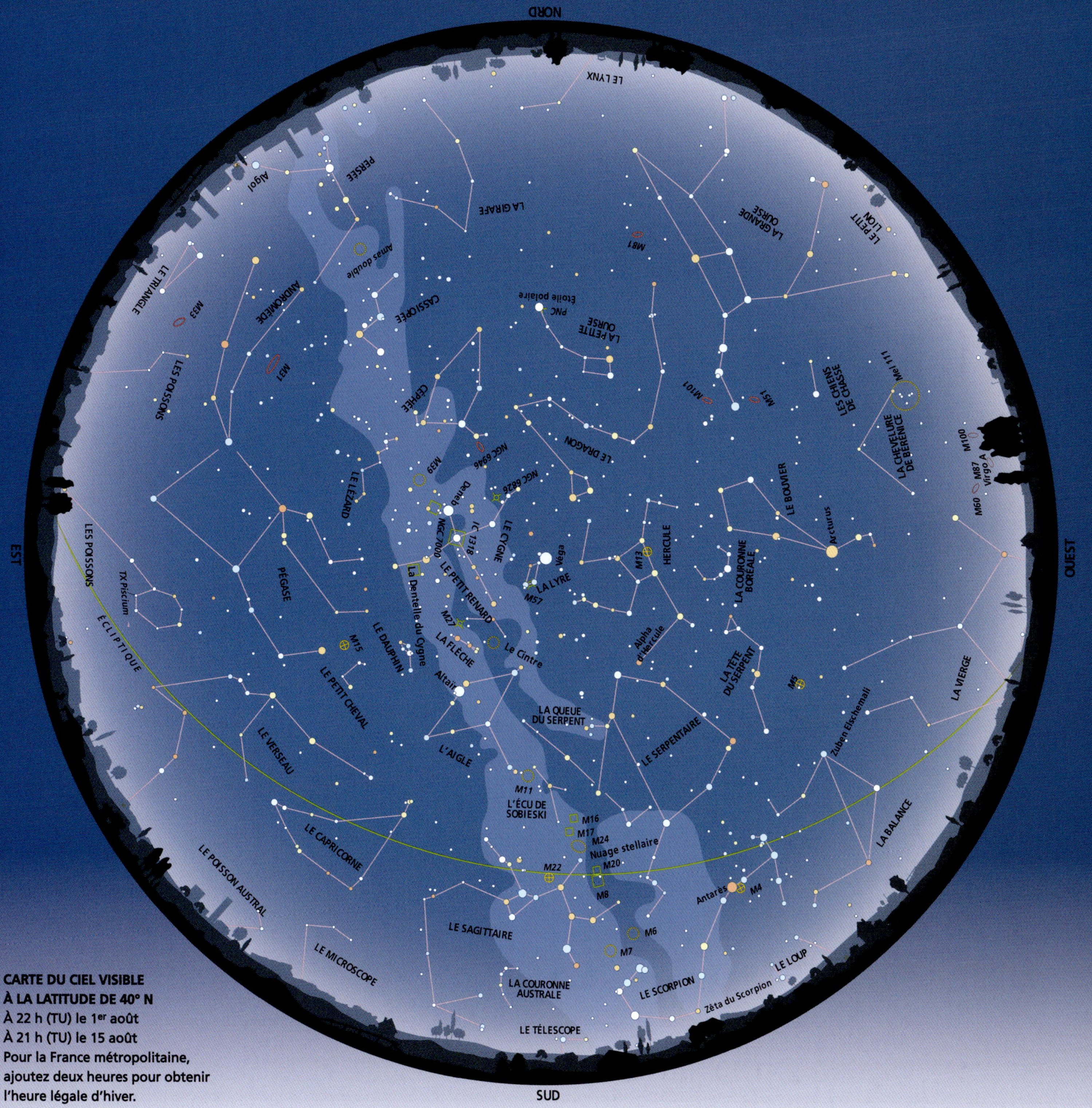

CARTE DU CIEL VISIBLE
À LA LATITUDE DE 40° N
À 22 h (TU) le 1er août
À 21 h (TU) le 15 août
Pour la France métropolitaine, ajoutez deux heures pour obtenir l'heure légale d'hiver.

ÉCHELLE DES MAGNITUDES
≤ 0
0,1 - 0,5
0,6 - 1,0
1,1 - 1,5
1,6 - 2,0
2,1 - 2,5
2,6 - 3,0
3,1 - 3,5
3,6 - 4,0
4,1 - 4,5
4,6 - 5,0

Amas ouvert d'étoiles
Nébuleuse
Amas globulaire d'étoiles
Nébuleuse planétaire
Galaxie

Le ciel de septembre dans l'hémisphère Nord

La Voie lactée passe au zénith et divise la voûte céleste en deux moitiés égales. Le Triangle de l'été, haut dans le ciel en soirée, décline vers l'ouest. Il fait place aux constellations d'automne Pégase et Andromède, flanquées de Persée et de Cassiopée. La Grande Ourse piétine l'horizon nord, ses pattes disparaissant sous l'horizon. Les plus belles étoiles de l'est sont Aldébaran du Taureau et Capella du Cocher, alors que la belle constellation d'Orion se lève vers 2 heures du matin, annonçant l'approche de l'hiver.

NÉBULEUSE AMERICA

Type d'objet Nébuleuse diffuse
Constellation Le Cygne
Description Le contour de cette nébuleuse rappelle celui du continent nord-américain, d'où son nom. Un nuage sombre de poussière joue le rôle de cache découpant la forme du golfe du Mexique. Très pâle, la nébuleuse America n'est repérable à l'œil nu que dans des conditions idéales, à proximité de l'étoile Deneb du Cygne. Quatre fois plus large que la pleine lune, elle n'est visible dans son intégralité qu'aux jumelles ou avec un télescope muni d'un oculaire à grand champ. Seule une pose photographique de longue durée, comme celle ci-dessus, fait ressortir sa forme caractéristique et sa belle couleur rouge. D'autres nébuleuses sont visibles dans cette riche région du ciel, notamment la nébuleuse du Pélican au sud, qui porte le matricule IC 5067/70.
Magnitude apparente 6
Taille apparente 2 x 1,5 minute d'arc
Dimensions réelles 54 années-lumière
Distance 1 500 années-lumière
Autres nébuleuses de septembre Nébuleuse de l'Haltère (M27) La Dentelle du Cygne

AMAS M39

Type d'objet Amas ouvert
Constellation Le Cygne
Autre nom NGC 7092
Description Ce petit amas d'une trentaine d'étoiles est tout juste visible à l'œil nu, superposé sur le fond lumineux de la Voie lactée. Pour le repérer, il convient de prolonger la queue du Cygne au-delà de la brillante étoile Deneb vers la constellation du Lézard. L'amas dessine un coude entre les étoiles Rhô et Pi_2 du Cygne, distante chacune de 2 degrés d'arc. De petites jumelles ne montrent qu'une petite tache pâle. Il faut des jumelles puissantes pour commencer à résoudre ses étoiles. Un petit télescope met en valeur les trois étoiles les plus brillantes qui dessinent un triangle équatorial. Fait curieux : la plupart des étoiles de l'amas sont groupées par paires.
Magnitude apparente 4,6
Taille apparente 32 minutes d'arc
Dimensions réelles 8 années-lumière
Distance 825 années-lumière
Autres amas de septembre
Le Vol de Canard (M11)
Amas double NGC 869/NGC 884

ÉTOILE TX DES POISSONS

Type d'objet Étoile variable
Constellation Les Poissons
Autre nom 19 des Poissons
Description Le matricule TX de cet objet désigne une étoile variable. Il s'agit d'une géante rouge : une étoile en fin de vie, aux couches extérieures enflées. Comme de nombreuses géantes rouges, sa luminosité varie de façon irrégulière. Dans le cas de TX des Poissons, elle oscille entre les magnitudes 5 et 6 sur une période d'environ 18 mois. Aux jumelles, la couleur rouge de l'étoile est frappante. Pour la repérer, il faut viser le cercle d'étoiles qui forme la tête du Poisson le plus à l'ouest. La variable rouge se trouve juste en dehors de ce cercle, entre ses étoiles Gamma et Iota. La photographie montre le cercle d'étoiles bleues et la variable rouge TX des Poissons à gauche.
Magnitude apparente 5 à 6
Type d'étoile Géante rouge variable
Période 18 mois (irrégulière)
Distance 1 000 années-lumière
Autres étoiles remarquables de septembre
Véga
Deneb

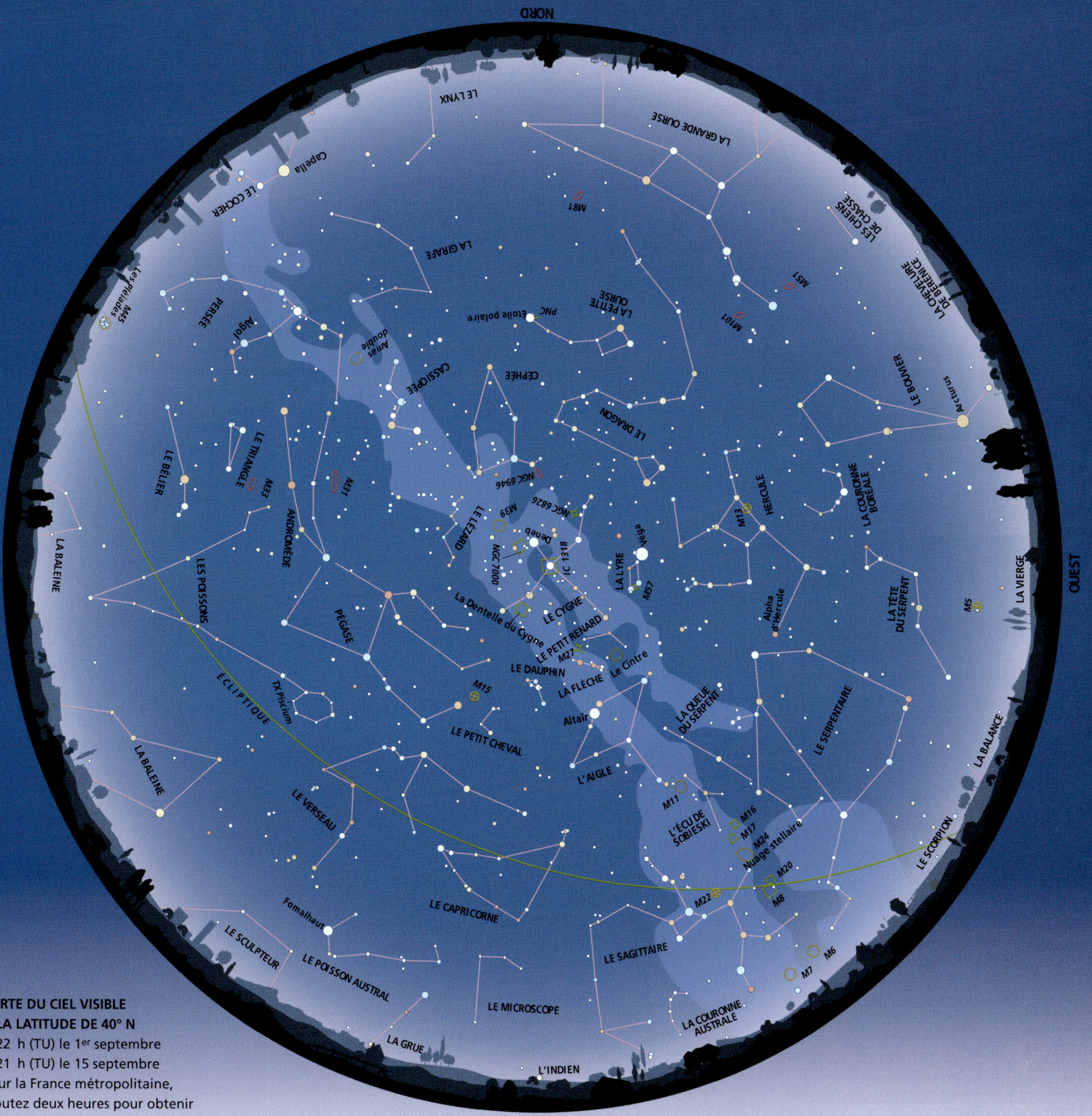

CARTE DU CIEL VISIBLE
À LA LATITUDE DE 40° N
À 22 h (TU) le 1er septembre
À 21 h (TU) le 15 septembre
Pour la France métropolitaine, ajoutez deux heures pour obtenir l'heure légale d'été.

Amas ouvert d'étoiles — Nébuleuse — Amas globulaire d'étoiles — Nébuleuse planétaire — Galaxie

Le ciel d'octobre dans l'hémisphère Nord

L'automne s'installe. Le Triangle de l'été n'occupe plus que la moitié occidentale du ciel : Deneb du Cygne passe au zénith au coucher du soleil et Altaïr se couche vers 2 heures du matin. Mais ce sont désormais les constellations de Pégase, Persée, Cassiopée et Andromède qui dominent. Le W de Cassiopée et la Grande Ourse se font face de part et d'autre de l'étoile polaire. Le grand carré de Pégase règne au sud-ouest, alors qu'à l'est, le Cocher, le Taureau et Orion se hissent haut dans le ciel en milieu de nuit.

DENTELLE DU CYGNE

Type d'objet Reste de supernova
Constellation Le Cygne
Autres noms NGC 6960 et 6992-5
Description La Dentelle du Cygne est constituée de trois filaments en forme d'arc, qui sont les parties visibles d'une gigantesque bulle de gaz. Il s'agit du reste d'une supernova : l'enveloppe extérieure d'une étoile qui a explosé, il y a environ 30 000 ans. NGC 6960 désigne le filament le plus à l'ouest, alors que NGC 6995 est celle du filament le plus à l'est. L'ensemble s'étend sur 3 degrés d'arc, sous l'aile sud du Cygne, entre ses étoiles Epsilon et Zêta. Peu lumineux, il ne dévoile aux jumelles que ses deux arcs externes. Un télescope d'au moins 150 mm, avec un faible grossissement et un filtre pour améliorer le contraste, est nécessaire pour observer sa délicate structure en trois bandes.
Magnitude apparente 7
Taille apparente 3 degrés d'arc
Dimensions réelles 140 années-lumière
Distance 2 600 années-lumière
Autres nébuleuses d'octobre Nébuleuse de la Lyre (M57) Nébuleuse America (NGC 7000)

AMAS NGC 869/NGC 884

Type d'objet Amas ouverts
Constellation Persée
Description Ce couple d'amas ouverts est situé dans l'un des bras de notre galaxie : celui de Persée. NGC 869 est le plus riche amas des deux et compte 200 étoiles, contre 150 pour NGC 884. Bien qu'ils paraissent côte à côte, les deux amas sont à des distances différentes : NGC 884 est plus éloigné de la Terre de 300 années-lumière. Les astronomes pensent toutefois que les deux amas sont nés du même nuage de matière interstellaire. À l'œil nu, on repère aisément le couple sous la forme d'une tache allongée, à la frontière des constellations Persée et Cassiopée. Aux jumelles, on distingue deux amas, mais il faut un télescope de 100 mm et un large champ pour en apprécier toute la beauté.
Magnitude apparente 4
Taille apparente 30 minutes d'arc chacun
Dimensions réelles 60 années-lumière chacun
Distance 7 100 années-lumière (NGC 869), 7 400 années-lumière (NGC 884)
Autres amas d'octobre M15 Les Pléiades (M45)

GALAXIE NGC 6946

Type d'objet Galaxie spirale
Constellation Céphée
Description Il y a relativement peu de galaxies visibles aux latitudes élevées du ciel boréal. Une belle exception est la galaxie NGC 6946, bien qu'elle soit peu lumineuse. Cette spirale aux bras déployés, vue de face, est située à la frontière de Céphée et du Cygne. Elle a été découverte par William Herschel en 1798, et depuis cette date les astronomes y ont observé six supernovae. Aux jumelles, elle apparaît comme une petite tache et doit partager la vedette avec un amas d'étoiles proche, de même taille apparente et éloigné de seulement 40 minutes d'arc : NGC 6938. Cet amas apparaît aussi aux jumelles sous la forme d'une petite nébulosité. Un télescope performant est nécessaire pour distinguer des détails de l'un et de l'autre objet.
Magnitude apparente 9,6
Taille apparente 10 minutes d'arc
Dimensions réelles 30 000 millions d'années-lumière
Distance 10 millions d'années-lumière
Autres galaxies d'octobre M101 Galaxie d'Andromède (M31)

ÉCHELLE DES MAGNITUDES

≤ 0
0,1 - 0,5
0,6 - 1,0
1,1 - 1,5
1,6 - 2,0
2,1 - 2,5
2,6 - 3,0
3,1 - 3,5
3,6 - 4,0
4,1 - 4,5
4,6 - 5,0

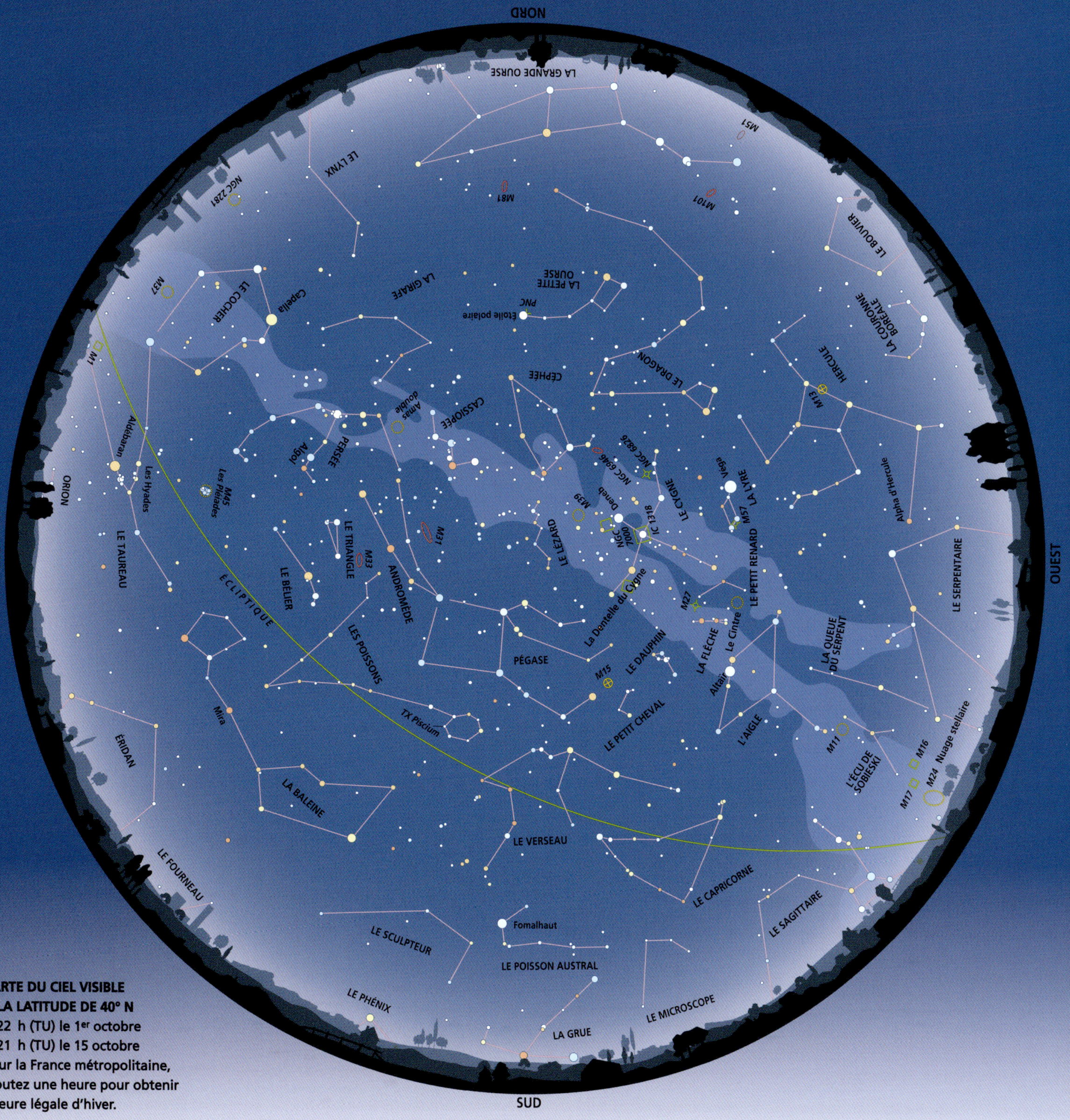

CARTE DU CIEL VISIBLE
À LA LATITUDE DE 40° N
À 22 h (TU) le 1er octobre
À 21 h (TU) le 15 octobre
Pour la France métropolitaine, ajoutez une heure pour obtenir l'heure légale d'hiver.

Amas ouvert d'étoiles — Nébuleuse — Amas globulaire d'étoiles — Nébuleuse planétaire — Galaxie

Le ciel de novembre dans l'hémisphère Nord

Le ciel de novembre permet d'observer un grand nombre d'étoiles brillantes. Celles du Triangle d'été brillent encore pendant les premières heures de la nuit dans le ciel de l'ouest, alors qu'à l'est étincellent Aldébaran du Taureau, Capella du Cocher, les jumeaux Castor et Pollux, l'amas des Pléiades et la belle constellation d'Orion. Toutes montent de plus en plus haut dans le ciel au fil de la nuit, le long de la Voie lactée. Alors qu'à l'ouest le Triangle d'été se couche, Sirius se lève à l'est : la plus brillante étoile du ciel annonce la venue de l'hiver.

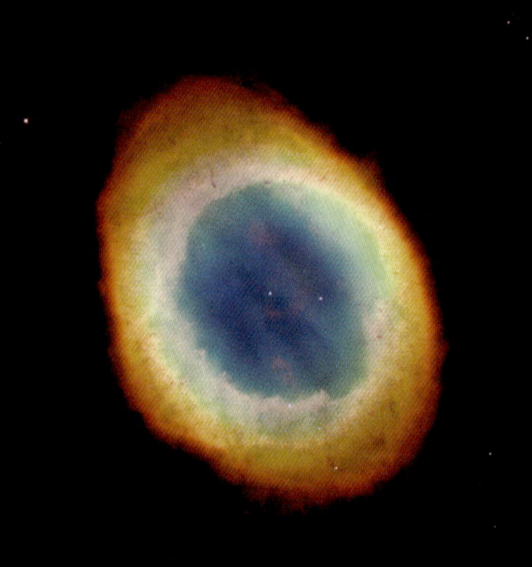

NÉBULEUSE ANNULAIRE DE LA LYRE (M57)

Type d'objet Nébuleuse planétaire
Constellation La Lyre
Autre nom NGC 6720
Description Situé entre les étoiles Bêta et Gamma de la Lyre, cet anneau coloré est la plus célèbre nébuleuse planétaire du ciel. Il s'agit en fait d'un cylindre de gaz, mais comme il est vu de face, nous le percevons comme un anneau. Comme toutes les nébuleuses planétaires, il s'agit de l'enveloppe en expansion d'une étoile défunte : son résidu est une naine blanche située au centre de l'anneau. Toutefois, il faut un télescope de plus de 300 mm d'ouverture pour espérer distinguer l'astre moribond. La nébuleuse elle-même commence à être visible avec un instrument de 100 mm : elle ressemble à une étoile floue. Les instruments intermédiaires, de 200 mm d'ouverture, font ressortir sa forme allongée et sa cavité centrale.
Magnitude apparente 9,1
Taille apparente 1,4 x 1,1 minute d'arc
Dimensions réelles 1,3 année-lumière
Distance 3 200 années-lumière
Autres nébuleuses de novembre
Nébuleuse du Crabe (M1)
La Tête du Clown (NGC 2392)

AMAS M15

Type d'objet Amas globulaire
Constellation Pégase
Autre nom NGC 7078
Description M15 est l'amas globulaire le plus dense de la Voie lactée, et l'un des plus spectaculaires de l'hémisphère Nord, rivalisant en beauté avec l'amas d'Hercule M13. C'est une ruche de près de 1 million d'étoiles, d'un diamètre de 120 années-lumière, avec un noyau compact. De magnitude 6,4, il est pratiquement invisible à l'œil nu, mais il se repère aisément aux jumelles. Il est situé à la frontière des constellations de Pégase et du Petit Cheval. Avec un télescope de 100 mm, M15 apparaît sous la forme d'une petite tache ronde. Il faut un instrument de 200 mm pour commencer à résoudre les étoiles périphériques, mais le noyau central demeure toujours une simple tache brillante.
Magnitude apparente 6,4
Taille apparente 12 minutes d'arc
Dimensions réelles 120 années-lumière
Distance 34 000 années-lumière
Autres amas de novembre Les Pléiades (M45)
Amas NGC 869/NGC 884

GALAXIE D'ANDROMÈDE (M31)

Type d'objet Galaxie spirale
Constellation Andromède
Autre nom NGC 224
Description Décrite comme un petit nuage par l'astronome perse Al Sufi en l'an 905 après J.-C., la galaxie d'Andromède (M31) est réputée comme étant l'objet le plus distant visible à l'œil nu, à tort car c'est à la galaxie M33 du Triangle que revient cet honneur. M31 est, en tout cas, la plus grande des galaxies voisines, dépassant la Voie lactée par sa taille et par son nombre d'étoiles, estimé à 300 milliards. Elle est visible à l'œil nu sous la forme d'une tache allongée que vous repérez en remontant du carré de Pégase vers la Voie lactée, et en obliquant à droite à la hauteur de l'étoile Bêta d'Andromède. Des jumelles ou un télescope à champ large permettent d'admirer son disque vu de biais et ses deux petites galaxies satellites : M32 et M110.
Magnitude apparente 3,4
Taille apparente 180 x 60 minutes d'arc
Dimensions réelles 150 000 années-lumière
Distance 2,9 millions d'années-lumière
Autres galaxies de novembre Le Triangle (M33) NGC 6946

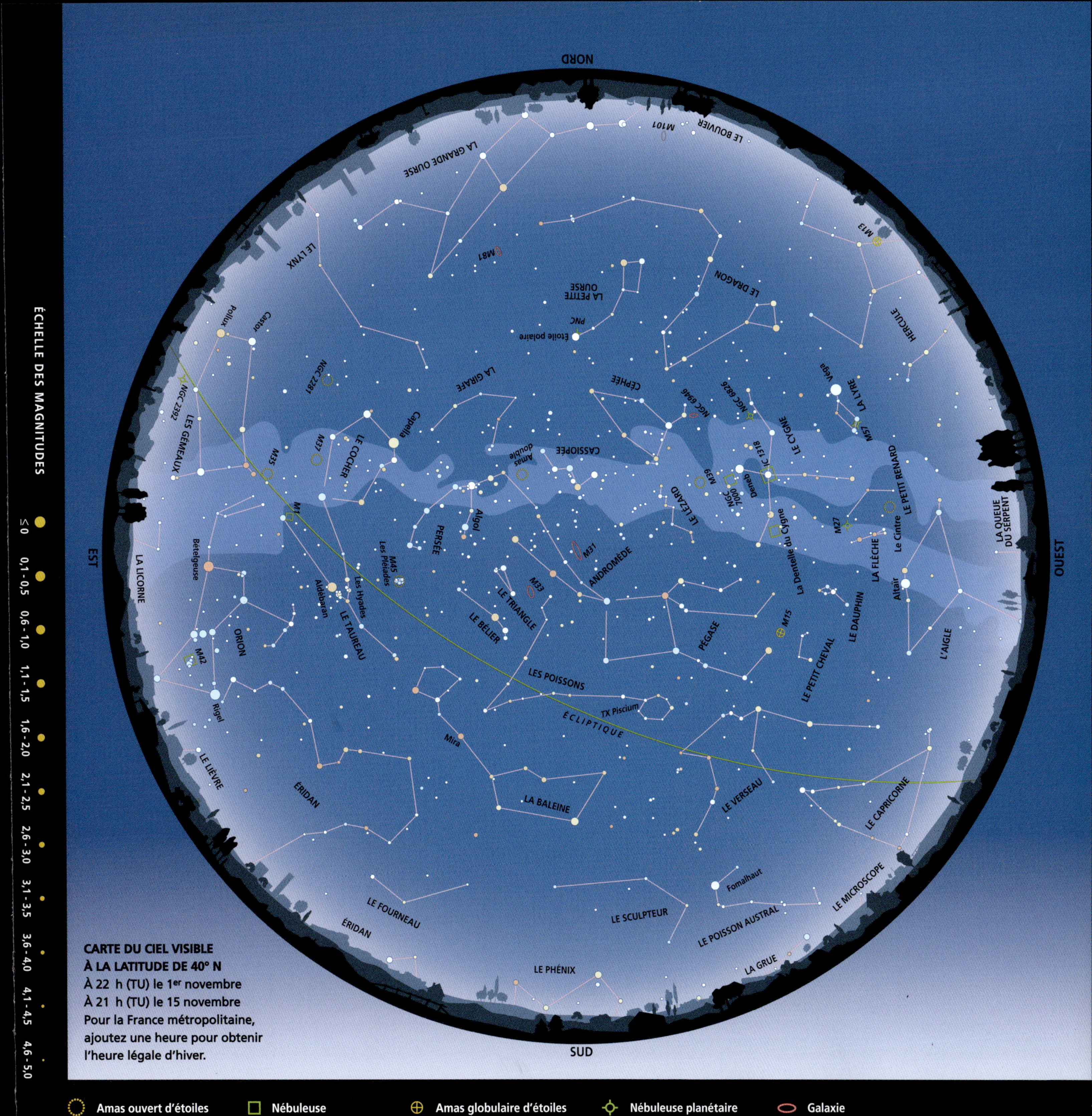

CARTE DU CIEL VISIBLE
À LA LATITUDE DE 40° N
À 22 h (TU) le 1er novembre
À 21 h (TU) le 15 novembre
Pour la France métropolitaine, ajoutez une heure pour obtenir l'heure légale d'hiver.

Le ciel de décembre dans l'hémisphère Nord

C'est l'hiver dans l'hémisphère Nord. Peu de constellations brillantes ornent l'horizon sud, mais le reste de la voûte céleste offre un magnifique spectacle. Vers minuit, la constellation du Cocher et sa brillante étoile Capella grimpent au zénith, flanquées du Taureau. En descendant vers l'horizon est, vous rencontrez Orion et les Gémeaux, le Grand Chien et le Petit Chien. Le Lion surgit au-dessus de l'horizon vers 22 heures. À l'ouest, Pégase se couche avec les autres constellations de l'automne, et au nord, la Grande Ourse pointe de nouveau son museau.

TÊTE DU CLOWN

Type d'objet Nébuleuse planétaire
Constellation Les Gémeaux
Autres noms Nébuleuse de l'Esquimau, NGC 2392
Description Cette nébuleuse insolite fut découverte en 1787 par William Herschel. En l'an 2000, le télescope spatial Hubble en prit une photographie qui la rendit célèbre. Son anneau fripé rappelle le col en fourrure d'un vêtement inuit, d'où son surnom de nébuleuse de l'Esquimau, ou le col d'un costume de clown. La nébuleuse est située à proximité de l'étoile Delta des Gémeaux. C'est un objet relativement brillant, mais un télescope performant, muni d'un oculaire à fort grossissement et d'un filtre pour nébuleuse, est nécessaire pour en apprécier la beauté. Les détails de l'anneau ne sont visibles que sur les poses photographiques prises par un instrument professionnel.
Magnitude apparente 8,3
Taille apparente 47 x 43 secondes d'arc
Dimensions réelles 0,7 année-lumière
Distance 3 000 années-lumière
Autres nébuleuses de décembre Nébuleuse du Crabe (M1) Nébuleuse America (NGC 7000)

LES PLÉIADES (M45)

Type d'objet Amas ouvert
Constellation Le Taureau
Autre nom Les Sept Sœurs
Description Les Pléiades forment incontestablement le plus bel amas ouvert du ciel. Le groupe d'étoiles est visible même en pleine ville et son diamètre apparent est quatre fois celui de la pleine lune. Il est situé dans la constellation du Taureau, à la frontière du Cocher. Par une nuit sombre, on dénombre sept étoiles principales à l'œil nu : les sept sœurs qui ont donné leur nom à l'amas. D'autres étoiles moins brillantes entourent ces étoiles principales. Le spectacle est saisissant aux jumelles, et un petit télescope permet de compter une centaine de jeunes étoiles bleues, issues du même nuage de gaz, il y a moins de 100 millions d'années.
Magnitude apparente 1,2
Taille apparente 2 degrés d'arc
Dimensions réelles 13 années-lumière
Distance 400 années-lumière
Autres amas de décembre Les Hyades Amas de la Crèche (M44)

GALAXIE NGC 2903

Type d'objet Galaxie spirale barrée
Constellation Le Lion
Description NGC 2903 est une large galaxie spirale, parmi les nombreuses galaxies qui ornent la constellation du Lion. Malgré sa magnitude 9, elle ne figure pas dans le catalogue de Messier et fut découverte par William Herschel. Il s'agit d'une spirale barrée, vue de trois quarts face. Le télescope spatial Hubble a révélé que la matière contenue dans la barre se déplace vers le centre de la galaxie et y déclenche la naissance de nouvelles étoiles. On trouve NGC 2903 à 2 degrés de l'étoile Gamma du Lion, qui marque l'extrémité de la tête du fauve. Un instrument de 50 mm permet de repérer la galaxie, mais un télescope d'au moins 100 mm est nécessaire pour discerner sa forme en spirale et la barre lumineuse qui la traverse de part en part.
Magnitude apparente 9,0
Taille apparente 12 x 6 minutes d'arc
Dimensions réelles 73 000 années-lumière
Distance 20 millions d'années-lumière
Autres galaxies de décembre M65 Galaxie du Triangle (M33)

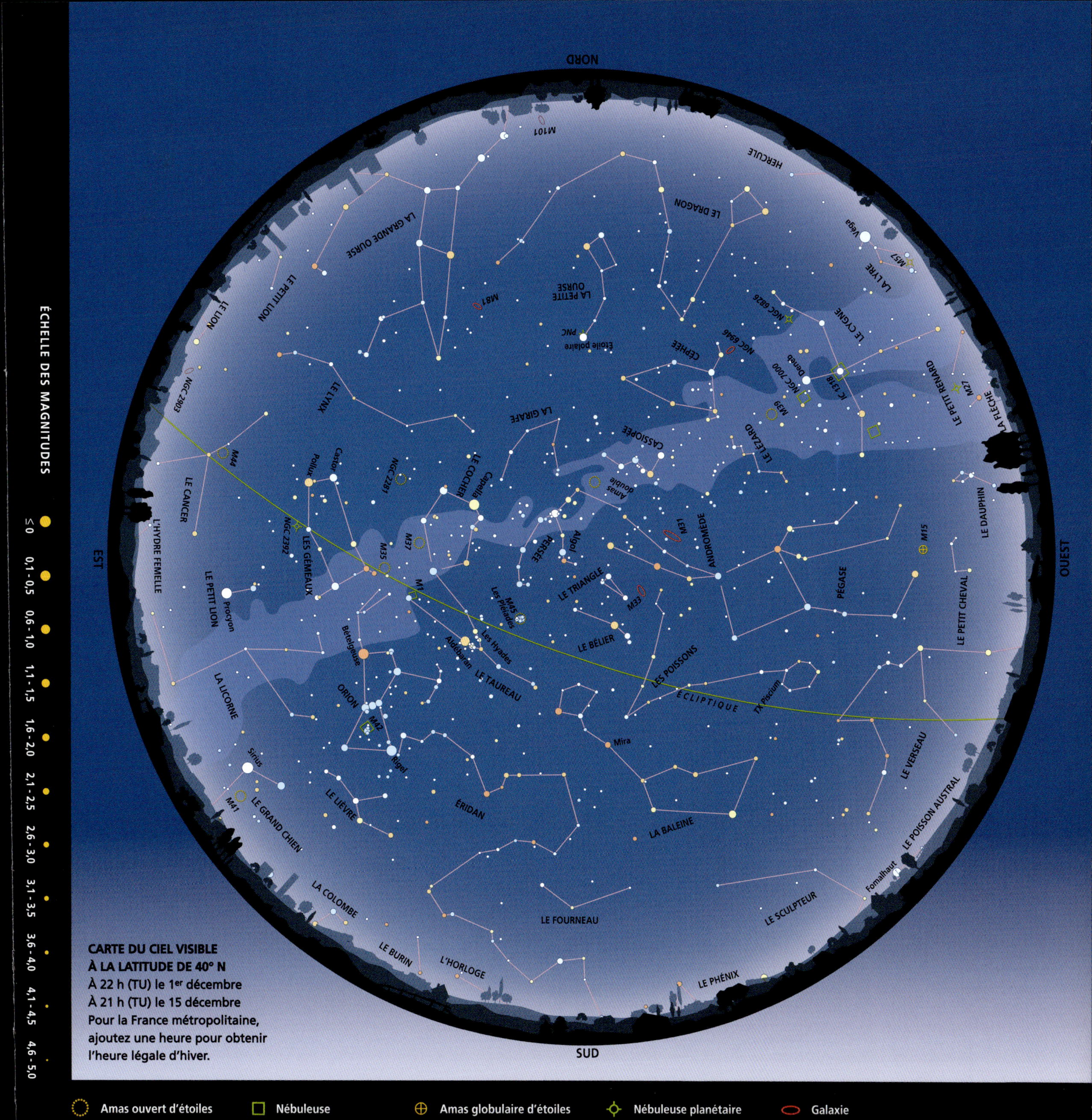

CARTE DU CIEL VISIBLE À LA LATITUDE DE 40° N
À 22 h (TU) le 1er décembre
À 21 h (TU) le 15 décembre
Pour la France métropolitaine, ajoutez une heure pour obtenir l'heure légale d'hiver.

Le ciel de janvier dans l'hémisphère Sud

C'est le plein été dans l'hémisphère Sud, et les trois étoiles les plus brillantes du ciel se lèvent peu après minuit : Sirius, Canopus et Alpha du Centaure. La belle constellation d'Orion est également visible dans l'hémisphère austral, mais sa forme est inversée par rapport à celle qu'on lui connaît dans l'hémisphère Nord. Orion chasse toujours le Taureau vers l'ouest, tandis que le Grand Chien passe près du zénith en suivant son maître. Au fil de la nuit, la Croix du Sud grimpe de plus en plus haut dans le ciel, tout comme le Lion qui pointe son museau au-dessus de l'horizon est.

NÉBULEUSE DE LA TARENTULE (NGC 2070)

Type d'objet Nébuleuse diffuse
Constellation La Dorade
Autre nom 30 de la Dorade
Description La Tarentule est la plus grande nébuleuse du ciel, située en bordure du Grand Nuage de Magellan, l'une des deux galaxies satellites de la Voie lactée, située à une distance de 160 000 années-lumière de la Terre. Elle apparaît comme 30 fois plus large que la nébuleuse d'Orion, le joyau de l'hémisphère Nord. Si l'on rapprochait la Tarentule à la même distance de la Terre que la nébuleuse d'Orion, elle couvrirait 30 degrés d'arc et serait trois fois plus brillante que Vénus. On peut repérer la nébuleuse de la Tarentule à l'œil nu et un petit instrument de 75 mm permet déjà d'admirer ses excroissances lumineuses. Un télescope de 200 mm avec un oculaire à champ large la révèle dans toute sa splendeur.
Magnitude apparente 5
Taille apparente 30 minutes d'arc
Dimensions réelles 1 000 années-lumière
Distance 160 000 années-lumière
Autres nébuleuses de janvier Le Sac à Charbon
Êta Carinae (NGC 3372)

AMAS M41

Type d'objet Amas ouvert
Constellation Le Grand Chien
Autre nom NGC 2287
Description Cet amas ouvert, visible à l'œil nu, est situé dans une région riche en étoiles, 4 degrés au sud de la brillante Sirius dans la constellation du Grand Chien. Brillante mais étendue, M41 contient une centaine d'étoiles regroupées dans un rayon d'une douzaine d'années-lumière. Avec de bonnes jumelles, on distingue les vingt étoiles les plus brillantes qui forment un spectacle coloré. Celles au cœur de l'amas sont des géantes rouges : la plus belle jette un vif éclat orangé. Elles sont entourées d'un champ d'étoiles bleues. La brillante étoile, en bas à gauche, n'appartient pas à l'amas et se trouve beaucoup plus près de la Terre. L'âge de cet amas est estimé à 200 millions d'années.
Magnitude apparente 4,6
Taille apparente 38 minutes d'arc
Dimensions réelles 25 années-lumière
Distance 2 300 années-lumière
Autres amas de janvier Les Voiles
Oméga du Centaure (NGC 5139)

GRAND NUAGE DE MAGELLAN (LMC)

Type d'objet Galaxie irrégulière
Constellation La Dorade et la Table
Description Cette tache, visible à l'œil nu, pourrait se confondre avec un nuage dans notre atmosphère, mais il s'agit d'une galaxie satellite de la nôtre. Le Grand Nuage de Magellan est en orbite autour de la Voie lactée, dans un plan perpendiculaire à son disque. C'est une galaxie irrégulière, vue par la tranche, qui montre un semblant de structure en spirale. Elle est plus riche en gaz et en poussières que notre propre Voie lactée et abrite de nombreuses pépinières d'étoiles naissantes. Le Grand Nuage de Magellan occupe tout le champ d'une paire de jumelles ; il peut aussi s'admirer avec un télescope muni d'un oculaire à grand champ. La moitié orientale est la plus belle, car elle abrite la nébuleuse de la Tarentule, illuminée par ses étoiles centrales.
Magnitude apparente 1
Taille apparente 7 degrés d'arc
Dimensions réelles 20 000 années-lumière
Distance 160 000 années-lumière
Autres galaxies de janvier M105
Le Petit Nuage de Magellan

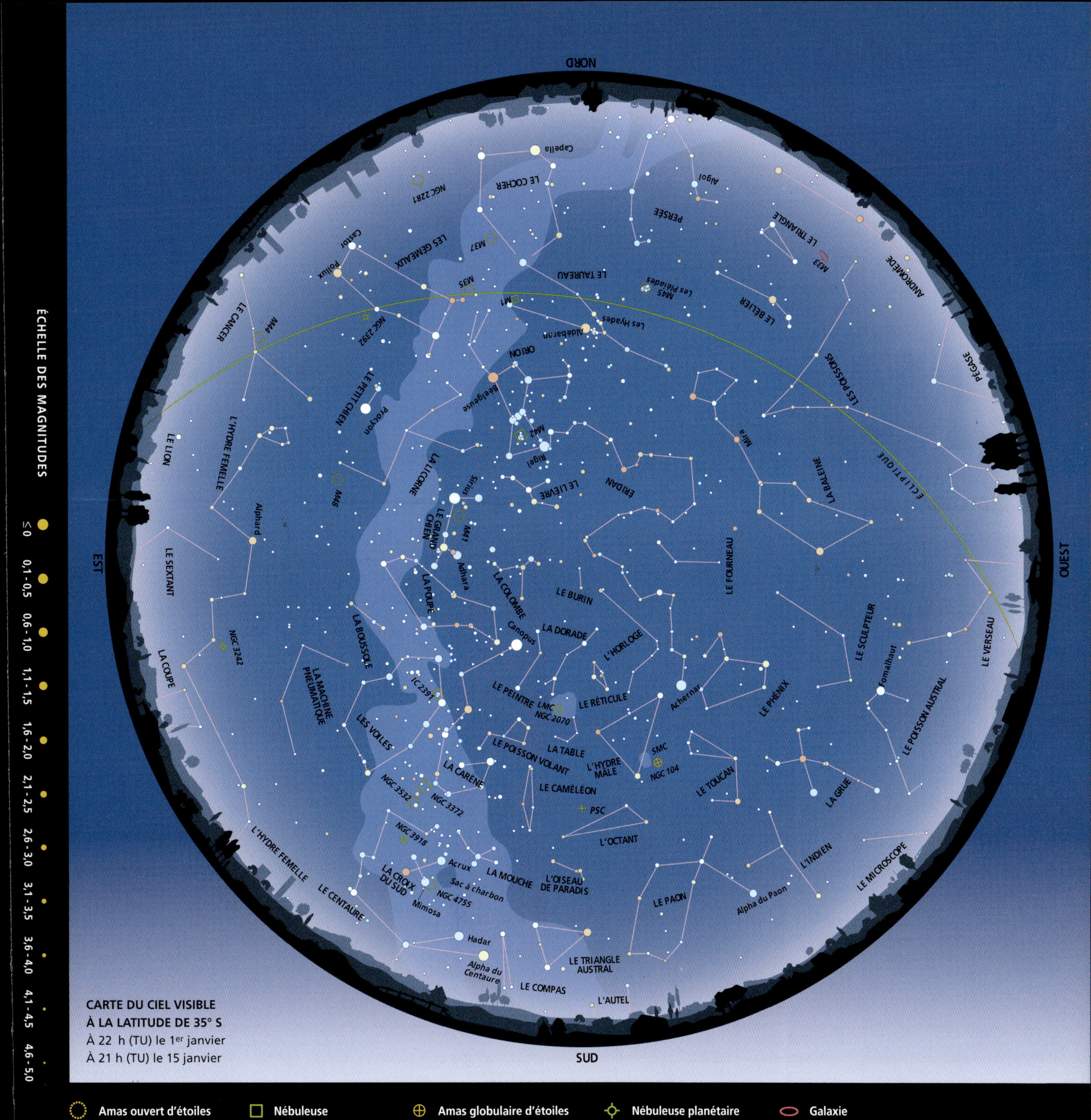
ÉCHELLE DES MAGNITUDES
≤ 0
0,1 - 0,5
0,6 - 1,0
1,1 - 1,5
1,6 - 2,0
2,1 - 2,5
2,6 - 3,0
3,1 - 3,5
3,6 - 4,0
4,1 - 4,5
4,6 - 5,0
NORD
SUD
EST
OUEST
ÉCLIPTIQUE
LE COCHER
Capella
NGC 2281
PERSÉE
Algol
LE TRIANGLE
M33
ANDROMÈDE
LES GÉMEAUX
Castor
Pollux
M37
M35
LE TAUREAU
M1
M45 Les Pléiades
LE BÉLIER
Les Hyades
Aldébaran
LE CANCER
M44
NGC 2392
ORION
Bételgeuse
M42
Rigel
LE PETIT CHIEN
Procyon
LES POISSONS
PÉGASE
Mira
LA BALEINE
LE LION
L'HYDRE FEMELLE
LA LICORNE
Sirius
LE LIÈVRE
ÉRIDAN
M48
M41
LE GRAND CHIEN
Adhara
Alphard
LE SEXTANT
LA POUPE
LA COLOMBE
LE BURIN
LE FOURNEAU
LE SCULPTEUR
LE VERSEAU
Canopus
LA DORADE
L'HORLOGE
NGC 3242
LA COUPE
LA BOUSSOLE
LA MACHINE PNEUMATIQUE
IC 2391
LE PEINTRE
LMC
NGC 2070
LE RÉTICULE
Achernar
LE PHÉNIX
Fomalhaut
LE POISSON AUSTRAL
LES VOILES
LE POISSON VOLANT
LA TABLE
L'HYDRE MÂLE
SMC
NGC 104
LE TOUCAN
LA GRUE
LA CARÈNE
NGC 3532
NGC 3372
LE CAMÉLÉON
PSC
L'OCTANT
NGC 3918
Acrux
LA MOUCHE
L'OISEAU DE PARADIS
L'INDIEN
LE MICROSCOPE
L'HYDRE FEMELLE
LE CENTAURE
LA CROIX DU SUD
Sac à charbon
NGC 4755
Mimosa
LE PAON
Alpha du Paon
Hadar
Alpha du Centaure
LE COMPAS
LE TRIANGLE AUSTRAL
L'AUTEL
CARTE DU CIEL VISIBLE
À LA LATITUDE DE 35° S
À 22 h (TU) le 1er janvier
À 21 h (TU) le 15 janvier
Amas ouvert d'étoiles
Nébuleuse
Amas globulaire d'étoiles
Nébuleuse planétaire
Galaxie

Le ciel de février dans l'hémisphère Sud

Au mois de février, Orion suivi de ses Chiens de chasse est encore haut dans le ciel du nord, à la poursuite du Taureau. Leurs brillantes étoiles Rigel et Bételgeuse, Sirius et Procyon, ainsi que la rouge Aldébaran dominent la scène. La Voie lactée prend tout le ciel en écharpe, du nord au sud, flanquée de ses deux galaxies satellites : le Grand et le Petit Nuage de Magellan. Basses sur l'horizon méridional, les constellations de la Croix du Sud et du Centaure sont resplendissantes. Alors que les Poissons et la Baleine se couchent à l'ouest, le Lion se lève à l'est, suivi par la Vierge.

NÉBULEUSE NGC 3918

Type d'objet Nébuleuse planétaire
Constellation Le Centaure
Description Cette brillante nébuleuse planétaire est située dans la constellation du Centaure, à proximité de la Croix du Sud. Le télescope spatial Hubble en a pris cette spectaculaire photographie qui montre les enveloppes de gaz complexes relâchées par l'étoile centrale. Toutefois, avec son diamètre apparent de seulement 10 secondes d'arc, NGC 3918 reste minuscule dans un instrument d'amateur et ne montre pas les détails photographiés par Hubble. Des jumelles permettent tout juste de repérer la nébuleuse qui ressemble à une faible étoile bleue. Seul un télescope de 300 à 400 mm dévoile sa forme ovale, mais reste encore insuffisant pour révéler l'étoile centrale, perdue dans la brillante luminosité.
Magnitude apparente 8
Taille apparente 10 secondes d'arc
Dimensions réelles 0,3 année-lumière
Distance 3 000 années-lumière
Autres nébuleuses de février
Le Sac à Charbon
Êta Carinae (NGC 3372)

AMAS NGC 3532

Type d'objet Amas ouvert
Constellation La Carène
Description Ce riche amas ouvert est l'un des plus beaux du ciel. Il est situé dans la Carène, 3 degrés à l'est d'Êta Carinae, à la frontière du Centaure. À l'œil nu, il apparaît comme une tache ovale, alors qu'aux jumelles, il révèle plusieurs douzaines d'étoiles, dont les plus brillantes sont de magnitude 6. Un instrument de 75 mm, muni d'un oculaire à champ large, offre un magnifique spectacle avec quelque 150 étoiles étirées en une bande d'orientation est-ouest. Un télescope plus puissant montre un regroupement central. Alors que les étoiles de l'amas sont surtout de jeunes géantes bleues, on note également une supergéante jaune, à gauche du centre, qui n'appartient pas au groupe et qui est plus proche de nous.
Magnitude apparente 3
Taille apparente 1 degré d'arc
Dimensions réelles 23 années-lumière
Distance 1 300 années-lumière
Autres amas de février
Oméga du Centaure (NGC 5139)
Omicron des Voiles

PETIT NUAGE DE MAGELLAN (SMC)

Type d'objet Galaxie irrégulière
Constellation Le Toucan
Description Le Petit Nuage de Magellan (SMC) est plus petit et plus distant que l'autre galaxie satellite de la Voie lactée, le grand Nuage de Magellan. Tout comme celui-ci, il est nommé en l'honneur du navigateur portugais Ferdinand de Magellan. Le Petit Nuage contient plus de poussières que le Grand Nuage, mais moins de nébuleuses gazeuses et d'amas d'étoiles. C'est un objet facilement repérable à l'œil nu, car il s'étend sur 3,5 degrés d'arc : sept fois le diamètre de la pleine lune. Il est situé 20 degrés à l'ouest du Grand Nuage dans la constellation du Toucan, en bordure de l'Hydre mâle et de l'Octant. Aux jumelles, il offre un beau spectacle. Quelques degrés au nord, on distingue deux brillants amas globulaires, NGC 104 et NGC 362, qui sont beaucoup plus proches de la Terre.
Magnitude apparente 2,3
Taille apparente 3,5 degrés d'arc
Dimensions réelles 9 000 années-lumière
Distance 190 000 années-lumière
Autres galaxies de février M105
Le Grand Nuage de Magellan

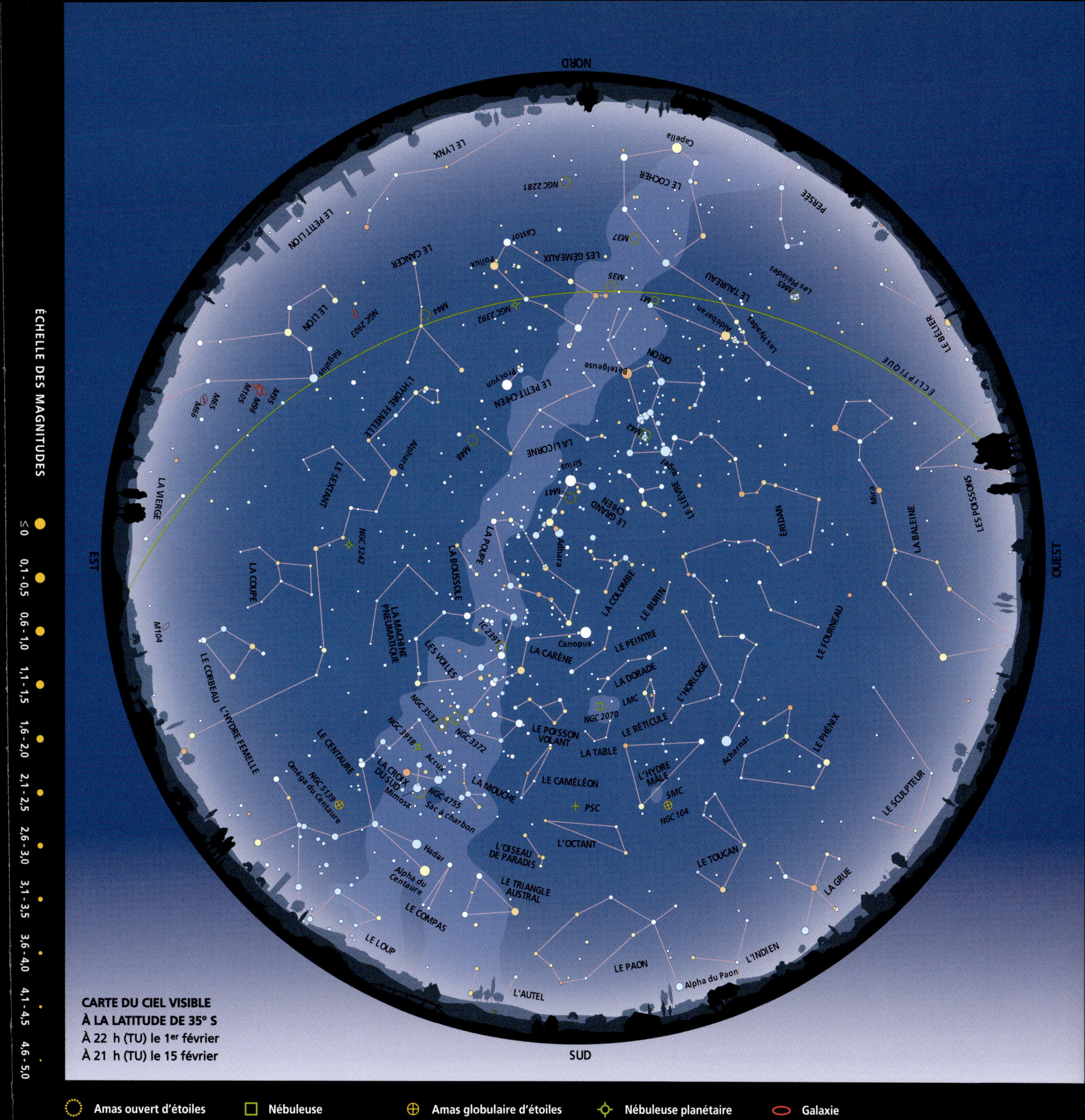

CARTE DU CIEL VISIBLE
À LA LATITUDE DE 35° S
À 22 h (TU) le 1er février
À 21 h (TU) le 15 février

Le ciel de mars dans l'hémisphère Sud

Orion et ses deux Chiens de chasse dominent encore le ciel de l'ouest au cours des premières heures de la nuit, alors que l'automne approche dans l'hémisphère Sud. Le Lion poursuit les Gémeaux au-dessus de l'horizon nord. La Voie lactée étend sa bande lumineuse du nord-ouest au sud-est, avec la Croix du Sud et le brillant couple d'étoiles Alpha et Bêta du Centaure du côté du levant, et un peu à l'écart, plus bas sur l'horizon, le Petit Nuage de Magellan. La Vierge est de plus en plus haute dans le ciel, avec sa brillante étoile Spica, suivie par la Lyre.

ÊTA CARINAE (NGC 3372)

Type d'objet Nébuleuse diffuse
Constellation La Carène
Description La nébuleuse Êta Carinae est l'une des merveilles du ciel. Aisément repérable à l'œil nu, elle s'étend sur 2 degrés d'arc et couvre une surface équivalant à huit fois celle de la pleine lune. Plus étendue que la Grande Nébuleuse d'Orion, elle constitue un magnifique spectacle aux jumelles. Son nuage d'hydrogène est fragmenté en plusieurs morceaux par des bandes de poussière sombres qui forment un grand « V ». Un télescope permet d'admirer la région centrale et la petite nébuleuse obscure du Trou de Serrure, sur le bord de laquelle se détache la célèbre étoile Êta Carinae. Il s'agit d'une grosse étoile instable qui a connu une gigantesque explosion au XIXe siècle, lorsqu'elle est brièvement devenue la seconde étoile la plus brillante du ciel.
Magnitude apparente 1
Taille apparente 2 degrés d'arc
Dimensions réelles 320 années-lumière
Distance 9 000 années-lumière
Autres nébuleuses de mars Le Sac à Charbon
La Tarentule (NGC 2070)

AMAS D'OMICRON DES VOILES

Type d'objet Amas ouvert
Constellation Les Voiles
Autre nom IC 2391
Description Ce petit amas d'une trentaine d'étoiles, qui a hérité du matricule IC 2391, est groupé autour d'une étoile de magnitude 4 : Omicron des Voiles. La plus brillante étoile du groupe, une géante bleue, atteint même une magnitude de 3,6. Grâce à ses brillantes vedettes, l'amas tout entier possède une magnitude de 2,5, ce qui le rend facilement repérable à l'œil nu, 2 degrés au nord de l'étoile Delta des Voiles, à la frontière de la constellation de la Carène. L'amas fut décrit pour la première fois en l'an 964 par l'astronome perse Al Sufi, qui a d'ailleurs donné son nom à un cratère sur la Lune. IC 2391 est un objet à admirer aux jumelles ou avec un télescope muni d'un oculaire à grand champ.
Magnitude apparente 2,5
Taille apparente 50 minutes d'arc
Dimensions réelles 9 années-lumière
Distance 580 années-lumière
Autres amas de mars NGC 3532
Oméga du Centaure (NGC 5139)

GALAXIE M105

Type d'objet Galaxie elliptique
Constellation Le Lion
Autre nom NGC 3379
Description M105 est un bel exemple de galaxie elliptique, de type E1 dans la classification de Hubble. Elle fait partie du groupe de galaxies Leo I dans la constellation du Lion, un amas situé à une quarantaine de millions d'années-lumière. M105 est difficile à repérer aux jumelles : elle est située un peu au sud de l'axe qui relie Alpha à Thêta du Lion, entre les pattes du fauve. Dans un télescope à large champ, elle forme un triangle de 1/10 de degré de côté avec deux autres galaxies : NGC 3389 et NGC 3384. En raison de sa nature elliptique, et parce qu'elle est vue pratiquement le long de son grand axe, M105 apparaît comme une boule quasi sphérique, sans disque ni bras en spirale.
Magnitude apparente 9,2
Taille apparente 2 minutes d'arc
Dimensions réelles 22 000 années-lumière
Distance 38 millions d'années-lumière
Autres galaxies de mars Virgo A (M87)
Le Grand Nuage de Magellan

CARTE DU CIEL VISIBLE À LA LATITUDE DE 35° S
À 22 h (TU) le 1er mars
À 21 h (TU) le 15 mars

ÉCHELLE DES MAGNITUDES

≤ 0 · 0,1 - 0,5 · 0,6 - 1,0 · 1,1 - 1,5 · 1,6 - 2,0 · 2,1 - 2,5 · 2,6 - 3,0 · 3,1 - 3,5 · 3,6 - 4,0 · 4,1 - 4,5 · 4,6 - 5,0

Amas ouvert d'étoiles · Nébuleuse · Amas globulaire d'étoiles · Nébuleuse planétaire · Galaxie

Le ciel d'avril dans l'hémisphère Sud

L'automne s'installe dans l'hémisphère Sud. Orion se couche de plus en plus tôt, et Sirius s'apprête aussi à disparaître. À l'est se lèvent le Scorpion et le Sagittaire. La Voie lactée occupe toujours une position dominante dans le ciel, avec ses beaux joyaux Alpha et Bêta du Centaure et la resplendissante Croix du Sud. Le Lion et la Vierge, avec leurs étoiles Régulus et Spica, sont également hauts dans le ciel dont ils occupent la moitié nord. Le Bouvier fait une timide apparition, hissant son étoile Arcturus au-dessus de l'horizon boréal.

SAC À CHARBON

Type d'objet Nébuleuse obscure
Constellation La Croix du Sud
Description Le Sac à Charbon est la plus grande nébuleuse obscure du ciel. Ce nuage de poussière interstellaire, qui a la masse de 3 500 soleils, découpe une forme sombre sur l'arrière-fond lumineux de la Voie lactée. Il bloque 90 % de son rayonnement à cet endroit. Le Sac à Charbon s'étend sur une surface 100 fois supérieure à celle de la pleine lune, dans la constellation de la Croix du Sud, entre ses deux plus brillantes étoiles Alpha et Bêta. La nébuleuse empiète également sur les constellations du Compas et de la Mouche. Elle se repère aisément à l'œil nu et offre un magnifique spectacle aux jumelles. Entre sa bordure nord et l'étoile Bêta de la Croix du Sud se trouve par ailleurs un bel amas d'étoiles colorées : la Boîte à Bijoux.
Magnitude apparente N/A
Taille apparente 7 x 5 degrés d'arc
Dimensions réelles 68 années-lumière
Distance 560 années-lumière
Autres nébuleuses d'avril NGC 3918
La Tarentule (NGC 2070)

OMÉGA DU CENTAURE (NGC 5139)

Type d'objet Amas globulaire
Constellation Le Centaure
Description Oméga du Centaure est le plus bel amas globulaire du ciel : une ruche de plusieurs millions d'étoiles, qui circule dans le halo extérieur de la Voie lactée. Cet amas est dix fois plus massif que les autres amas globulaires et s'apparente à une galaxie miniature. De magnitude 3, l'amas est aisément visible à l'œil nu. Il a d'abord été pris pour une étoile proche et gratifié d'une lettre grecque, en l'occurrence oméga. Aux jumelles, Oméga du Centaure apparaît comme une tache mouchetée. Un petit instrument de 100 mm permet de résoudre ses étoiles périphériques. Un télescope plus puissant livre le spectacle d'un fourmillement d'étoiles. Leur création remonte aux premiers jours de la Galaxie, il y a près de 10 milliards d'années.
Magnitude apparente 3,7
Taille apparente 36 minutes d'arc
Dimensions réelles 200 années-lumière
Distance 17 000 années-lumière
Autres amas d'avril La Boîte à Bijoux (NGC 4755)
Amas de Ptolémée (M7)

GALAXIE M100

Type d'objet Galaxie spirale
Constellation La Chevelure de Bérénice
Autre nom NGC 4321
Description M100 est une grande galaxie spirale vue de face, aux bras déployés, qui appartient à l'amas de la Vierge et de la Chevelure de Bérénice. C'est l'une des premières spirales identifiées et l'une des plus grandes en taille apparente : 7 minutes d'arc. M100 est situé 8 degrés à l'est de l'étoile Bêta du Lion (Denebola). Malgré sa grande taille, cet objet est décevant dans un petit instrument : il ressemble à un pâle amas globulaire. Il faut un télescope d'au moins 200 mm d'ouverture pour distinguer son noyau brillant. Les bras en spirale ne sont perceptibles que dans d'excellentes conditions : deux d'entre eux sont bleutés, en raison des jeunes étoiles qu'elles abritent.
Magnitude apparente 9,4
Taille apparente 7 x 6 minutes d'arc
Dimensions réelles 114 000 années-lumière
Distance 56 millions d'années-lumière
Autres galaxies d'avril Virgo A (M87)
Le Grand Nuage de Magellan

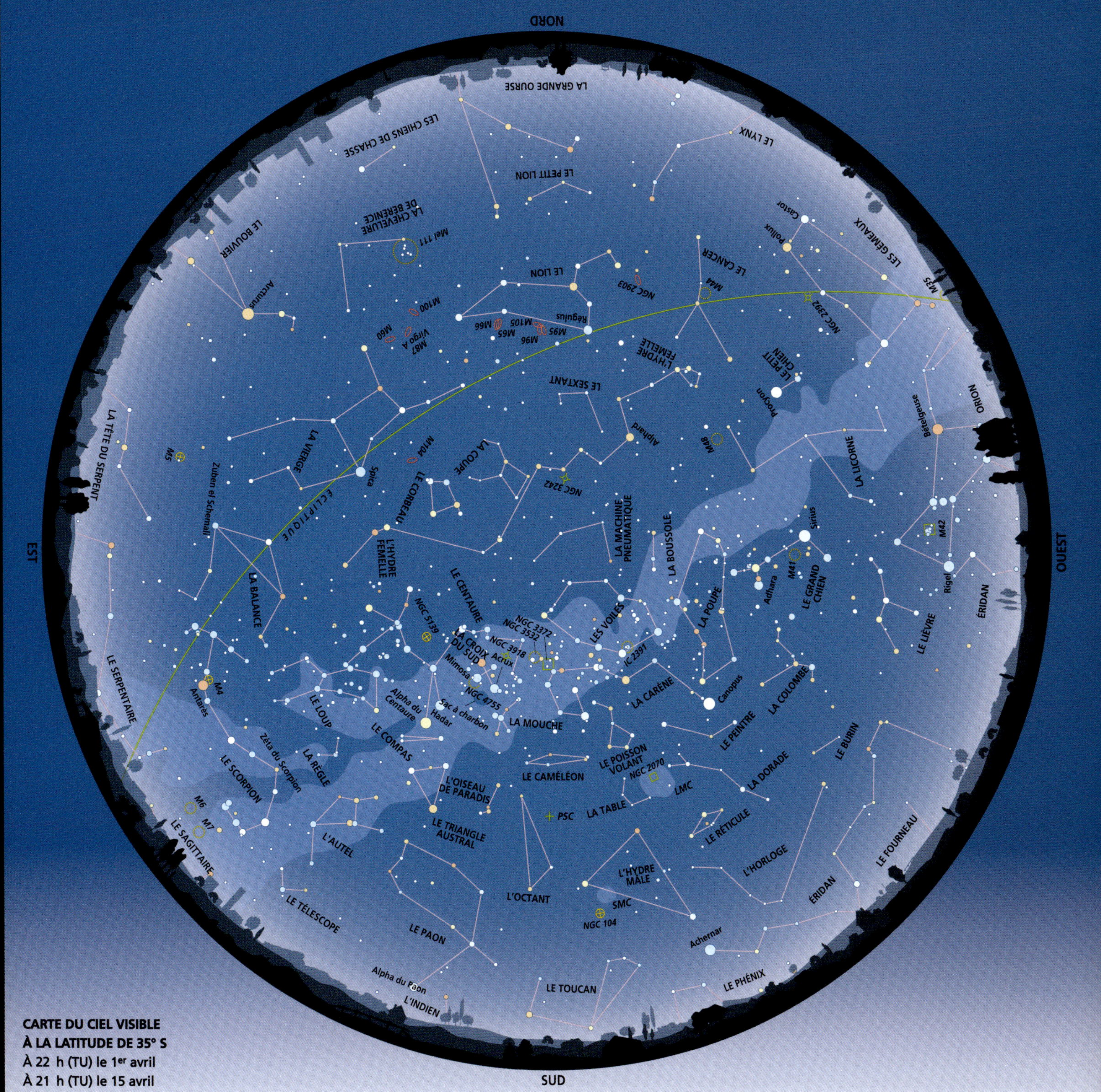

CARTE DU CIEL VISIBLE À LA LATITUDE DE 35° S
À 22 h (TU) le 1er avril
À 21 h (TU) le 15 avril

ÉCHELLE DES MAGNITUDES

≤ 0 · 0,1 - 0,5 · 0,6 - 1,0 · 1,1 - 1,5 · 1,6 - 2,0 · 2,1 - 2,5 · 2,6 - 3,0 · 3,1 - 3,5 · 3,6 - 4,0 · 4,1 - 4,5 · 4,6 - 5,0

Amas ouvert d'étoiles · Nébuleuse · Amas globulaire d'étoiles · Nébuleuse planétaire · Galaxie

Le ciel de mai dans l'hémisphère Sud

Sur son horizon nord, le ciel austral de mai abrite les constellations familières de l'hémisphère boréal, bien qu'orientées à l'envers par rapport à leur motif habituel : la Vierge, le Lion et le Bouvier avec leurs brillantes étoiles Spica, Régulus et Arcturus. La Vierge et le Lion abritent de belles galaxies. Dans le sud du ciel, Alpha et Bêta du Centaure atteignent leur élévation maximale dans leur ronde autour du pôle céleste. Le Petit Nuage de Magellan refait surface au-dessus de l'horizon, alors que le Grand Nuage disparaît à son tour.

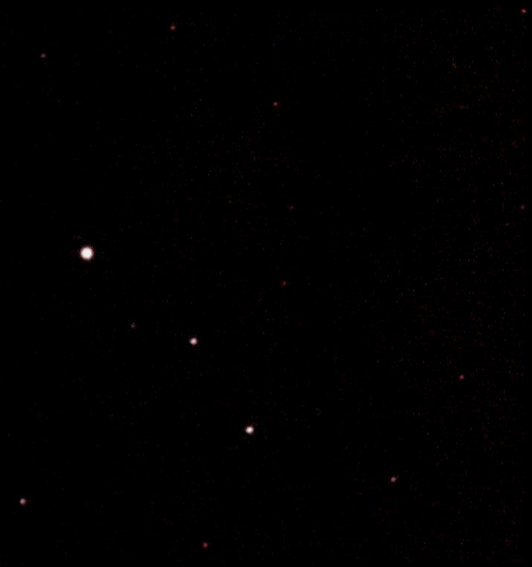

ZUBEN ELSCHEMALI

Type d'objet Étoile colorée
Constellation La Balance
Autre nom Bêta de la Balance
Description Dans la plupart des constellations, c'est l'étoile matriculée Alpha qui est la plus brillante. Bêta de la Balance est l'une des exceptions. Elle porte aussi le nom arabe de Zuben Elschemali, qui signifie la pince boréale, car elle était autrefois affectée à la constellation voisine du Scorpion dont elle constituait l'une des extrémités. Cette étoile est célèbre, car de nombreux observateurs la perçoivent comme de couleur verte, que ce soit à l'œil nu ou dans un instrument. Le phénomène est surprenant, car la couleur verte n'est pas censée dominer le spectre d'une étoile. Officiellement, Zuben Elschemali est une étoile bleutée de type B8, bien plus chaude que le Soleil.
Magnitude apparente 2,6
Type spectral B8 (blanc-bleu)
Classe de luminosité V (naine)
Distance 120 années-lumière
Autres étoiles de mai Alpha du Centaure Zêta du Scorpion

BOÎTE À BIJOUX (NGC 4755)

Type d'objet Amas ouvert
Constellation La Croix du Sud
Description La Boîte à Bijoux (NGC 4755) est l'une des merveilles du ciel. C'est un amas compact et coloré, réunissant une cinquantaine d'étoiles de magnitude 6 à 10 dans un espace large de seulement 10 minutes d'arc. L'amas est situé immédiatement à l'est de l'étoile Bêta de la Croix du Sud et inclut son étoile Kappa. Vieux de seulement 7 millions d'années, NGC 4755 contient de nombreuses géantes bleues, ainsi que des étoiles blanches. Les plus brillantes dessinent la forme d'un A. Au centre trône la superbe géante rouge Kappa. Aux jumelles ou dans un petit télescope, l'amas ressemble à une corne d'abondance qui déborde de pierres précieuses, d'où son surnom de Boîte à Bijoux, qui lui fut donnée par John Herschel en 1830.
Magnitude apparente 4
Taille apparente 10 minutes d'arc
Dimensions réelles 22 années-lumière
Distance 7 600 années-lumière
Autres amas de mai Omicron des Voiles Oméga du Centaure (NGC 5139)

VIRGO A (M87)

Type d'objet Galaxie elliptique
Constellation La Vierge
Autre nom NGC 4486
Description Virgo A est une galaxie elliptique géante. Elle appartient à l'amas de la Vierge et de la Chevelure de Bérénice, riche de quelque 3 000 galaxies. Bordure comprise, Virgo A s'étend sur 0,5 milliard d'années-lumière, ce qui en fait un véritable monstre. Son noyau, d'un diamètre de 120 000 années-lumière, est plus grand que la Voie lactée tout entière. Virgo A est célèbre pour son jet de particules ionisées qui fuse d'un trou noir supermassif situé dans son cœur. Aux jumelles, la tache floue de la galaxie ressemble à la tête d'une comète, et dans un télescope d'amateur, elle apparaît comme une petite boule. Seuls les télescopes professionnels de plusieurs mètres d'ouverture révèlent les jets de particules en provenance du trou noir.
Magnitude apparente 8,6
Taille apparente 7 minutes d'arc
Dimensions réelles 120 000 années-lumière
Distance 60 millions d'années-lumière
Autres galaxies de mai M100 M105

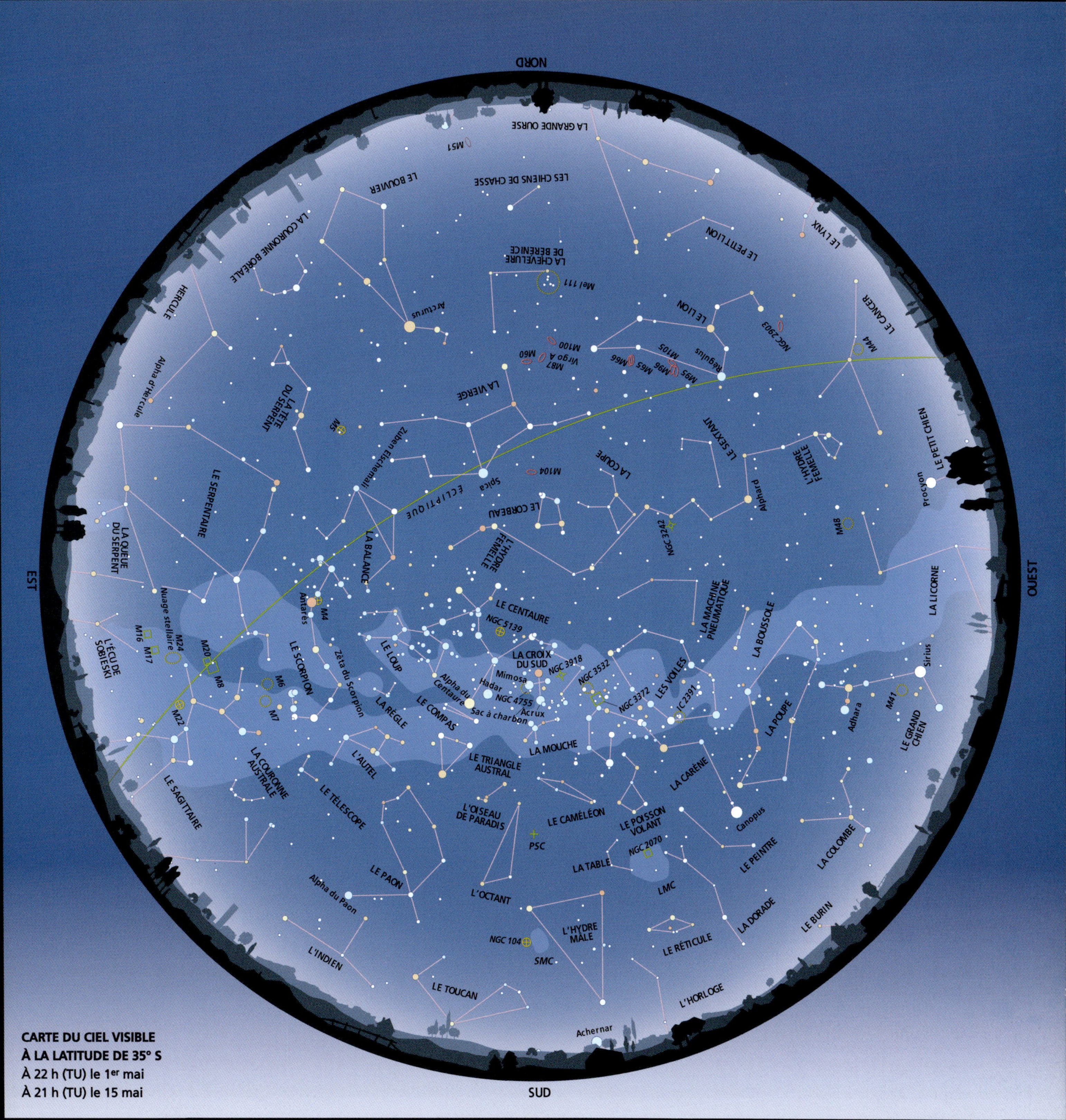

CARTE DU CIEL VISIBLE
À LA LATITUDE DE 35° S
À 22 h (TU) le 1er mai
À 21 h (TU) le 15 mai

ÉCHELLE DES MAGNITUDES

≤ 0
0,1 - 0,5
0,6 - 1,0
1,1 - 1,5
1,6 - 2,0
2,1 - 2,5
2,6 - 3,0
3,1 - 3,5
3,6 - 4,0
4,1 - 4,5
4,6 - 5,0

Amas ouvert d'étoiles — Nébuleuse — Amas globulaire d'étoiles — Nébuleuse planétaire — Galaxie

Le ciel de juin dans l'hémisphère Sud

L'hiver gagne l'hémisphère austral. Orion et les Chiens de chasse ont disparu de la scène, alors qu'un peu plus au nord, le Lion s'apprête à en faire autant. Au sud, la Carène et le Grand Nuage de Magellan descendent sur l'horizon. À leur place, le Centaure et la Croix du Sud grimpent haut dans le ciel. Aux alentours de minuit, le Scorpion passe au zénith avec sa brillante étoile rouge Antarès, suivi du Sagittaire. Au-dessus de l'horizon nord-est pointent de nouvelles constellations, venues de l'hémisphère boréal : la Lyre avec Véga et l'Aigle avec Altaïr.

NÉBULEUSE DE LA LAGUNE (M8)

Type d'objet Nébuleuse diffuse
Constellation Le Sagittaire
Autre nom NGC 6523
Description La nébuleuse de la Lagune est un magnifique objet qui rivalise en beauté avec la Grande Nébuleuse d'Orion et la nébuleuse d'Êta Carinae. Elle est tout juste repérable à l'œil nu dans le Sagittaire, où sa tache brillante se perd dans la bande lumineuse de la Voie lactée. Il s'agit d'une pouponnière d'étoiles qui révèle aux jumelles ses astres les plus jeunes, notamment sur sa bordure orientale où un amas d'étoiles bleues a reçu un matricule indépendant : NGC 6530. Un télescope permet d'admirer le fourmillement d'étoiles dans le grand nuage de gaz. Celui-ci est également parcouru de filaments sombres de poussière : une bande en particulier divise la nébuleuse en deux moitiés.
Magnitude apparente 5,8
Taille apparente 90 x 40 minutes d'arc
Dimensions réelles 130 années-lumière
Distance 5 200 années-lumière
Autres nébuleuses de juin
Nébuleuse de l'Aigle (M16)
Nébuleuse Trifide (M20)

AMAS DE PTOLÉMÉE (M7)

Type d'objet Amas ouvert
Constellation Le Scorpion
Autres noms La Queue du Scorpion, NGC 6475
Description Cet amas ouvert d'environ 80 étoiles est mentionné par l'astronome Ptolémée dès 130 après J.-C. – d'où son nom. Il est situé dans le prolongement de la queue du Scorpion, à la frontière du Sagittaire et de la Couronne australe. M7 est l'un des amas ouverts les plus anciens : son âge est estimé à 220 millions d'années. Il ne s'est pas encore dissocié, comme le font généralement les amas au fil du temps, sous l'influence des autres astres qu'ils croisent dans leur ronde autour de la Voie lactée. Des jumelles ou un télescope à grand champ sont recommandés pour pleinement apprécier ce beau groupement d'étoiles. M7 est situé à moins de 1 000 années-lumière, ce qui en fait l'un des amas ouverts les plus proches de la Terre.
Magnitude apparente 4
Taille apparente 1,3 degré d'arc
Dimensions réelles 21 années-lumière
Distance 900 années-lumière
Autres amas de juin M22
La Boîte à Bijoux (NGC 4755)

GALAXIE M60

Type d'objet Galaxie elliptique
Constellation La Vierge
Autre nom NGC 4649
Description Tout comme sa voisine M87, M60 est une galaxie elliptique géante qui appartient à l'amas de la Vierge, qui est riche de 3 000 galaxies. Plusieurs douzaines de ces objets sont à la portée d'instruments d'amateur. Un petit télescope révèle une chaîne de galaxies qui s'étend sur près de 2 degrés d'arc de l'étoile Epsilon de la Vierge à l'étoile Bêta du Lion. M60 est la galaxie la plus orientale du groupe : elle est tout juste repérable aux jumelles. Un télescope de 200 mm permet de voir une tache sphérique et un compagnon accolé qui est la galaxie spirale NGC 4647, vue de face. Les astronomes soupçonnent que les deux galaxies sont à la même distance de la Terre. Voisines, elles seraient sur le point d'entrer en collision.
Magnitude apparente 8,8
Taille apparente 7 minutes d'arc
Dimensions réelles 120 000 années-lumière
Distance 60 millions d'années-lumière
Autres galaxies de juin M100
M105

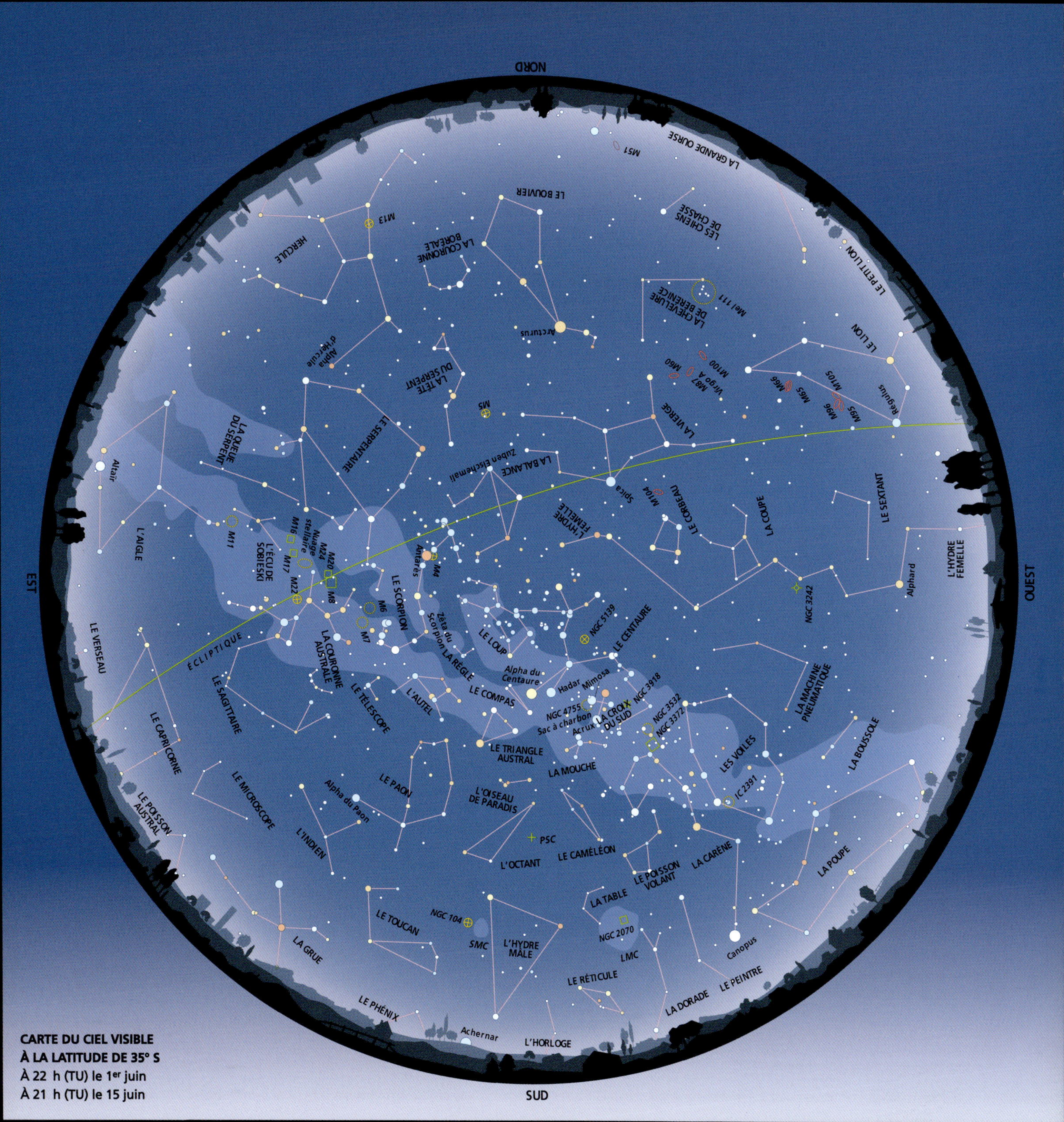

CARTE DU CIEL VISIBLE À LA LATITUDE DE 35° S
À 22 h (TU) le 1er juin
À 21 h (TU) le 15 juin

ÉCHELLE DES MAGNITUDES
≤ 0
0,1 - 0,5
0,6 - 1,0
1,1 - 1,5
1,6 - 2,0
2,1 - 2,5
2,6 - 3,0
3,1 - 3,5
3,6 - 4,0
4,1 - 4,5
4,6 - 5,0

Amas ouvert d'étoiles | Nébuleuse | Amas globulaire d'étoiles | Nébuleuse planétaire | Galaxie

Le ciel de juillet dans l'hémisphère Sud

Le Triangle d'été qui resplendit dans l'hémisphère boréal est également visible de l'hémisphère austral dont il franchit l'horizon nord. Altaïr de l'Aigle grimpe au plus haut dans le ciel, avec Véga de la Lyre dans son sillage et Deneb du Cygne au ras de l'horizon. De l'autre côté de la voûte céleste, la Croix du Sud brille au milieu de la Voie lactée, cernée par le Centaure, alors que la Carène frôle l'horizon, tout comme les Nuages de Magellan. Le Lion se couche à l'ouest, suivi par la Vierge, alors que le Verseau et Pégase se lèvent à l'est.

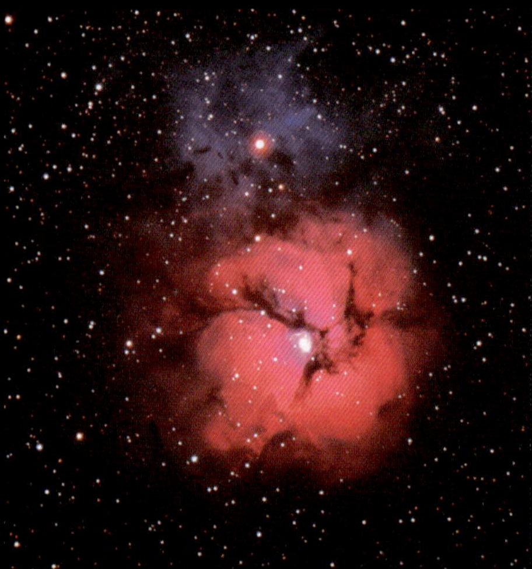

NÉBULEUSE TRIFIDE (M20)

Type d'objet Nébuleuse diffuse
Constellation Le Sagittaire
Autre nom NGC 6514
Description Située à 2 degrés d'arc de la brillante nébuleuse de la Lagune, la nébuleuse Trifide est beaucoup plus pâle, mais constitue un magnifique spectacle au télescope. Un instrument de 150 mm permet de repérer les bandes de poussière sombre qui donnent à la nébuleuse l'aspect d'une fleur épanouie. Les poses photographiques des instruments professionnels font ressortir sa belle couleur rouge, caractéristique de l'hydrogène ionisé, alors qu'au centre un brillant point blanc trahit un groupe de six étoiles qui illuminent le nuage de gaz. Une belle tache bleue sur le bord supérieur de la nébuleuse est due à la diffraction de la lumière stellaire par le voile de poussières.
Magnitude apparente 8
Taille apparente 29 x 27 minutes d'arc
Dimensions réelles 45 années-lumière
Distance 5 200 années-lumière
Autres nébuleuses de juillet
Nébuleuse de la Lagune (M8)
Nébuleuse de l'Aigle (M16)

AMAS M22

Type d'objet Amas globulaire
Constellation Le Sagittaire
Autre nom NGC 6656
Description M22 est le premier amas globulaire mentionné dans les annales de l'astronomie : sa découverte remonte à 1665. C'est aussi l'un des amas globulaires les plus brillants du ciel : seuls Oméga du Centaure et 47 du Toucan sont plus lumineux. Enfin, c'est l'amas le plus proche de la Terre, dont il n'est distant que d'environ 10 000 années-lumière. L'amas a comme autre particularité de posséder une nébuleuse planétaire en son sein. M22 est repérable à l'œil nu au nord de l'étoile Gamma du Sagittaire et offre un beau spectacle au télescope. Un instrument de 75 mm permet déjà de résoudre les étoiles périphériques de l'amas, et un télescope de 150 mm révèle sa forme légèrement ovale.
Magnitude apparente 5,1
Taille apparente 24 minutes d'arc
Dimensions réelles 73 années-lumière
Distance 10 400 années-lumière
Autres amas de juillet M4
Oméga du Centaure (NGC 5139)

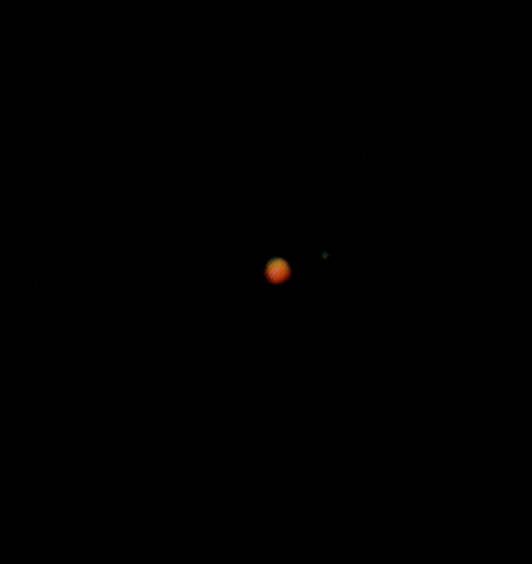

RAS ALGETHI

Type d'objet Étoile variable
Constellation Hercule
Autre nom Alpha d'Hercule
Description Ras Algethi signifie en arabe « la tête de l'homme agenouillé », car cette brillante étoile marque l'extrémité de la constellation d'Hercule, personnage souvent représenté un genou à terre. Ras Algethi est une superbe étoile double aux couleurs contrastées : l'astre principal est une supergéante rouge, près de 1 000 fois plus lumineuse que le Soleil. Son compagnon a une couleur jaune. Comme la plupart des supergéantes rouges, Ras Algethi est une étoile variable : sa luminosité varie d'une magnitude, sur une période de 50 à 150 jours, en raison des pulsations dont l'enveloppe extérieure de l'astre est l'objet.
Magnitude apparente 3,1 à 3,9
Type spectral M5 (rouge)
Classe de luminosité Ib (supergéante sous-lumineuse)
Distance 250 à 500 années-lumière
Autres étoiles remarquables de juillet
Bêta de la Balance
Alpha du Centaure

CARTE DU CIEL À LA LATITUDE DE 35° S
À 22 h (TU) le 1er juillet
À 21 h (TU) le 15 juillet

ÉCHELLE DES MAGNITUDES

≤ 0
0,1-0,5
0,6-1,0
1,1-1,5
1,6-2,0
2,1-2,5
2,6-3,0
3,1-3,5
3,6-4,0
4,1-4,5
4,6-5,0

Amas ouvert d'étoiles · Nébuleuse · Amas globulaire d'étoiles · Nébuleuse planétaire · Galaxie

Le ciel d'août dans l'hémisphère Sud

Le Sagittaire et le Scorpion passent au zénith en début de nuit, alors que l'Aigle et son étoile Altaïr planent haut dans le ciel, en compagnie des deux autres étoiles du Triangle de l'été : Véga de la Lyre et Deneb du Cygne, plus bas sur l'horizon nord. De l'autre côté du ciel, la Carène disparaît sous l'horizon sud-ouest, mais le Centaure et la Croix du Sud restent bien visibles, tout comme le Petit Nuage de Magellan. Le Grand Nuage reste au ras de l'horizon jusqu'à minuit, avant de prendre peu à peu de l'altitude.

NÉBULEUSE DE L'AIGLE (M16)

Type d'objet Nébuleuse diffuse
Constellation Le Serpent
Autres noms NGC 6611, IC 4703
Description La nébuleuse de l'Aigle est un objet remarquable, moitié nébuleuse, moitié amas, car elle a déjà donné naissance à de nombreuses étoiles. Elle est située à la jonction du Serpent, du Sagittaire et de l'Écu de Sobieski. Aux jumelles n'est visible que l'amas d'étoiles, étalées sur 7 minutes d'arc. Il faut un télescope de 200 mm pour faire ressortir la nébulosité environnante qui couvre 0,5 degré du ciel. Les plus gros instruments montrent au centre du nuage trois bandes de poussière sombre qui se dressent comme des piliers sur une distance de plusieurs années-lumière et tranchent sur le fond lumineux de la nébuleuse. Une photographie spectaculaire du télescope spatial Hubble les a rendues célèbres.
Magnitude apparente 6,4
Taille apparente 30 minutes d'arc
Dimensions réelles 50 années-lumière
Distance 7 000 années-lumière
Autres nébuleuses d'août Nébuleuse de l'Hélice (NGC 7293) Nébuleuse Saturne (NGC 7009)

AMAS M4

Type d'objet Amas globulaire
Constellation Le Scorpion
Autre nom NGC 6121
Description M4 est le premier amas globulaire dont on a pu résoudre les étoiles et comprendre la structure. Bien qu'il soit plus petit que les célèbres amas globulaires d'Hercule et d'Oméga du Centaure, M4 est beaucoup plus proche de la Terre – seulement 7 000 années-lumière – et donc particulièrement brillant. Par une nuit noire, il se détecte à l'œil nu. L'amas est situé dans la constellation du Scorpion, 2 degrés à l'ouest de sa brillante étoile rouge Antarès. Un télescope de 100 mm est suffisant pour résoudre ses étoiles périphériques et admirer les deux joyaux rouges qui le flanquent de part et d'autre : Antarès, mais aussi Sigma du Scorpion, alors qu'au sud du groupe, une nébuleuse bleutée enveloppe l'étoile Rhô Ophiuci.
Magnitude apparente 5,9
Taille apparente 26 minutes d'arc
Dimensions réelles 55 années-lumière
Distance 7 200 années-lumière
Autres amas d'août M22
NGC 6752

ZÊTA SCORPII

Type d'objet Étoile double
Constellation Le Scorpion
Description Zêta du Scorpion est une magnifique étoile double. Ce n'est pas une binaire dans le sens où les deux astres ne sont pas liés par gravitation : ils sont à des distances différentes de la Terre. Zêta 1 est une supergéante bleue, 60 fois plus massive que le Soleil et des millions de fois plus lumineuse. C'est l'une des plus grosses étoiles connues. À 7 minutes d'arc de ce monstre se trouve Zêta 2, une géante orange qui est plus brillante car beaucoup plus proche. On peut séparer les deux astres à l'œil nu, mais une paire de jumelles offre un bien meilleur spectacle : elle permet d'apprécier le contraste de couleurs entre les deux étoiles. Un demi-degré au sud de Zêta 1 brille un amas ouvert dont elle fait partie : NGC 6231, riche d'une centaine d'étoiles.
Magnitude apparente 4,7 (Zêta 1), 3,6 (Zêta 2)
Type spectral B1 (bleu), K (orange)
Classe de luminosité I (supergéante), III (géante)
Distance 6 000 années-lumière, 150 années-lumière
Autres étoiles remarquables d'août
Alpha du Centaure
Alpha d'Hercule

ÉCHELLE DES MAGNITUDES

≤0 · 0,1-0,5 · 0,6-1,0 · 1,1-1,5 · 1,6-2,0 · 2,1-2,5 · 2,6-3,0 · 3,1-3,5 · 3,6-4,0 · 4,1-4,5 · 4,6-5,0

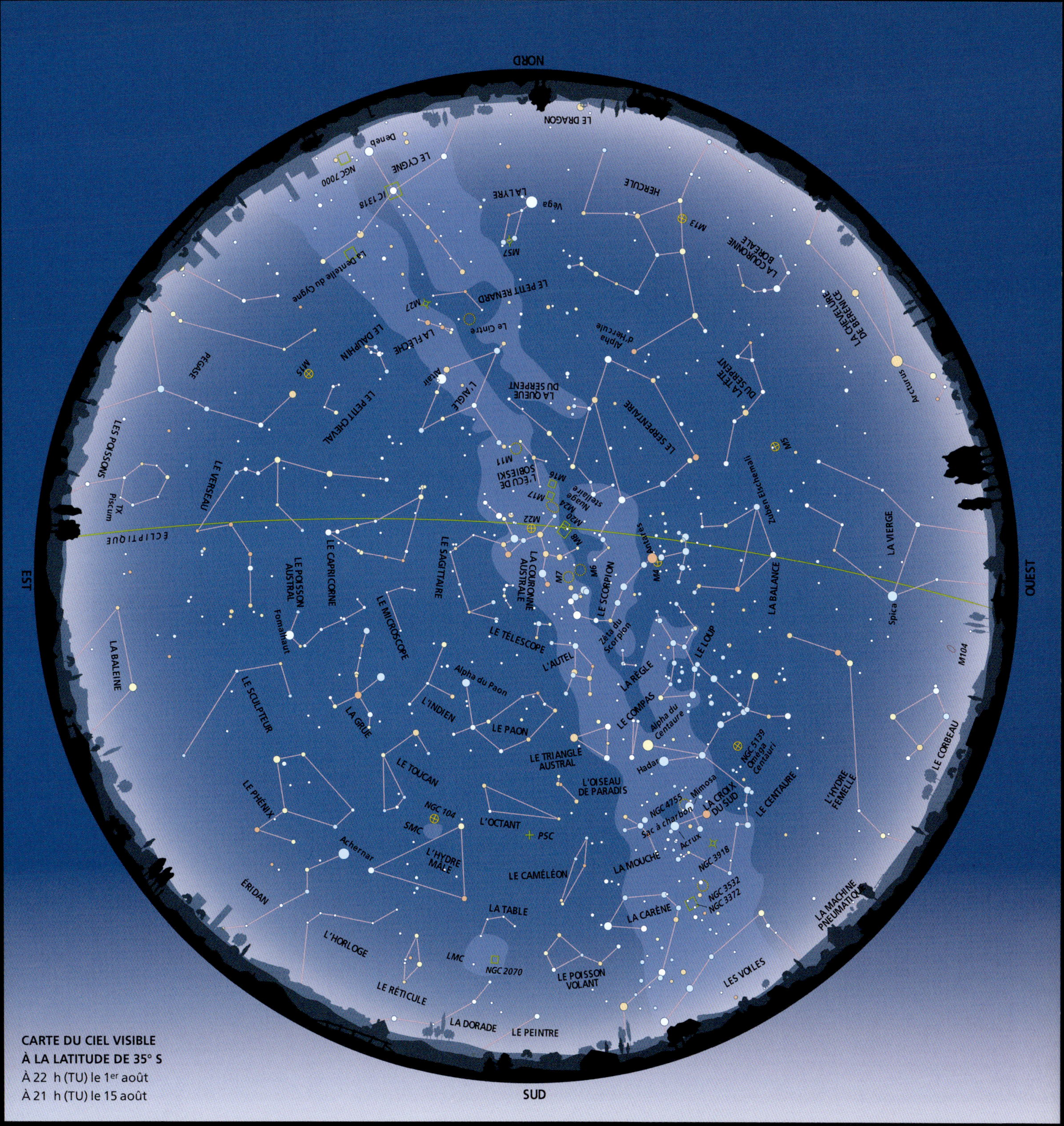

CARTE DU CIEL VISIBLE
À LA LATITUDE DE 35° S
À 22 h (TU) le 1er août
À 21 h (TU) le 15 août

Amas ouvert d'étoiles · Nébuleuse · Amas globulaire d'étoiles · Nébuleuse planétaire · Galaxie

Le ciel de septembre dans l'hémisphère Sud

L'Aigle est encore haut dans le ciel de septembre, alors que le Cygne rase l'horizon nord à la poursuite d'Hercule et de la Lyre. La Voie lactée tient la vedette, traversant le Cygne et l'Aigle pour culminer dans le Sagittaire et le Scorpion, puis redescendre vers l'horizon sud et les brillantes constellations du Centaure et de la Croix du Sud. Le Poisson austral et la Baleine passent au zénith. Alors que la Vierge et la Balance se couchent à l'ouest, Pégase se lève à l'est, annonçant l'arrivée du printemps dans l'hémisphère Sud.

NÉBULEUSE DE L'HÉLICE (NGC 7293)

Type d'objet Nébuleuse planétaire
Constellation Le Verseau
Description La nébuleuse de l'Hélice est la nébuleuse planétaire la plus proche de la Terre. Son diamètre angulaire est de 15 minutes, la moitié du diamètre de la pleine lune. Elle peut être visible aux jumelles sous la forme d'une petite tache ovale, située à la frontière du Verseau et du Poisson austral. Un télescope muni d'un oculaire à grand champ est nécessaire pour admirer sa structure. En 1996, le télescope spatial Hubble y a découvert des centaines de boules de gaz, fusant comme des comètes vers la naine blanche au centre de la nébuleuse. Le phénomène serait dû au télescopage de deux bulles de gaz éjectées par l'étoile, qui brassent et concentrent la matière en de véritables pelotes.
Magnitude apparente 6,5
Taille apparente 15 minutes d'arc, halo 28 minutes
Dimensions réelles 2 années-lumière, halo 3,7 années-lumière
Distance 450 années-lumière
Autres nébuleuses de septembre Nébuleuse de l'Aigle (M16) Nébuleuse Saturne (NGC 7009)

AMAS NGC 6752

Type d'objet Amas globulaire
Constellation Le Paon
Description Découvert en 1826 par l'astronome écossais James Dunlop, NGC 6752 est un amas globulaire géant, comparable en taille à Oméga du Centaure et 47 du Toucan, mais moins connu que ses deux illustres cousins. Il est situé dans la constellation du Paon, 2 degrés au-dessus de son étoile Lambda et un peu à l'est d'Oméga. Repérable à l'œil nu, la ruche d'étoiles est un beau spectacle dans le champ d'une paire de jumelles ou d'un petit télescope. Comme l'amas est situé dans une zone libre de poussières, la couleur rouge de ses étoiles les plus brillantes ressort bien dans l'oculaire d'un télescope plus puissant. À l'est de l'amas, un grand instrument permet aussi d'admirer le couple de galaxies spirales NGC 6769 et NGC 6770.
Magnitude apparente 5,4
Taille apparente 55 minutes d'arc
Dimensions réelles 210 années-lumière
Distance 13 000 années-lumière
Autres amas de septembre M4 M55

GALAXIE M74

Type d'objet Galaxie spirale
Constellation Les Poissons
Autre nom NGC 628
Description M74 est l'archétype de la galaxie spirale parfaite. Elle est vue de face, avec les bras déployés. Ce bel objet se trouve à proximité immédiate de l'étoile Êta des Poissons, à la frontière de la constellation du Bélier. Toutefois, sa luminosité est faible et il faut un télescope de grande ouverture et un ciel parfaitement sombre pour bien l'admirer. Un instrument de 100 mm suffit pour repérer son brillant noyau central, et un télescope de 200 mm révèle sa structure en spirale. Un instrument de 400 mm met en évidence les nombreuses étoiles à l'avant-plan qui se superposent à la galaxie et lui donnent son aspect moucheté, et révèle les nébuleuses au sein de la galaxie elle-même.
Magnitude apparente 9,2
Taille apparente 10 x 9 minutes d'arc
Dimensions réelles 105 000 années-lumière
Distance 35 millions d'années-lumière
Autres galaxies de septembre M77 NGC 253

ÉCHELLE DES MAGNITUDES

≤ 0
0,1 - 0,5
0,6 - 1,0
1,1 - 1,5
1,6 - 2,0
2,1 - 2,5
2,6 - 3,0
3,1 - 3,5
3,6 - 4,0
4,1 - 4,5
4,6 - 5,0

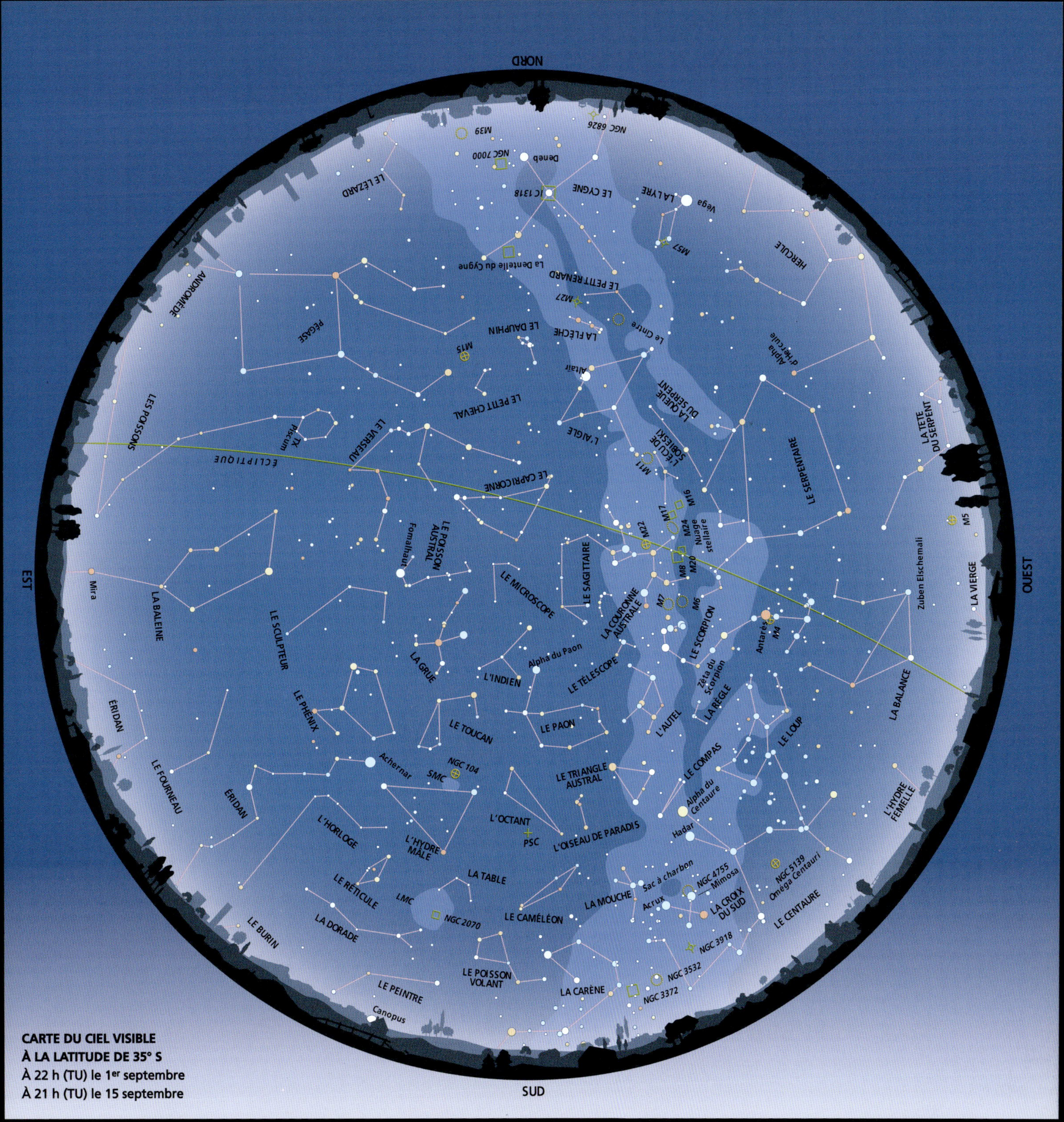

CARTE DU CIEL VISIBLE
À LA LATITUDE DE 35° S
À 22 h (TU) le 1er septembre
À 21 h (TU) le 15 septembre

Amas ouvert d'étoiles — Nébuleuse — Amas globulaire d'étoiles — Nébuleuse planétaire — Galaxie

Le ciel d'octobre dans l'hémisphère Sud

C'est le printemps dans l'hémisphère austral. La Croix du Sud plonge sous l'horizon vers minuit, suivie par la constellation du Centaure. La Voie lactée déroule son ruban du côté du couchant, alors qu'à l'est se lèvent le Bélier et le Taureau. Les Nuages de Magellan dominent l'horizon sud, d'où surgit la brillante Canopus, suivie de Sirius durant la seconde partie de la nuit. Non loin du zénith passent les constellations les moins lumineuses du zodiaque : le Capricorne, le Verseau et les Poissons.

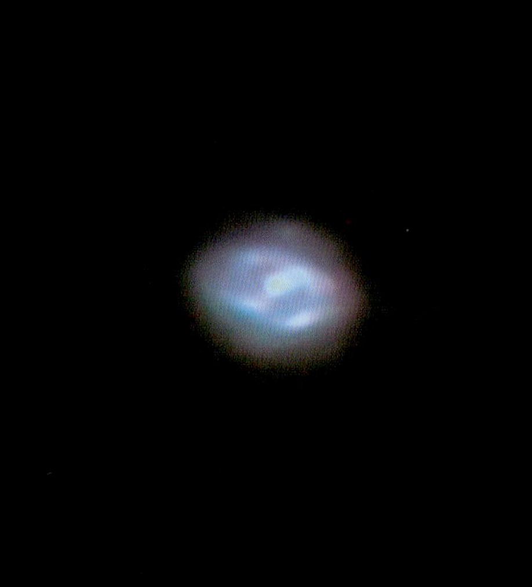

NÉBULEUSE SATURNE (NGC 7009)

Type d'objet Nébuleuse planétaire
Constellation Le Verseau
Description Cette petite nébuleuse planétaire doit son nom aux deux jets de gaz symétriques qui jaillissent de part et d'autre du disque central. Dès le XIXe siècle, l'astronome irlandais lord Rosse avait noté sa ressemblance avec la célèbre planète aux anneaux. La nébuleuse Saturne est située à l'extrémité occidentale de la constellation du Verseau, à proximité de son étoile Nu. Un instrument de 75 mm révèle une petite tache ovale, de teinte verdâtre ou bleuâtre, à l'instar de l'image ci-dessus. Un instrument de 300 mm est nécessaire pour distinguer sa structure annulaire et son étoile centrale : une naine bleue de magnitude 11,5. On distingue deux beaux amas d'étoiles à proximité de la nébuleuse : l'amas globulaire M72 et l'amas ouvert M73.
Magnitude apparente 8,4
Taille apparente 1,6 x 0,4 minute d'arc
Dimensions réelles 1,4 année-lumière
Distance 3 200 années-lumière
Autres nébuleuses d'octobre
Nébuleuse Trifide (M20)
Nébuleuse de l'Hélice (NGC 7293)

AMAS M55

Type d'objet Amas globulaire
Constellation Le Sagittaire
Autre nom NGC 6809
Description M55 est l'un des deux amas globulaires, de taille et de luminosité faibles, qui se trouvent en bordure de la Voie lactée dans la constellation du Sagittaire. Invisible à l'œil nu, M55 est situé à mi-chemin entre les étoiles Alpha du Sagittaire au sud, Oméga au nord, Tau à l'ouest et l'étoile double Thêta à l'est. L'amas globulaire montre aux jumelles une structure lâche et granulaire qui fait penser à un amas ouvert. Pourtant, des milliers d'étoiles sont contenues dans un volume large seulement d'une centaine d'années-lumière. Un télescope de 100 à 150 mm d'ouverture, utilisé avec un faible grossissement, révèle l'amas dans toute sa splendeur. De brillantes étoiles bleues l'entourent, qui sont beaucoup plus proches de la Terre.
Magnitude apparente 7
Taille apparente 17 minutes d'arc
Dimensions réelles 97 années-lumière
Distance 18 000 années-lumière
Autres amas d'octobre M30
NGC 6752

GALAXIE M77

Type d'objet Galaxie spirale
Constellation La Baleine
Autres noms NGC 1068, Cetus A
Description M77 est une large galaxie spirale qui fut à l'origine prise par erreur pour un amas, en raison des étoiles situées à l'avant-plan. Elle est située dans la constellation de la Baleine, à proximité immédiate de son étoile Delta. M77 est de faible magnitude et d'un diamètre apparent de seulement 6 minutes d'arc, mais il s'agit d'un objet intéressant. C'est une galaxie de Seyfert : une galaxie spirale au noyau brillant, qui est une puissante source d'ondes radio. Le cœur de la galaxie abrite vraisemblablement un trou noir supermassif. Un télescope de 100 mm est nécessaire pour localiser M77 et entrevoir son noyau, entouré d'un halo de lumière. Sa structure en spirale est difficile à appréhender avec un instrument d'amateur.
Magnitude apparente 8,9
Taille apparente 6 minutes d'arc
Dimensions réelles 105 000 années-lumière
Distance 60 millions d'années-lumière
Autres galaxies d'octobre M74
NGC 253

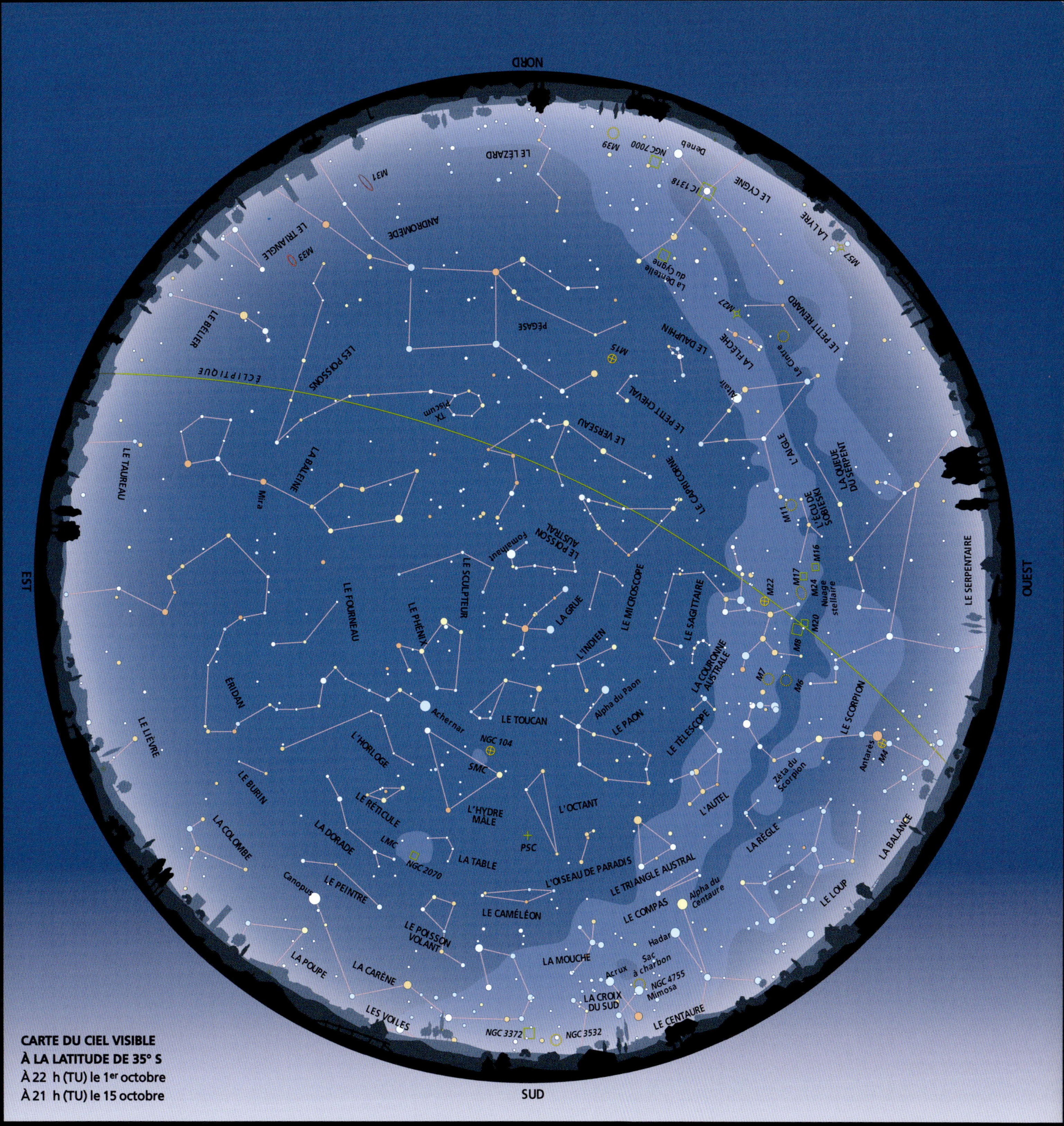

ÉCHELLE DES MAGNITUDES

≤ 0
0,1 - 0,5
0,6 - 1,0
1,1 - 1,5
1,6 - 2,0
2,1 - 2,5
2,6 - 3,0
3,1 - 3,5
3,6 - 4,0
4,1 - 4,5
4,6 - 5,0

Amas ouvert d'étoiles — Nébuleuse — Amas globulaire d'étoiles — Nébuleuse planétaire — Galaxie

Le ciel de novembre dans l'hémisphère Sud

C'est le printemps dans l'hémisphère austral. La Voie lactée est descendue bas dans le ciel en direction des horizons sud et ouest. De brillantes constellations se lèvent à l'est et grimpent haut dans le ciel à mesure que la nuit progresse : le Taureau, Orion, le Grand Chien et la Carène. Au zénith trônent des constellations aux noms peu familiers : la Grue et le Sculpteur, la Baleine et le Fourneau. Le ciel profond, en dehors du plan de la Voie lactée, offre au télescope de magnifiques galaxies lointaines.

NÉBULEUSE DE LA ROSETTE (NGC 2237)

Type d'objet Nébuleuse diffuse
Constellation La Licorne
Description La nébuleuse de la Rosette est un grand nuage de gaz et de poussières dont la masse vaut 10 000 fois celle du Soleil : c'est l'une des plus grosses nébuleuses connues. Parce qu'elle est également très proche, son diamètre apparent dépasse deux fois celui de la pleine lune. La Rosette est située dans la constellation de la Licorne, à proximité de son étoile Epsilon. Elle est si grande que ses différents fragments ont hérité de quatre matricules différents : NGC 2237, 2238, 2239 et 2246. Difficilement visible aux jumelles, elle est associée à un bel amas d'étoiles, NGC 2244, qui est, lui, facilement repérable. Un télescope de 200 mm d'ouverture, équipé d'un filtre, révèle les délicates draperies de la nébuleuse.
Magnitude apparente 5
Taille apparente 80 x 60 minutes d'arc
Dimensions réelles 130 années-lumière
Distance 5 500 années-lumière
Autres nébuleuses de novembre NGC 3132
Nébuleuse Saturne (NGC 7009)

AMAS M30

Type d'objet Amas globulaire
Constellation Le Capricorne
Autre nom NGC 7099
Description Découvert en 1764 par Charles Messier, M30 est un amas globulaire de taille moyenne, situé 2 degrés en dessous de l'étoile Zêta du Capricorne, à la frontière de la constellation du Poisson austral. L'amas est repérable aux jumelles, mais reste avec un petit instrument une indistincte « nébuleuse ronde », selon les propres termes de Messier. Un télescope de 100 mm d'ouverture est nécessaire pour résoudre ses étoiles les plus brillantes. Un instrument de 200 mm révèle les contours de la brillante région centrale. Celle-ci a connu un effondrement gravitationnel, rassemblant plusieurs milliers d'étoiles dans un volume large d'une année-lumière seulement, soit 7 secondes d'arc.
Magnitude apparente 7,5
Taille apparente 11 minutes d'arc
Dimensions réelles 83 années-lumière
Distance 26 000 années-lumière
Autres amas de novembre M41
NGC 3532

GALAXIE NGC 253

Type d'objet Galaxie spirale
Constellation Le Sculpteur
Autre nom La galaxie du Sculpteur
Description Découverte en 1783 par Caroline Herschel, NGC 253 est l'une des plus brillantes galaxies du ciel, bien qu'elle n'appartienne pas au Groupe local de galaxies dont fait partie la Voie lactée. Située à 10 millions d'années-lumière, elle appartient au groupe de galaxies du Sculpteur, dont elle est le plus grand membre. Située à la frontière des constellations du Sculpteur et de la Baleine, NGC 253 s'étend sur 25 minutes d'arc et se présente aux jumelles comme un fuseau lumineux. Nous voyons, en effet, la galaxie par la tranche. Un télescope à grande ouverture, muni d'un oculaire à large champ, permet de discerner les bandes de poussière qui lui donnent un aspect moiré.
Magnitude apparente 7,1
Taille apparente 25 x 7 minutes d'arc
Dimensions réelles 73 000 années-lumière
Distance 10 millions d'années-lumière
Autres galaxies de novembre M74
NGC 55

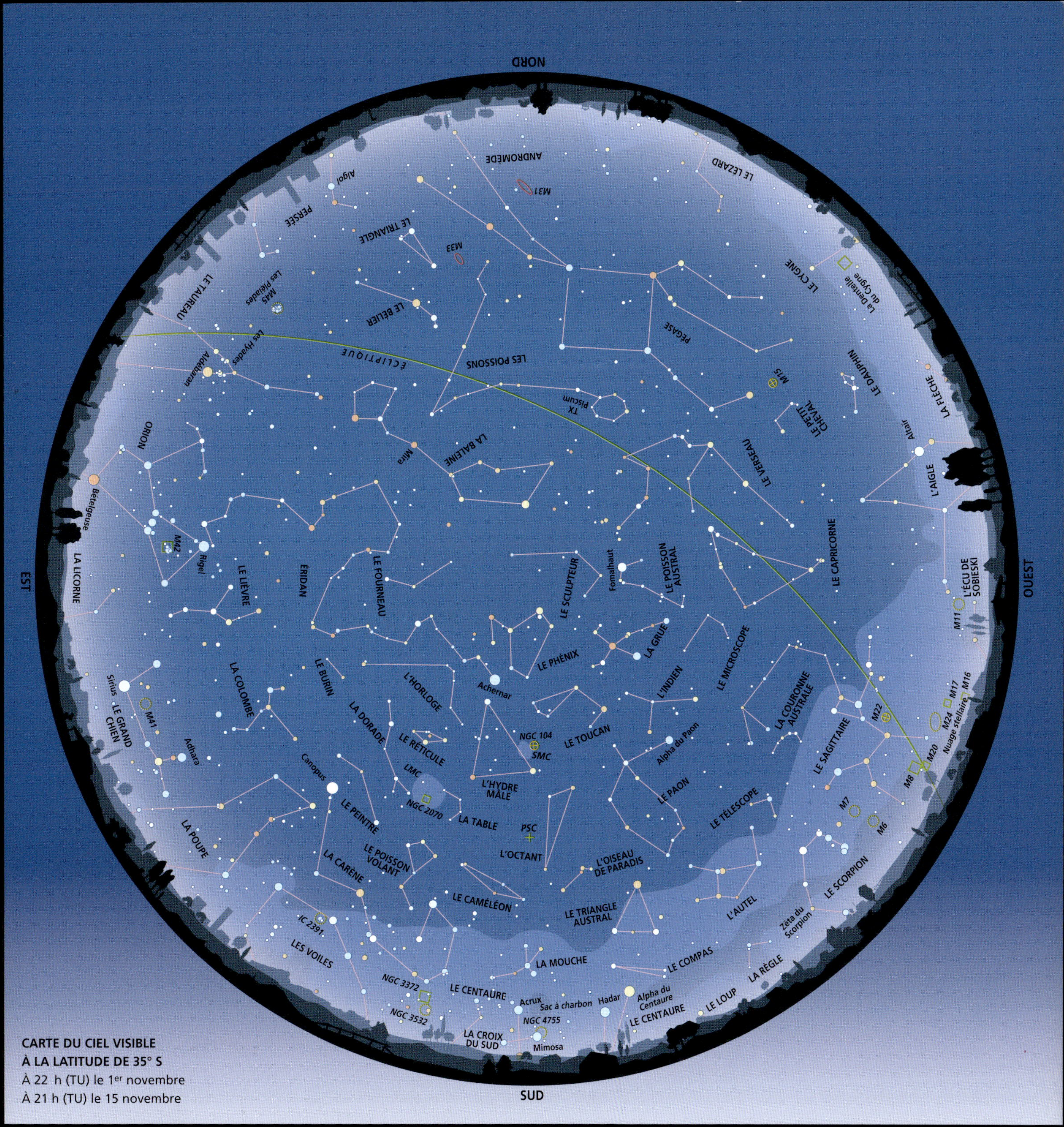

CARTE DU CIEL VISIBLE À LA LATITUDE DE 35° S
À 22 h (TU) le 1er novembre
À 21 h (TU) le 15 novembre

ÉCHELLE DES MAGNITUDES

≤0
0,1-0,5
0,6-1,0
1,1-1,5
1,6-2,0
2,1-2,5
2,6-3,0
3,1-3,5
3,6-4,0
4,1-4,5
4,6-5,0

Amas ouvert d'étoiles — Nébuleuse — Amas globulaire d'étoiles — Nébuleuse planétaire — Galaxie

Le ciel de décembre dans l'hémisphère Sud

L'été débute dans l'hémisphère Sud : le spectacle est désormais du côté du levant, avec la Voie lactée qui émerge de l'horizon. Au-dessus d'elle, Orion chasse de plus en plus haut dans le ciel, suivi par les Gémeaux. Le chasseur est flanqué côté nord par le Taureau avec Aldébaran et le Cocher avec Capella, et côté sud par Sirius et Canopus, les deux étoiles les plus brillantes du ciel. La Croix du Sud refait surface au-dessus de l'horizon austral, accompagnée du Centaure, alors que la Carène et les Nuages de Magellan restent haut dans le ciel.

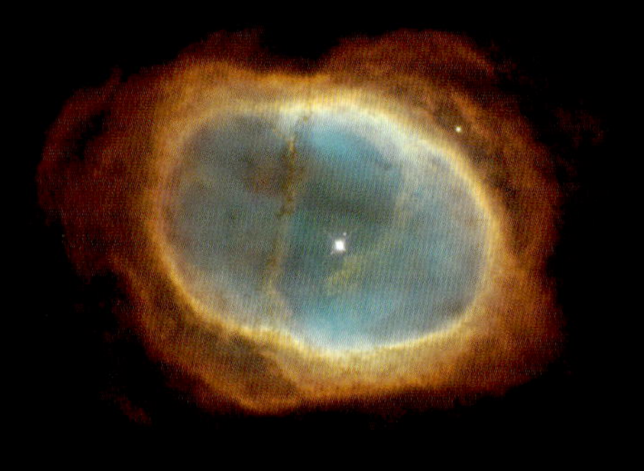

NÉBULEUSE NGC 3132

Type d'objet Nébuleuse planétaire
Constellation Les Voiles
Description NGC 3132 est l'une des nébuleuses planétaires les plus brillantes du ciel, à la frontière des constellations de la Machine pneumatique et des Voiles. Elle rivalise en beauté avec la nébuleuse de la Lyre dans le ciel boréal. Son étoile centrale, notamment, est plus brillante que celle de la Lyre. NGC 3132 est toutefois difficile à repérer, car elle n'est proche d'aucune étoile remarquable dans les Voiles. Un instrument de 100 mm la montre sous la forme d'une petite tache, et un télescope de plus grande ouverture est nécessaire pour distinguer l'anneau et l'étoile centrale. Le télescope spatial Hubble a pris de magnifiques images de l'objet en 1998 (*ci-dessus*) et mis en évidence d'étranges filaments qui traversent l'anneau.
Magnitude apparente 8
Taille apparente 48 secondes d'arc
Dimensions réelles 0,5 année-lumière
Distance 2 000 années-lumière
Autres nébuleuses de décembre La Rosette (NGC 2237) La Tarentule (NGC 2070)

AMAS M47

Type d'objet Amas ouvert
Constellation La Poupe
Autre nom NGC 2422
Description M47 est un bel amas ouvert qui contient une cinquantaine d'étoiles dans un espace grand de 14 années-lumière. Sa dimension angulaire est de 0,5 degré, le diamètre apparent de la pleine lune. On peut repérer M47 à l'œil nu dans la constellation de la Poupe, à la frontière de la Licorne et du Grand Chien. Une paire de jumelles ou un petit télescope met en valeur les jeunes étoiles bleues de l'amas, qui rappellent les Pléiades. Avec un grand champ, on embrasse à la fois le spectacle de M47 et de l'amas M46 qui le jouxte, mais qui est beaucoup plus éloigné. Un fort grossissement révèle une petite nébuleuse planétaire, NGC 2438, à l'avant-plan de M46, qui ne fait pas partie de l'amas.
Magnitude apparente 5
Taille apparente 30 minutes d'arc
Dimensions réelles 14 années-lumière
Distance 1 600 années-lumière
Autres amas de décembre M30 M41

GALAXIE NGC 55

Type d'objet Galaxie irrégulière ou spirale barrée
Constellation Le Sculpteur
Description Découverte par James Dunlop en 1826, NGC 55 est située au sud de la constellation du Sculpteur, à la frontière du Phénix, et a une forme allongée. Il pourrait s'agir d'une spirale barrée vue par la tranche ou bien d'une galaxie irrégulière semblable au Grand Nuage de Magellan. Tout comme la galaxie NGC 253, en bordure nord de la constellation, NGC 55 appartient à l'amas du Sculpteur, un ensemble de galaxies proche de notre Groupe local. Avec un diamètre apparent égal à celui de la pleine lune, l'objet est de faible luminosité et n'est discernable que dans un instrument d'au moins 200 mm d'ouverture. Une extrémité de la galaxie paraît plus lumineuse que l'autre, du fait que son noyau est excentré.
Magnitude apparente 8,8
Taille apparente 30 x 6 minutes d'arc
Dimensions réelles 53 00 années-lumière
Distance 6 millions d'années-lumière
Autres galaxies de décembre NGC 253 Nuages de Magellan

CARTE DU CIEL VISIBLE À LA LATITUDE DE 35° S
À 22 h (TU) le 1er décembre
À 21 h (TU) le 15 décembre

L'Univers

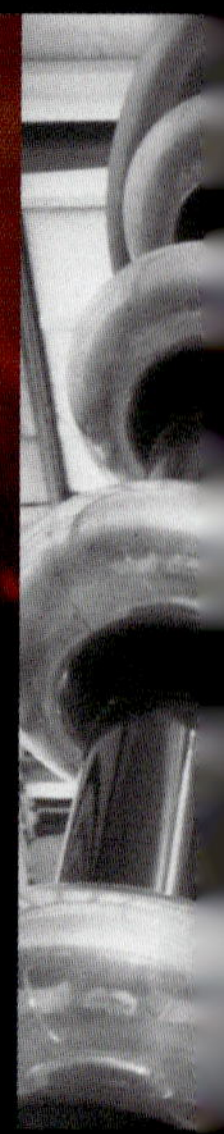

Page précédente Contempler l'Univers profond revient à effectuer un formidable voyage dans le temps.

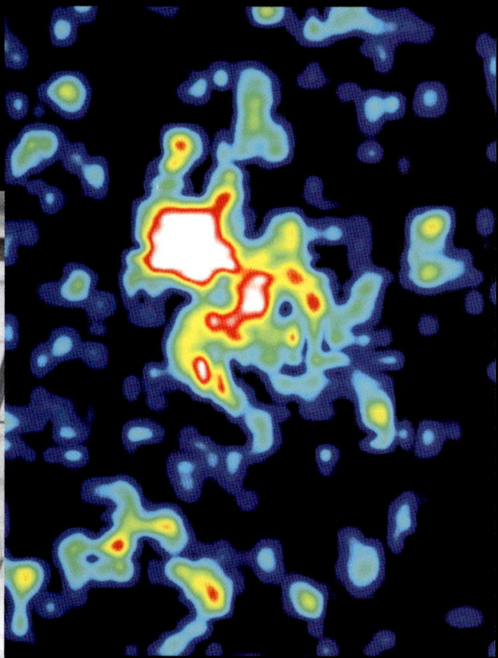

L'Univers

L'astronomie traverse une période exceptionnelle. La compréhension de l'Univers progresse d'année en année. Les coups de théâtre se succèdent. Dernière révolution en date : au lieu de ralentir, l'expansion de l'Univers semble désormais s'accélérer, propulsée par une mystérieuse énergie sombre qui surgit du vide. Chaque révélation s'accompagne de nouvelles questions.

La naissance de l'Univers

Il y a 14 milliards d'années, l'Univers était plus petit qu'une particule atomique. Ce qui allait devenir l'espace et le temps, la matière et l'énergie était contenu dans ce point infiniment dense et chaud. Ce point connut une gigantesque expansion en un temps extrêmement bref : le big bang. En moins de 10 milliardièmes de milliardième de milliardième de milliardième de seconde (10–35 s), ce point microscopique a enflé pour prendre la taille d'un pamplemousse (on a appelé ce phénomène l'inflation). Sur sa lancée, l'Univers a poursuivi son expansion. À mesure que le volume croissait, la température des particules baissait. Au bout de trois minutes, elle passait sous la barre des 10 milliards de kelvins, permettant aux particules de se combiner pour former des noyaux d'hydrogène et d'hélium. Il fallut encore 300 000 ans d'expansion et de baisse de température avant que les particules restantes, les électrons, se mettent en orbite autour des noyaux et en fassent des atomes neutres.

L'Univers naissant était essentiellement composé d'hydrogène et d'hélium. Ce milieu était loin d'être uniforme : ici et là, des poches de gaz de densité supérieure à la moyenne se sont contractées sous le coup de leur propre gravité. Ainsi sont nées, au bout d'un milliard d'années, les premières galaxies. En leur sein s'allumaient les premières étoiles. Véritables réacteurs nucléaires, celles-ci ont fusionné leurs atomes et bâti des éléments de plus en plus lourds, comme le carbone et l'oxygène. Les étoiles les plus massives, qui éclataient en supernovae, ont disséminé d'autres types d'atomes dans l'Univers. Notre galaxie, la Voie lactée, s'est formée quelques milliards d'années après le big bang, et le système solaire a surgi plus tard, il y a 4,9 milliards d'années. C'est à cette époque que l'Univers a commencé une nouvelle phase d'accélération que rien ne semble pouvoir arrêter.

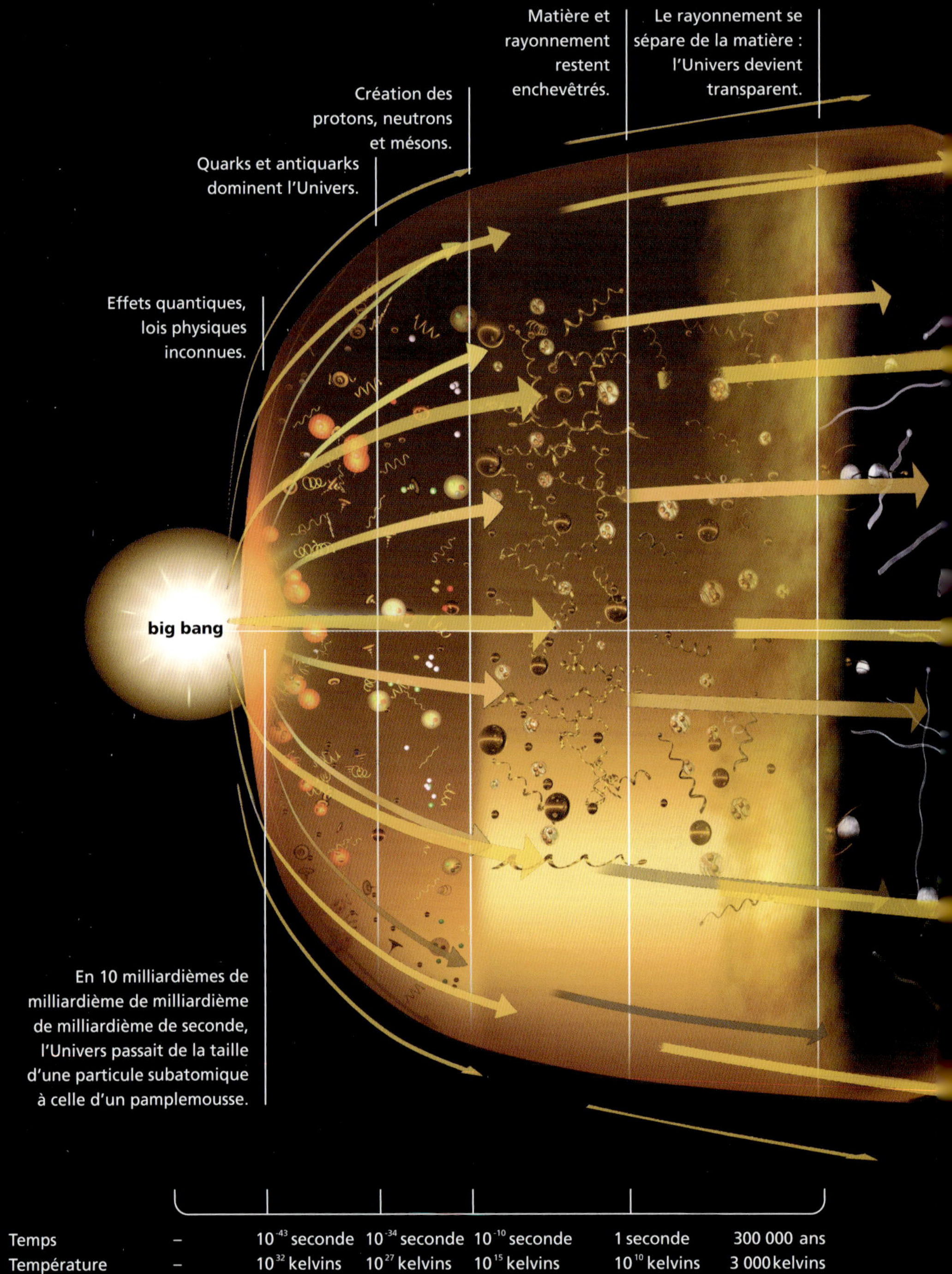

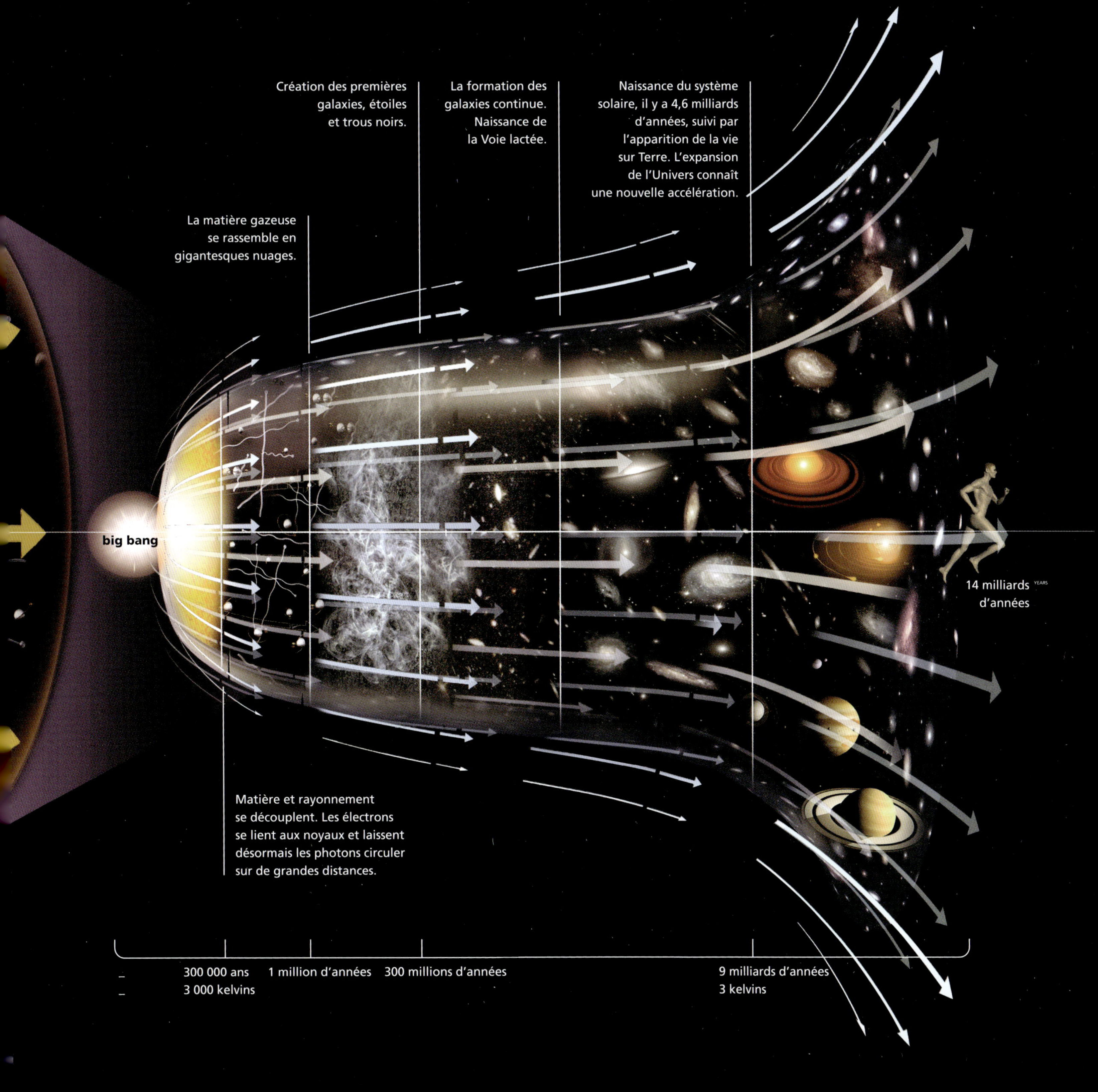
Création des premières galaxies, étoiles et trous noirs.
La formation des galaxies continue. Naissance de la Voie lactée.
Naissance du système solaire, il y a 4,6 milliards d'années, suivi par l'apparition de la vie sur Terre. L'expansion de l'Univers connaît une nouvelle accélération.
La matière gazeuse se rassemble en gigantesques nuages.
big bang
14 milliards d'années
Matière et rayonnement se découplent. Les électrons se lient aux noyaux et laissent désormais les photons circuler sur de grandes distances.
300 000 ans
3 000 kelvins
1 million d'années
300 millions d'années
9 milliards d'années
3 kelvins

Les preuves du big bang

Le big bang est l'une des théories les plus audacieuses, mais aussi les plus convaincantes de la cosmologie. Depuis sa naissance entre les deux guerres mondiales, l'hypothèse a réussi tous les examens auxquels elle a été soumise. La première confirmation importante de la théorie est venue de la découverte d'un rayonnement qui emplit tout le ciel, le rayonnement fossile qui avait été prédit par la théorie du big bang. Sa découverte fut fortuite. En 1965, deux ingénieurs en télécommunications, Arno Penzias et Robert Wilson, mettaient au point une grande antenne radio lorsqu'ils captèrent un signal radio parasite, venant de toutes les directions du ciel. C'était la trace du rayonnement émis par l'Univers, lorsque celui-ci était âgé de seulement 300 000 ans et commençait à diffuser son énergie. Avec l'avènement des satellites astronomiques comme COBE, ce rayonnement fossile a été étudié en détail.

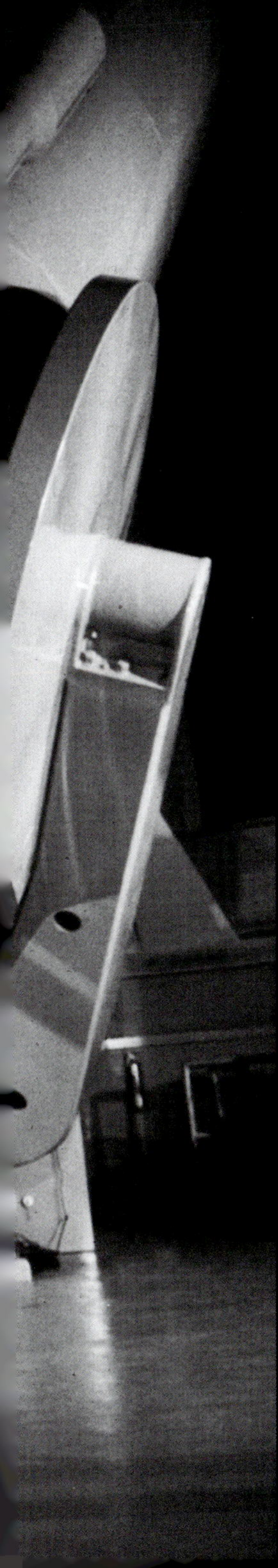

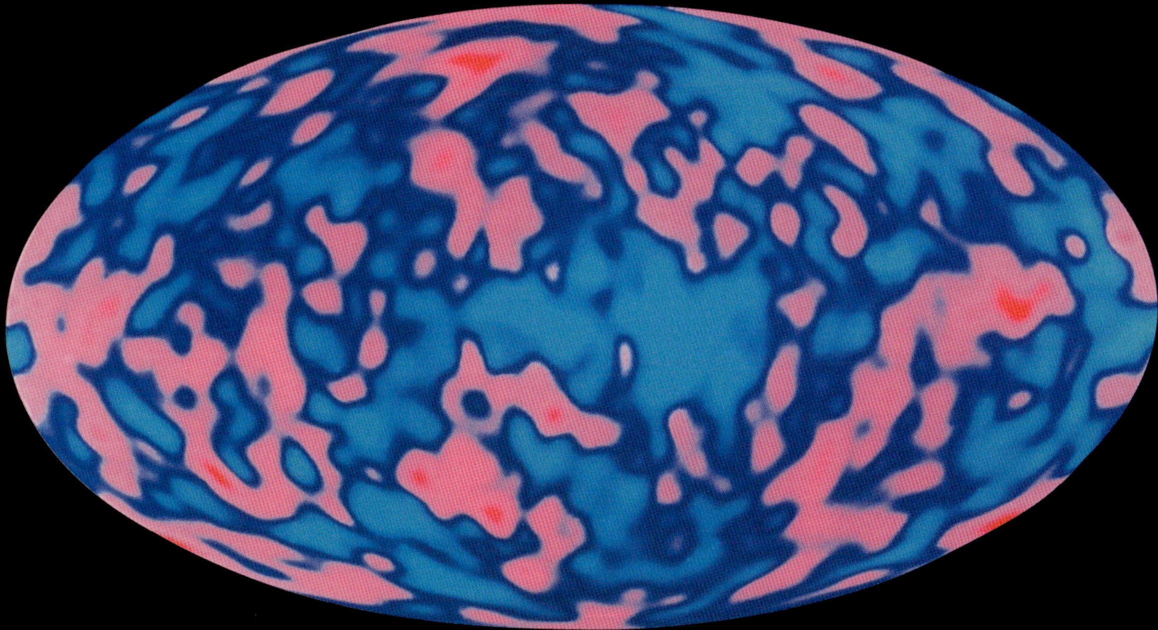

RADIOGRAPHIE DE L'UNIVERS
En 1989, la NASA a lancé le satellite COBE pour étudier le rayonnement fossile laissé par le big bang, et notamment pour en cartographier les infimes variations de température à travers l'espace. Comme le voulait la théorie, le rayonnement fossile afficha un spectre électromagnétique quasi parfait. Le satellite ne détecta aussi que de minuscules variations de température à travers le cosmos, représentées en bleu et en rose dans la carte du ciel ci-dessus. La théorie du big bang avait effectivement prévu que les variations de densité et de température dans l'Univers naissant seraient gommées et aplanies par sa rapide expansion.

← **Edwin Hubble,** ici à l'oculaire du grand télescope du mont Wilson, démontra en 1929 que l'Univers était en expansion. La théorie du big bang connaissait sa première confirmation.

↞ **L'astronome anglais Fred Hoyle** trouvait absurde l'hypothèse d'une explosion primordiale de l'Univers, qu'il appela ironiquement le « big bang ». L'expression est restée.

→ **En 1965, les ingénieurs Arno Penzias et Robert Wilson** découvrirent le rayonnement fossile du cosmos, au moyen de l'antenne radio des laboratoires Bell.

Notre place dans l'Univers

L'un des principaux mystères que les astronomes tentent de percer est la place de l'homme dans l'Univers. Jusqu'à l'invention de la lunette, ils ne connaissaient que le Soleil, la Lune, quelques planètes et un arrière-fond d'étoiles. Ils ont d'abord découvert que la Terre n'est qu'une planète parmi d'autres, qui tourne autour du Soleil, puis que les étoiles sont elles-mêmes des soleils, avec leurs propres planètes. Ensemble, elles forment une galaxie, la Voie lactée, où le système solaire n'occupe même pas une position centrale. Enfin, les astronomes ont découvert que la Voie lactée n'est pas unique et qu'il existe des milliards de galaxies. Loin d'être au centre de l'Univers, l'homme a pris peu à peu conscience qu'il n'y occupait qu'une place très modeste.

↓ **Une lunette d'amateur** ne donne pas seulement accès aux planètes. Elle permet aussi de sonder les profondeurs du cosmos et d'observer des galaxies situées à des millions d'années-lumière de la Terre.

LE SYSTÈME SOLAIRE

LA VOIE LACTÉE

LE GROUPE LOCAL

LE SYSTÈME SOLAIRE

Le système solaire auquel appartient la Terre est la famille de planètes, d'astéroïdes et de comètes qui tournent autour du Soleil. D'autres étoiles possèdent également un cortège de planètes. Dans notre système, la Terre est la plus grosse des planètes rocheuses, dites telluriques, mais elle est minuscule par rapport à la planète gazeuse Jupiter, 1 300 fois plus volumineuse. La Terre circule à 150 millions de kilomètres du Soleil, distance qui paraît astronomique, mais qui est bien modeste par rapport à celle de Pluton qui s'éloigne jusqu'à 7,5 milliards de kilomètres du Soleil, soit 50 fois plus loin que la Terre.

LA VOIE LACTÉE

Le système solaire est situé dans une galaxie spirale appelée Voie lactée, aux deux tiers du chemin qui sépare le centre de la périphérie. Cet immense disque d'étoiles en mouvement mesure près de 100 000 années-lumière de diamètre, ce qui équivaut à près de 1 000 millions de milliards de kilomètres. Le long de son diamètre, on pourrait aligner bord à bord 130 millions de systèmes solaires. La Voie lactée n'est qu'une galaxie parmi d'autres : comme les autres spirales, elle est aplatie, mais comprend un bulbe central où le nombre d'étoiles est plus élevé que la moyenne.

LE GROUPE LOCAL ET AU-DELÀ

La Voie lactée n'est pas une galaxie isolée : elle appartient à un ensemble d'une trentaine de galaxies, appelé Groupe local. La Voie lactée et la Grande Galaxie d'Andromède en sont les membres les plus massifs. Les autres sont des galaxies naines pour la plupart, elliptiques ou sphéroïdales. Au-delà du Groupe local, il existe des dizaines de millions d'autres amas de galaxies, dont certains sont des milliers de fois plus gros que le nôtre. À l'échelle supérieure, les amas sont rassemblés en superamas. Notre Groupe local appartient au superamas de la Vierge, également appelé Superamas local.

La vie dans l'Univers

Depuis toujours, l'homme se demande s'il est seul dans l'Univers. Nous ne connaissons toujours pas la réponse à cette question. Nos radiotélescopes balayent le ciel à l'écoute des étoiles, dans l'espoir d'intercepter un message extraterrestre, mais sans succès jusqu'à ce jour. Quant à la recherche de la vie sur les planètes proches de notre système solaire, elle est également infructueuse. Toutefois, les lois des probabilités permettent d'être optimiste. Au-delà du Soleil, la Voie lactée contient 200 milliards d'étoiles. Elle n'est elle-même qu'une galaxie parmi 100 milliards d'autres galaxies. Or on sait que nombre d'étoiles sont entourées d'un cortège de planètes. Depuis 1995, des systèmes planétaires autour d'une centaine d'étoiles proches ont été détectés, et la liste s'allonge chaque année. L'Univers devrait donc contenir au bas mot des milliards de milliards de planètes, et il serait étonnant que, parmi elles, seule la Terre abrite la vie. Même si l'on estime que l'apparition de la vie est fortement improbable, le miracle de la vie s'est peut-être répété ailleurs dans l'Univers.

L'INSTITUT SETI

Établi en 1984 dans la Silicon Valley en Californie, l'Institut SETI est un centre d'études qui se spécialise dans la recherche de la vie dans l'Univers et d'éventuelles formes d'intelligence extraterrestres. En 1995, SETI a mis sur pied le projet Phénix. Celui-ci consiste à utiliser de grands radiotélescopes pour écouter les étoiles proches à la recherche de possibles signaux intelligents. Les instruments d'analyse peuvent écouter simultanément 28 millions de fréquences. Jusqu'à présent, aucun signal artificiel n'a été découvert. Le projet Phénix est financé par des dons privés et du mécénat d'entreprise.

← **Frank Drake et Jill Tarter de l'Institut SETI** se tiennent sous l'antenne géante du radiotélescope d'Arecibo à Porto-Rico, avec lequel ils scrutent le ciel à la recherche d'un premier signal extraterrestre. Drake a initié la recherche en 1960.

↓ **Europe, l'une des quatre grosses lunes de Jupiter,** est l'un des rares objets du système solaire à réunir des conditions propices à la vie. Sous sa croûte de glace, parcourue de profonds sillons, on soupçonne en effet l'existence d'un océan d'eau liquide.

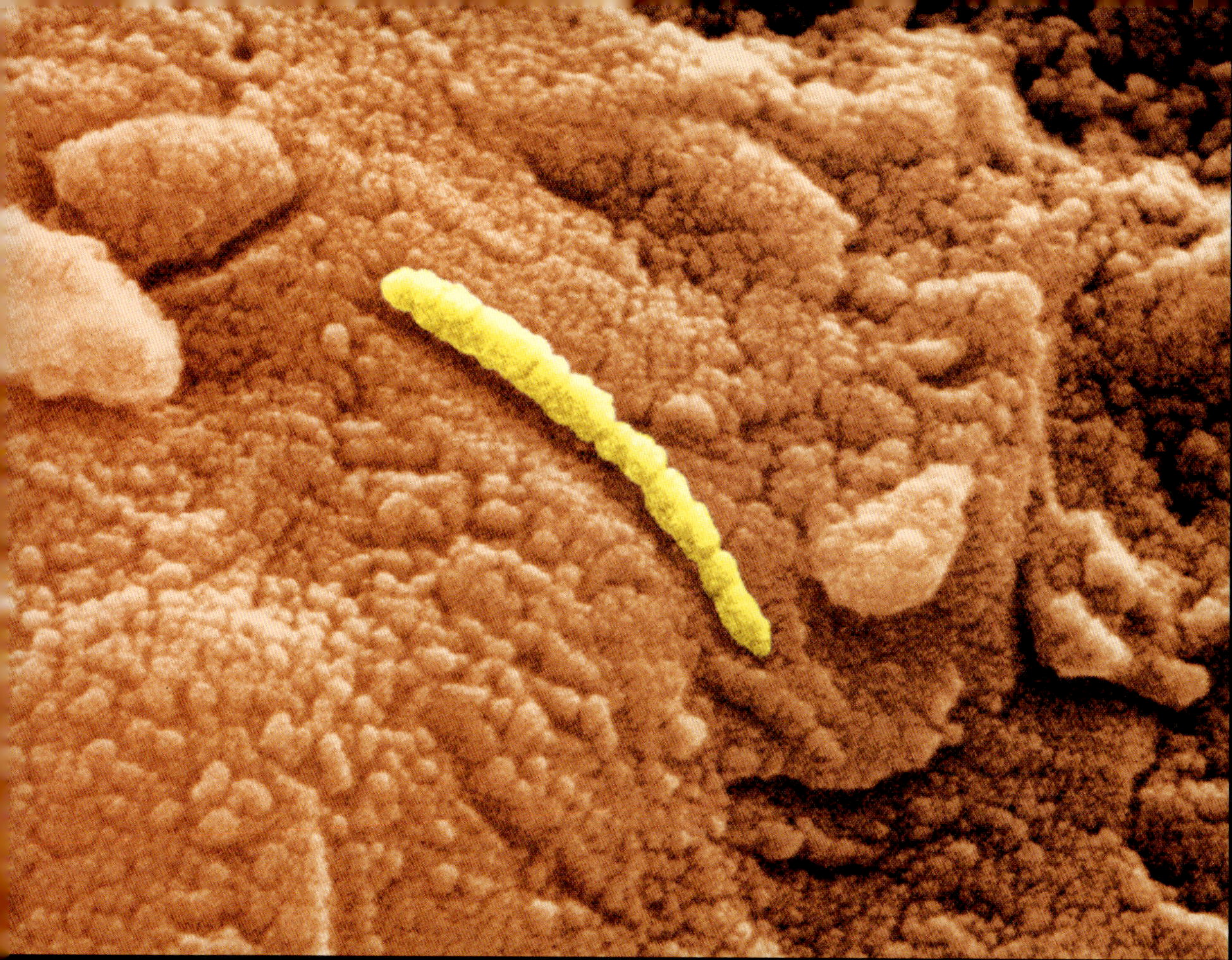

← **En 1996, une équipe de chercheurs** a présenté les premiers indices d'une vie extraterrestre, à grands renforts médiatiques. Ils ont dévoilé des images de sphérules et de bâtonnets microscopiques logés dans une météorite provenant de Mars, tombée en Antarctique. La plupart des spécialistes sont toutefois très sceptiques. Il pourrait s'agir de formes de vie terrestre infiltrées dans la météorite durant les milliers d'années où elle a séjourné en Antarctique, avant qu'elle ne soit ramassée. Les soi-disant fossiles pourraient également être de simples particules minérales effritées par l'érosion.

LA VIE DANS LE SYSTÈME SOLAIRE

La vie est apparue sur Terre dès que la planète naissante s'est suffisamment refroidie pour abriter un océan d'eau liquide. Les premiers indices d'une activité biologique sont, en effet, datés de 4 milliards d'années, et les premiers fossiles de bactéries de 3,5 milliards d'années. Une genèse si rapide est étonnante. Astronomes et biologistes avancent l'hypothèse que le nuage de gaz et de poussières dont est né le système solaire contenait déjà des molécules complexes à base de carbone, qui se sont prêtées à de riches combinaisons dans l'eau liquide de la Terre et ont mené aux premiers organismes vivants. Dans cette logique, toute planète contenant de l'eau liquide aurait pu connaître une aventure similaire. Hormis la Terre, seule la planète Mars et une lune de Jupiter, Europe, réunissent ces conditions. Elles sont l'objet d'une attention particulière de la part des chercheurs.

→ **Les histoires d'OVNI** et autres enlèvements par des soucoupes volantes abondent dans la culture populaire en Occident. De nombreuses personnes pensent très sincèrement avoir été en contact avec des extraterrestres. Mais au-delà de ces témoignages abondants, il manque assurément la moindre preuve concrète qui puisse étayer leurs dires et intéresser les chercheurs.

Les sursauts gamma

Dans le domaine des hautes énergies, les supernovae et les quasars partagent la vedette avec un autre phénomène violent de l'Univers : les sursauts gamma. Découverts par les satellites à partir de 1967, ce sont de brèves, mais intenses émissions de rayons gamma, qui durent entre quelques secondes et quelques minutes. On les recense dans toutes les directions du ciel et à de très grandes distances : ils proviennent donc de galaxies éloignées. Plusieurs décennies après leur découverte, les astronomes proposent plusieurs explications. L'une des hypothèses les plus couramment admises est qu'il s'agit d'explosions stellaires encore plus puissantes que les supernovæ, qu'ils ont baptisées hypernovae. Dans ce scénario, une étoile mesurant 20 à 30 fois la masse du Soleil s'effondre sur elle-même en fin de vie et se transforme en trou noir. Une autre hypothèse veut que les sursauts gamma résultent de la collision de deux astres denses, de type étoile à neutrons, aboutissant également à la formation d'un trou noir. Les rayons gamma proviennent des ondes de choc qui se télescopent en quittant l'astre en crise et qui donnent lieu à une émission électromagnétique de très haute énergie.

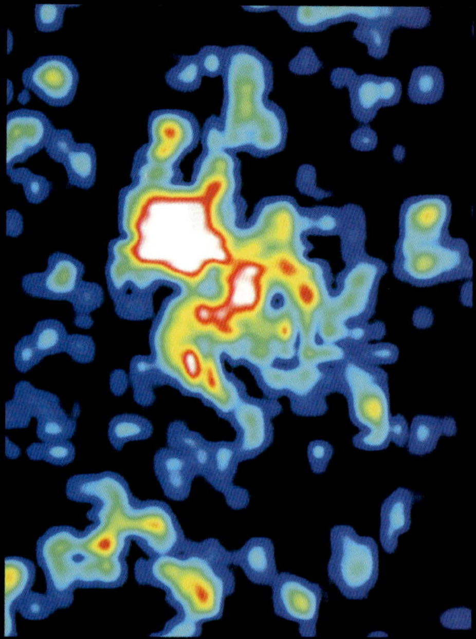

↑ **Hubble a recueilli cette image d'une supernova** (tache blanche), associée à un sursaut gamma en 1997.

→ **Cette vue d'artiste montre la naissance d'un trou noir** et son faisceau de particules. Les sursauts gamma relâchent en quelques secondes autant d'énergie que 1 milliard de milliards de soleils.

MÉCANISME D'UN SURSAUT GAMMA

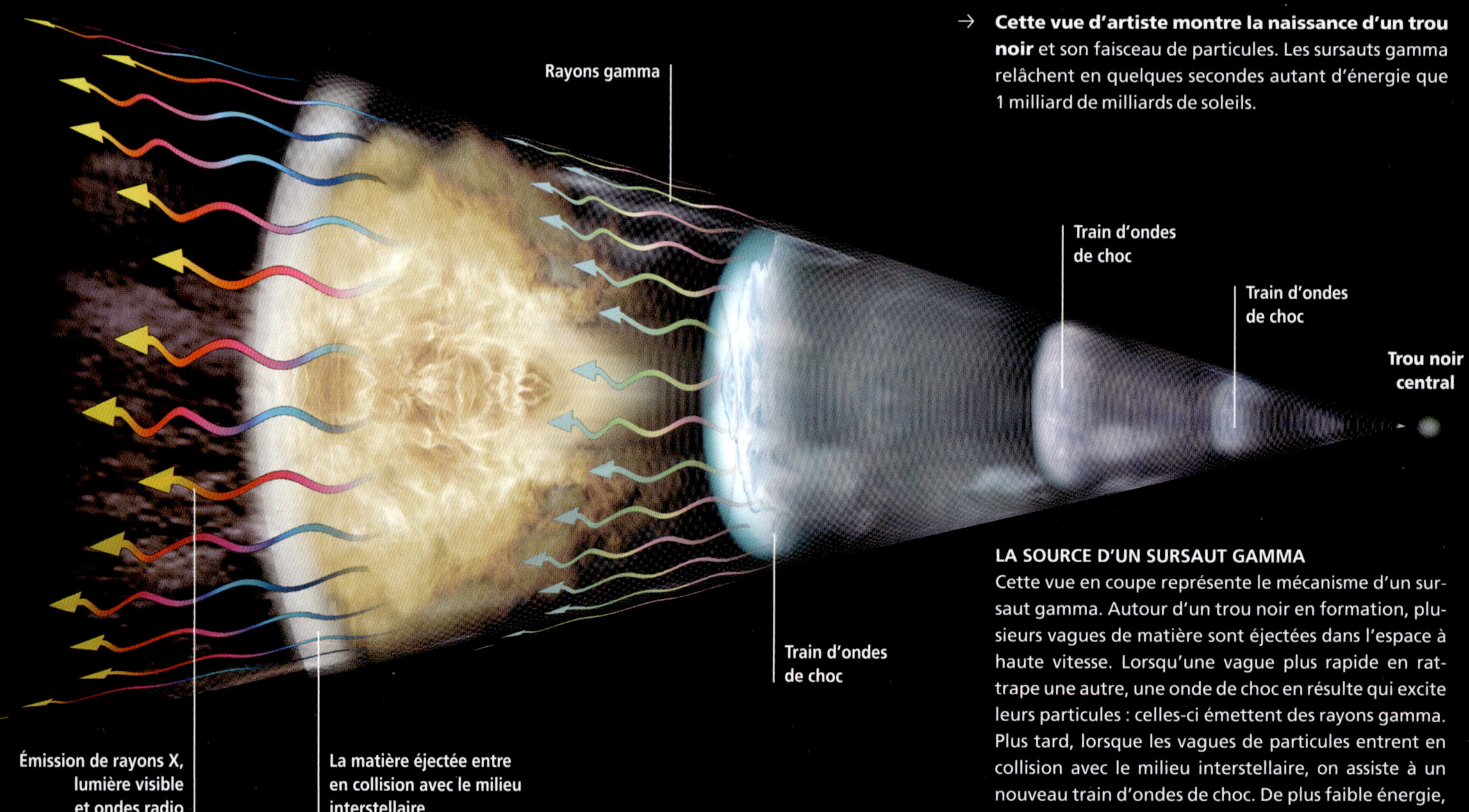

LA SOURCE D'UN SURSAUT GAMMA

Cette vue en coupe représente le mécanisme d'un sursaut gamma. Autour d'un trou noir en formation, plusieurs vagues de matière sont éjectées dans l'espace à haute vitesse. Lorsqu'une vague plus rapide en rattrape une autre, une onde de choc en résulte qui excite leurs particules : celles-ci émettent des rayons gamma. Plus tard, lorsque les vagues de particules entrent en collision avec le milieu interstellaire, on assiste à un nouveau train d'ondes de choc. De plus faible énergie, celles-ci donnent lieu à une seconde bouffée de rayonnements, cette fois-ci dans les domaines des rayons X, de lumière visible et des ondes radio.

Les trous de vers

Il existe un phénomène plus bizarre encore que le trou noir : c'est le trou de ver. Il s'agit d'un tunnel dans l'espace-temps, qui démarre au centre d'un trou noir et émerge autre part dans l'Univers. Si un vaisseau spatial parvenait à l'emprunter, il ressortirait dans un endroit différent du cosmos, peut-être même dans un autre univers et à une époque différente, aussi bien dans le passé que dans l'avenir.

Les trous de vers semblent sortis tout droit de la science-fiction, mais ils existent en tant que solution mathématique aux équations de la relativité générale. D'après les chercheurs, leur diamètre est toutefois minimal, de l'ordre de 10^{-35} m et ils sont éphémères : leur durée de vie n'excéderait pas 10^{-43} seconde. Pour un vaisseau spatial qui désirerait emprunter un trou de ver, il s'agirait de viser juste !

VOYAGER DANS L'ESPACE

Si vous entrez dans un trou de ver à Paris, vous pouvez émerger n'importe où dans l'espace, à Sydney en Australie par exemple, ou bien dans une autre galaxie. Vous aurez ainsi effectué un voyage dans l'espace-temps. Dans notre univers, l'espace et le temps sont liés, et leur géométrie peut être complexe. Imaginez cet univers comme une feuille de papier pliée en accordéon. Percez l'ensemble avec un crayon : celui-ci raccorde des régions différentes de cet univers plissé. Une fourmi peut marcher le long du crayon d'un pli à l'autre en moins de temps qu'en cheminant à la surface du papier. Le trou de ver joue ce rôle de pont à travers l'espace-temps.

← **Le trou de ver est, en fait, une solution mathématique** aux équations de champ de la relativité générale. Elle a été trouvée conjointement par Albert Einstein *(photo de gauche)* et Nathan Rosenberg. On l'appelle ainsi « tunnel d'Einstein-Rosenberg ». Le trou de ver dérive de forces gravitationnelles extrêmes que seul un trou noir peut engendrer en son cœur hyperdense, qui aurait la forme d'un anneau.

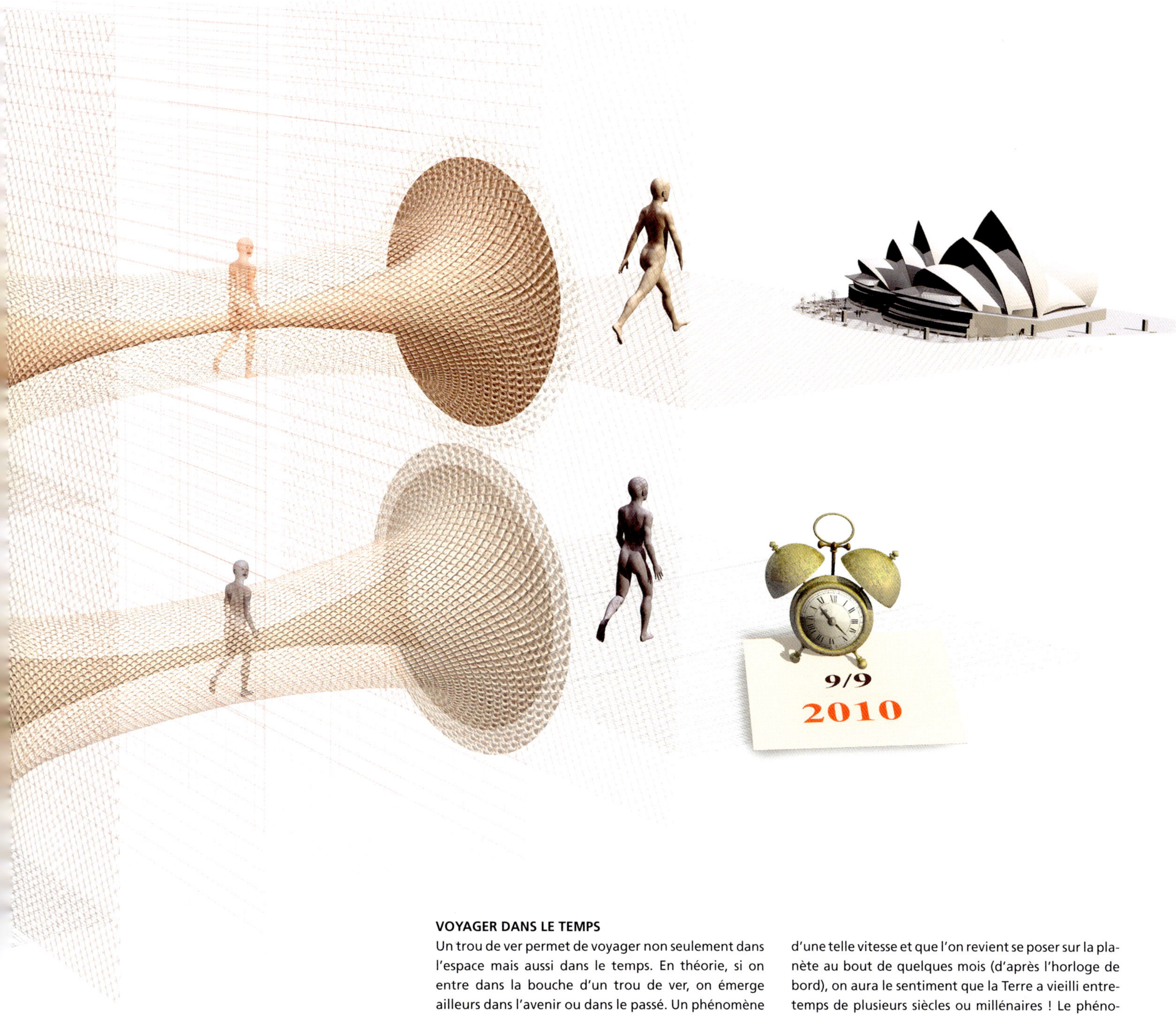

VOYAGER DANS LE TEMPS

Un trou de ver permet de voyager non seulement dans l'espace mais aussi dans le temps. En théorie, si on entre dans la bouche d'un trou de ver, on émerge ailleurs dans l'avenir ou dans le passé. Un phénomène similaire de voyage dans l'avenir a été prédit par la théorie de la relativité restreinte : en voyageant à une vitesse proche de celle de la lumière, le temps ralentit. Si l'on quitte la Terre dans un vaisseau spatial animé d'une telle vitesse et que l'on revient se poser sur la planète au bout de quelques mois (d'après l'horloge de bord), on aura le sentiment que la Terre a vieilli entre-temps de plusieurs siècles ou millénaires ! Le phénomène du trou de ver est encore plus extraordinaire : en empruntant le tunnel dans un sens, on voyage dans l'avenir, mais en le prenant dans l'autre sens, on remonte le temps pour voyager dans le passé.

La matière sombre

Les astronomes se sont heurtés à un mystère au cours des années 1970. Apparemment, ils ne décelaient que 10 % de la masse contenue dans le cosmos. Étoiles et galaxies se comportaient comme si elles renfermaient dix fois plus de matière que celle visible au télescope. Quelque chose échappait aux chercheurs, qu'ils ont fini par appeler la « masse manquante ».

Comment en sont-ils arrivés à cette conclusion ? C'est une question de gravité. On sait depuis Kepler que la masse d'un objet céleste peut être déduite de la vitesse à laquelle un autre objet tourne autour de lui. C'est ainsi que l'on connaît la masse du Soleil d'après la vitesse de révolution des planètes. Or, lorsque les astronomes mesurent la vitesse de déplacement des étoiles dans une galaxie, que ce soit la nôtre ou une galaxie distante, cette vitesse est bien supérieure à celle que devrait imposer la masse de tous les objets visibles – étoiles et nuages de gaz et de poussière – au sein de cette galaxie. On calcule ainsi que les galaxies sont dix fois plus massives que ne le suggère leur contenu visible. Les astronomes sont donc à la recherche de cette mystérieuse masse manquante qu'ils ne réussissent pas à voir, et les spéculations vont bon train.

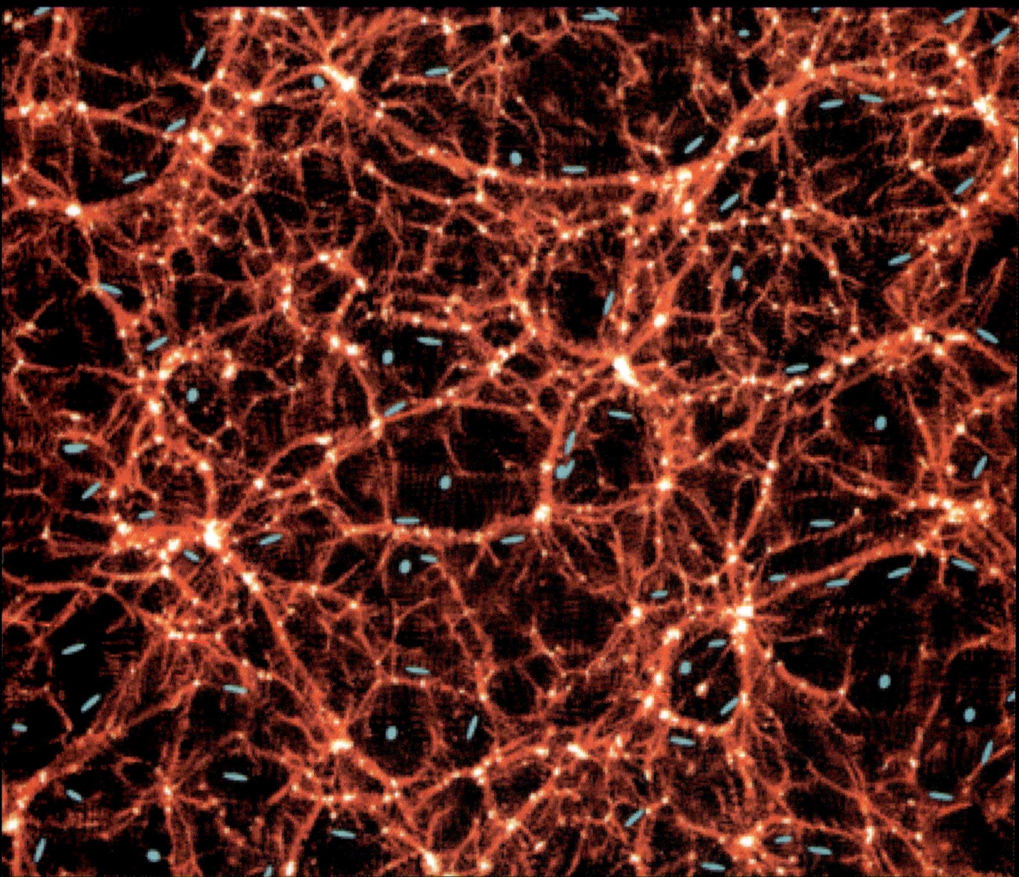

LA NATURE DE LA MATIÈRE SOMBRE

Astronomes et physiciens suivent deux pistes pour découvrir la nature de la matière manquante. Avec humour, ils ont nommé ces deux familles de candidats les WIMPs et les MACHOs, que l'on pourrait traduire par les faiblards et les caïds. Les WIMPs (*Weakly Interacting Massiv Particles*, ou particules massives à faible interaction) seraient des particules subatomiques encore inconnues. Dépourvues de charge électrique, elles auraient peu d'interaction avec la matière ordinaire, ce qui les rendrait difficiles à détecter. Si ces particules existent, elles nous transpercent constamment, sans même que nous nous en rendions compte. Il en faudrait un nombre considérable pour constituer la masse manquante de l'Univers. Les MACHOs (*Massive Compact Halo Objects*, ou objets compacts du halo) seraient beaucoup plus massifs. Il s'agirait de corps célestes froids qui n'émettraient pas suffisamment de rayonnements pour être visibles, telles des planètes errantes, attachées à aucune étoile. Ceux qui ont une masse voisine de celle d'une étoile sont appelés naines brunes : les astronomes en ont déjà détecté plusieurs dans notre galaxie.

↑ **L'Américaine Vera Rubin** fut la première astronome à soulever la question de la matière manquante au cours des années 1970, après avoir compilé les chiffres obtenus par ses collègues au cours des deux décennies précédentes.

← **Les astronomes simulent sur ordinateur** la distribution de la matière sombre dans l'Univers, représentée en rouge. Les galaxies sont en bleu.

À LA RECHERCHE DE LA MATIÈRE SOMBRE

Tandis que les astronomes tentent de découvrir de nouveaux corps célestes susceptibles d'abriter la masse manquante de l'Univers, les physiciens cherchent de nouvelles particules dans le même but. Les astronomes ont marqué des points en se servant d'un mirage optique pour repérer les objets invisibles. Grâce à un phénomène appelé lentille gravitationnelle, ils peuvent repérer un corps massif situé à l'avant-plan d'un objet lumineux, telle une galaxie. Selon les lois de la relativité générale, l'objet massif déviera les rayons lumineux d'une manière caractéristique, produisant plusieurs images de la source. Des corps invisibles ont ainsi été détectés. Les astronomes recherchent aussi des étoiles ratées, froides et invisibles : les naines brunes. Les physiciens, de leur côté, tentent de découvrir de nouvelles particules subatomiques, sans charge électrique. Pour l'instant, ils n'en ont découvert aucune, mais leurs équations indiquent qu'une telle particule pourrait être 50 fois plus massive qu'un proton ou qu'un neutron.

← ↓ **Pour traquer la matière sombre,** les physiciens utilisent des accélérateurs de particules, comme celui de Fermilab aux États-Unis. Ils portent des particules connues à des vitesses élevées et les dirigent sur une cible. Il s'agit de détecter tout nouveau type de particule qui émergerait de la collision. D'après les calculs des chercheurs, seule une particule exotique sur 1 million se manifesterait en heurtant un atome normal. Jusqu'à présent, malgré des années d'efforts, aucune collision suspecte n'a été détectée.

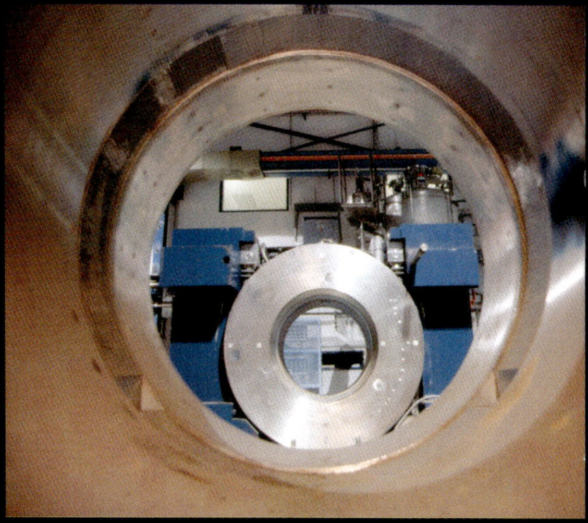

L'énergie sombre

Depuis les travaux de l'astronome Edwin Hubble, on sait que l'Univers est en expansion et que toutes les galaxies s'éloignent les unes des autres. Propulsée par l'élan initial du big bang, cette prodigieuse expansion se devait de ralentir avec le temps. En effet, l'attirance mutuelle des galaxies, due à leurs masses et aux champs de gravité associés, devait agir comme un frein. Toute la question, de l'avis des astronomes, était de savoir à quel rythme l'expansion de l'Univers ralentissait. Or une découverte surprenante a ébranlé leur dogme en 1998. Cette année-là, plusieurs équipes de chercheurs ont présenté des calculs indiquant que l'Univers, loin de ralentir, était dans une phase d'accélération. Seule explication possible d'après les cosmologistes : l'Univers renferme une mystérieuse énergie sombre qui dilate sa texture, c'est-à-dire l'espace-temps. Cette énergie sombre, liée au vide, avait été suggérée par Albert Einstein, il y a près d'un siècle : il l'avait incluse dans ses équations et baptisée constante cosmologique.

L'UNIVERS EN EXPANSION

LE TÉMOIGNAGE DES SUPERNOVAE

L'Univers est né il y a environ 14 milliards d'années. À la suite de ce big bang, l'Univers en expansion vit sa température baisser et ses particules s'assembler en atomes. D'immenses nuages de gaz se formèrent, qui enfantèrent les galaxies. Au fil de l'expansion, les groupes de galaxies s'écartèrent les uns des autres. En regardant loin dans l'espace et dans le temps, les astronomes peuvent mesurer cette vitesse de fuite des galaxies à différentes époques de l'Univers. En effet, leur vitesse est révélée par l'effet Doppler : le décalage de leur lumière vers le rouge. Quant à la distance des galaxies, elle est mise en évidence par les supernovae qu'elles contiennent : la luminosité théorique de ces astres est connue, donc leur magnitude apparente vue depuis la Terre indique leur éloignement. On peut ainsi dessiner le graphique de la vitesse des galaxies en fonction de leur distance, c'est-à-dire l'évolution de la vitesse d'expansion de l'Univers. Il montre que l'expansion a ralenti durant les dix premiers milliards d'années de l'existence de l'Univers, puis la tendance s'est inversée, il y a environ 4 milliards d'années, et l'expansion de l'Univers a commencé à s'accélérer.

← **Cette vue d'artiste montre l'explosion d'une supernova.** Ces explosions de forte luminosité servent de chandelles cosmiques pour calculer l'éloignement des galaxies qui les abritent. De tels calculs indiquent que l'expansion de l'Univers va s'accélérant.

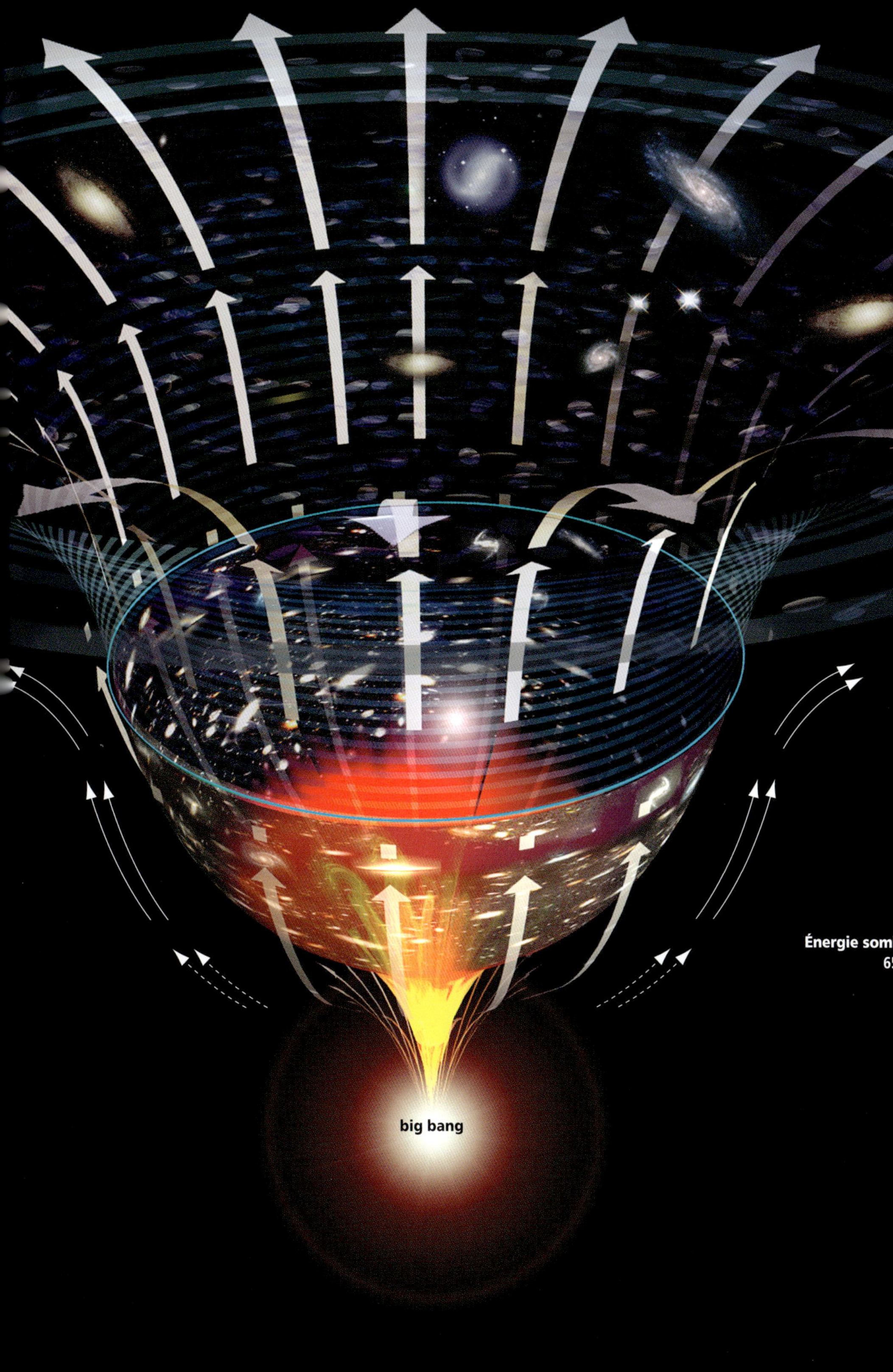

↓ **L'Univers est formé de matière et d'énergie** qui sont interchangeables. Pour établir un bilan de l'Univers, on convertit l'énergie en masse pour représenter toutes ces entités dans un même diagramme. Selon le modèle actuel, l'énergie sombre représente 65 % de la masse de l'Univers. La matière sombre, formée de particules ou de corps célestes invisibles, en constituerait 30 % supplémentaires. L'Univers visible, que nous connaissons, ne représente que 5 % du total.

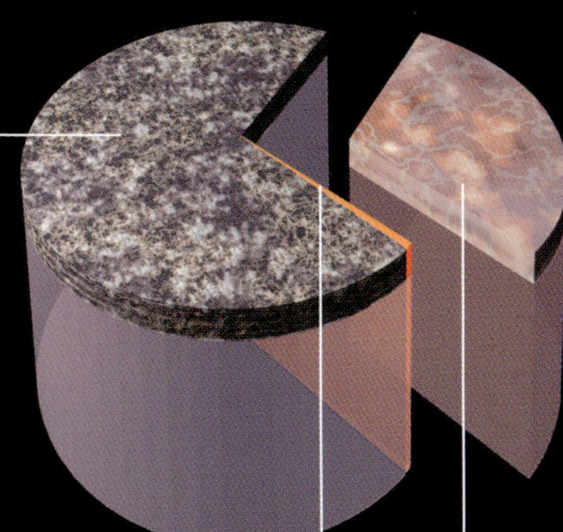

Le destin de l'Univers

Le destin de l'Univers nous fascine autant que ses origines. Nous ne serons certes plus présents pour vérifier le bien-fondé de nos théories, mais cela ne nous empêche pas de multiplier les spéculations. L'avenir du cosmos dépend en premier lieu de sa densité, c'est-à-dire de la quantité de matière par unité de volume. En effet, tous les corps massifs, comme les galaxies, s'attirent par gravitation. À mesure que l'Univers enfle comme un ballon, les galaxies continuent de s'attirer les unes les autres et créent une force qui freine cette expansion. Cette compétition a trois issues possibles. Si la densité globale de l'Univers est inférieure à un seuil critique, la gravité des galaxies ne parviendra jamais à freiner son expansion. Celle-ci sera éternelle. En revanche, si la densité de l'Univers est supérieure au seuil critique, elle freinera l'expansion jusqu'à renverser son mouvement, et l'Univers se repliera sur lui-même en un big bang à l'envers, qui a été baptisé big crunch. Enfin, si la densité de l'Univers est exactement égale à la densité critique, l'expansion ralentira progressivement sans toutefois jamais s'arrêter.

Pour établir lequel de ces trois destins sera celui de l'Univers, les astronomes se sont attachés à estimer la densité de l'Univers, en recensant toutes les masses et formes d'énergie qu'il contient. Ils sont arrivés à la conclusion que l'Univers a une densité très proche de la densité critique, sans la dépasser : l'expansion de l'Univers devrait donc perdurer. La découverte de l'énergie sombre, qui accélère l'expansion de l'Univers, les conforte dans cette opinion. Un renversement du mouvement d'expansion et l'effondrement de l'Univers en un big crunch ne seraient plus à craindre.

LA MORT DE L'UNIVERS

Si l'Univers paraît engagé dans une expansion éternelle, il connaîtra néanmoins une déchéance à long terme. Au fil du temps, les nuages restants de gaz et de poussière participeront à la création d'ultimes générations d'étoiles, puis toutes les réactions nucléaires ayant suivi leur cours, les astres cesseront leur flambée d'énergie et s'éteindront un à un. L'Univers deviendra de plus en plus sombre et de plus en plus froid. Il ne renfermera plus que des étoiles moribondes de type naine blanche ou étoile à neutrons, ainsi que des trous noirs. Mais la matière elle-même est condamnée à disparaître : physiquement instable sur des durées de milliers de milliards d'années, protons, neutrons et autres particules se désintégreront en rayonnement. L'Univers ne sera plus alors qu'un tissu d'espace, de temps et d'énergie, dont la matière aura complètement disparu.

↓ **La géométrie de l'Univers** est dictée par sa densité. Si celle-ci est supérieure à la densité critique, l'Univers a une courbure positive : il est dit fermé.

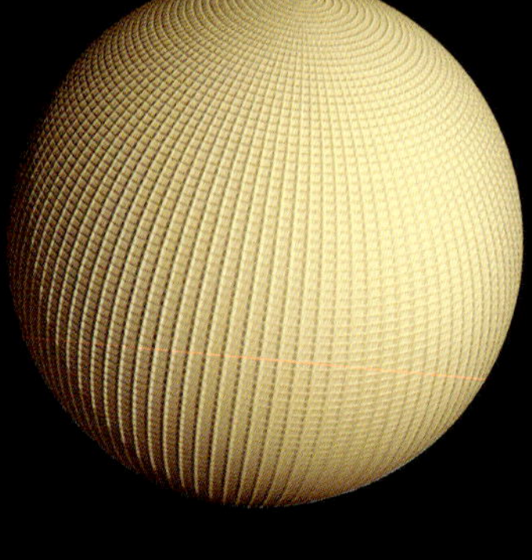

UNIVERS SPHÉRIQUE

↓ **Un Univers qui a exactement la densité critique** n'a pas de courbure : il est dit plat et sa géométrie est euclidienne. C'est la forme que les astronomes déduisent de leurs observations.

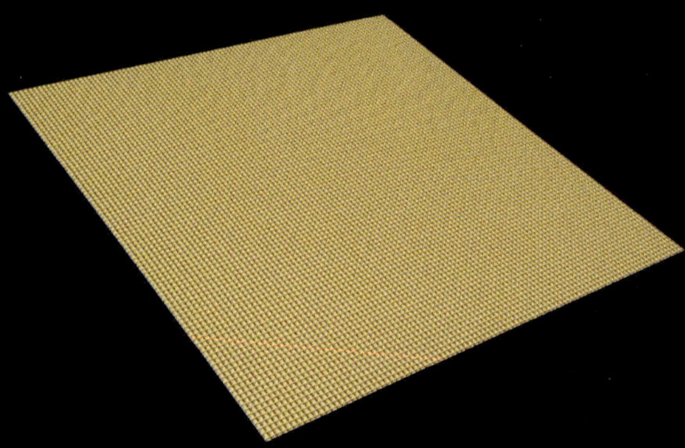

UNIVERS PLAT

↓ **L'Univers pourrait avoir une courbure négative** appelée hyperbole, à l'image d'une selle de cheval. Tout comme la géométrie plate, cette géométrie ouverte impliquerait un espace-temps infini.

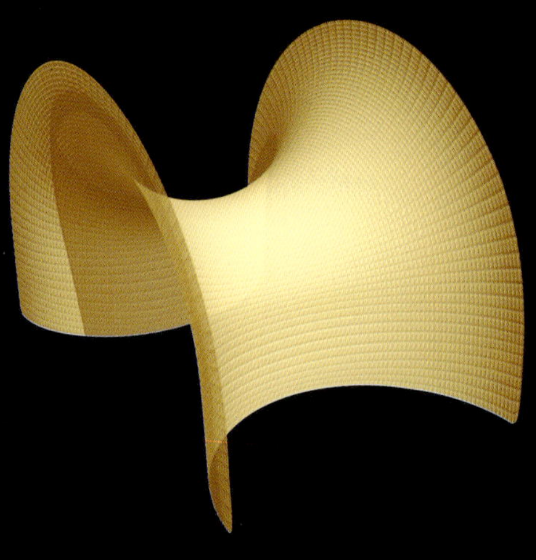

UNIVERS HYPERBOLIQUE

LA FORME DU DESTIN

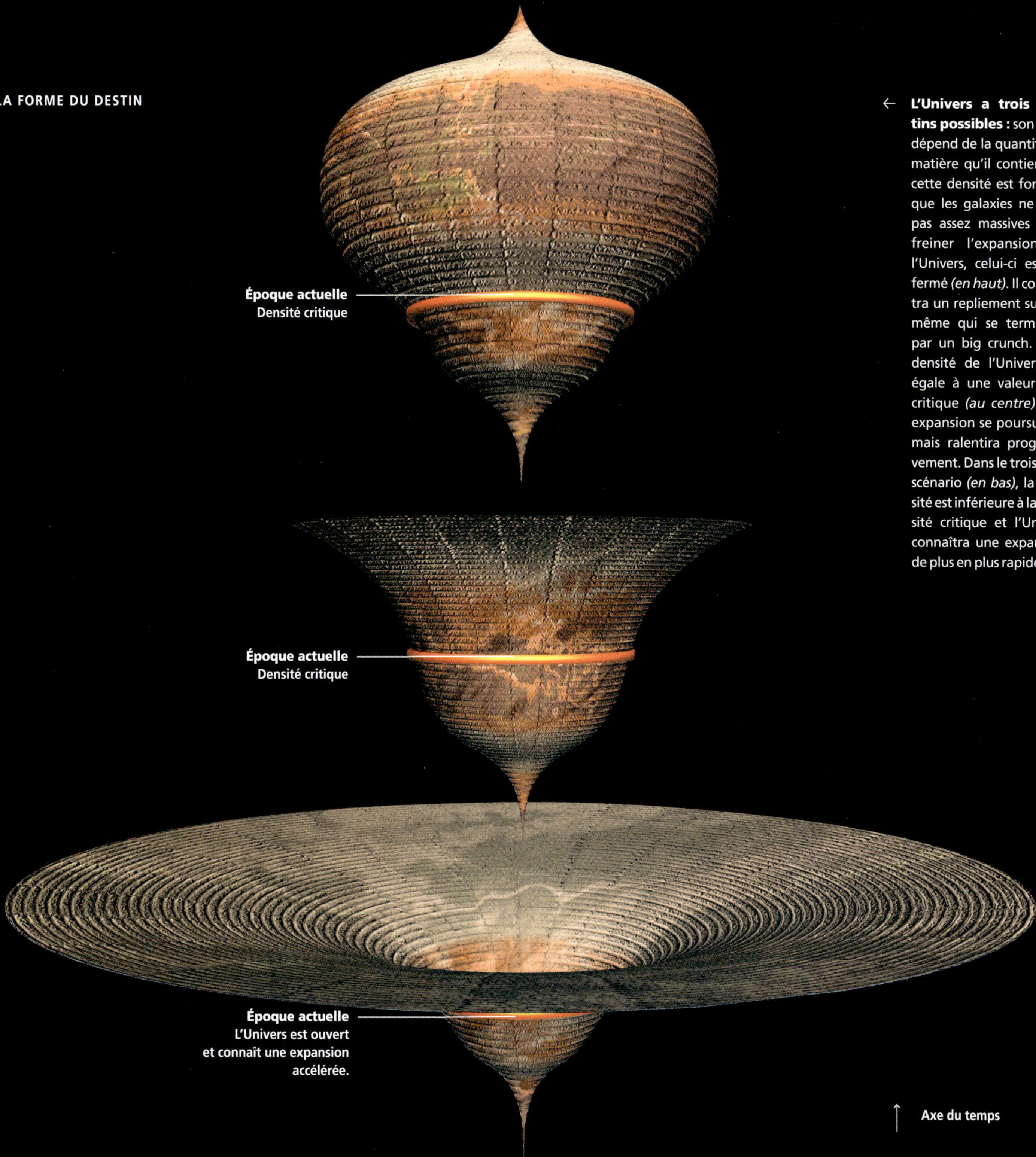

← **L'Univers a trois destins possibles :** son issue dépend de la quantité de matière qu'il contient. Si cette densité est forte et que les galaxies ne sont pas assez massives pour freiner l'expansion de l'Univers, celui-ci est dit fermé *(en haut)*. Il connaîtra un repliement sur lui-même qui se terminera par un big crunch. Si la densité de l'Univers est égale à une valeur dite critique *(au centre)*, son expansion se poursuivra, mais ralentira progressivement. Dans le troisième scénario *(en bas)*, la densité est inférieure à la densité critique et l'Univers connaîtra une expansion de plus en plus rapide.

Annexes

Mercure Vénus Terre Mars Jupiter Saturne Uranus Neptune Pluton

MERCURE

Origine du nom *Mercurius*, dieu romain des messagers
Découverte Connue depuis l'Antiquité
Diamètre 4 878 km (38,2 % du diamètre terrestre)
Masse 0,055 masse terrestre
Volume 0,06 volume terrestre
Distance maximale du Soleil 69,8 millions de km
Distance minimale du Soleil 46 millions de km
Température moyenne au sol 430 °C
Insolation 4,5 à 10,4 fois l'insolation terrestre
Magnitude apparente – 2,0 à + 3,0
Méthode d'observation Visible à l'œil nu
Pesanteur 0,38 G (38 % de la pesanteur terrestre)
Champ magnétique 0,003 gauss (1 % du champ terrestre)
Nombre de lunes 0

VÉNUS

Origine du nom *Vénus*, déesse romaine de l'amour
Découverte Connue depuis l'A,ntiquité
Diamètre 12 104 km (94,8 % du diamètre terrestre)
Masse 0,95 masse terrestre
Volume 0,86 volume terrestre
Distance maximale du Soleil 108,9 millions de km
Distance minimale du Soleil 107,5 millions de km
Température moyenne au sol 480 °C
Insolation 1,9 fois l'insolation terrestre
Magnitude apparente – 4,0 à – 4,6
Méthode d'observation Visible à l'œil nu
Pesanteur 0,9 G (90 % de la pesanteur terrestre)
Champ magnétique 0,00002 gauss (< 0,007 % du champ terrestre)
Nombre de lunes 0

TERRE

Origine du nom *Terra* déesse romaine de la Terre
Diamètre 12 756 km
Masse 5,973 x 10^{24} kg
Volume 1,1 x 10^{12} km^3
Distance maximale du Soleil 152,1 millions de km
Distance minimale du Soleil 147,1 millions de km
Période de révolution 365,22 jours
Période de rotation 23 heures 56 minutes
Température moyenne au sol 15 °C
Relief le plus élevé 8 850 m (mont Everest)
Relief le plus profond – 11 033 m (fosse des Mariannes)
Pesanteur 1 G
Champ magnétique 0,31 gauss
Nombre de lunes 1

MARS

Origine du nom *Mars*, dieu romain de la guerre
Découverte Connue depuis l'Antiquité
Diamètre 6 794 km (53,2 % du diamètre terrestre)
Masse 0,11 masse terrestre
Volume 0,15 volume terrestre
Distance maximale du Soleil 249,1 millions de km
Distance minimale du Soleil 206,7 millions de km
Température moyenne au sol – 23 °C
Insolation 36-52 % de l'insolation terrestre
Magnitude apparente – 2,6 à + 1,8
Moyen d'observation Visible à l'œil nu
Pesanteur 0,38 G (38 % de la pesanteur terrestre)
Champ magnétique 0,0005 gauss (< 0,1 % du champ terrestre)
Nombre de lunes 2 (Phobos et Deimos)

JUPITER

Origine du nom *Jupiter*, souverain des dieux romains
Découverte Connue depuis l'Antiquité
Diamètre 143 884 km (1 127,9 % du diamètre terrestre)
Masse 317,7 masses terrestres
Volume 1 323 volumes terrestres
Distance maximale du Soleil 815,7 millions de km
Distance minimale du Soleil 740,9 millions de km
Température moyenne de l'atmosphère – 150 °C
Insolation 30 à 40 % de l'insolation terrestre
Magnitude apparente – 1,2 à – 2,5
Méthode d'observation Visible à l'œil nu
Pesanteur 2,3 G (2,3 fois la pesanteur terrestre)
Champ magnétique 4,28 gauss (13,8 fois le champ terrestre)
Nombre de lunes connues 61

SATURNE

Origine du nom *Saturnus*, dieu romain de l'agriculture
Découverte Connue depuis l'Antiquité
Diamètre 120 536 km (944,9 % du diamètre terrestre)
Masse 95,2 masses terrestres
Volume 752 volumes terrestres
Distance maximale du Soleil 1 503 millions de km
Distance minimale du Soleil 1 348 millions de km
Température moyenne de l'atmosphère – 80 °C
Insolation 1 % de l'insolation terrestre
Magnitude apparente + 0,6 à + 1,5
Méthode d'observation Visible à l'œil nu
Pesanteur 1,16 G (116 % de la pesanteur terrestre)
Champ magnétique 0,22 gauss (71 % du champ terrestre)
Nombre de lunes connues 31

URANUS

Origine du nom *Uranus*, dieu romain du ciel
Découverte En mars 1781 par William Herschel
Diamètre 51 118 km (400,7 % du diamètre terrestre)
Masse 14,5 masses terrestres
Volume 64 volumes terrestres
Distance maximale du Soleil 3 003 millions de km
Distance minimale du Soleil 2 739 millions de km
Température moyenne de l'atmosphère – 215 °C
Insolation 0,2 à 0,3 % de l'insolation terrestre
Magnitude apparente + 5,5 à + 5,9
Méthode d'observation Télescope
Pesanteur 1,17 G (117 % de la pesanteur terrestre)
Champ magnétique 0,23 gauss (75 % du champ terrestre)
Nombre de lunes connues 27

NEPTUNE

Origine du nom *Neptunus*, dieu romain de l'eau
Découverte En 1846 par Le Verrier, Adams et Galle
Diamètre 42 532 km (3,9 fois le diamètre terrestre)
Masse 17,1 masses terrestres
Volume 54 volumes terrestres
Distance maximale du Soleil 4 546 millions de km
Distance minimale du Soleil 4 456 millions de km
Température moyenne de l'atmosphère – 220 °C
Insolation 0,1 % de l'insolation terrestre
Magnitude apparente + 7,9
Méthode d'observation Télescope
Pesanteur 1,77 G (1,7 fois la pesanteur terrestre)
Champ magnétique 0,14 gauss (45 % du champ terrestre)
Nombre de lunes connues 13

PLUTON

Origine du nom *Pluton*, dieu romain de l'au-delà
Découverte En févr. 1930 par Clyde Tombaugh
Diamètre 2 320 km (18 % du diamètre terrestre)
Masse 0,002 masse terrestre
Volume 0,01 volume terrestre
Distance maximale du Soleil 7 380 millions de km
Distance minimale du Soleil 4 447 millions de km
Température moyenne au sol – 230 °C
Insolation 0,04 à 0,1 % de l'insolation terrestre
Magnitude apparente + 13,7
Méthode d'observation Télescope
Pesanteur 0,06 G (6 % de la pesanteur terrestre)
Champ magnétique inconnu
Nombre de lunes connues 1 (Charon)

QUELQUES ASTÉROÏDES REMARQUABLES

Nom	Découverte	Distance du Soleil	Période orbitale	Période de rotation	Diamètre
1 Cérès	Piazzi, 1801	2,76 UA	4,6 ans	9 h 5 min	913 km
2 Pallas	Olbers, 1802	2,77 UA	4,6 ans	7 h 49 min	523 km
4 Vesta	Olbers, 1807	2,36 UA	3,6 ans	5 h 21 min	520 km
10 Hygeia	De Gasparis, 1849	3,14 UA	5,6 ans	27 h 40 min	429 km
511 Davida	Dugan, 1903	3,18 UA	5,7 ans	5 h 8 min	337 km
704 Interamnia	Cerulli, 1910	3,06 UA	5,4 ans	8 h 44 min	333 km
Junon	Harding, 1804	2,67 UA	4,4 ans	7 h 13 min	268 km
Sylvia	Pogson, 1866	3,50 UA	6,6 ans	5 h 11 min	260 km
Eunomia	De Gasparis, 1851	2,64 UA	4,3 ans	5 h 5 min	256 km
Euphrosyne	Fergusson, 1854	3,14 UA	5,6 ans	5 h 32 min	256 km
Europe	Goldschmidt, 1858	3,10 UA	5,5 ans	5 h 38 min	252 km
253 Mathilde	Palisa, 1885	2,65 UA	4,3 ans	17 h 24 min	66 km
243 Ida	Palisa, 1884	2,86 UA	4,9 ans	4 h 38 min	60 km
433 Éros	Witt et Charlois, 1898	1,46 UA	1,8 ans	5 h 18 min	33 km
951 Gaspra	Neujmin, 1916	2,21 UA	3,3 ans	7 h 3 min	8 km

QUELQUES COMÈTES REMARQUABLES

Nom	Premier signalement	Distance max. du Soleil	Distance min. du Soleil	Type	Période de révolution	Inclinaison de l'orbite	Excentricité de l'orbite
Encke	1786	4,1 UA	0,3 UA	courte période	3,3 ans	11,9°	0,85
Wirtanen	1954	5,1 UA	1,1 UA	courte période	5,5 ans	11,7°	0,65
Wild 2	1978	5,3 UA	1,6 UA	courte période	6,4 ans	3,2°	0,54
d'Arrest	1851	5,6 UA	1,4 UA	courte période	6,5 ans	19,5°	0,61
Biela	1772	0,86 UA	inconnu	courte période	6,62 ans	12,55°	0,76
Crommelin	1818	0,75 UA	17,4 UA	courte période	27,5 ans	29,1°	0,92
Tempel-Tuttle	1866	19,5 UA	1,0 UA	courte période	32,9 ans	163°	0,90
Borsen-Metcalf	1847	0,48 UA	34,1 UA	courte période	69,5 ans	19,3°	0,97
Halley	239 av. J.-C.	35,0 UA	0,6 UA	courte période	76,0 ans	162°	0,97
Swift-Tuttle	1862	52,3 UA	1,0 UA	courte période	137,3 ans	113°	0,96
Bennett	1970	281,8 UA	0,5 UA	longue période	1 678 ans	90,0°	0,99
Donati	1858	311,6 UA	0,6 UA	longue période	1 950 ans	117°	0,99
Hale-Bopp	1995	370,6 UA	0,9 UA	longue période	2 529 ans	89,4°	0,99
Hyakutake	1996	2 006 UA	0,2 UA	longue période	31,8 ans	125°	0,99
Ikeya-Seki	1965	4 000 UA	0,01 UA	longue période	89,4 ans	129°	0,99

NOTES

PLANÈTES

Magnitude apparente Luminosité relative d'une planète, d'une étoile ou de tout astre vu depuis la Terre. Plus le chiffre est petit, plus l'objet est brillant.
Excentricité de l'orbite Allongement de l'ellipse de l'orbite. Plus le chiffre est élevé, plus allongée est l'ellipse (cercle = 0).
Champ magnétique Intensité du champ magnétique dégagé par une planète, calculé à sa surface en gauss.
Pesanteur Force de pesanteur au sol, comparée à celle de la Terre (La Terre= 1 G).
Insolation Flux de lumière solaire au niveau de la planète en question, comparée à celle au niveau de la Terre.

ASTÉROÏDES

Distance du Soleil Distance moyenne de l'astéroïde au Soleil.
Période orbitale Les durées sont exprimées en années terrestres.

COMÈTES

Nom Celui du ou des astronomes qui la découvrent.
Période orbitale Les durées sont exprimées en années terrestres.
Inclinaison de l'orbite Inclinaison de l'orbite par rapport au plan de l'orbite terrestre.
Excentricité de l'orbite Allongement de l'ellipse de l'orbite. Plus le chiffre est élevé, plus l'ellipse est allongée (cercle = 0).

LUNES

Période orbitale Les durées sont exprimées en jours terrestres
Masse Les chiffres sont exprimés en puissances de dix. L'exposant indique le nombre de zéros après le 1. Ainsi, 10^6 est 1 000 000 et 3,7 x 10^9 est 3 700 000 000, soit 3 700 millions.
1 tonne (t) équivaut à 1 000 kg
Un point d'interrogation indique que la mesure est imprécise.
45 Eugenia et 243 Ida possèdent chacun une petite lune.
Les géantes gazeuses Jupiter, Saturne, Uranus et Neptune s'apparentent à des systèmes solaires en miniature. Chaque planète compte plusieurs dizaines de lunes.

REMARQUES GÉNÉRALES

UA (unité astronomique) est l'unité de distance utilisée dans le système solaire, égale à la distance moyenne de la Terre au Soleil (1 UA = 150 millions de km).
al = année-lumière

LES LUNES DU SYSTÈME SOLAIRE

Planète	Lune	Découverte	Distance de la planète en km	Période orbitale	Diamètre en km	Masse en tonnes (t)	Composition de la surface
Terre							
	La Lune	Depuis l'Antiquité	384 401	27,3 jours	3 476	$8,0 \times 10^{19}$ ($7,3 \times 10^{19}$)	anorthosite et basalte
Mars							
	Phobos	Hall, 1877	9 378	0,3 jour	27	$1,1 \times 10^{13}$ ($9,6 \times 10^{12}$)	riche en carbone
	Deimos	Hall, 1877	23 459	1,3 jours	15	$2,0 \times 10^{12}$ ($1,8 \times 10^{12}$)	riche en carbone
45 Eugenia (astéroïde)							
	S/1998(45)1	Merline, 1998	1 240 ?	4,7 jours	10 ?	inconnue	rocheuse ?
243 Ida (astéroïde)							
	Dactyle	Sonde Galileo, 1993	90	inconnue	1,6	$4,1 \times 10^{9}$ ($3,7 \times 10^{9}$)	riche en carbone
Jupiter							
	Metis	Synnott, 1979	127 960	0,3 jour	40	$1,0 \times 10^{14}$ ($9,5 \times 10^{13}$)	rocheuse
	Adrastée	Jewitt et Danielson, 1979	128 980	0,3 jour	25	$2,1 \times 10^{13}$ ($1,9 \times 10^{13}$)	rocheuse
	Amalthée	Barnard, 1892	181 300	0,5 jour	270	$7,9 \times 10^{15}$ ($7,2 \times 10^{15}$)	rocheuse, traces de soufre
	Thébé	Synnott, 1979	221 900	0,7 jour	110	$8,4 \times 10^{14}$ ($7,6 \times 10^{14}$)	rocheuse
	Io	Galilée, 1610	421 600	1,8 jours	3 643	$9,8 \times 10^{19}$ ($8,9 \times 10^{19}$)	rocheuse
	Europe	Galilée, 1610	670 900	3,5 jours	3 120	$5,3 \times 10^{19}$ ($4,8 \times 10^{19}$)	rocheuse
	Ganymède	Galilée, 1610	1 070 000	7,2 jours	5 268	$1,7 \times 10^{20}$ ($1,5 \times 10^{20}$)	rocheuse
	Callisto	Galilée, 1610	1 883 000	16,7 jours	4 800	$1,2 \times 10^{20}$ ($1,1 \times 10^{20}$)	rocheuse
	Léda	Kowal, 1974	11 094 000	238,7 jours	16	$6,3 \times 10^{12}$ ($5,7 \times 10^{12}$)	riche en carbone et glace
	Himalia	Perrine, 1904	11 480 000	250,6 jours	186	$1,0 \times 10^{16}$ ($9,5 \times 10^{15}$)	riche en carbone et glace
	Lysithée	Nicholson, 1938	11 720 000	259,2 jours	36	$8,4 \times 10^{13}$ ($7,6 \times 10^{13}$)	riche en carbone et glace
	Élara	Perrine, 1905	11 737 000	259,6 jours	76	$8,4 \times 10^{14}$ ($7,6 \times 10^{14}$)	riche en carbone et glace
	Euporie	Sheppard *et al.*, 2001	19 302 000	550,7 jours	2	inconnue	inconnue
	Thioné	Sheppard *et al.*, 2001	20 940 000	627,3 jours	4	inconnue	inconnue
	Ananke	Nicholson, 1951	21 200 000	631 jours	30	$4,2 \times 10^{13}$ ($3,8 \times 10^{13}$)	riche en carbone et glace
	Iocaste	Sheppard *et al.*, 2000	21 269 000	631,5 jours	5	inconnue	inconnue
	Carme	Nicholson, 1938	22 600 000	692 jours	40	$1,0 \times 10^{14}$ ($9,5 \times 10^{13}$)	riche en carbone et glace
	Eurydome	Sheppard *et al.*, 2001	22 865 000	717,3 jours	3	inconnue	inconnue
	Autonoé	Sheppard *et al.*, 2001	23 039 000	762,7 jours	4	inconnue	inconnue
	Taygete	Sheppard *et al.*, 2000	23 360 000	732,2 jours	5	inconnue	inconnue
	Pasiphaé	Melotte, 1908	23 500 000	735 jours	50	$2,1 \times 10^{14}$ ($1,9 \times 10^{14}$)	riche en carbone et glace
	Kalyke	Sheppard *et al.*,, 2000	23 583 000	743,0 jours	5	inconnue	inconnue
	Sinope	Nicholson, 1914	23 700 000	758 jours	36	$8,4 \times 10^{13}$ ($7,6 \times 10^{13}$)	riche en carbone et glace
	Megaclite	Sheppard *et al.*, 2000	23 806 000	752,8 jours	6	inconnue	inconnue

NB: Jupiter a au moins 61 lunes. Ce tableau en présente les principales.

Planète	Lune	Découverte	Distance de la planète en km	Période orbitale	Diamètre en km	Masse en tonnes (t)	Composition de la surface
Saturne							
	Pan	Showalter, 1990	133 583	0,6 jour	20	inconnue	glace ?
	Atlas	Terrile, 1980	137 670	0,6 jour	38	inconnue	glace sale ?
	Prométhée	Collins *et al.*, 1980	139 353	0,6 jour	140	$1,5 \times 10^{14}$ ($1,4 \times 10^{14}$)	glace ?
	Pandore	Collins *et al.*, 1980	141 700	0,6 jour	110	$1,4 \times 10^{14}$ ($1,3 \times 10^{14}$)	glace ?
	Épiméthée	Walker *et al.*, 1966	151 422	0,7 jour	140	$6,0 \times 10^{14}$ ($5,5 \times 10^{14}$)	glace sale ?
	Janus	Dollfus, 1966	151 472	0,7 jour	220	$2,2 \times 10^{15}$ ($2,0 \times 10^{15}$)	glace sale ?
	Mimas	Herschel, 1789	185 520	0,9 jour	392	$4,2 \times 10^{16}$ ($3,8 \times 10^{16}$)	glace
	Encelade	Herschel, 1789	238 020	1,4 jours	500	$8,8 \times 10^{16}$ ($8,0 \times 10^{16}$)	glace
	Téthys	Cassini, 1684	294 660	1,9 jours	1 060	$8,4 \times 10^{17}$ ($7,6 \times 10^{17}$)	glace
	Télesto	Smith *et al.*, 1980	294 660	1,9 jours	34	inconnue	glace ?
	Calypso	Pascu *et al.*, 1980	294 660	1,9 jours	34	inconnue	glace ?

Planète	Lune	Découverte	Distance de la planète en km	Période orbitale	Diamètre en km
Saturne (suite)					
	Dioné	Cassini, 1684	377 400	2,7 jours	1 120
	Hélène	Laques et Lecacheux, 1980	377 400	2,7 jours	36
	Rhéa	Cassini, 1672	527 040	4,5 jours	1 528
	Titan	Huygens, 1655	1 221 830	16 jours	5 150
	Hypérion	Bond, 1848	1 481 100	21,3 jours	350
	Japet	Cassini, 1671	3 561 300	79,3 jours	1 436
	Phoebé	Pickering, 1898	12 952 000	550,5 jours	230
NB: Saturne a au moins 31 lunes. Ce tableau en présente les principales.					
Uranus					
	Cordélia	Voyager 2, 1986	49 770	0,3 jour	26
	Ophélie	Voyager 2, 1986	53 790	0,4 jour	30
	Bianca	Voyager 2, 1986	59 166	0,4 jour	42
	Cressida	Voyager 2, 1986	61 780	0,5 jour	62
	Desdémone	Voyager 2, 1986	62 680	0,5 jour	54
	Juliette	Voyager 2, 1986	64 350	0,5 jour	84
	Portia	Voyager 2, 1986	66 090	0,5 jour	108
	Rosalinde	Voyager 2, 1986	69 940	0,6 jour	54
	Bélinda	Voyager 2, 1986	75 256	0,6 jour	66
	S/1986 U10	Karkoshka, 1999	76 416	0,6 jour	40 ?
	Puck	Voyager 2, 1986	86 010	0,8 jour	154
	S/2003 U1	Sheppard *et al.*, 2003	97 734	inconnue	10
	Miranda	Kuiper, 1948	129 390	1,4 jour	484
	Ariel	Lassell, 1851	191 020	2,5 jours	1 158
	Umbriel	Lassell, 1851	266 300	4,1 jours	1 172
	S/2001 U3	Showalter *et al.*, 2001	4 281 000	266,6 jours	12
	Titania	Herschel, 1787	435 910	8,7 jours	1 580
	Obéron	Herschel, 1787	583 520	13,5 jours	1 524
	Caliban	Gladman *et al.*, 1997	7 169 000	579 jours	60
	Stephano	Gladman *et al.*, 1999	8 004 000	677,4 jours	20
	Trinculo	Gladman *et al.*, 2001	8 578 000	759,0 jours	10
	Sycorax	Nicholson *et al.*, 1997	12 214 000	1289 jours	160
	Prospero	Holman *et al.*, 1999	16 243 000	1977,3 jours	30
	Setebos	Kavelaars *et al.*, 1999	17 501 000	2234,8 jours	30
	S/2001 U2	Sheppard *et al.*, 2001	21 000 000	2823,4 jours	20
NB: Uranus a au moins 27 lunes. Ce tableau en présente les principales.					
Neptune					
	Naïade	Voyager 2, 1989	48 227	0,3 jour	58
	Thalassa	Voyager 2, 1989	50 070	0,3 jour	80
	Despina	Voyager 2, 1989	52 526	0,3 jour	148
	Galatée	Voyager 2, 1989	61 953	0,4 jour	158
	Larissa	Reitsma et Voyager 2, 1989	73 548	0,6 jour	208
	Protée	Voyager 2, 1989	117 647	1,1 jour	436
	Triton	Lassell, 1846	354 760	5,9 jours	2 706
	Néréide	Kuiper, 1949	5 513 400	360,1 jours	340
NB: Neptune a au moins 13 lunes. Ce tableau en présente les principales.					
Pluton					
	Charon	Christy, 1978	19 636	6,4 jours	1 186

ÉCLIPSES DE SOLEIL

Date	Type	Zone de visibilité
5 févr. 2000	partielle	Antarctique
1er juill. 2000	partielle	océan Pacifique Sud-Est, Chili, Argentine
31 juill. 2000	partielle	Sibérie, océan Arctique, Amérique du Nord
25 déc. 2000	partielle	Amérique du Nord, Amérique centrale
21 juin 2001	totale	Afrique du Sud
14 déc. 2001	partielle	océan Pacifique, Nicaragua
10 juin 2002	partielle	océan Pacifique
4 déc. 2002	totale	Afrique du Sud, océan Indien, Australie
31 mai 2003	partielle	Groenland
23 nov. 2003	totale	Antarctique
19 avr. 2004	partielle	Afrique du Sud
14 oct. 2004	partielle	Pacifique Nord, Asie du Nord-Est
8 avr. 2005	totale	Pacifique Sud et Amérique centrale
3 oct. 2005	partielle	Espagne, Afrique du Nord (partielle en France)
29 mars 2006	totale	Afrique, Moyen-Orient, Russie (partielle en France)
22 sept. 2006	partielle	Brésil, Atlantique Sud
19 mars 2007	partielle	Asie orientale, Alaska
11 sept. 2007	partielle	Amérique du Sud, Antarctique
7 févr. 2008	partielle	Antarctique
1er août 2008	totale	Alaska, Groenland, Russie, Chine (partielle en France)
26 janv. 2009	partielle	Bornéo, Sumatra, océan Indien
22 juill. 2009	totale	Inde, Népal, Chine
15 janv. 2010	partielle	Afrique centrale, Inde, Birmanie, Chine
11 juill. 2010	totale	Pacifique Sud
4 janv. 2011	partielle	Europe, Afrique du Nord, Asie centrale
1er juin 2011	partielle	Asie orientale, Alaska, Canada, Islande
1er juill. 2011	partielle	océan Indien
25 nov. 2011	partielle	Afrique du Sud, Antarctique, Nouvelle-Zélande
20 mai 2012	partielle	Chine, Japon, océan Pacifique
13 nov. 2012	partielle	Australie du Nord, Pacifique Sud
10 mai 2013	partielle	Australie du Nord, océan Pacifique
3 nov. 2013	totale	océan Atlantique, Afrique centrale
29 avr. 2014	partielle	océan Indien, Australie, Antarctique
23 oct. 2014	partielle	Pacifique Nord, Amérique du Nord
20 mars 2015	totale	Atlantique Nord
13 sept. 2015	partielle	Afrique du Sud, océan Indien Sud, Antarctique
9 mars 2016	totale	Pacifique Sud
1er sept. 2016	annulaire	Afrique de l'Est

PLUIES D'ÉTOILES FILANTES

Nom de l'essaim	Constellation	Date	Nombre/heure	Source de l'essaim
Quadrantides	Le Bouvier	3 janv.	40 météores	inconnue
Lyrides	La Lyre	22 avr.	15 météores	comète Thatcher
Êta Aquarides	Le Verseau	5 mai	20 météores	comète de Halley
Delta Aquarides	Le Verseau	28 juill.	20 météores	inconnue
Perséides	Persée	12 août	50 météores	comète Swift-Tuttle
Orionides	Orion	22 oct.	25 météores	comète de Halley
Taurides	Le Taureau	3 nov.	15 météores	comète Encke
Léonides	Le Lion	17 nov.	15 météores	comète Tempel-Tuttle
Géminides	Les Gémeaux	14 déc.	50 météores	astéroïde 3200 Phaeton
Ursides	La Petite Ourse	23 déc.	20 météores	comète Tuttle

ÉCLIPSES DE LUNE

Date	Type	Zone de visibilité
21 janv. 2000	totale	Amérique du Nord et du Sud
16 juill. 2000	totale	Australie, Pacifique Ouest
9 janv. 2001	totale	Asie orientale, Afrique, Europe
5 juill. 2001	totale	Australie, Pacifique Ouest
16 mai 2003	totale	Amérique du Nord et du Sud
9 nov. 2003	totale	Europe, Afrique de l'Ouest, Amérique du Nord et du Sud
4 mai 2004	totale	Asie orientale, Afrique, Europe
28 oct. 2004	totale	Amérique du Nord et du Sud
17 oct. 2005	partielle	Pacifique central
7 sept. 2006	partielle	océan Indien, Asie, Afrique de l'Est
3 mars 2007	totale	Afrique, Europe
28 août 2007	totale	Pacifique central, Amérique du Nord et du Sud
21 févr. 2008	totale	Amérique du Nord et du Sud, Europe de l'Ouest
16 août 2008	partielle	Asie occidentale, Europe, Afrique
21 déc. 2009	partielle	Asie, océan Indien, Afrique, Europe
26 juin 2010	partielle	Pacifique central, Amérique du Nord et du Sud
21 déc. 2010	totale	Amérique du Nord et du Sud
15 juin 2011	totale	Asie du Sud-Ouest, Afrique, océan Indien
10 déc. 2011	totale	Pacifique Ouest, Asie orientale, Alaska
4 juin 2012	partielle	Pacifique central, Amérique du Nord et du Sud
15 avr. 2014	totale	Amérique du Nord et du Sud, océan Pacifique
8 oct. 2014	totale	océan Pacifique, Amérique du Nord et du Sud
4 avr. 2015	totale	océan Pacifique, Amérique du Nord et du Sud
28 sept. 2015	totale	Europe de l'Ouest, Afrique, Amérique du Nord et du Sud

PRINCIPALES SONDES INTERPLANÉTAIRES

Planète	Nom de la sonde	Pays	Type	Date de lancement	Date d'arrivée	Principaux résultats
Lune						
	Luna 2	Union soviétique	impact	12 sept. 1959	13 sept. 1959	premier impact
	Luna 3	Union soviétique	survol	4 oct. 1959	7 oct. 1959	premières images de la face cachée, hauts plateaux cratérisés
	Ranger 7	États-Unis	impact	28 juill. 1964	31 juill. 1964	images de la surface jusqu'à l'impact, nombreux cratères
	Ranger 8	États-Unis	impact	17 févr. 1965	20 févr. 1965	plus de 7 000 photos jusqu'à l'impact, mer de la Tranquillité
	Ranger 9	États-Unis	impact	21 mars 1965	24 mars 1965	impact dans le cratère Alphonsus, évents volcaniques
	Zond 3	Union soviétique	survol	18 juill. 1965	20 juill. 1965	photographies de la face cachée
	Luna 9	Union soviétique	atterrisseur	31 janv. 1966	3 févr. 1966	premier atterrissage en douceur, images panoramiques du sol
	Luna 10	Union soviétique	orbiteur	31 mars 1966	3 avr. 1966	première mise en orbite d'une sonde autour de la Lune
	Surveyor 1	États-Unis	atterrisseur	30 mai 1966	2 juin 1966	premier atterrisseur à effectuer une analyse chimique du sol
	Lunar Orbiter 1	États-Unis	orbiteur	10 août 1966	14 août 1966	reconnaissance photo des futurs sites d'atterrissage Apollo
	Luna 11	Union soviétique	orbiteur	24 août 1966	28 août 1966	photographies de la surface
	Luna 12	Union soviétique	orbiteur	22 oct. 1966	25 oct. 1966	photographies de la surface
	Lunar Orbiter 2	États-Unis	orbiteur	6 nov. 1966	10 nov. 1966	reconnaissance photo des futurs sites d'atterrissage Apollo
	Luna 13	Union soviétique	atterrisseur	21 déc. 1966	24 déc. 1966	images panoramiques, analyse des propriétés mécaniques du sol
	Lunar Orbiter 3	États-Unis	orbiteur	5 févr. 1967	8 févr. 1967	reconnaissance photo des futurs sites d'atterrissage Apollo
	Surveyor 3	États-Unis	atterrisseur	17 avr. 1967	20 avr. 1967	plus de 6000 images au sol, rejoint par Apollo 12 en 1969
	Lunar Orbiter 4	États-Unis	orbiteur	4 mai 1967	8 mai 1967	reconnaissance photo de la face visible
	Lunar Orbiter 5	États-Unis	orbiteur	1er août 1967	5 août 1967	reconnaissance photo de sites sélectionnés
	Surveyor 5	États-Unis	atterrisseur	8 sept. 1967	11 sept. 1967	plus de 6 300 images, analyse chimique du sol
	Surveyor 6	États-Unis	atterrisseur	7 nov. 1967	10 nov. 1967	près de 30 000 images du sol
	Surveyor 7	États-Unis	atterrisseur	7 janv. 1968	10 janv. 1968	atterrissage près du cratère Tycho, images et analyse du sol
	Zond 5	Union soviétique	survol	15 sept. 1968	18 sept. 1968	survol de la Lune et retour sur Terre le 21 sept.
	Zond 6	Union soviétique	survol	10 nov. 1968	14 nov. 1968	survol de la Lune et retour sur Terre le 17 nov.
	Zond 7	Union soviétique	survol	7 août 1969	11 août 1969	survol de la Lune et retour sur Terre le 14 août
	Luna 16	Union soviétique	atterrisseur	12 sept. 1970	20 sept. 1970	collecte un échantillon de sol et le rapporte sur Terre
	Zond 8	Union soviétique	survol	20 oct. 1970	24 oct. 1970	survol de la Lune et retour sur Terre le 27 oct.
	Luna 17	Union soviétique	rover	10 nov. 1970	17 nov. 1970	premier robot automobile Lunakhod 1,10 km parcouru
	Luna 20	Union soviétique	atterrisseur	14 févr. 1972	21 févr. 1972	collecte automatique d'échantillons
	Luna 21	Union soviétique	rover	8 janv. 1973	15 janv. 1973	robot automobile Lunakhod 2,37 km parcourus
	Luna 22	Union soviétique	orbiteur	29 mai 1974	2 juin 1974	photo reconnaissance orbitale
	Luna 24	Union soviétique	atterrisseur	9 août 1976	14 août 1976	collecte automatique d'échantillons dans la mer des Crises
	Hiten (Muses-A)	Japon	orbiteur	24 janv. 1990	19 mars 1990	survole la Lune et largue un satellite
	Clementine	États-Unis	orbiteur	25 janv. 1994	21 févr. 1994	cartographie infrarouge de la composition minérale du sol
	Lunar Prospector	États-Unis	orbiteur	7 janv. 1998	11 janv. 1998	cartographie infrarouge, traces de glace détectées près des pôles
	Smart-1	Europe	orbiteur	27 sept. 2003	30 sept. 2003	essai de propulsion ionique
	Lunar-A	Japon	pénétrateurs	août 2004	août 2004	deux pénétrateurs implanteront des sismographes dans le sol
	SELENE	Japon	orbiteur	fin 2005	fin 2005	reconnaissance orbitale
Mercure						
	Mariner 10	États-Unis	survol	3 nov. 1973	29 mars 1974	premières images de la surface, détection d'un noyau de fer
	Messenger	États-Unis	orbiteur	mars 2004	juill. 2007	reconnaissance orbitale
	Bepi-Colombo	Europe	orbiteur	fin 2011	mi-2014	reconnaissance orbitale
Vénus						
	Mariner 2	États-Unis	survol	27 août 1962	14 déc. 1962	premier survol, détection d'une atmosphère épaisse et chaude
	Venera 4	Union soviétique	atterrisseur	12 juin 1967	18 oct. 1967	pénètre et analyse l'atmosphère, panne avant l'atterrissage
	Mariner 5	États-Unis	survol	14 juin 1967	19 oct. 1967	nouvelles mesures de pression et température atmosphériques
	Venera 5	Union soviétique	atterrisseur	5 janv. 1969	16 mai 1969	étude de l'atmosphère
	Venera 6	Union soviétique	atterrisseur	10 janv. 1969	17 mai 1969	étude de l'atmosphère
	Venera 8	Union soviétique	atterrisseur	27 mars 1972	22 juill. 1972	premier atterrissage en douceur, premières données depuis le sol
	Mariner 10	États-Unis	survol	4 nov. 1973	5 févr. 1974	survol en route pour Mercure, photographies des nuages

Planète	Nom de la sonde	Pays	Type	Date de lancement	Date d'arrivée	Principaux résultats
Vénus (suite)						
	Venera 9	Union soviétique	atterrisseur	8 juin 1975	22 oct. 1975	premières images du sol, montrant des roches volcaniques
	Venera 10	Union soviétique	atterrisseur	14 juin 1975	25 oct. 1975	photographies et analyses des roches de surface
	Pioneer Vénus	États-Unis	orbiteur	20 mai 1978	4 déc. 1978	première étude topographique au radar, étude des nuages
	Pioneer Vénus	États-Unis	sonde atmosphérique	8 août 1978	9 déc. 1978	lâcher d'un ballon dans l'atmosphère, analyse des gaz
	Venera 11	Union soviétique	atterrisseur	9 sept. 1978	25 déc. 1978	photographies et analyses du sol
	Venera 12	Union soviétique	atterrisseur	14 sept. 1978	21 déc. 1978	photographies et analyses du sol
	Venera 13	Union soviétique	atterrisseur	30 oct. 1981	1er mars 1982	photographies et analyses du sol
	Venera 14	Union soviétique	atterrisseur	4 nov. 1981	5 mars 1982	photographies et analyses du sol
	Venera 15	Union soviétique	orbiteur	2 juin 1983	10 oct. 1983	cartographie radar de l'hémisphère Nord
	Venera 16	Union soviétique	orbiteur	7 juin 1983	14 oct. 1983	cartographie radar de l'hémisphère Nord
	Véga 1	Union soviétique	atterrisseur et ballon	15 déc. 1984	11 juin 1985	analyses au sol, étude de l'atmosphère par ballon
	Véga 2	Union soviétique	orbiteur et atterrisseur	21 déc. 1984	16 juin 1985	analyses au sol, étude de l'atmosphère par ballon
	Magellan	États-Unis	orbiteur	4 mai 1989	10 août 1990	images radar du sol à haute résolution
	Galileo	États-Unis	survol	18 août 1989	10 févr. 1990	survol en route pour Jupiter, étude des nuages
	Cassini	États-Unis	survol	15 oct. 1997	26 avr. 1998	1er survol en route pour Saturne, étude des nuages
	Cassini	États-Unis	survol	15 oct. 1997	24 juin 1999	2e survol en route pour Saturne, étude des nuages
	Vénus Express	Europe	orbiteur	fin 2005	début 2006	étude de l'atmosphère et de la surface par radar
	Planet-C	Japon	orbiteur	févr. 2007	sept. 2009	étude de l'atmosphère et de l'environnement
Mars						
	Mariner 4	États-Unis	survol	28 nov. 1965	14 juill. 1965	premières images de Mars et de ses cratères, étude de l'atmosphère
	Mariner 6	États-Unis	survol	24 févr. 1969	31 juill. 1969	75 images de la planète
	Mariner 7	États-Unis	survol	27 mars 1969	5 août 1969	126 images de la planète
	Mars 3	Union soviétique	orbiteur et atterrisseur	28 mai 1971	3 déc. 1971	panne de l'atterrisseur, l'orbiteur prend des photographies
	Mariner 9	États-Unis	orbiteur	30 mai 1971	12 nov. 1971	première mise en orbite autour de Mars, 7 000 images de la planète
	Mars 5	Union soviétique	orbiteur	25 juill. 1973	12 févr. 1974	108 photographies couleurs
	Mars 6	Union soviétique	orbiteur et atterrisseur	5 août 1973	12 mars 1974	lors de l'atterrissage, échec du relais radio par l'orbiteur
	Mars 7	Union soviétique	orbiteur et atterrisseur	9 août 1973	9 mars 1974	échec de l'atterrisseur, peu de données transmises par l'orbiteur
	Viking 1	États-Unis	orbiteur et atterrisseur	20 août 1975	19 juin 1976	photographies depuis orbite, atterrissage réussi et analyse du sol
	Viking 2	États-Unis	orbiteur et atterrisseur	9 sept. 1975	7 août 1976	photographies depuis orbite, atterrissage réussi et analyse du sol
	Mars Global Surveyor	États-Unis	orbiteur	7 nov. 1996	12 sept. 1997	photographies à haute résolution, altimétrie par laser
	Mars Pathfinder	États-Unis	rover	2 déc. 1996	4 juill. 1997	le robot Pathfinder explore le site d'une vallée asséchée
	Mars Climate Orbiter	États-Unis	orbiteur	11 déc. 1998	23 sept. 1999	échec de la mise en orbite, la sonde s'écrase sur Mars
	Mars Polar Lander	États-Unis	atterrisseur	3 janv. 1999	3 déc. 1999	échec de l'atterrissage
	Deep Space 2	États-Unis	impacteur	3 janv. 1999	3 déc. 1999	pénétrateurs de sol détachés de Mars Polar Lander, échec également
	Mars Odyssey	États-Unis	orbiteur	7 avr. 2001	24 oct. 2001	étude de l'atmosphère et cartographie infrarouge du sol
	Mars Express	Europe	orbiteur	2 juin 2003	25 déc. 2003	étude photographique, infrarouge et radar du sol et de l'atmosphère
	Beagle 2	Europe	atterrisseur	2 juin 2003	25 déc. 2003	détaché de Mars Express, échoue dans sa tentative d'atterrissage
	Spirit (MER-A)	États-Unis	rover	10 juin 2003	4 janv. 2004	robot automobile muni de caméras et d'un spectromètre infrarouge
	Opportunity (MER-B)	États-Unis	rover	8 juill. 2003	25 janv. 2004	robot automobile muni de caméras et d'un spectromètre infrarouge
	Mars Surveyor	États-Unis	orbiteur	août 2005	mars 2006	photographies en haute résolution depuis orbite
Astéroïdes						
	Galileo	États-Unis	survol	18 oct. 1989	29 oct. 1991	premières images rapprochées d'un astéroïde : 951 Gaspra
	Galileo	États-Unis	survol	18 oct. 1989	28 août 1993	survol de l'astéroïde Ida et découverte de sa lune Dactyle
	NEAR	États-Unis	survol	17 févr. 1996	27 juin 1997	astéroïde 253 Mathilde, faible densité, gros cratère d'impact
	NEAR	États-Unis	survol	17 févr. 1996	23 déc. 1998	survol de l'astéroïde 433 Éros
	Deep Space 1	États-Unis	survol	24 oct. 1998	29 juill. 1999	survol de l'astéroïde 9969 Braille, étude de la surface
	NEAR	États-Unis	orbiteur	17 févr. 1996	14 févr. 2000	mise en orbite autour d'Éros, atterrissage à sa surface
	Dawn	États-Unis	orbiteur	mai 2006	juillet 2010	rendez-vous avec Vesta
	Dawn	États-Unis	orbiteur	mai 2006	août 2014	rendez-vous avec Cérès

Planète	Nom de la sonde	Pays	Type	Date de lancement	Date d'arrivée	Principaux résultats
Jupiter						
	Pioneer 10	États-Unis	survol	3 mai 1972	3 déc. 1973	première étude d'une planète gazeuse par une sonde spatiale
	Pioneer 11	États-Unis	survol	6 avr. 1973	3 déc. 1974	étude des régions polaires de Jupiter et de son champ magnétique
	Voyager 1	États-Unis	survol	5 sept. 1977	5 mars 1979	étude détaillée de la planète et de ses lunes
	Voyager 2	États-Unis	survol	20 août 1977	9 juill. 1979	étude détaillée de la planète et de ses lunes
	Galileo	États-Unis	orbiteur et sonde	18 oct. 1989	7 déc. 1995	la sonde pénètre l'atmosphère, l'orbiteur étudie les lunes
Saturne						
	Pioneer 11	États-Unis	survol	6 avr. 1973	1er sept. 1979	premier survol par une sonde, nouveaux anneaux découverts
	Voyager 1	États-Unis	survol	5 sept. 1977	12 nov. 1980	étude détaillée de la planète, de ses lunes et de ses anneaux
	Voyager 2	États-Unis	survol	20 août 1977	25 août 1981	étude détaillée de la planète, de ses lunes et de ses anneaux
	Cassini	États-Unis/Europe	orbiteur et sonde	15 oct. 1997	juill. 2004	module orbital Cassini, sonde Huygens pour étudier Titan
Uranus						
	Voyager 2	États-Unis	survol	20 août 1977	24 janv. 1986	premier survol par une sonde, étude des lunes et des anneaux
Neptune						
	Voyager 2	États-Unis	survol	20 août 1977	25 août 1981	premier survol par une sonde, étude des anneaux et de Triton
Pluton						
	New Horizons	États-Unis	survol	janv. 2006	juill. 2015	étude de Pluton et de sa lune Charon
Comètes						
	Vega 1	Union soviétique	survol	15 déc. 1984	6 mars 1986	étude de Vénus et de la comète de Halley
	Vega 2	Union soviétique	survol	21 déc. 1984	9 mars 1986	étude de Vénus et de la comète de Halley
	Giotto	Europe	survol	2 juill. 1985	14 mars 1986	étude rapprochée du noyau de la comète de Halley
	Suisei	Japon	survol	18 août 1985	mars 1986	photographies de la comète de Halley dans l'ultraviolet
	Sakigake	Japon	survol	janv. 1986	8 mars 1986	étude de la comète de Halley
	Stardust	États-Unis	survol	7 févr. 1999	2 janv. 2004	comète Wild-2 échantillonnée, retour sur Terre en 2006
	Deep Space 1	États-Unis	survol	24 oct. 1998	22 sept. 2001	étude des comètes Wilson-Harrington et Borrelly
	Rosetta	Europe	survol et atterrisseur	févr. 2004	nov. 2014	étude de la comète Tchourioumov-Guerassimenko
	Deep Impact	États-Unis	survol et atterrisseur	déc. 2004	juill. 2005	étude de la comète Tempel 1

LES CONSTELLATIONS

Constellation	Nom français	Hémisphère	Objets remarquables
Andromeda	Andromède	nord	galaxie spirale M31, étoile double Gamma Andromedae, amas ouvert NGC 752
Antlia	La Machine pneumatique	sud	nébuleuse planétaire NGC 3132, galaxie spirale NGC 2997
Apus	L'Oiseau de Paradis	sud	étoile double Delta Apodis, étoiles variables S et Thêta Apodis
Aquarius	Le Verseau	équateur	amas globulaire M2, nébuleuses planétaires NGC 7009 et NGC 7293 (l'Hélice)
Aquila	L'Aigle	équateur	étoile brillante Altaïr, étoiles variables Êta et R Aquilae, amas ouvert NGC 6709
Ara	L'Autel	sud	amas ouvert NGC 6193, amas globulaire NGC 6397
Aries	Le Bélier	nord	étoiles doubles Gamma, Lambda et Pi Arietis
Auriga	Le Cocher	nord	étoile brillante Capella, amas ouverts M36, M37 et M38, étoile double Oméga Aurigae
Boötes	Le Bouvier	nord	étoile brillante Arcturus, étoile double Mu Boötis
Caelum	Le Burin	sud	étoile double Gamma Caeli, étoile variable R Caeli
Camelopardalis	La Girafe	sud	étoile double Bêta Camelopardalis, amas ouvert NGC 1502
Cancer	Le Cancer	nord	amas ouverts M44 (la Crèche) et M67, étoiles doubles Zêta et Iota Cancri
Canes Venatici	Les Chiens de chasse	nord	galaxies spirales M51 (le Tourbillon) et M94, amas globulaire M3
Canis Major	Le Grand Chien	sud	étoile brillante Sirius, amas ouverts M41 et NGC 2362
Canis Minor	Le Petit Chien	équateur	étoile brillante Procyon

LES CONSTELLATIONS

Constellation	Nom français	Hémisphère	Objets remarquables
Capricornus	Le Capricorne	sud	étoiles doubles Alpha et Bêta Capricorni, amas globulaire M30
Carina	La Carène	sud	étoile brillante Canopus, nébuleuse Êta Carinae, amas ouverts NGC 3532 et IC 2602
Cassiopeia	Cassiopée	nord	étoile variable Gamma Cassiopeiae, amas ouvert M52
Centaurus	Le Centaure	sud	étoile brillante Alpha Centauri, amas globulaire Omega Centauri, galaxie elliptique NGC 5128
Cepheus	Céphée	nord	étoiles variables Delta et Mu Cephei
Cetus	La Baleine	sud	étoile variable Mira Ceti, galaxie de Seyfert M77
Chamaeleon	Le Caméléon	sud	étoile double Delta Chamaeleoni, nébuleuse planétaire NGC 3195
Circinus	Le Compas	sud	étoile double Alpha Circini
Columba	La Colombe	sud	étoile variable T Columbae, amas globulaire NGC 1851
Coma Berenices	La Chevelure de Bérénice	nord	amas globulaire M53, galaxies spirales M64 et NGC 4565
Corona	La Couronne	sud	étoile double Kappa Coronae Australis, amas globulaire NGC 6541
Corona Borealis	La Couronne boréale	nord	étoile double Nu Coronae Borealis, étoile variable R Coronae Borealis
Corvus	Le Corbeau	sud	étoile variable R Corvi, galaxies NGC 4038 et 4039 (les Antennes)
Crater	La Coupe	sud	étoiles doubles Gamma et Iota
Crux	La Croix du Sud	sud	étoile brillante Acrux, amas ouvert NGC 4755 (la Boîte à Bijoux), nébuleuse obscure (le Sac à Charbon)
Cygnus	Le Cygne	nord	étoile brillante Deneb, étoile double Bêta Cygni, nébuleuse NGC 7000 (America)
Delphinus	Le Dauphin	nord	étoile double Gamma Delphini
Dorado	La Dorade	sud	Grand Nuage de Magellan (galaxie irrégulière), nébuleuse NGC 2070 (la Tarentule)
Draco	Le Dragon	nord	étoiles doubles Psi et 39 Draconis, nébuleuse planétaire NGC 6543
Equuleus	Le Petit Cheval	nord	étoile double Gamma Equulei
Eridanus	Éridan	sud	étoile brillante Achernar, étoile triple Omicron 2 Eridani
Fornax	Le Fourneau	sud	galaxie spirale barrée NGC 1365
Gemini	Les Gémeaux	nord	étoiles brillantes Castor et Pollux, amas ouvert M35, nébuleuse planétaire NGC 2392 (la Tête du Clown)
Grus	La Grue	sud	étoiles doubles Delta et Mu Gruis
Hercules	Hercule	nord	étoile variable Alpha Herculis, amas globulaires M13 et M92
Horologium	L'Horloge	sud	étoiles variables R et TW Horologii
Hydra	L'Hydre femelle	équateur	étoile double 27 Hydrae, amas ouvert M48, nébuleuse planétaire NGC 3242, galaxie spirale M83
Hydrus	L'Hydre mâle	sud	étoile double Pi Hydri
Indus	L'Indien	sud	étoile double Thêta Indi
Lacerta	Le Lézard	nord	BL Lacertae (galaxie active), amas ouverts NGC 7243 et NGC 7209
Leo	Le Lion	équateur	étoile brillante Régulus, étoile double Gamma Leonis, galaxies spirales M65 et M66
Leo Minor	Le Petit Lion	nord	étoile variable Mira (supergéante rouge)
Lepus	Le Lièvre	sud	étoile double Gamma Leporis, amas globulaire M79
Libra	La Balance	sud	étoile double Alpha Librae, étoile variable Delta Librae
Lupus	Le Loup	sud	amas ouvert NGC 5822, amas globulaire NGC 5986
Lynx	Le Lynx	nord	amas globulaire distant NGC 2419
Lyra	La Lyre	nord	étoile brillante Véga étoile variable Bêta Lyrae, nébuleuse planétaire M57
Mensa	La Table	sud	étoile naine Alpha Mensae
Microscopium	Le Microscope	sud	étoile double Alpha Microscopii
Monoceros	La Licorne	équateur	amas ouvert M50, nébuleuses NGC 2237 (la Rosette) et NGC 2264
Musca	La Mouche	sud	étoile double Thêta Muscae, amas globulaires NGC 4372 et NGC 4833
Norma	La Règle	sud	amas ouverts NGC 6067 et NGC 6987
Octans	L'Octant	sud	étoile polaire australe Sigma Octantis, étoile double Lambda Octantis
Ophiucus	Le Serpentaire	équateur	amas ouverts IC 4665 et NGC 6633, amas globulaires M10 et M12
Orion	Orion	équateur	étoiles brillantes Rigel et Bételgeuse, nébuleuse M42, nébuleuse obscure IC 434 (la Tête de Cheval)
Pavo	Le Paon	sud	étoile variable Kappa Pavonis, amas globulaire NGC 6752
Pegasus	Pégase	nord	étoile double Epsilon Pegasi, amas globulaire M15
Perseus	Persée	nord	étoile variable Algol (Bêta Persei), amas ouverts NGC 869 et NGC 884 (amas double)
Phoenix	Le Phénix	sud	étoile double variable Zêta Phoenicis
Pictor	Le Chevalet du Peintre	sud	étoile Bêta Pictoris (disque protoplanétaire), étoile de Kapteyn
Pisces	Les Poissons	équateur	étoile double Rhô et 94 Piscium, galaxie spirale M74

Contellation	Nom français	Hémisphère	Objets remarquables
Piscis Austrinus	Le Poisson austral	sud	étoile brillante Fomalhaut
Puppis	La Poupe	sud	étoile variable L2 Puppis, amas ouverts M46 et M47
Pyxis Nauticus	La Boussole	sud	nova récurrente T Pyxidis (période : 12 à 25 ans)
Reticulum	Le Réticule	sud	étoile double Zêta Reticuli
Sagitta	la Flèche	nord	amas globulaire M71
Sagittarius	Le Sagittaire	sud	amas globulaires M22 et M23, nébuleuses M8 (la Lagune), M17 (Oméga) et M20 (Trifide)
Scorpius	Le Scorpion	sud	étoile brillante Antarès, étoile double Bêta Scorpii, amas ouvert M7, amas globulaires M4 et M80
Sculptor	Le Sculpteur	sud	galaxies spirales NGC 253 et NGC 55
Scutum	L'Écu de Sobieski	nord	amas ouvert M11 (le Vol de Canard)
Serpens	Le Serpent	équateur	étoile double Nu Serpentis, nébuleuse M16 (l'Aigle), amas globulaire M5
Sextans	Le Sextant	équateur	étoile double 17 et 18 Sextantis, galaxie elliptique NGC 3115
Taurus	Le Taureau	équateur	étoile brillante Aldébaran, amas ouverts M45 (Pléiades) et Hyades, reste de supernova (M1, nébuleuse du Crabe)
Telescopium	Le Télescope	sud	étoile double Delta Telescopii
Triangulum	Le Triangle	nord	galaxie spirale M33
Triangulum Australe	Le Triangle austral	sud	étoile variable R Trianguli Australe, amas ouvert NGC 6025
Tucana	Le Toucan	sud	étoile double Bêta Tucanae, amas globulaire 47 Tucanae, Petit Nuage de Magellan (galaxie irrégulière)
Ursa Major	La Grande Ourse	nord	étoile double Alcor et Mizar, galaxies spirales M81 et M101, galaxie M82
Ursa Minor	La Petite Ourse	nord	étoile polaire Polaris, étoile double Gamma et 11 Ursae Minoris
Vela	Les Voiles	sud	étoile double Gamma Velorum, amas ouverts IC 2391 et NGC 2547
Virgo	La Vierge	équateur	étoile brillante Spica, galaxies elliptiques M47, M87 et M104 (le Sombrero), quasar 3C 273
Volans	Le Poisson volant	sud	étoile double Gamma Volantis, galaxie spirale barrée NGC 2442
Vulpecula	Le Petit Renard	nord	nébuleuse planétaire M27 (l'Haltère)

LES ÉTOILES LES PLUS BRILLANTES

Étoile	Constellation	Couleur	Type	Compagnons	Magnitude apparente	Magnitude absolue	Diamètre (Soleil = 1)	Distance de la Terre
Sirius	Le Grand Chien	blanc	séquence principale	1 compagnon	– 1,46	+ 1,4	1,7	8,6 al
Canopus	La Carène	blanc	géante	0 compagnon	– 0,72	– 2,5	inconnu	74 al
Alpha du Centaure	Le Centaure	jaune	séquence principale	2 compagnons	– 0,27	+ 4,4	1,2	4,3 al
Arcturus	Le Bouvier	orange	géante	0 compagnon	– 0,04	– 0,2	25	34 al
Véga	La Lyre	blanc	séquence principale	0 compagnon	+ 0,03	+ 0,6	2,0	25 al
Capella	Le Cocher	jaune	géante	1 compagnon	+ 0,08	– 0,4	13	41 al
Rigel	Orion	bleu-blanc	supergéante	2 compagnons	+ 0,12	– 8,1	63	1 400 al
Procyon	Le Petit Chien	jaune-blanc	sous-géante	1 compagnon	+ 0,38	+ 2,6	2,0	11,4 al
Achernar	Éridan	bleu-blanc	séquence principale	0 compagnon	+ 0,46	– 1,3	5,0	69 al
Bételgeuse	Orion	rouge	supergéante	0 compagnon	+ 0,50 variable	– 7,2	226	1 400 al
Hadar	Le Centaure	bleu-blanc	géante	1 compagnon	+ 0,61 variable	– 4,4	inconnu	320 al
Acrux	La Croix du Sud	bleu-blanc	séquence principale	0 compagnon	+ 0,76	– 4,6	2,2	510 al
Altaïr	L'Aigle	blanc	séquence principale	0 compagnon	+ 0,77	+ 2,3	1,6	16 al
Aldébaran	Le Taureau	orange	géante	0 compagnon	+ 0,85 variable	– 0,3	46	60 al
Antarès	Le Scorpion	rouge	supergéante	1 compagnon	+ 0,96 variable	– 5,2	510	520 al
Spica	La Vierge	bleu-blanc	séquence principale	1 compagnon	+ 0,98 variable	– 3,2	6,6	220 al
Pollux	Les Gémeaux	orange	géante	0 compagnon	+ 1,14	+ 0,7	10	40 al
Fomalhaut	Le Poisson austral	blanc	séquence principale	0 compagnon	+ 1,16	+ 2,0	1,5	22 al
Becrux/Mimosa	La Croix du Sud	bleu-blanc	géante	0 compagnon	+ 1,25	– 4,7	inconnu	460 al
Deneb	Le Cygne	blanc	supergéante	0 compagnon	+ 1,25 variable	– 7,2	inconnu	1 500 al

LA SURFACE PLANÉTAIRE LA PLUS CHAUDE DU SYSTÈME SOLAIRE

La surface de Vénus (470 °C). Mercure vient en seconde position avec 427 °C au plus chaud de la journée. L'épaisse atmosphère de Vénus retient la chaleur par effet de serre. La température est la même de jour comme de nuit. Le sol doit dégager une lueur rougeoyante.

LA SURFACE PLANÉTAIRE LA PLUS FROIDE DU SYSTÈME SOLAIRE

La surface de Triton, la plus grosse lune de Neptune. Lorsque la sonde Voyager 2 a survolé Triton en 1989, elle a relevé une température au sol de – 235 °C.

LE PLUS GRAND CRATÈRE D'IMPACT DANS LE SYSTÈME SOLAIRE

Le bassin d'Aitken près du pôle sud de la Lune mesure 2 500 km de diamètre. Cette structure d'impact est recouverte d'une multitude de cratères plus petits, de sorte qu'elle ne fut découverte qu'en 1994 par la sonde orbitale Clementine. Les données altimétriques de la sonde ont établi que cette dépression sur la face cachée atteint une profondeur de 12 km par rapport au niveau moyen de la Lune.

LE PLUS HAUT RELIEF DU SYSTÈME SOLAIRE

Le volcan Olympus Mons sur Mars atteint une altitude de 22 km au-dessus du niveau moyen de la planète. Sur Vénus, le point culminant est Maxwell Montes, 11 km au-dessus du niveau zéro. Sur Terre, le record officiel appartient au mont Everest (8,8 km). Toutefois, le volcan Mauna Kea (Hawaii) lui dispute ce record, car en sus de ses 4 500 m au-dessus du niveau de la mer, il se prolonge jusqu'au fond du Pacifique et atteint un relief record de 9 km.

LE CANYON LE PLUS PROFOND DU SYSTÈME SOLAIRE

Valles Marineris, sur Mars, s'étend sur une longueur de 4 000 km, sa largeur peut atteindre 600 km et sa profondeur maximale est de 8 km. Il s'agit d'un fossé d'effondrement tectonique, dont les flancs ont peut-être été sculptés par endroits par de l'eau liquide. S'il était transposé en Europe, il s'étendrait de Paris jusqu'aux montagnes de l'Oural en Russie.

LA PLUS GROSSE PLANÈTE DU SYSTÈME SOLAIRE

Jupiter détient le record : elle est 11 fois plus large en diamètre et 317,8 plus massive que la Terre. Elle a une masse supérieure à toutes les autres planètes, lunes, astéroïdes et comètes réunis.

LA PLUS GROSSE PLANÈTE CONNUE DANS LA GALAXIE

Il s'agit d'une planète en orbite autour de l'étoile HD 114762. Elle représente 11 fois la masse de Jupiter. Certains astronomes pensent toutefois qu'il pourrait s'agir d'une naine brune, la rangeant plutôt dans la catégorie des étoiles. Le titre reviendrait alors à une planète en orbite autour de l'étoile 70 Virginis, dont la masse vaut 6,6 fois celle de Jupiter.

LA PLUS GROSSE LUNE DU SYSTÈME SOLAIRE

Ganymède, lune de Jupiter, mesure 5 268 km de diamètre. S'il tournait directement autour du Soleil, Ganymède mériterait le titre de planète : il est plus gros que Mercure et Pluton.

LA PLUS DENSE PLUIE D'ÉTOILES FILANTES

Quand les Léonides ont bombardé la Terre le 13 novembre 1833, les témoins ont compté jusqu'à 200 000 étoiles filantes en une heure, spectacle qu'ils ont comparé à une tempête de neige. Le phénomène vient du fait que la Terre traverse à la mi-novembre la trajectoire poussiéreuse de la comète Tempel-Tuttle.

LA PLUS GROSSE MÉTÉORITE

Tombée en Namibie, la météorite de Hoba pèse 60 t. Découverte en 1920, cette météorite de fer-nickel de 3 m de diamètre a été laissée sur place, mais des fragments ont été prélevés et vendus dans le monde entier.

LE PLUS GROS ASTÉROÏDE

Cérès mesure 913 km de diamètre : c'est le plus gros astéroïde du système solaire. C'est aussi le premier découvert : il porte donc le matricule 1.

LE PLUS GROS OBJET DE LA CEINTURE DE KUIPER

Le planétoïde Quaoar, découvert en 2002, a une envergure de 1 300 km, soit la moitié du diamètre de Pluton. En orbite au-delà de Neptune, il fait partie de la ceinture de Kuiper. Quaoar est plus massif que tous les astéroïdes réunis. Certains astronomes rangent Pluton dans cette même catégorie, auquel cas il détrône Quaoar comme chef de file de la famille.

LA COMÈTE QUI A FRÔLÉ LA TERRE DE PLUS PRÈS

En 1770, la comète Lexell est passée à 2,2 millions de kilomètres de la Terre : moins de 6 fois la distance Terre-Lune. Lors de cette visite, elle est apparue comme une boule lumineuse 5 fois plus grosse que la pleine lune, mais sans queue notable.

LA PLUS LONGUE QUEUE DE COMÈTE

La grande comète du mois de mars 1843 a développé une queue de 300 millions de kilomètres, plus longue que la distance du Soleil à la planète Mars.

LA PLUS GRANDE ÉTOILE DU CIEL

Bételgeuse, dans la constellation d'Orion, mesure 800 fois le diamètre du Soleil. Si elle prenait sa place, cette supergéante rouge avalerait la Terre et s'étendrait au-delà de l'orbite de Jupiter.

L'ÉTOILE LA PLUS MASSIVE

Êta de la Carène est 150 fois plus massive que le Soleil. Instable, elle connaît d'importantes sautes de luminosité.

L'ÉTOILE LA MOINS MASSIVE

La masse de Gliese 105C ne vaut qu'un dixième de celle du Soleil. En deçà d'une telle taille, une boule de gaz n'a pas la masse suffisante pour déclencher des réactions nucléaires et mériter le titre d'étoile.

L'ÉTOILE LA PLUS PROCHE

Au-delà du Soleil, Proxima Centauri est l'étoile la plus proche de la Terre. Cette naine rouge, qui appartient au système triple d'Alpha du Centaure, est située à 4,2 années-lumière, contre 4,3 pour les deux autres membres dutrio.

L'AMAS GLOBULAIRE QUI COMPTE LE PLUS D'ÉTOILES

Oméga du Centaure compte 1,1 million d'étoiles dans un volume large de 180 années-lumière.

LA GALAXIE LA PLUS MASSIVE

La galaxie elliptique M87, dans la constellation de la Vierge, a une masse de 800 milliards de Soleils.

LA GALAXIE LA MOINS MASSIVE

La galaxie elliptique naine Pegasus II ne contient que 10 millions de masses solaires. De plus petites galaxies existent sans doute, mais ne sont pas visibles depuis la Terre.

LA GALAXIE LA PLUS PROCHE

La galaxie naine du Grand Chien n'est distante du système solaire que de 25 000 années-lumière et se trouve à 42 000 années-lumière du centre de la Voie lactée.

L'OBJET LE PLUS LOINTAIN VISIBLE À L'ŒIL NU

Deux galaxies se disputent le titre d'objet le plus lointain visible à l'œil nu. La galaxie d'Andromède (M31) est distante de 2,9 millions d'années-lumière. Mais les plus fins observateurs devinent la tache plus pâle de la galaxie du Triangle (M33), située à 3 milliards d'années-lumière.

L'OBJET LE PLUS LOINTAIN VISIBLE AU TÉLESCOPE

Ce record est régulièrement battu, à mesure que les grands télescopes repoussent les frontières de l'Univers. En 2004, une galaxie a été repérée par le télescope spatial Hubble dans la constellation du Dragon, à 13 milliards d'années-lumière.

AMAS D'ÉTOILES

Nom	Constellation	Type	Nombre d'étoiles	Magnitude apparente	Diamètre	Distance de la Terre	Moyen d'observation
Hyades	Le Taureau	ouvert	100	+ 0,8	17 al	150 al	œil nu
Pléiades	Le Taureau	ouvert	plusieurs centaines	+ 1,6	13 al	375 al	œil nu
La Crèche	Le Cancer	ouvert	50	+ 3,9	15 al	590 al	jumelles
Double Amas	Persée	ouvert	350	+ 4,3	61 al	7 000 al	jumelles
47 du Toucan	Le Toucan	globulaire	460 000	+ 4,4	125 al	16 000 al	jumelles
Oméga du Centaure	Le Centaure	globulaire	1 100 000	+ 4,5	180 al	17 000 al	jumelles
La Boîte à Bijoux	La Croix du Sud	ouvert	50	+ 5,2	24 al	6 800 al	jumelles
Amas d'Hercule (M13)	Hercule	globulaire	220 000	+ 6,4	110 al	21 000 al	jumelles
M15	Pégase	globulaire	410 000	+ 7,0	120 al	34 000 al	jumelles
M4	Le Scorpion	globulaire	44 000	+ 7,1	50 al	14 000 al	jumelles

GALAXIES

Nom	Constellation	Type	Amas de galaxies	Magnitude apparente	Diamètre	Distance de la Terre	Moyen d'observation
M81	La Grande Ourse	spirale	Sculpteur/Bérénice	+ 7,9	30 000 al	4 500 000 al	télescope
M83	L'Hydre femelle	spirale	Sculpteur/Bérénice	+ 8,2	52 000 al	15 000 000 al	télescope
M51 (le Tourbillon)	Les Chiens de chasse	spirale	Sculpteur/Bérénice	+ 9,0	50 000 al	15 000 000 al	télescope
M101	La Grande Ourse	spirale	Sculpteur/Bérénice	+ 7,9	120 000 al	17 500 000 al	télescope
NGC 6946	Céphée	spirale	Sculpteur/Bérénice	+ 8,9	78 000 al	18 000 000 al	télescope
NGC 5128 (Centaurus A)	Le Centaure	elliptique géante	Sculpteur/Bérénice	+ 7,0	138 000 al	26 000 000 al	télescope
M87	La Vierge	elliptique géante	Vierge	+ 8,6	147 000 al	55 000 000 al	télescope
NGC 1365	Le Fourneau	spirale barrée	Fourneau	+ 9,5	157 800 al	55 000 000 al	télescope
M104 (le Sombrero)	La Vierge	spirale	Vierge	+ 8,3	160 000 al	65 000 000 al	télescope
NGC 4038/4039 (les Antennes)	La Coupe	spirales	Cratère	+ 10,7	220 000 al	82 800 000 al	télescope
NGC 1275	Persée	Seyfert	Persée	+ 11,6	175 000 al	230 000 000 al	télescope
3C 273	La Vierge	quasar	inconnu	+ 12,0	inconnu	1 900 000 000 al	télescope

NÉBULEUSES

Nom	Constellation	Type	Magnitude apparente	Diamètre	Distance de la Terre	Moyen d'observation
NGC 7293 (nébuleuse de l'Hélice)	Le Verseau	planétaire	+ 6,5	2 al	600 al	télescope
M27 (nébuleuse de l'Haltère)	Le Petit Renard	planétaire	+ 8,1	2 al	815 al	télescope
M57 (nébuleuse de la Lyre)	La Lyre	planétaire	+ 9,0	0,4 al	1 140 al	télescope
IC 434 (la Tête de Cheval)	Orion	obscure	—	20 al ?	1 200 al ?	télescope
M42 (nébuleuse d'Orion)	Orion	émission	+ 4,0	40 al	1 500 al	œil nu
NGC 2264 (nébuleuse du Cône)	La Licorne	obscure	—	50 al	3 000 al	télescope
M20 (nébuleuse Trifide)	Le Sagittaire	émission/réflexion	+ 8,5	40 al	5 000 al	télescope
M8 (nébuleuse de la Lagune)	Le Sagittaire	émission	+ 5,8	130 al	5 200 al	télescope
M1 (nébuleuse du Crabe)	Le Taureau	reste de supernova	+ 8,4	13,7 al	6 520 al	télescope
M16 (nébuleuse de l'Aigle)	Le Serpent	émission	+ 6,0	315 al	7 000 al	télescope

Glossaire

Amas Groupe d'étoiles ou de galaxies, liées par leur gravité mutuelle.

Amas globulaire Amas sphérique qui contient des centaines de milliers de vieilles étoiles dans un volume restreint.

Amas local Regroupement d'une quarantaine de galaxies dont fait partie la Voie lactée.

Amas ouvert Ensemble de plusieurs dizaines à plusieurs centaines d'étoiles jeunes, liées par gravitation.

Année-lumière Distance parcourue par la lumière en une année, qui équivaut à 9,5 milliards de kilomètres.

Aphélie Point le plus distant du Soleil, dans l'orbite d'une planète, d'une comète ou d'un astéroïde.

Ascension droite Coordonnée céleste qui équivaut à la longitude sur Terre.

Astéroïde Planétoïde composé de roche, de métal ou de carbone, de moins de 1 000 km de taille, en orbite autour du Soleil.

Astrophysique Champ d'étude de la nature physique et chimique des corps célestes et de leur évolution.

Atmosphère Couche de gaz maintenue à la surface d'un astre par sa force de gravité.

Aurore (boréale, australe) Draperies lumineuses dans l'atmosphère d'une planète, dues aux hautes latitudes par les particules du vent solaire qui excitent les gaz atmosphériques.

Axe Ligne imaginaire autour de laquelle s'effectue la rotation d'un objet céleste, comme une planète ou une étoile, ou d'un instrument comme une lunette ou un télescope.

Big bang Expansion d'un point microscopique de densité et d'énergie infinies, qui a donné naissance à l'Univers il y a 14 milliards d'années.

Blazar Type de quasar (source radio quasi stellaire) dont le faisceau de rayonnements est vu de face depuis la Terre.

Ceinture de Kuiper Région du système solaire, au-delà de Neptune, où gravitent des objets principalement composés de glace.

Ceinture de poussière Couche de poussière dans le disque d'une galaxie qui apparaît comme une ceinture sombre lorsque la galaxie est vue par la tranche.

Ceinture des astéroïdes Domaine des astéroïdes qui circulent autour du Soleil, dans le plan de l'écliptique, entre Mars et Jupiter.

Céphéide Type d'étoile variable, dont la luminosité change sur une période de plusieurs jours. Comme cette période trahit la luminosité absolue de l'étoile, une comparaison avec sa luminosité apparente indique sa distance à la Terre.

Champ magnétique Zone de l'espace où tout objet électrisé subit une force électromagnétique.

Chromosphère Couche de l'atmosphère du Soleil ou d'une étoile, située entre la photosphère (sa surface) et la couronne.

Comète Planétoïde composé de glace et de poussière, qui tourne autour du Soleil sur une orbite excentrique (allongée).

Conjonction Alignement ou rapprochement optimal de deux planètes dans le ciel.

Constellation Motif dessiné dans le ciel par un groupe d'étoiles. Le ciel est divisé en 88 constellations officielles.

Convection Mécanisme de transfert de chaleur, qui voit la matière chaude s'élever, et la matière froide descendre.

Couronne Couche externe et très chaude de l'atmosphère du Soleil (ou d'une étoile), visible lors d'une éclipse.

Déclinaison Distance angulaire d'un astre au-dessus ou en dessous de l'équateur céleste.

Degré Unité de mesure angulaire qui vaut 1/360 de cercle.

Disque d'accrétion Disque de matière en rotation autour d'un trou noir, notamment lorsque celui-ci aspire la matière d'une autre étoile dans un système binaire.

Éclipse Passage d'un astre devant un autre, atténuant ou bloquant complètement sa lumière.

Écliptique Ligne décrite sur la sphère céleste par le mouvement apparent du Soleil (projection du plan de l'orbite terrestre).

Ellipse Courbe plane fermée, de forme ovale, que décrit un astre autour d'un autre sous l'effet de la gravitation.

Énergie sombre Forme d'énergie qui serait théoriquement associée au vide. Il agirait en sens contraire de la gravitation pour accélérer le mouvement d'expansion de l'Univers.

Équateur Ligne imaginaire d'un corps céleste, équidistant entre ses deux pôles.

Équateur céleste Plan imaginaire, défini par la rotation de la Terre, qui sépare le ciel en deux hémisphères.

Équinoxe Moment où le Soleil est au zénith au-dessus de l'équateur. Les durées du jour et de la nuit sont égales.

Éruption solaire Orage magnétique dans la couronne solaire qui émet un flot de particules et de rayonnements dans l'espace.

Étoile à neutrons Astre très dense, formé par l'effondrement d'une étoile sur elle-même. Il est composé essentiellement de neutrons.

Étoile binaire Deux étoiles liées par leur force de gravitation mutuelle, en orbite autour d'un centre de gravité commun.

Étoile double Deux étoiles rapprochées dans le ciel. Les étoiles doubles optiques sont dues à la perspective, alors que les étoiles binaires sont liées par gravitation.

Étoile multiple Plusieurs étoiles liées par gravitation.

Étoile variable Toute étoile dont la luminosité varie.

Galaxie Vaste ensemble d'étoiles, de gaz et de poussières liés par gravitation. Les galaxies ont des masses comprises entre cent mille et plusieurs milliards de fois celle du Soleil.

Galaxie active Type de galaxie qui abrite en son cœur un trou noir supermassif, émetteur d'un intense rayonnement.

Galaxie de Seyfert Type de galaxie active dont le noyau est extrêmement lumineux.

Géante gazeuse Planète dont la composition est dominée par des gaz comme l'hydrogène (Jupiter, Saturne, Uranus et Neptune).

Géante rouge Volumineuse étoile rouge en fin de vie.

Gibbeux (euse) Phase de la Lune entre le quartier et la pleine lune (s'applique aussi aux planètes).

Horizon des événements Frontière définissant une région autour d'un trou noir, dont tout signal émis par le trou noir ou un objet proche ne peut échapper. La vitesse de libération nécessaire à cette échappée est en effet supérieure à la vitesse de la lumière.

Infrarouge Rayonnement de longueur d'onde supérieure à celle de la lumière visible et inférieure à celle des ondes radio.

Interférométrie Technique qui consiste à combiner la lumière recueillie par plusieurs télescopes.

Longueur d'onde Distance entre deux crêtes d'un rayonnement ondulatoire.

Magnitude Unité utilisée pour représenter la luminosité d'un astre : la magnitude apparente est sa luminosité vue depuis la Terre ; la magnitude absolue est la luminosité que l'astre aurait s'il était placé à 32,6 années-lumière de la Terre. Plus la magnitude est petite, plus l'étoile est brillante.

Magnitude absolue C'est la magnitude qu'aurait un astre s'il était situé à une distance standard de la Terre de 10 parsecs (32,6 années-lumière).

Magnitude apparente C'est la luminosité relative d'un astre vu depuis la Terre.

Mare (pluriel : maria) Plaine de lave sombre à la surface de la Lune, autrefois prise pour une mer.

Matière sombre Forme de matière qui ne peut pas être observée par les méthodes traditionnelles. Elle serait plus abondante dans l'Univers que la matière visible.

Méridien Ligne imaginaire du ciel de direction nord-sud, qui passe par le zénith et par le pôle céleste.

Messier (catalogue de) Liste de 110 amas d'étoiles, nébuleuses et galaxies, dressée par Charles Messier au XVIIIe siècle.

Météore Phénomène lumineux causé par un objet (généralement une poussière interplanétaire) pénétrant l'atmosphère à haute vitesse et ionisant les gaz sur son passage.

Météorite Fragment de roche en provenance de l'espace qui survit à la traversée atmosphérique et atteint la surface de la Terre.

Météoroïde Petit fragment de roche, généralement en provenance d'une comète ou d'un astéroïde, qui voyage dans l'espace.

Minute d'arc Unité de mesure angulaire, égale à 1/60 de degré d'arc. Le disque lunaire est large de 30 minutes d'arc.

Monture altazimutale (ou azimutale) Monture de télescope permettant deux mouvements simples, vertical et horizontal.

Monture dobsonienne Type de monture altazimutale.

Monture équatoriale Monture de télescope dont un axe est parallèle à l'axe de rotation de la Terre. Le mouvement apparent des astres est alors suivi par une rotation simple.

Mouvement rétrograde Mouvement en sens inverse, par rapport à une direction habituelle. Les planètes en sont animées lorsque la Terre les dépasse, à cause d'un effet de perspective.

Naine blanche Résidu très dense et très chaud d'une étoile, après sa phase de géante rouge.

Naine brune Corps céleste de taille intermédiaire entre une planète et une étoile. Sa masse est insuffisante pour engendrer des réactions thermonucléaires.

Nébuleuse Nuage de gaz ou de poussière interstellaire, d'aspect sombre ou lumineux.

Nébuleuse d'émission Nuage luminescent de gaz, dont les molécules sont excitées par le rayonnement d'une étoile proche.

Nébuleuse obscure Nuage de poussières interstellaires qui se dessine en silhouette sombre sur un arrière-fond lumineux.

Nébuleuse par réflexion Nuage de gaz ou de poussières rendu visible par réflexion de la lumière d'une étoile proche.

Nébuleuse planétaire Enveloppe de gaz éjectée par une étoile de masse moyenne lorsqu'elle arrive en fin de vie.

Nébulosité Présence de gaz (ou de nuages dans l'atmosphère).

NGC (catalogue) Liste d'amas d'étoiles, galaxies et nébuleuses, dressée au XIXe siècle (abréviation de *New General Catalog*).

Nova Étoile de type naine blanche dans un système binaire, dont la luminosité peut s'élever de plusieurs magnitudes lorsqu'elle aspire les gaz de son compagnon en une flambée thermonucléaire.

Noyau Partie centrale d'une planète, d'une étoile ou d'une galaxie.

Nuage de Oort Réservoir sphérique de milliards de comètes, qui s'étend jusqu'à 1 ou 2 années-lumière du Soleil.

Objet du ciel profond Objet situé au-delà du système solaire.

Ombre Partie centrale, la plus sombre, d'une éclipse. Également, partie centrale d'une tache solaire.

Opposition Moment où une planète est alignée avec la Terre et le Soleil, et se trouve au plus près de la Terre.

Orbite Trajectoire d'un corps céleste autour d'un autre sous l'emprise de sa gravitation.

Ouverture Diamètre de la surface optique d'une lunette ou d'un télescope, qui recueille la lumière.

Parallaxe Changement apparent de la position d'un objet proche par rapport à un objet en arrière-plan, lorsqu'il est observé de plusieurs points de vue différents. Cette technique est utilisée pour estimer la distance des étoiles proches.

Parsec Unité de distance astronomique, basé sur le rayon de l'orbite terrestre, qui équivaut à 3,26 années-lumière.

Pénombre Zone extérieure de l'ombre d'une éclipse. Également, zone extérieure d'une tache solaire.

Périhélie Point le moins distant du Soleil, dans l'orbite d'une planète, d'une comète ou d'un astéroïde.

Photosphère Surface visible du Soleil ou d'une étoile.

Planète tellurique Planète de composition essentiellement rocheuse ou métallique (Mercure, Vénus, Terre, Mars).

Planétoïde Petit corps rocheux en orbite autour du Soleil, formé de l'amalgame d'objets encore plus petits : les planétésimaux.

Pôles célestes Points imaginaires du ciel, dans le prolongement de l'axe de rotation de la Terre, autour desquels les étoiles semblent tourner.

Pouvoir de séparation Faculté d'un instrument d'optique de montrer deux objets proches comme étant séparés.

Précession Lente dérive de l'axe de rotation de la Terre, due à l'attraction gravitationnelle des astres voisins.

Protubérance Éruption de gaz qui se dresse au-dessus de la surface du Soleil.

Pulsar Étoile à neutrons, en rotation rapide sur elle-même, dont le faisceau de rayonnements balaye l'espace comme un phare.

Quasar (abréviation de source radio quasi stellaire). Type de galaxie active, au noyau très brillant.

Radiogalaxie Type de galaxie active qui émet surtout des ondes radio.

Rayons gamma Rayonnement de longueur d'onde ultracourte.

Rayons X Rayonnement énergétique dont les longueurs d'onde se situent entre celles des rayons ultraviolets et des rayons gamma.

Réflecteur Type de télescope à base de miroirs.

Réfracteur Type de télescope (lunette) à base de lentilles.

Reste de supernova Nuage de gaz éjecté par l'explosion d'une supernova, comme la nébuleuse du Crabe.

Rotation Mouvement d'un corps autour de son axe.

Satellite Objet en orbite autour d'un autre, comme une lune autour d'une planète ou un engin artificiel autour de la Terre.

Seconde d'arc Unité de mesure angulaire égale à 1/60 de minute d'arc. Jupiter est large en moyenne de 44 secondes d'arc.

Séquence principale C'est la phase la plus longue de la vie d'une étoile, durant laquelle des noyaux d'hydrogène fusionnent en noyaux d'hélium au cœur de l'astre.

Singularité Point mathématique de l'espace-temps pour lequel les lois connues de la physique n'ont plus cours. Les trous noirs sont de telles singularités.

Solstice Moment où le pôle d'une planète pointe directement vers le Soleil, annonçant le début de l'été dans cet hémisphère (et de l'hiver dans l'hémisphère opposé).

Spectre électromagnétique Gamme de rayonnements qui inclut les ondes radio, l'infrarouge, la lumière visible, l'ultraviolet, les rayons X et les rayons gamma.

Spectroscopie Analyse du rayonnement d'un objet qui permet de déduire sa composition chimique. Le décalage des fréquences du rayonnement permet également de déduire la vitesse de l'objet par effet Doppler.

Sphère (ou voûte) céleste Sphère imaginaire qui entoure la Terre et sur laquelle les astres semblent fixés.

Superamas Amas de plusieurs amas, notamment dans le cas de groupes de galaxies.

Supernova Explosion d'une étoile massive, en fin de vie, dont la luminosité dépasse brièvement celle d'une galaxie tout entière.

Tache solaire Région sombre à la surface du Soleil, moins chaude que la moyenne en raison d'un orage magnétique.

Télescope catadioptrique Type de télescope, tel le Schmidt-Cassegrain, qui utilise un miroir secondaire pour corriger les défauts d'optique.

Télescope optique Télescope qui opère dans le spectre visible.

Transit Passage d'un astre devant un autre, vu depuis la Terre. On assiste régulièrement à des transits de Mercure et de Vénus devant le disque solaire.

Trou de ver Tunnel qui raccorde deux points de l'espace-temps, prédit par la théorie de la relativité générale. Leur existence est soupçonnée au centre des trous noirs, mais leur vie est de très courte durée.

Trou noir Objet d'une densité phénoménale, qu'aucun type de rayonnement ne parvient à quitter.

Unité astronomique (UA) Unité de mesure définie comme la distance moyenne de la Terre au Soleil, soit 150 millions de kilomètres.

Variable pulsante Étoile qui change de luminosité au cours d'un changement périodique de volume.

Vent solaire Flux de particules, principalement des protons et des électrons, qui est continuellement émis par le Soleil.

Viseur Petite lunette de faible grossissement, accolée au tube d'un télescope plus puissant, qui sert à repérer les cibles à observer et à pointer le télescope principal.

Vitesse de libération Vitesse minimale que doit posséder un objet (comme une fusée) pour échapper au champ de pesanteur d'une planète ou d'un astre quelconque. Si la vitesse est inférieure à la vitesse de libération, l'objet retombe.

Zénith Point directement à la verticale d'un observateur, 90 degrés au-dessus de l'horizon.

Zodiaque Ensemble des 12 constellations que traverse le Soleil dans sa course apparente à travers le ciel.

Index

M

N

O

P

Q

R

S

T

U

V

W

X-Y

Z

Crédits

PHOTOGRAPHIES

h = haut ; b = bas ; c = centre ; g = gauche ; d = droite

AAO = Observatoire anglo-australien ; AAP = Australian Associated Press ; APL = Australian Picture Library ; AURA = Association of Universities for Research in Astronomy ; CIT = California Institute of Technology ; DS = Digital Stock ; ESA = Agence spatiale européenne ; ESO = Observatoire européen austral ; GPL = Galaxy Picture Library ; GRIN = Great Images in NASA ; HST = Télescope spatial Hubble ; HST = Hubble Space Telescope ; ING = Isaac Newton Group of Telescopes ; IPAC = Infrared Processing and Analysis Center (via NASA) ; ISP = Institute for Solar Physics ; JPL = Jet Propulsion Laboratory ; MIC = Meade Instruments Corporation ; NASA = National Aeronautics and Space Administration ; NOAO = National Optical Astronomy Observatory ; NRAO = National Radio Astronomy Observatory ; PD = Photodisc ; SOHO = Solar and Heliospheric Observatory ; SPL = Science Photo Library ; TPL = photolibrary.com

Couverture hg NASA/JPL ; hc NASA/SOHO ; hd Human Space Flight/NASA ; bg CORBIS/Dennis di Cicco ; bd NASA & J. Hester (Arizona State University). 1 NASA/ESA & J. Hester (Arizona State University) 2 APL/Corbis 4–5 APL/Corbis 6–7 APL/Corbis 8–9 ACS Science & Engineering Team/NASA 10 g PD ; c R. Albrecht (ESA/ESO), NASA ; d T.A. Rector (NRAO/AUI/NSF & NOAO/AURA/NSF) & B.A. Wolpa (NOAO/AURA/NSF) 11 l, d APL/Corbis ; c Robert Williams/Hubble Deep Field Team (STScI)/NASA 12 APL/Corbis 14–15 PD 16 l, c APL/Corbis 17 g NASA/GRIN ; c APL/Corbis 18 g Fergus O'Brien/Getty Images ; c Harvard College Observatory/TPL/SPL ; d NASA/JPL 19 g NASA/TPL/SPL ; c APL/Corbis ; d AAO/David Malin 20 l, d APL/Corbis 21 h APL/Corbis ; b Northwind Picture Archives ; 22 APL/Corbis 23 t, b APL/Corbis 24 hg APL/Corbis ; bg TPL/SPL 25 bd APL/Corbis ; c APL/British Museum, London/The Bridgeman Art Library 26 g TPL/SPL ; c, d APL/Corbis 27 l, d APL/Corbis ; c NASA/HST 28 h APL/Corbis ; b Dr Fred Espenak/TPL/SPL 29 l, d APL/Corbis 30 g APL/Corbis ; c David Parker/TPL/SPL ; d David Nunuk/TPL/SPL 31 g Dr Ian Robson/TPL/SPL ; c, d APL/Corbis 32 APL/Corbis 33 hg Ben Johnson/Ferranti Astron/TPL/SPL ; bg, d APL/Corbis ; 34 NASA/ESA & J. Hester (ASU) 35 t, b NASA/HST 36 bg, cg NRAO/AUI/NSF/TPL/SPL ; h APL/Corbis 38 bg Dr Fred Espenak/TPL/SPL ; hd APL/Corbis 39 cd Dr Kurt Weiler/TPL/SPL 40 hg, bg NASA/TPL/SPL ; bd APL/Corbis 42 cg Daniel Wang, North Western University/TPL/SPL ; bg, hd APL/Corbis 43 d NASA/TPL/SPL 44 l, r, c APL/Corbis 45 g NASA/GRIN ; c APL/Corbis ; d NASA/TPL/SPL 46 Novosti/TPL/SPL 47 hg NASA/GRIN ; b, hd NASA/TPL/SPL 48 hg, bg, bd APL/Corbis ; hd AAP/Tyler Morning Telegraph 49 bd APL/Corbis 50 APL/Corbis 51 hg, c, bg APL/Corbis 52 h NASA ; b NASA/TPL/SPL ; 53 hg, bg APL/Corbis ; hd NASA/TPL/SPL 54 g APL/Corbis ; c NASA/JPL ; d NASA/TPL/SPL 55 l, d APL/Corbis ; c NASA 56 bg APL/Corbis 57 t, b NASA/TPL/SPL 58 APL/Corbis 59 h APL/Corbis ; b Novosti/TPL/SPL 60 g APL/Corbis ; hd NASA 61 hg Stockbyte ; hd NASA/TPL/SPL 64–65 R. Albrecht (ESA/ESO), NASA 66 g NASA/TPL/SPL ; c DS 67 g Royal Swedish Academy of Sciences ; c NASA/GRIN 76 bg NASA/JPL/North Western University ; d U.S. Geological Survey/TPL/SPL 78 hc NASA/JPL/TPL/SPL 79 h Royal Swedish Academy of Sciences 80 bg APL/Corbis ; cd NASA/JPL 82 hd NASA/JPL 83 h NASA/TPL/SPL ; b NASA/JPL 84 bg Jacques Descloitres, MODIS Land Rapid Response Team, NASA/GSFC ; cd NSSDC/NASA 86 h Pekka Parviainen/TPL/SPL ; b APL/Corbis 87 b NASA/GSFC/NOAA ; cd APL/Corbis 88 NASA 89 h DS ; b NASA 90 bg APL/Corbis/Sygma ; cd NASA/U.S. Geological Survey 92 h APL/Corbis 93 h APL/Corbis ; b NASA/JPL/MSSS 94 APL/Corbis 95 NASA 96 bg NASA ; cd NASA/TPL/SPL 98 bg APL/Corbis Images–Bettmann 99 h APL/Corbis ; d NASA/TPL/SPL 100 NASA/TPL/SPL 101 h APL/Corbis ; bg–bd: NASA/TPL/SPL ; NASA/DLR ; APL/Corbis ; NASA/DLR 102 NASA/TPL/SPL 104 NASA/JPL 105 DS 106 NASA/TPL/SPL 107 hg, hd, bg–bd APL/Corbis 108 bg Space Telescope Science Institute/NASA/TPL/SPL ; cd NASA/U.S. Geological Survey 111 h NASA/TPL/SPL ; b APL/Corbis 112 APL/Corbis 113 t, bg–bd APL/Corbis 114 bg NASA/TPL/SPL ; cd NASA/JPL 116 APL/Corbis 117 b APL/Corbis 118 APL/Corbis 119 t, b NASA/TPL/SPL 120 bg APL/Corbis 122 bg, cd NASA/SOHO 123 cg NASA/SOHO 124 bg NASA/SOHO ; hd NASA/SOHO 125 bg PD ; d Royal Swedish Academy of Sciences 128 bg PD ; cd APL/Corbis 130 h NASA/TPL/SPL 131 h NASA/TPL/SPL ; b NASA 132 l, d Yann Arthus-Bertrand/APL/Corbis 134 bg, bd APL/Corbis ; hd NASA 135 hg, hd APL/Corbis 136 h Dr Fred Espenak/TPL/SPL ; b Pekka Parviainen/TPL/SPL 137 hd, cd APL/Corbis 138 h Pekka Parviainen/TPL/SPL ; b APL/Corbis 139 George East/TPL/SPL 140 bg APL/Corbis 141 h Pekka Parviainen/TPL/SPL ; bg Dan Schechter/TPL/SPL 142 bg, bd APL/Corbis ; hd NASA/TPL/SPL 144 h Lowell Observatory/NOAO/AURA/NSF 145 APL/Corbis 146 h TPL/SPL ; b APL/Corbis 147 NASA/HST 148–149 NOAO/AURA/NSF 150 l, c Celestial Image Co./TPL/SPL ; d Max-Planck-Institut Fur Extraterrestrische Phusick/TPL/SPL 151 g Nuffield Radio Astronomy Laboratories, Jodrell Bank/TPL/SPL ; c Celestial Image Co./TPL/SPL 152 NASA/HST 153 g George Greaney ; cd Celestial Image Co./TPL/SPL ; bd Dr Rudolph Schild/TPL/SPL ; 154 bg Extreme Ultraviolet Imaging Telescope Consortium ; d Space Telescope Science Institute/NASA/TPL/SPL 156 Celestial Image Co./TPL/SPL 158 hd Space Telescope Science Institute/NASA/TPL/SPL 160 bg AAO/David Malin ; bd NOAO/AURA/NSF ; hd Celestial Image Co./TPL/SPL J.-C. Cuillandre/Télescope Canada-France-Hawaï/TPL/SPL 162 bg AAP/NASA ; hd Celestial Image Co./TPL/SPL 163 NASA & The Hubble Heritage Team (STScI/AURA)/ C.R. O'Dell (Vanderbilt University) 164 NASA, J.J. Hester, Arizona State University 165 hg NASA/The Hubble Heritage Team/STScI/AURA ; d ESO/TPL/SPL 166 h Space Telescope Science Institute/NASA/TPL/SPL 167 bg NASA/TPL/SPL 169 hg Chris Butler/TPL/SPL ; bg Marcella Carollo (ETHZ)/The Hubble Heritage Team (STScI/AURA)/NASA ; hd, bd NOAO/AURA/NSF 170 g NASA, Goddard Space Flight Center/TPL/SPL ; d NASA/The Hubble Heritage Team (STScI/AURA)/N. Scoville (CIT) & T. Rector (NOAO) 171 NOAO/AURA/NSF 172 g Max-Planck-Institut Fur Extraterrestrische Physik/Rosat X-ray Telescope/TPL/SPL ; d Tod R. Lauer/NASA/HST 173 AAO/David Malin 174 l, d NOAO/AURA/NSF 175 Space Telescope Science Institute/NASA/TPL/SPL176 g Dr Jean Lorre/TPL/SPL ; d NASA/CXC/SAO/PSU/CMU 177 Celestial Image Co./TPL/SPL 179 hg TPL/SPL ; bg NRAO/AUI/NSF/SPL ; bd Fred Espenak/TPL/SPL 180 bg Nuffield Radio Astronomy Laboratories, Jodrell Bank/TPL/SPL 181 g NOAO/AUI/NSF/TPL/SPL ; cr, bd Dr David Roberts/TPL/SPL 183 h NASA, A. Fruchter & the ERO Team, STScI, ST-ECF ; b Dr Rudolph Schild/TPL/SPL 184 h R. Giacconi et al./JHU/AUI/NASA ; b J. Baum & N. Henbest/TPL/SPL 186 hd Space Telescope Science Institute/NASA/TPL/SPL ; b John Dubinski, University of Toronto & San Diego Supercomputing Center/GPL 187 h Space Telescope Science Institute/NASA/TPL/SPL ; b NASA/The Hubble Heritage Team/STScI/AURA 188–189 APL/Corbis 190 g Greg Pease/Getty Images ; c Marcelo Bass, CTIO/NOAO/AURA/NSF 191 c Pekka Parviainen/TPL/SPL 192 hg APL/Corbis–Bettmann ; bg R. Williams (STScI)/HDF-S Team/NASA ; hd Robin Scagell/TPL/SPL 193 bd AAO/David Malin 194 hg Mary Evans Picture Library ; hd Observatorie de Paris/Bulloz 196 bg–bd APL/Corbis 197 Pekka Parviainen/TPL/SPL 198 APL/Corbis 199 APL/Corbis 200 cd Derke/O'Hara/Getty Images ; b Oliver Strewe 201 h Craig Mayhew & Robert Simmon, NASA/GSFC ; b Greg Pease/Getty Images 202 hg, hd MIC 203 bg, bc, bd NOAO/AURA/NSF ; c MIC ; hd Tenmon Guide, Japon 204 MIC 205 l, d MIC 210 g NOAO/AURA/NSF ; c Martin Altman/Observatorium Hoher List of the University Bonn, Daun, Allemagne ; d MPIA-HD, Birkle, Slawik/TPL/SPL 212 g ESO/TPL/SPL ; c Till Checher ; d AAO/David Malin 214 g NASA ; c NOAO/AURA/NSF ; d Martin Altman/Observatorium Hoher List of the University Bonn, Daun, Allemagne 216 g John Sanford/TPL/SPL ; c Infrared Processing & Analysis Centre & University of Massachusetts ; d NOAO/TPL/SPL 218 g Richard Crisp ; c Naoyuki Kurita ; d NOAO/TPL/SPL 220 g Sean Walker/John Bodreau ; c Chris Cook ; d J.-C. Cuillandre/Télescope Canada-France-Hawaï/TPL/SPL 222 g MPIA-HD, Birkle, Slawik/TPL/SPL ; J.-C. Cuillandre/Télescope Canada-France-Hawaï/TPL/SPL ; d John Sanford/TPL/SPL 224 g NOAO/TPL/SPL ; c J.-C. Cuillandre/Télescope Canada-France-Hawaï/TPL/SPL ; d George Jacoby, Bruce Bohannan, Mark Hannal/NOAO/AURA/NSF 226 g Tony Hallas/TPL/SPL ; c IPAC/NASA ; d Robin Scagell/GPL 228 g Celestial Image Co./TPL/SPL ; c Andy Steele ; d Simon Driver (St. Andrews)/ING 230 g NASA/HST ; c Space Telescope Science Institute/NASA/TPL/SPL ; d Tony Hallas/TPL/SPL 232 g John Bodreau ; c MPIA-HD, Birkle, Slawik/TPL/SPL ; d Naoyuki Kurita 234 g Celestial Image Co./TPL/SPL ; c NOAO/TPL/SPL ; d Royal Observatory, Edinburgh/AATB/TPL/SPL 236 g Space Telescope Science Institute/NASA/TPL/SPL ; c Akira Fuji ; d Mount Stromlo and Siding Spring Observatories/TPL/SPL 238 g Dr Fred Espenak/TPL/SPL ; c Celestial Image Co./TPL/SPL ; d NOAO/AURA/NSF 240 g Dr. Luke Dodd/TPL/SPL ; c Royal Observatory, Edinburgh/TPL/SPL ; d AAO 242 g Robin Scagell/GPL ; c Mount Stromlo and Siding Spring Observatories/TPL/SPL ; d AAO 244 g MPIA-HD, Birkle, Slawik/TPL/SPL ; c, d NOAO/AURA/NSF 246 g NOAO/TPL/SPL ; c Kim Gordon/TPL/SPL ; d Arpad Kovacsy 248 l, d Celestial Image Co./TPL/SPL ; c Royal Observatory, Edinburgh/TPL/SPL 250 g Celestial Image Co./TPL/SPL ; c David Malin/AAO ; d J.-C. Cuillandre/Télescope Canada-France-Hawaï/TPL/SPL 252 g Jan Wisniewski ; c, d NOAO/AURA/NSF 254 g Celestial Image Co./TPL/SPL ; c NOAO/AURA/NSF ; J.-C. Cuillandre/Télescope Canada-France-Hawaï/TPL/SPL 256 g NASA/HST ; c NOAO/AURA/NSF ; d T.A.Rector/NOAO/AURA/NSF 258–259 Robert Williams/Hubble Deep Field Team (STScI)/NASA 260 g NASA ; c The Archives, CIT 261 g APL/Corbis ; c Space Telescope Science Institute/NASA/TPL/SPL 264 l, d APL/Corbis 265 h NASA/TPL/SPL ; b APL/Corbis 266 TPL/SPL/Larry Landolfi 268 g APL/Corbis ; d Arizona State University/NASA 269 h NASA/TPL/SPL ; b APL/Corbis 270 hd Space Telescope Science Institute/NASA/TPL/SPL 271 NASA 272 The Archives, CIT 274 bg Yannick Mellier/IAP/TPL/SPL ; hd John Irwin Collection/American Institute of Physics/SPL 275 l, d APL/Corbis 280–281 APL/Corbis

ILLUSTRATIONS

Peter Bull Art Studio 144

David Carroll 202b, 204l

Andrew Davies/Creative Communication 30, 68bg, 70bg, 72bg, 76hg, 80hg, 84hg, 90hg, 96hg, 102bg, 108hg, 114hg, 120hg, 126bg, 128hg, 140hg

Désirée DeKlerk Endpapers

Luigi Gallante 24hd, 24bd

Mark A. Garlick/space-art.co.uk 74hd, 74cr, 74bd, 75, 77, 81, 85, 86, 88, 91, 97, 99, 103, 104, 108cr, 109, 110b, 115, 116, 120c, 120bd, 121, 123, 127, 129, 136, 139, 143, 145, 147, 155, 157, 158, 164, 166, 178, 182, 185, 266, 282

David Hardy/Wildlife Art Ltd 74bc, 78, 82, 92, 130, 132, 133

Moonrunner Design quatrième de couverture, dos de couverture, 16, 22, 32, 34, 36, 37, 39, 40, 41, 43, 46, 50, 56, 58, 61, 62, 63, 66, 68c, 70c, 72c, 79, 94, 100, 106, 110c, 112, 118, 156, 159, 167, 168, 180, 190, 194, 195, 196, 197, 199, 260, 262, 270, 272, 276, 277, 278, 279

Wil Tirion (cartes du ciel) 191, 206, 207, 208 209, 211, 213, 215, 217, 219, 221, 223, 225, 227, 229, 231, 233, 235, 237, 239, 241, 243,245, 247, 249, 251, 253, 255, 257

David Wood 204g

Astronomie, guide visuel
est l'adaptation française
par Sélection du Reader's Digest
de **Astronomy**, Visual Guide

Réalisation
BOOKMAKER
Coordination : Patrick Michel-Dansac
assisté de Jessie Magana
Traduction et adaptation : Charles Frankel
Direction artistique et couverture : Irène de Moucheron
Mise en page : Béatrice Leroy

Avec la collaboration de l'équipe éditoriale
de Sélection du Reader's Digest
Direction éditoriale : Gérard Chenuet
Responsable de l'ouvrage : Christine de Colombel
Correction : Alain Le Saux

Pour nous communiquer vos suggestions ou remarques
sur ce livre, utilisez notre adresse e-mail :
editolivre@readersdigest.tm.fr

ISBN 2-7098-1539-7

Achevé d'imprimer : juillet 2004
Dépôt légal en France : septembre 2004
Dépôt légal en Belgique : D-2004-0621-75
Photogravure : Chroma Graphics (Overseas) Pte Ltd
Imprimé en Chine
SNP Leefung Printer Ltd

Légendes
page 1 À 5500 années-lumière du système solaire, la nébuleuse du Cygne (M17) : une pouponnière d'étoiles en formation.
page 2-3 L'astronaute Bruce McCandless s'éloigne de la navette spatiale dans son fauteuil volant (MMU).
page 4-5 Edward White fut le premier astronaute américain à marcher dans l'espace en juin 1965, raccordé à son vaisseau Gemini 4 par un cordon ombilical.
page 6-7 Cratères d'impact et massifs montagneux dominent la surface lunaire dans cette image prise au télescope.
page 8-9 Hubble a recueilli cette image de la nébuleuse Oméga, également connue comme la nébuleuse du Fer à cheval, distante de plusieurs milliers d'années-lumière dans la constellation du Sagittaire.
page 12-13 Discovery, l'une des trois navettes spatiales encore en activité, décolle de son pas de tir de Cap Canaveral.